AutoCAD 2016 中文版
电气设计快速入门实例教程

三维书屋工作室

胡仁喜　闫聪聪　等编著

机 械 工 业 出 版 社

本书以AutoCAD 2016为软件平台，介绍了各种CAD电气图的设计和绘制方法，包括电气工程图概述、AutoCAD 2016入门、二维绘图命令、基本绘图工具、编辑命令、尺寸标注、辅助绘图工具、机械电气设计、电路图设计、控制电气工程图设计、电力电气工程图设计、通信工程图设计和建筑电气工程图设计。全书解说翔实，图文并茂，语言简洁，思路清晰，可以作为初学者的入门教材，也可作为工程技术人员的参考工具书。

图书在版编目（CIP）数据

AutoCAD 2016中文版电气设计快速入门实例教程/胡仁喜等编著. —3版. —北京：机械工业出版社，2016.8
ISBN 978-7-111-54784-6

Ⅰ. ①A… Ⅱ. ①胡… Ⅲ. ①电气设备—计算机辅助设计—AutoCAD软件—教材 Ⅳ. ①TM02-39

中国版本图书馆CIP数据核字(2016)第214343号

机械工业出版社（北京市百万庄大街22号 邮政编码100037）
责任编辑：曲彩云 责任印制：李 昂
北京中兴印刷有限公司印刷
2017年1月第3版第1次印刷
184mm×260mm · 19.25印张 · 459千字
0001—3000册
标准书号：ISBN 978-7-111-54784-6
ISBN 978-7-89386-041-6（光盘）
定价：59.00元（含1DVD）

凡购本书，如有缺页、倒页、脱页，由本社发行部调换
电话服务 网络服务
服务咨询热线：010-88361066 机工官网：www.cmpbook.com
读者购书热线：010-68326294 机工官博：weibo.com/cmp1952
010-88379203 金 书 网：www.golden-book.com
编辑热线：010-88379782 教育服务网：www.cmpedu.com

前　言

电气工程图用来阐述电气工程的构成和功能，描述电气装置的工作原理，提供安装和维护使用的信息，辅助电气工程的研究和指导电气工程的实践施工等。电气工程的规模不同，每项工程电气图的种类和数量也不同。电气工程图的种类与电气工程的规模有关，较大规模的电气工程通常要包含较多种类的电气工程图，用以从不同侧面表达不同侧重点的工程含义。

电气工程图虽然可以根据功能和使用场合的不同分为不同的类别，但是各种类别的电气工程图又有某些联系和共同点。不同类别的电气工程图适用于不同的场合，表达电气工程含义的侧重点也不尽相同。对于不同专业和不同场合，只要是按照同一种用途绘制的电气图，在表达方式与方法上就必须是统一的，而且在图的分类与属性上也应该一致。

AutoCAD 2016 是当前最新版的 AutoCAD 软件，它运行速度快，安装要求比较低，而且具有许多制图、出图的优点。它提供的平面绘图功能能胜任电气工程图中使用的各种电气系统图、框图、电路图、接线图、电气平面图等的绘制。AutoCAD 2016 还提供了三维造型、图形渲染等功能以及绘制一些机械图、建筑图的功能，这些功能可作为电气设计的辅助。

AutoCAD 电气设计是计算机辅助设计与电气设计结合的交叉学科。本书根据电气设计在各学科和专业中的应用实际，全面具体地对各种电气设计的 AutoCAD 设计方法和技巧进行了深入细致的讲解。

本书以 AutoCAD 2016 为软件平台，讲述了各种 CAD 电气图的设计和绘制方法，包括电气工程制图概述、AutoCAD 2016 入门、二维绘图命令、基本绘图工具、编辑命令、尺寸标注、辅助绘图工具、机械电气设计、电路图设计、控制电气工程图设计、电力电气工程图设计、通信工程图设计和建筑电气工程图设计。全书解说翔实，图文并茂，语言简洁，思路清晰，可以作为初学者的入门教材，也可作为工程技术人员的参考工具书。

为了方便广大读者更加形象直观地学习本书，随书配赠了多媒体光盘，内容包含全书实例操作过程录屏讲解的 AVI 文件和实例源文件以及 AutoCAD 操作技巧集锦和 AutoCAD 建筑设计、室内设计、机械设计相关实例的录屏讲解 AVI 电子教材，总教学时长达 3000min。另外，独家赠送 **AutoCAD 官方认证考试大纲和考试真题样卷。**

本书由 **Autodesk 中国认证考试中心首席专家**胡仁喜博士和石家庄三维书屋文化传播有限公司的闫聪聪老师主要编写，参加编写的还有康士廷、王敏、王玮、孟培、王艳池、刘昌丽、王培合、王义发、王玉秋、杨雪静、张日晶、卢园、孙立明、甘勤涛、李兵、路纯红、阳平华、李亚莉、张俊生、李鹏、周冰、董伟、李瑞、王渊峰。本书的编写和出版得到了很多朋友的大力支持，值此图书出版发行之际，向他们表示衷心的感谢。

由于编者水平有限，书中不足之处在所难免，望广大读者批评指正，编者将不胜感激。有任何问题可以登录网站 www.sjzswsw.com 或联系 win760520@126.com，也欢迎加入三维书屋图书学习交流群 QQ：379090620 进行交流探讨。

编　者

目 录

电气工程图概述

电气工程图是一种示意性的工程图，它主要用图形符号、线框或者简化的外形表示电气设备或系统中各有关组成部分的连接关系。本章将介绍电气工程相关的基础知识，并参照国家标准GB/T 18135—2008《电气工程CAD制图规则》中常用的有关规定，介绍绘制电气工程图的一般规则，并绘制标题栏，建立A3幅面的样板文件。

- 电气工程图的分类及特点
- 电气工程CAD制图规范

1.1 电气工程图的分类及特点

为了让读者在绘制电气工程图之前对电气工程图的基本概念有所了解，本节将简要介绍电气工程图的一些基础知识，包括电气工程图的应用范围、电气工程图的分类和电气工程图的特点等。

1.1.1 电气工程的应用范围

电气工程包含的范围很广，如电子、电力、工业控制、建筑电气等。不同应用范围的工程图的要求大致相同，但也有一些特定的要求，规模也大小不一。根据应用范围的不同，电气工程大致可分为以下几类：

1．电力工程

（1）发电工程　根据电源性质的不同，发电工程主要分为火电、水电、核电三类。发电工程中的电气工程指的是发电厂电气设备的布置、接线、控制及其他附属项目。

（2）线路工程　用于连接发电厂、变电站和各级电力用户的输电线路，包括内线工程和外线工程。内线工程是指室内动力、照明电气线路以及其他线路；外线工程是指室外电源供电线路，包括架空电力线路、电缆电力线路等。

（3）变电工程　升压变电站将发电站发出的电能进行升压，以减少远距离输电的电能损失；降压变电站将电网中的高电压降为各级用户能使用的低电压。

2．电子工程

电子工程主要是应用于计算机、电话、广播、闭路电视和通信等众多领域的弱电信号线路和设备。

3．建筑电气工程

建筑电气工程主要是应用于工业与民用建筑领域的动力照明、电气设备、防雷接地等，包括各种动力设备、照明灯具、电器以及各种电气装置的保护接地、工作接地、防静电接地等。

4．工业控制电气

工业控制电气主要是应用于机械、车辆及其他控制领域的电气设备，包括机床电气、电动机电气、汽车电气和其他控制电气。

1.1.2 电气工程图的特点

1）电气工程图的主要表现形式是简图。简图是采用标准的图形符号和带注释的线框或者简化的外形表示系统或设备中各组成部分之间相互关系的一种图。电气工程图中绝大部分采用简图的形式。

2）电气工程图描述的主要内容是元件和连接线。一种电气设备主要由电气元件和连接线组成，因此无论是电路图、系统图，还是接线图、平面图都是以电气元件和连接线作为描述的主要内容。正因为对电气元件和连接线有多种不同的描述方式，从而构成了电气工程图的多样性。

3）电气工程图的基本要素是图形、文字和项目代号。一个电气系统或装置通常由许多部件、组件构成，这些部件、组件或者功能模块称为项目。项目一般由简单的符号表示，这些符号就是图形符号。通常每个图形符号都有相应的文字符号。在同一个图上，为了区别相同的设备，需要为设备编号。设备编号和文字符号一起构成了项目代号。

4）电气工程图的两种基本布局方法是功能布局法和位置布局法。功能布局法是指在绘图时，图中各元件的位置只考虑元件之间的功能关系，而不考虑元件实际位置的一种布局方法。电气工程图中的系统图、电路图采用的就是这种方法。位置布局法是指电气工程图中的元件位置对应于元件实际位置的一种布局方法。电气工程中的接线图、设备布置图采用的就是这种方法。

5）电气工程图具有多样性。不同的描述方法，如能量流、逻辑流、信息流、功能流等，形成了不同的电气工程图。系统图、电路图、框图、接线图是描述能量流和信息流的电气工程图；逻辑图是描述逻辑流的电气工程图；功能表图、程序框图是描述功能流的电气工程图。

1.1.3 电气工程图的种类

电气工程图虽然可以依据功能和使用场合的不同分为不同的类别，但是各种类别的电气工程图都有某些联系和共同点。不同类别的电气工程图适用于不同的场合，其表达工程含义的侧重点也不尽相同。对于不同专业和不同场合，只要是按照同一种用途绘制的电气图，不仅在表达方式与方法上就必须是统一的，而且在图的分类与属性上也应该一致。

电气工程图用来阐述电气工程的构成和功能，描述电气装置的工作原理，提供安装和维护使用的信息，辅助电气工程研究和指导电气工程实践施工等。电气工程的规模不同，其电气工程电气图的种类和数量也不同。电气工程图的种类与电气工程的规模有关，较大规模的电气工程通常要包含较多种类的电气工程图，从不同的侧面表达不同侧重点的工程含义。一般来讲，一项电气工程的电气图（通常装订成册），包含以下内容：

1．目录和前言

电气工程图的目录好比书的目录，方便查阅，由序号、图样名称、编号、张数等构成，便于资料系统化和检索图样。

前言中一般包括设计说明、图例、设备材料明细表、工程经费概算等。设计说明的主要目的在于阐述电气工程设计的依据、基本指导思想与原则，图样中未能清楚表明的工程特点、安装方法、工艺要求、特种设备的安装使用说明，以及有关的注意事项等。图例就是图形符号，一般在前言中只列出本图样涉及的一些特殊图例。通常图例都有约定俗成的图形格式，可以通过查询国家标准和电气工程手册获得。设备材料明细表列了出该电气工程所需的主要电气设备和材料的名称、型号、规格和数量，可供实验准备、经费预算和购置设备材料时参考。工程经费概算用于大致统计出该套电气工程所需的费用，可以作为工程经费预算和决算的重要依据。

2．电气系统图和框图

系统图是一种简图，由符号或带注释的线框绘制而成，用来概略表示系统、分系统、成套装置或设备的基本组成、相互关系及其主要特征，为进一步编制详细的技术文件提供依据，供操作和维修时参考。系统图是绘制较其层次低的其他各种电气图（主要是指电路图）的主要依据。

系统图对布图有很高的要求，强调布局清晰以利于识别过程和信息的流向。基本的流向应该是由左至右或者由上至下，如图 1-1 所示。只有在某些特殊情况下方可例外，例如，用于表达非电工程中的电气控制系统或者电气控制设备的系统图和框图可以根据非电过程的流程图绘制，但是图中的控制信号应该与过程的流向相互垂直，以利于识别，如图 1-2 所示。

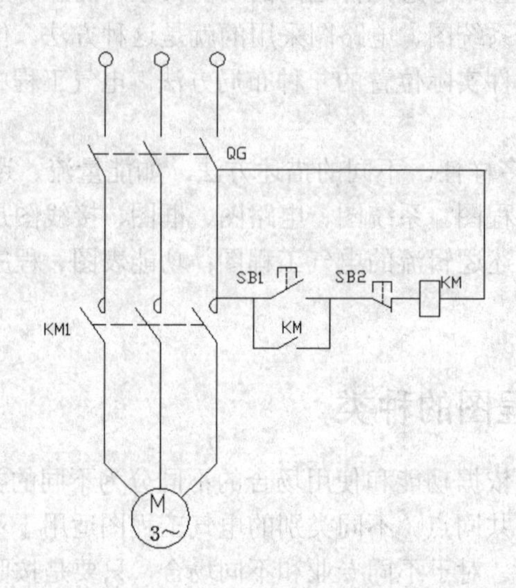

图1-1 电动机控制系统图

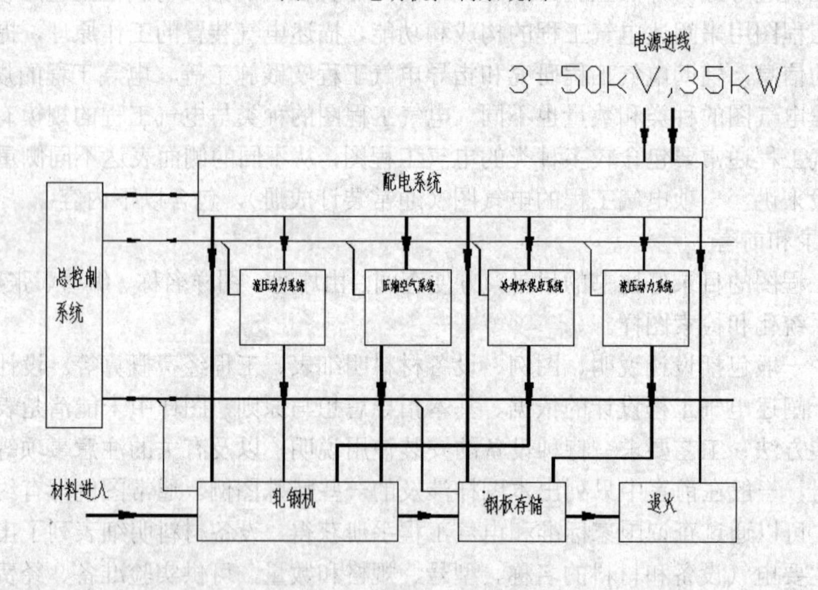

图1-2 轧钢厂的系统图

3. 电路图

电路图是用图形符号绘制，并按工作顺序排列，详细表示电路、设备或成套装置的全部基本组成部分的连接关系，侧重表达电气工程的逻辑关系，而不考虑其实际位置的一种简图。电路图的用途很广，可以用于详细地理解电路、设备或成套装置及其组成部分的作用原理，分析和计算电路特性，为测试和寻找故障提供信息，并作为编制接线图的依据。

简单的电路图还可以直接用于接线。

电路图的布图应突出表示功能的组合和性能。每个功能级都应以适当的方式加以区分，突出信息流及各级之间的功能关系，其中使用的图形符号必须具有完整的形式，元件画法简单而且符合国家规范。电路图应根据使用对象的不同需要，增注相应的各种补充信息，特别是应该尽可能地考虑给出维修所需的各种详细资料，如项目的型号与规格，表明测试点，并给出有关的测试数据（各种检测值）和资料（波形图）等。图 1-3 所示为车床电气设备电路图。

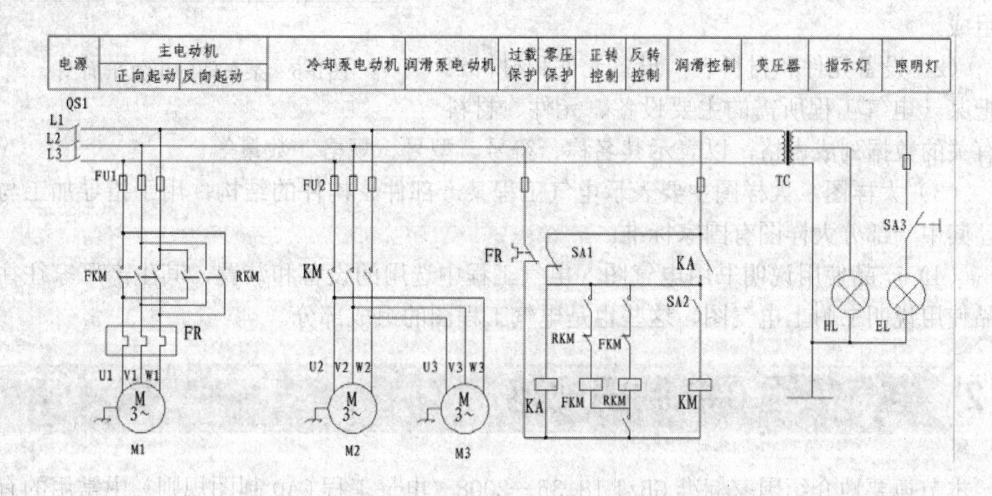

图1-3　车床电气设备电路图

4．电气接线图

接线图是用符号表示成套装置、设备或装置的内部、外部各种连接关系的一种简图，用于安装接线。

接线图中的每个端子都必须标注出元件的端子代号，连接导线的两端子必须在工程中统一编号。接线图布图时，应大体按照各个项目的相对位置进行布置，连接线可以用连续线方式画，也可以用断线方式画。不在同一张图的连接线可采用断线画法，如图 1-4 所示。

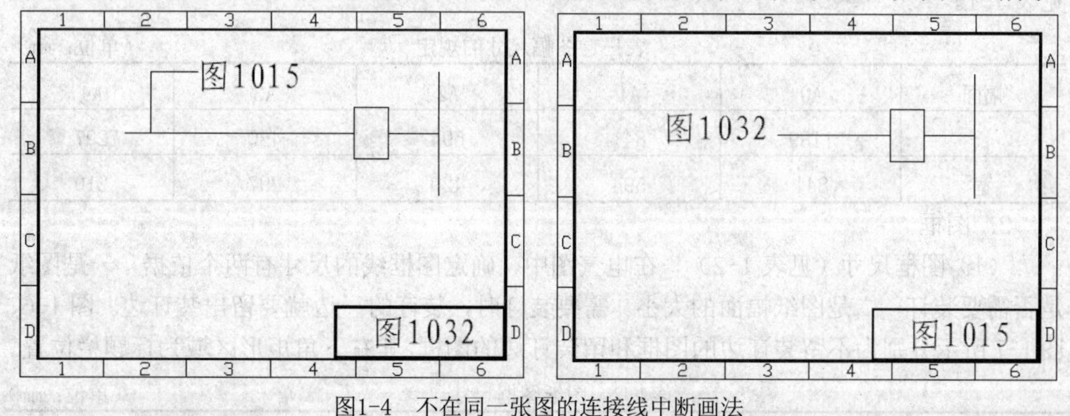

图1-4　不在同一张图的连接线中断画法

5．电气平面图

电气平面图主要是表示某一电气工程中电气设备、装置和线路的平面布置。它一般是在建筑平面图的基础上绘制出来的。常见的电气工程平面图有线路平面图、变电所平面图、照明平面图、弱点系统平面图、防雷与接地平面图等。图 1-5 所示为某车间的电气平面图。

6. 其他电气工程图

在常见的电气工程图中除以上提到的系统图、电路图、接线图、平面图以外，还有以下 4 种：

（1）设备布置图　设备布置图主要表示各种电气设备的布置形式、安装方式及相互间的尺寸关系，通常由平面图、立体图、断面图、剖面图等组成。

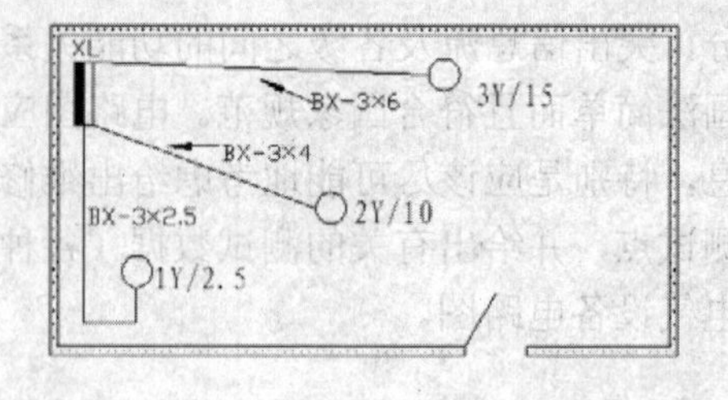

图1-5　某车间的电气平面图

（2）设备元件和材料表　设备元件和材料表是把某一电气工程所需的主要设备、元件、材料和有关的数据列成表格，以表示其名称、符号、型号、规格、数量等。

（3）大样图　大样图主要表示电气工程某一部件、构件的结构，用于指导加工与安装。其中一部分大样图有国家标准。

（4）产品使用说明书用电气图　电气工程中选用的设备和装置，其生产厂家往往随产品使用说明书附上电气图，这些也是电气工程图的组成部分。

1.2 电气工程 CAD 制图规范

本节扼要地介绍国家标准 GB/T 18135—2008《电气工程 CAD 制图规则》中常用的有关规定，同时对其引用标准中的规定加以引用与解释。

1.2.1　图纸格式

1. 幅面

电气工程图纸采用的基本幅面有五种，即 A0、A1、A2、A3 和 A4，各图幅的相应尺寸见表 1-1。

表1-1　图幅尺寸的规定　（单位：mm）

幅面	A0	A1	A2	A3	A4
长	1189	841	594	420	297
宽	841	594	420	297	210

2. 图框

（1）图框尺寸（见表 1-2）　在电气图中，确定图框线的尺寸有两个依据，一是图纸是否需要装订，二是图纸幅面的大小。需要装订时，装订的一边就要留出装订边。图 1-6、图 1-7 所示分别为不留装订边的图框和留装订边的图框，其右下角矩形区域为标题栏位置。

表1-2　图纸图框尺寸　（单位：mm）

幅面代号	A0	A1	A2	A3	A4
e	20		10		
c	10			5	
a	25				

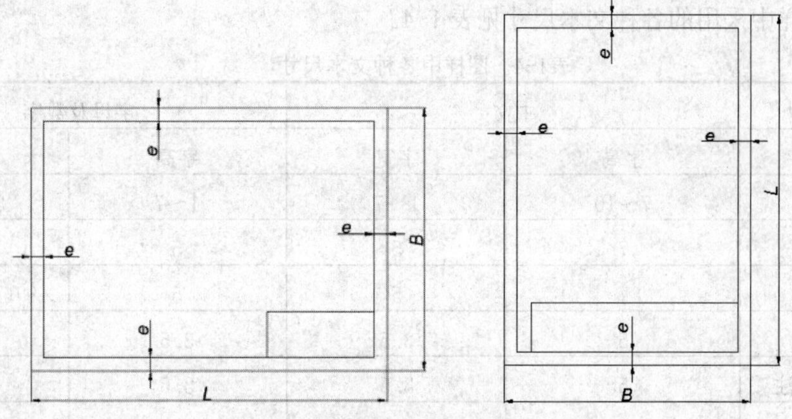

图1-6　不留装订边的图框

（2）图框线宽　根据幅面不同，不同的输出设备宜采用不同的内框线宽，见表1-3。各种图幅的外框线均为0.25mm宽的实线。

表1-3 图幅内框线宽　（单位：mm）

幅面	绘图机类型	
	喷墨绘图机	笔式绘图机
A0、A1	1.0	0.7
A2、A3、A4	0.7	0.5

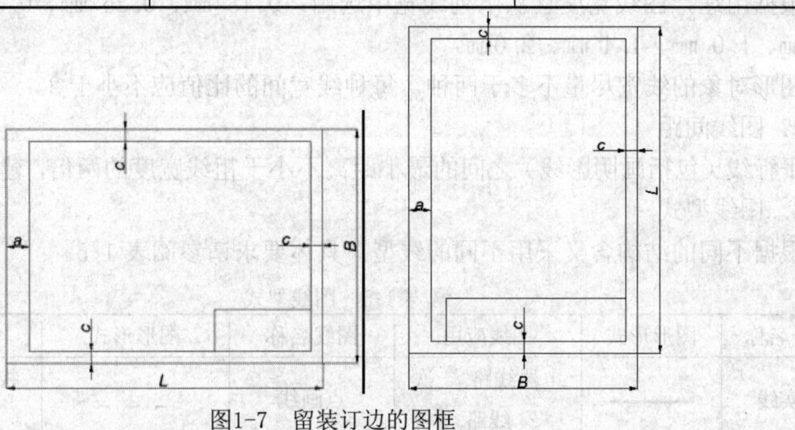

图1-7　留装订边的图框

1.2.2　文字

1. 字体

电气工程图样和简图中的汉字字体应为长仿宋体。在AutoCAD环境中，汉字字体可采用Windows系统所带的TrueType“仿宋_GB2312”。

2. 文本尺寸高度

1）常用的文本尺寸宜在下列尺寸中选择：1.5 mm、3.5 mm、5 mm、7 mm、10 mm、14 mm、20mm。

2）字符的宽高比约为0.7。

3）各行文字间的行距不应小于1.5倍的字高。

4）图样中采用的各种文本尺寸见表 1-4。

表1-4　图样中各种文本尺寸　（单位：mm）

文本类型	中文		字母及数字	
	字高	字宽	字高	字宽
标题栏图名	7～10	1～7	1～7	3.1～5
图形图名	7	5	5	3.5
说明抬头	7	5	5	3.5
说明条文	5	3.5	3.5	1.5
图形文字标注	5	3.5	3.5	1.5
图号和日期	5	3.5	3.5	1.5

3．表格中的文字和数字

（1）数字书写　带小数的数值，按小数点对齐；不带小数点的数值，按个位对齐。

（2）文本书写　正文按左对齐。

1.2.3　图线

1．线宽

根据用途，图线宽度宜从下列线宽中选用：0.18 mm、0.25 mm、0.35 mm、0.5 mm、0.7 mm、1.0 mm、1.4 mm、2.0mm。

图形对象的线宽尽量不多于两种，每种线宽间的比值应不小于 2。

2．图线间距

平行线（包括画阴影线）之间的最小距离不小于粗线宽度的两倍，建议不小于 0.7mm。

3．图线型式

根据不同的结构含义采用不同的线型，具体要求请参阅表 1-5。

表1-5　图线型式

图线名称	图形形式	图线应用	图线名称	图形形式	图线应用
粗实线	————	电器线路，一次线路	点画线	—·—·—	控制线，信号线，围框图
细实线	————	二次线路，一般线路	点画线，双点画线	—·—·— —··—··—··—	原轮廓线
虚　线	-------	屏蔽线，机械连线	双点画线	—··—··—	辅助围框线，36V 以下线路

4．线型比例

线型比例 k 与印制比例宜保持适当关系，当印制比例为 1:n 时，在确定线宽库文件后，线型比例可取 $k \times n$。

1.2.4　比例

推荐采用比例规定，见表 1-6。

表1-6 比例

类别	推荐比例		
放大比例	50：1		
	5：1		
原尺寸	1：1		
缩小比例	1：2	1：5	1：10
	1：20	1：50	1：100
	1：200	1：500	1：1000
	1：2000	1：5000	1：10000

1.3 思考与练习

1. 电气工程图分为哪几类？
2. 电气工程图具有什么特点？
3. 电气工程图在 AutoCAD 制图中，在图纸格式、文字、图线等方面有什么要求？

第 2 章

AutoCAD 2016 入门

本章将循序渐进地学习AutoCAD 2016绘图的有关基本知识，了解如何设置图形的系统参数、样板图，熟悉建立新的图形文件、打开已有文件的方法等，为后面进入系统的学习准备必要的前提知识。

- 操作环境设置
- 文件管理
- 基本输入操作

2.1 操作环境设置

AutoCAD 2016 为用户提供了交互性良好的 Windows 风格操作界面，也提供了方便的系统定制功能，用户可以根据个人需要和喜好灵活地设置绘图环境。

2.1.1 操作界面

AutoCAD 操作界面是 AutoCAD 显示、编辑图形的区域。一个完整的 AutoCAD 2016 操作界面如图 2-1 所示，包括标题栏、十字光标、快速访问工具栏、绘图区、功能区、坐标系、命令行窗口、状态栏、布局标签、导航栏等。

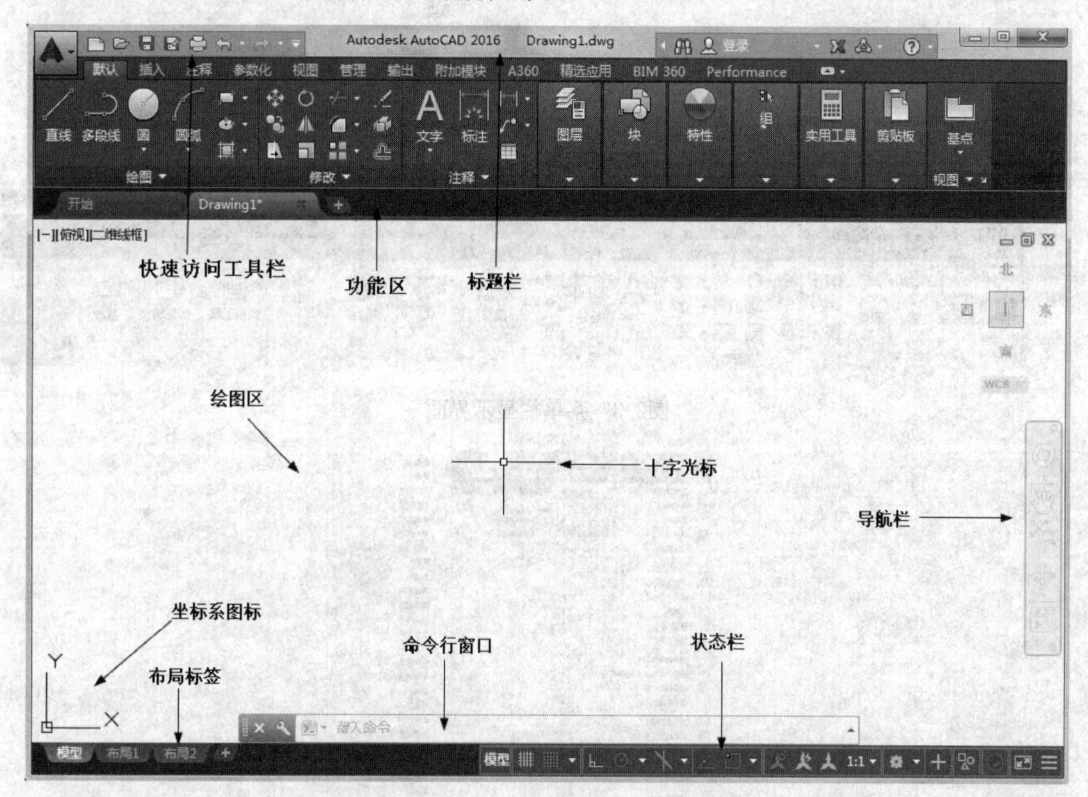

图2-1　AutoCAD 2016中文版的操作界面

注意

在 AutoCAD 快速访问工具栏处调出菜单栏，如图 2-2 所示，调出后的菜单栏如图 2-3 所示。同其他 Windows 程序一样，AutoCAD 的菜单也是下拉形式的，并在菜单中包含子菜单。

选择菜单栏中的工具→工具栏→AutoCAD，调出所需要的工具栏，如图 2-4 所示。单击某一个未在界面显示的工具栏名，系统会自动在界面打开该工具栏。反之，关闭工具栏。

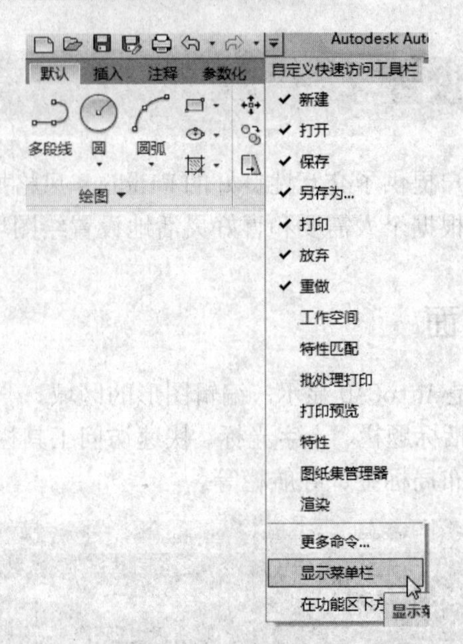

图2-2　调出菜单栏

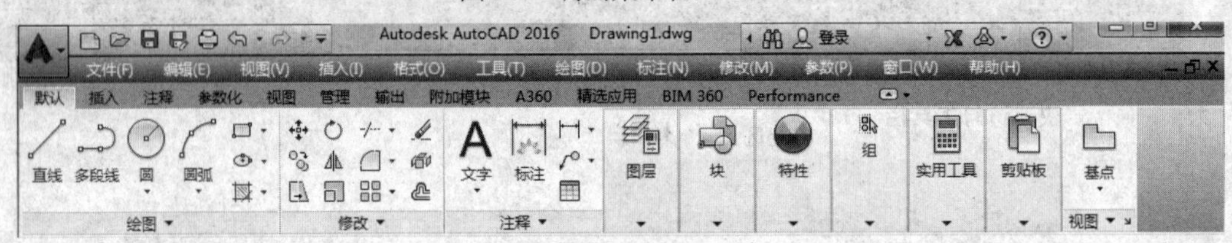

图2-3　菜单栏显示界面

图2-4　调出工具栏

2.1.2 配置绘图系统

由于每台计算机所使用的显示器、输入设备和输出设备的类型不同，用户喜好的风格及计算机的目录设置也不同，所以每台计算机都是独特的。一般来讲，使用 AutoCAD 2016 的默认配置就可以绘图，但为了使用用户的定点设备或打印机，以及提高绘图的效率，AutoCAD 推荐用户在开始作图前先进行必要的配置。

【执行方式】

命令行：preferences

菜单：工具→选项（其中包括一些最常用的命令，如图 2-5 所示）

【操作格式】

右键菜单：选项（单击鼠标右键，系统打开右键菜单，其中包括一些最常用的命令，如图 2-6 所示）。

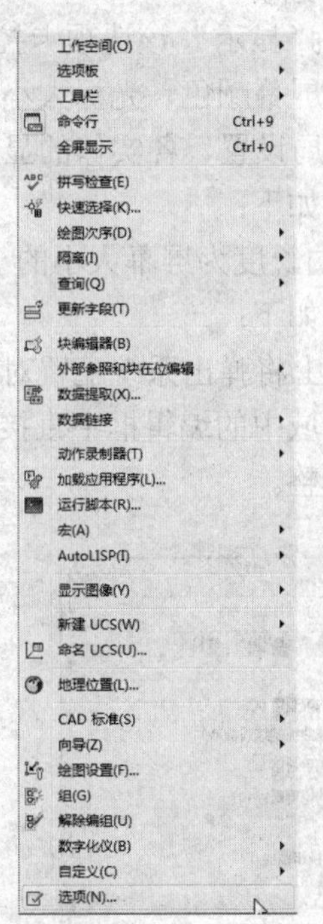

图2-5 “工具”下拉菜单

图2-6 “选项”右键菜单

【选项说明】

执行上述命令后，系统会自动打开“选项”对话框。用户可以在该对话框中选择有关选项对系统进行配置。下面只就其中主要的几个选项卡进行说明，其他配置选项将在后面用到时再做具体说明。

（1）系统配置　在“选项”对话框中的第五个选项卡为“系统”，如图 2-7 所示。该选项卡用来设置 AutoCAD 系统的有关特性。其中“常规选项”选项组用来确定是否选择系统配置的有关基本选项。

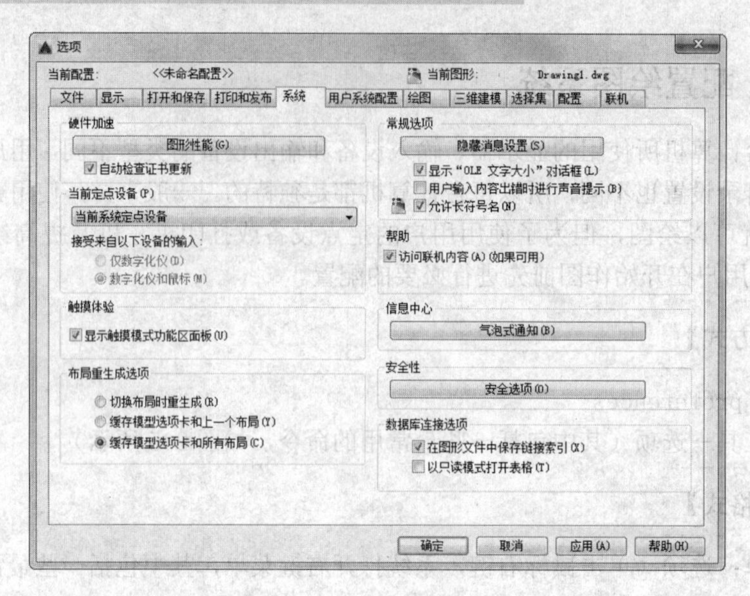

图2-7 “选项”对话框中的“系统”选项卡

(2)显示配置 在“选项”对话框中的第二个选项卡为“显示”，该选项卡控制 AutoCAD 窗口的外观，如图 2-8 所示。该选项卡可设定屏幕菜单、屏幕颜色、光标大小、滚动条显示与否、固定命令行窗口中文字行数、AutoCAD 的版面布局设置、各实体的显示分辨率以及 AutoCAD 运行时各项性能参数的设定等。其中部分设置如下：

1）修改图形窗口中十字光标的大小：系统预设光标的长度为屏幕大小的 5%，用户可以根据绘图的实际需要更改其大小。改变光标大小的方法如下：

在绘图窗口中选择工具菜单中的“选项”命令，屏幕上将弹出系统配置对话框，打开“显示”选项卡，如图 2-8 所示，在“十字光标大小”区域中的编辑框中直接输入数值，或者拖动编辑框后的滑块，即可对十字光标的大小进行调整。

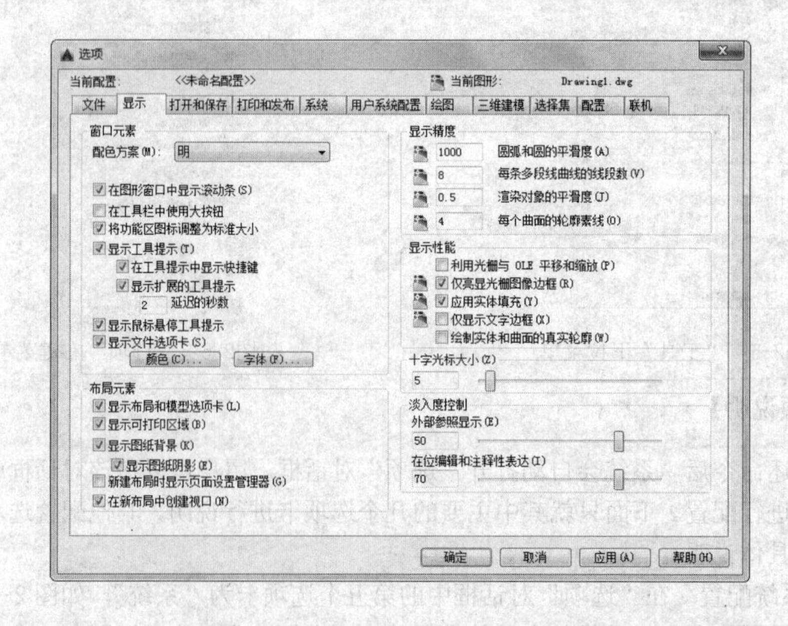

图2-8 “选项”对话框中的“显示”选项卡

此外，还可以通过设置系统变量“CURSORSIZE”的值实现对其大小的更改。方法是在命令行输入：

```
命令: CURSORSIZE↙
输入 CURSORSIZE 的新值 <5>:
```

在提示下输入新值即可，默认值为5%。

2）修改绘图窗口的颜色：在默认情况下，AutoCAD 的绘图窗口是黑色背景、白色线条，这不符合绝大多数用户的习惯，因此修改绘图窗口颜色是大多数用户都需要进行的操作。

修改绘图窗口颜色的步骤为：

①选择“工具”下拉菜单中的“选项”打开的“选项”对话框，打开图2-8所示的“显示”选项卡，单击“窗口元素”区域中的“颜色”按钮，打开图2-9所示的“图形窗口颜色”对话框。

②单击“图形窗口颜色”对话框中“颜色”字样右侧的下拉箭头，在打开的下拉列表中选择需要的窗口颜色，然后单击“应用并关闭”按钮，此时AutoCAD的绘图窗口变成了窗口背景色。通常按视觉习惯选择白色为窗口颜色。

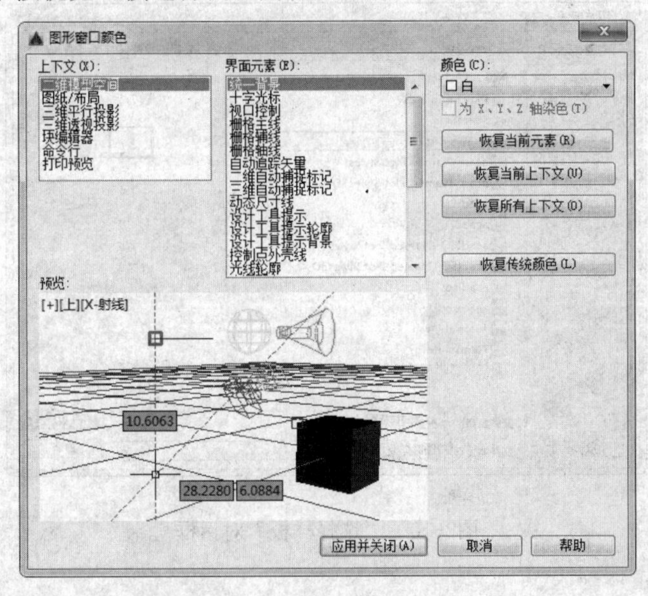

图2-9 “图形窗口颜色”对话框

注意

在设置实体显示分辨率时请务必记住，显示质量越高，即分辨率越高，计算机计算的时间越长，因此千万不要将其设置得太高。显示质量设定在一个合理的程度是很重要的。

2.2 文件管理

本节将介绍有关文件管理的一些基本操作方法，包括新建文件、打开已有文件、保存文件、删除文件等，这些都是进行AutoCAD 2016操作的最基础的知识。

📖2.2.1 新建文件

【执行方式】

命令行：NEW（或 QNEW）

菜单：文件→新建或主菜单→新建

工具栏：标准→新建或快速访问→新建

【操作格式】

系统打开如图 2-10 所示“选择样板”对话框。

【选项说明】

执行上述命令后，系统立即从弹出的对话框中的图形样板创建新图形。

图2-10 “选择样板”对话框

📖2.2.2 打开文件

【执行方式】

命令行：OPEN

菜单：文件 → 打开或主菜单→打开

工具栏：标准 → 打开或快速访问→打开

【操作格式】

执行上述命令后，系统打开“选择文件”对话框，如图 2-11 所示。在“文件类型”列表框中用户可选.dwg 文件、.dwt 文件、.dxf 文件和.dws 文件。.dws 文件是包含标准图层、标注样式、线型和文字样式的样板文件。.dxf 文件是用文本形式存储的图形文件，能

够被其他程序读取，许多第三方应用软件都支持.dxf 格式。

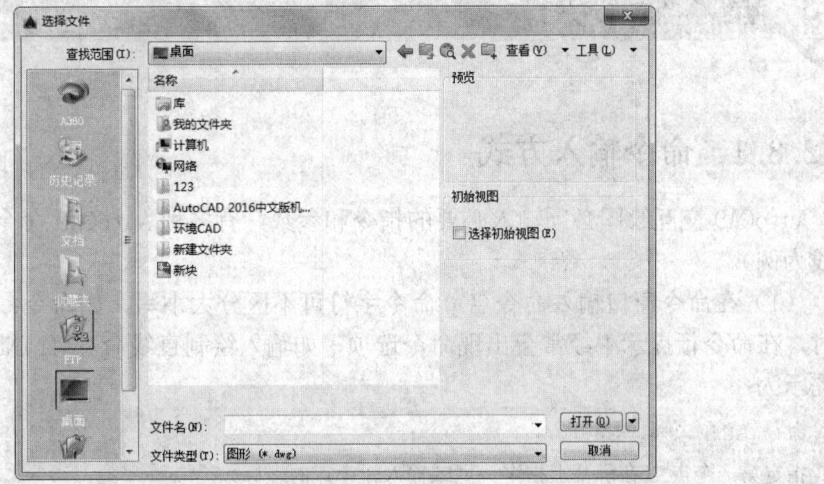

图2-11　“选择文件”对话框

2.2.3　保存文件

【执行方式】

命令行：QSAVE(或 SAVE 或 SAVEAS)

菜单：文件→保存（或另存为）或主菜单→保存

工具栏：标准→保存或快速访问→保存

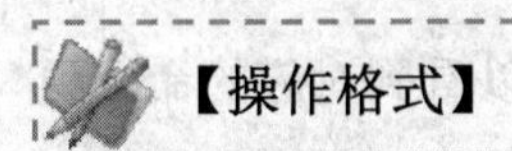

【操作格式】

执行上述命令后，若文件已命名，则 AutoCAD 自动保存；若文件未命名（即为默认名 drawing1.dwg)，则系统打开“图形另存为”对话框（如图 2-12 所示)，用户可以命名保存。在“保存于”下拉列表框中可以指定保存文件的路径，在“文件类型”下拉列表框中可以指定保存文件的类型。

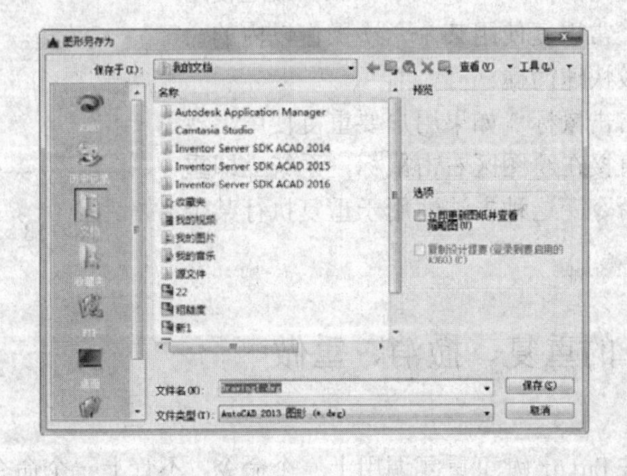

图2-12　“图形另存为”对话框

2.3 基本输入操作

2.3.1 命令输入方式

AutoCAD 交互绘图必须输入必要的指令和参数。有多种 AutoCAD 命令输入方式（以画直线为例）。

（1）在命令窗口输入命令名　命令字符可不区分大小写，如命令：LINE↙。执行命令时，在命令行提示中经常会出现命令选项，如输入绘制直线命令“LINE”后，命令行中的提示为：

命令: LINE↙
指定第一个点:（在屏幕上指定一点或输入一个点的坐标）
指定下一点或 [放弃(U)]:

选项中不带括号的提示为默认选项，因此可以直接输入直线段的起点坐标值或在屏幕上指定一点。如果要选择其他选项，则应该首先输入该选项的标识字符，如“放弃”选项的标识字符“U”，然后按系统提示输入数据即可。在命令选项的后面有时候还带有尖括号，尖括号内的数值为默认数值。

（2）在命令窗口输入命令缩写字　如 L（Line）、C（Circle）、A（Arc）、Z（Zoom）、R（Redraw）、M（More）、CO（Copy）、PL（Pline）、E（Erase）等。

（3）选取绘图菜单中的选项　选取该选项后，在状态栏中可以看到对应的命令说明及命令名。

（4）选取工具栏中的对应图标　选取该图标后在状态栏中也可以看到对应的命令说明及命令名。

（5）在命令行打开右键快捷菜单　如果在前面刚使用过要输入的命令，可以在命令行打开右键快捷菜单，在“近期使用的命令”子菜单中选择需要的命令，如图2-13 所示。“近期使用的命令”子菜单中储存最近使用的六个命令，如果经常重复使用某个六次操作以内的命令，这种方法就比较快速简捷。

（6）在绘图区右击鼠标　如果用户要重复使用上次使用的命令，可以直接在绘图区右击鼠标，系统立即重复执行上次使用的命令。这种方法适用于重复执行某个命令。

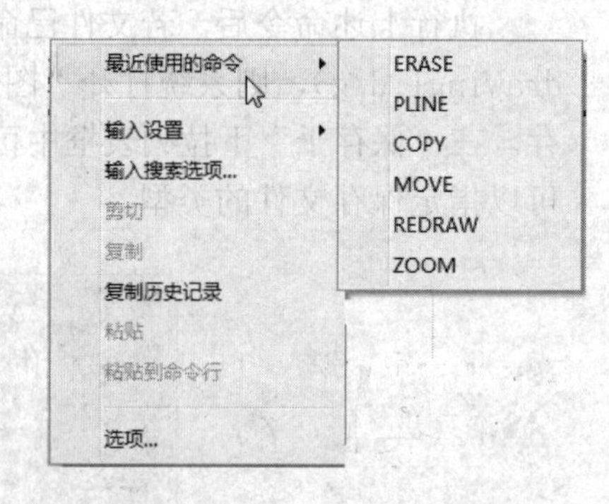

图2-13　命令行右键快捷菜单

2.3.2 命令的重复、撤消、重做

1. 命令的重复

在命令窗口中按 Enter 键可重复调用上一个命令，不管上一个命令是完成了还是被取消了。

2．命令的撤消

在命令执行的任何时刻都可以取消和终止命令的执行。

【执行方式】

命令行：UNDO

菜单：编辑→放弃

快捷键：Esc

3．命令的重做

已被撤消的命令还可以恢复重做。

【执行方式】

命令行：REDO

菜单：编辑→重做

快捷键：Ctrl+Y

AutoCAD 2016 可以一次执行多重放弃和重做操作。单击 UNDO 或 REDO 列表箭头，可以选择要放弃或重做的操作，如图 2-14 所示。

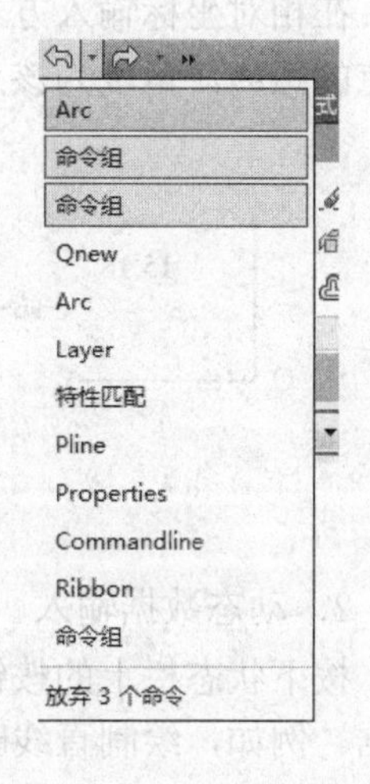

图 2-14　多重放弃或重做

2.3.3　命令执行方式

有的命令有两种执行方式，通过对话框或通过命令行输入命令。如指定使用命令窗口方式，可以在命令名前加短划来表示，如果“-LAYER”表示用命令行方式执行“图层”命令。而如果在命令行输入“LAYER”，系统则会自动打开“图层”对话框。

另外，有些命令同时存在命令行、菜单和工具栏三种执行方式，这时如果选择菜单或工具栏方式，命令行会显示该命令，并在前面加一下划线，如通过菜单或工具栏方式执行“直线”命令时，命令行会显示“_line”，命令的执行过程和结果与命令行方式相同。

2.3.4　数据的输入方法

1．数据的常用输入方法

在 AutoCAD 2016 中，点的坐标可以用直角坐标、极坐标、球面坐标和柱面坐标表示，每一种坐标又分别具有两种坐标输入方式，即绝对坐标和相对坐标。其中直角坐标和极坐标最为常用，下面主要介绍一下它们的输入方式。

（1）直角坐标法　用点的 X、Y 坐标值表示的坐标。

例如，在命令行中输入点的坐标提示下，输入“15，18”，则表示输入了一个 X、Y 的坐标值分别为 15、18 的点，此为绝对坐标输入方式，表示该点的坐标是相对于当前坐标原点的坐标值，如图 2-15a 所示。如果输入“@10，20”，则为相对坐标输入方式，表示该点的坐标是相对于前一点的坐标值，如图 2-15c 所示。

注意

分隔数值一定要是西文状态下的逗号，否则系统不会准确输入数据。

（2）极坐标法　用长度和角度表示的坐标，只能用来表示二维点的坐标。

在绝对坐标输入方式下，表示为“长度<角度”，如“25<50”，其中长度为该点到坐标原点的距离，角度为该点至坐标原点的连线与 X 轴正向的夹角，如图 2-15b 所示。

在相对坐标输入方式下，表示为“@长度<角度”，如“@25<45”，其中长度为该点到前一点的距离，角度为该点至前一点的连线与 X 轴正向的夹角，如图 2-15d 所示。

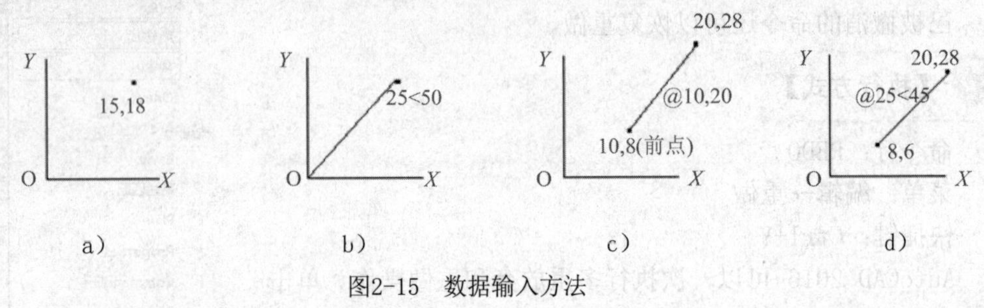

图2-15　数据输入方法

2. 动态数据输入

按下状态栏上的按钮，系统打开动态输入功能，可以在屏幕上动态地输入某些参数数据。例如，绘制直线时，在光标附近会动态地显示“指定第一点”以及后面的坐标框，当前显示的是光标所在位置，可以输入数据，两个数据之间以逗号隔开，如图 2-16 所示。指定第一个点后，系统动态显示直线的角度，同时要求输入线段长度值，如图 2-17 所示，其输入效果与“@长度<角度”方式相同。

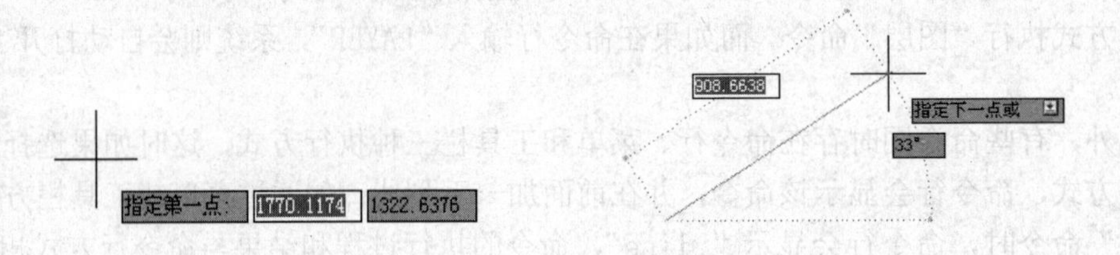

图2-16　动态输入坐标值　　　图2-17　动态输入长度值

下面分别讲述点与距离值的输入方法。

（1）点的输入　绘图过程中常需要输入点的位置，AutoCAD 提供了如下几种输入点的方式：

1）用键盘直接在命令窗口中输入点的坐标值。直角坐标有两种输入方式，即 x，y（点的绝对坐标值，如 100，50）和@x，y（相对于上一点的相对坐标值，如@50，-30）。坐标值均相对于当前的用户坐标系。

极坐标的输入方式为长度<角度（其中，长度为点到坐标原点的距离，角度为坐标原点至该点连线与 X 轴的正向夹角，如 20<45）或@长度<角度（相对于上一点的相对极坐标，如 @50<-30）。

2）用鼠标等定标设备移动光标，单击左键在屏幕上直接取点。

3）用目标捕捉方式捕捉屏幕上已有图形的特殊点（如端点、中点、中心点、插入点、交点、切点、垂足点等）。

4）直接距离输入。先用光标拖拉出相近线确定方向，然后用键盘输入距离值。这样有利于准确控制对象的长度等参数，如要绘制一条 10mm 长的线段，方法如下：

```
命令: _line
指定第一个点:（在屏幕上指定一点）
指定下一点或 [放弃(U)]:
```

这时在屏幕上移动鼠标指明线段的方向，如图 2-18 所示，但不要单击鼠标左键确认，然后在命令行输入 10，这样就在指定方向上准确地绘制了长度为 10mm 的线段。

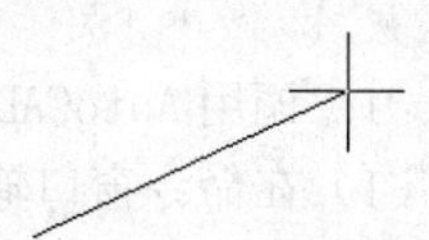

图2-18　绘制直线

（2）距离值的输入　在 AutoCAD 命令中，有时需要提供高度、宽度、半径、长度等距离值。AutoCAD 提供了两种输入距离值的方式：一种是用键盘在命令窗口中直接输入数值；另一种是在屏幕上拾取两点，以两点的距离值确定所需数值。

2.4 上机实验

实验 1　熟悉操作界面。

操作界面是用户绘制图形的平台。操作界面的各个部分都有其独特的功能，熟悉操作界面有助于读者方便快速地进行绘图。本实验要求了解操作界面各部分功能，掌握改变绘图窗口颜色和光标大小的方法，能够熟练地打开、移动和关闭工具栏。

操作提示：

1）启动 AutoCAD 2016，进入绘图界面。

2）调整操作界面大小。

3）设置绘图窗口颜色与光标大小。

4）打开、关闭功能区。

5）尝试同时利用命令行和功能区绘制一条线段。

实验 2　数据输入。

AutoCAD 2016 人机交互的最基本内容就是数据输入。本实验要求读者灵活熟练地掌握各种数据输入方法。

操作提示：

1）在命令行输入“LINE”命令。

2）输入起点的直角坐标方式下的绝对坐标值。

3）输入下一点的直角坐标方式下的相对坐标值。

4）输入下一点的极坐标方式下的绝对坐标值。

5）输入下一点的极坐标方式下的相对坐标值。

6）用鼠标直接指定下一点的位置。

7）按下状态栏上的“正交”按钮，用鼠标拉出下一点的方向，在命令行输入一个数值。

8）按下状态栏上的“DYN”按钮，拖动鼠标，系统会动态显示角度，将鼠标拖动到选定角度后，在长度文本框中输入长度值。

9）按 Enter 键结束绘制线段的操作。

2.5 思考与练习

1. 调用 AutoCAD 命令的方法有：

1）在命令窗口输入命令名。

2）在命令窗口输入命令缩写字。

3）拾取下拉菜单中的菜单选项。

4）拾取功能区中的对应图标。

2. 请用上题中的 4 种方法调用 AutoCAD 的圆（CIRCLE）命令。

第3章

二维绘图命令

二维图形是指在二维平面空间绘制的图形，AutoCAD提供了大量的绘图工具，可以帮助用户完成二维图形的绘制。AutoCAD提供了许多的二维绘图命令，利用这些命令可以快速方便地完成某些图形的绘制。本章主要讲述了下述内容：点、直线、圆和圆弧、椭圆和椭圆弧、平面图形、图案填充、多段线、样条曲线和多线的绘制与编辑。

学习要点

- 直线类命令
- 圆类图形命令
- 平面图形
- 图案填充
- 多段线与样条曲线
- 多线
- 文字输入
- 表格

3.1 点和直线类命令

3.1.1 点

【执行方式】

命令行：POINT（缩写名：PO）

菜单：绘图→点→单点或多点

工具栏：绘图→点

功能区：单击“默认”选项卡“绘图”面板中的“多点”按钮

【操作格式】

命令：POINT↙

当前点模式： PDMODE=0 PDSIZE=0.0000

指定点：（指定点所在的位置）

【选项说明】

1）通过菜单方法操作时（如图 3-1 所示），“单点”选项表示只输入一个点，“多点”选项表示可输入多个点。

2）可以打开状态栏中的“对象捕捉”开关设置点捕捉模式，帮助用户拾取点。

3）点在图形中的表示样式有 20 种。可通过命令 DDPTYPE 或拾取菜单：格式→点样式，弹出“点样式”对话框进行设置，如图 3-2 所示。

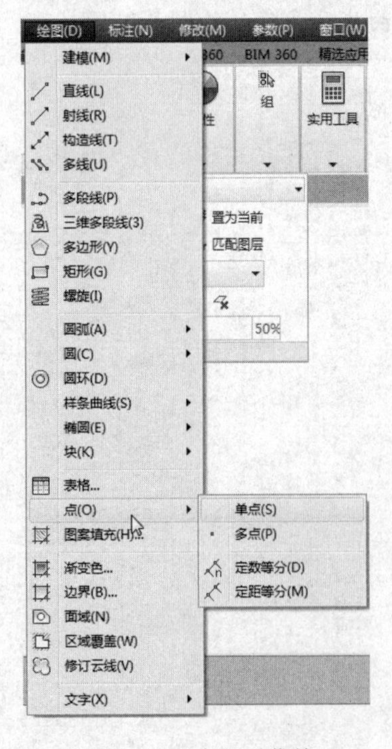

图3-1 “点”子菜单

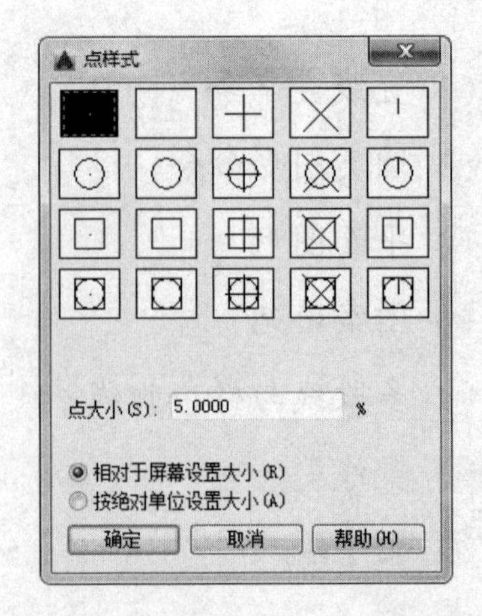

图3-2 “点样式”对话框

3.1.2 直线

【执行方式】

命令行：LINE（缩写名：L）

菜单：绘图→直线

工具栏：绘图→直线

功能区：单击“默认”选项卡“绘图”面板中的“直线”按钮（如图 3-3 所示）

图3-3 绘图面板1

【操作格式】

命令: LINE↙

指定第一个点:（输入直线段的起点，用鼠标指定点或者给定点的坐标）

指定下一点或 [放弃(U)]: （输入直线段的端点，也可以用鼠标指定一定角度后，直接输入直线的长度）

指定下一点或 [放弃(U)]: （输入下一直线段的端点，输入选项“U”表示放弃前面的输入；单击鼠标右键或按 Enter 键，结束命令）

指定下一点或 [闭合(C)/放弃(U)]: (输入下一直线段的端点，或输入选项“C”使图形闭合，结束命令)

【选项说明】

1）若采用按 Enter 键响应“指定第一个 T 点:”提示，系统会把上次绘线（或弧）的终点作为本次操作的起始点。特别地，若上次操作为绘制圆弧，按 Enter 键响应后系统会绘出通过圆弧终点的与该圆弧相切的直线段，该线段的长度由鼠标在屏幕上指定的一点与切点之间线段的长度确定。

2）在“指定下一点”提示下，用户可以指定多个端点，从而绘出多条直线段。但是每一段直线是一个独立的对象，可以进行单独的编辑操作。

3）绘制两条以上直线段后，若采用输入选项“C”响应“指定下一点”提示，系统会自动链接起始点和最后一个端点，从而绘出封闭的图形。

4）若采用输入选项“U”响应“指定下一点”提示，则系统擦除最近一次绘制的直线段。

5）若设置正交方式（按下状态栏上“正交”按钮），则只能绘制水平直线或垂直线段。

6）若设置动态数据输入方式（按下状态栏上“DYN”按钮），则可以动态输入坐标或长度值：下面的命令同样可以设置动态数据输入方式，效果与非动态数据输入方式类似。除了特别需要以后不再强调，而只按非动态数据输入方式输入相关数据。

3.1.3 实例——绘制阀符号

绘制图 3-4 所示的阀符号。

01 单击“默认”选项卡“绘图”面板中的“直线”按钮，绘制一条直线，命令行提示与操作如下：

命令: _line

指定第一个点:

02 在屏幕上指定一点（即顶点 1 的位置）后按 Enter 键，系统继续提示，采用相似方法输入阀的各个顶点：

指定下一点或 [放弃(U)]:（垂直向下在屏幕上大约位置指定点 2）

指定下一点或 [放弃(U)]: （在屏幕上大约位置指定点 3，使点 3 大约与点 1 等高，如图 3-5 所示）

指定下一点或 [闭合(C)/放弃(U)]: （垂直向下在屏幕上大约位置指定点 4，使点 4 大约与点 2 等高）

指定下一点或 [闭合(C)/放弃(U)]: C↙（系统自动封闭连续直线并结束命令）

实讲实训 多媒体演示

多媒体演示参见配套光盘中的\\动画演示\第 3 章\3. 1. 3 绘制阀符

图3-4 阀

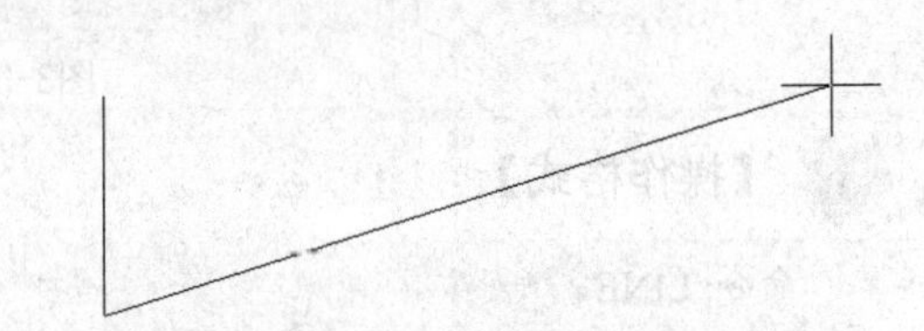

图3-5 指定点3

3. 2 圆类图形命令

圆类命令主要包括“圆”“圆弧”“椭圆”“椭圆弧”以及“圆环”等命令，这几个命令是 AutoCAD 中最简单的曲线命令。

3. 2. 1 圆

【执行方式】

命令行：CIRCLE（缩写名：C）

菜单：绘图→圆

工具栏：绘图→圆

功能区：单击“默认”选项卡“绘图”面板中的“圆”按钮

【操作格式】

命令: CIRCLE

指定圆的圆心或 [三点(3P)/两点(2P)/切点、切点、半径(T)]: （指定圆心）

指定圆的半径或 [直径(D)]: D（也可以直接输入半径数值或用鼠标指定半径长度即可完成圆的绘制）

指定圆的直径 <默认值>: （输入直径数值或用鼠标指定直径长度）

【选项说明】

（1）三点(3P)　用指定圆周上三点的方法画圆。

（2）两点(2P)　指定直径的两端点画圆。

（3）切点、切点、半径(T)　按先指定两个相切对象，后给出半径的方法画圆。如图 3-6 所示给出了以“切点、切点、半径”方式绘制圆的各种情形（其中加黑的圆为最后绘制的圆）。

（4）选择菜单栏中的“绘图”→“圆”命令 菜单中多了一种“相切、相切、相切”的方法。当选择此方式时（如图 3-7 所示），系统提示：

指定圆上的第一个点: _tan 到：（指定相切的第一个圆弧）

指定圆上的第二个点: _tan 到：（指定相切的第二个圆弧）

指定圆上的第三个点: _tan 到：（指定相切的第三个圆弧）

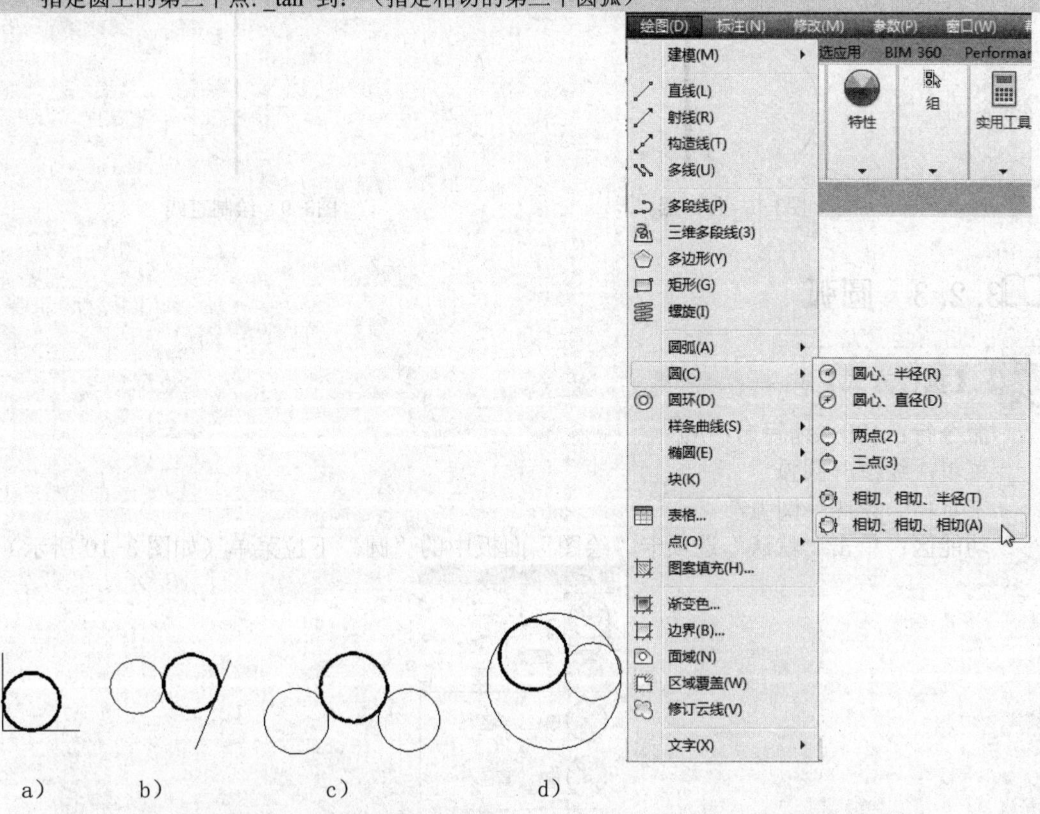

图3-6 圆与另外两个对象相切的各种情形

图3-7 绘制圆的菜单方法

3.2.2 实例——绘制传声器符号

绘制图 3-8 所示的传声器符号。

01 单击“默认”选项卡“绘图”面板中的“直线”按钮，竖直向下绘制一条直线，并设置线宽为 0.3mm，命令行提示与操作如下：

实讲实训
多媒体演示

多媒体演示参见配套光盘中的\\参考视频\第 3 章\3.2.2 绘制传声器符号.avi。

命令: _line

指定第一个点:（在屏幕适当位置指定一点）

指定下一点或 [放弃(U)]:（垂直向下在适当位置指定一点）

指定下一点或 [放弃(U)]: ↙（按 Enter 键，完成直线绘制）

结果如图 3-9 所示。

02 单击“默认”选项卡“绘图”面板中的“圆”按钮，绘制圆，命令行提示与操作如下：

命令: _circle

指定圆的圆心或 [三点(3P)/两点(2P)/ 切点、切点、半径(T)]:（在直线左边中间适当位置指定一点）

指定圆的半径或 [直径(D)]:（在直线上大约与圆心垂直的位置指定一点）

注意

对于圆心点的选择，除了直接输入圆心点(150,200)之外，还可以利用圆心点与中心线的对应关系，利用对象捕捉的方法。单击状态栏中的“对象捕捉”按钮。命令行中会提示“命令: <对象捕捉 开>”。

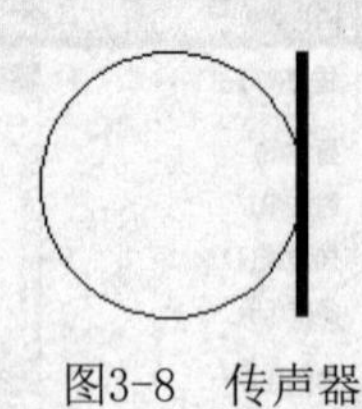

图3-8　传声器

图3-9　绘制直线

3.2.3　圆弧

【执行方式】

命令行：ARC（缩写名：A）

菜单：绘图→圆弧

工具栏：绘图→圆弧

功能区：单击“默认”选项卡“绘图”面板中的“圆”下拉菜单（如图 3-10 所示）

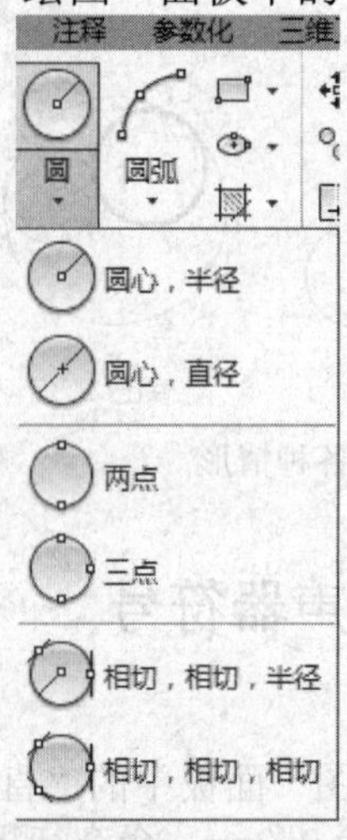

图3-10　“圆”下拉菜单

【操作格式】

命令: ARC↙

指定圆弧的起点或 [圆心(C)]:（指定起点）

指定圆弧的第二个点或 [圆心(C)/端点(E)]:（指定第二点）

指定圆弧的端点:（指定端点）

【选项说明】

1）用命令行方式画圆弧时，可以根据系统提示选择不同的选项，具体功能和用“绘制”菜单的“圆弧”子菜单提供的 11 种方式相似。这 11 种方式如图 3-11 所示。

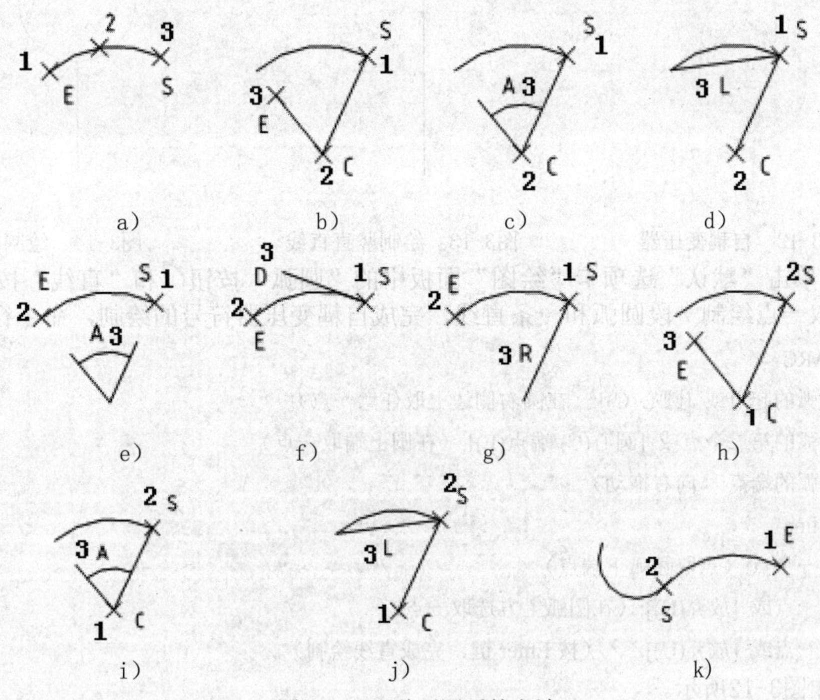

图3-11 11种画圆弧的方法

2）需要强调的是“继续”方式，其绘制的圆弧与上一线段或圆弧相切，继续画圆弧段时，只需提供端点即可。

3.2.4 实例——绘制自耦变压器符号

绘制图 3-12 所示的自耦变压器符号。

01 单击“默认”选项卡“绘图”面板中的“直线”按钮，绘制一条竖直直线，命令行提示与操作如下：

> 实讲实训
> 多媒体演示
>
> 多媒体演示参见配套光盘中的\\参考视频\第 3 章\3.2.4 绘制自耦变压器符号.avi。

命令: _line

指定第一个点:（在屏幕适当位置指定一点）

指定下一点或 [放弃(U)]:（垂直向下在适当位置指定一点）

指定下一点或 [放弃(U)]: ↙（按 Enter 键，完成直线绘制）

结果如图 3-13 所示。

02 单击“默认”选项卡“绘图”面板中的“圆”按钮，在竖直直线上端点处绘制一个圆，命令行提示与操作如下：

命令: _circle

指定圆的圆心或 [三点(3P)/两点(2P)/ 切点、切点、半径(T)]: （在直线上大约与圆心垂直的位置指定一点）

指定圆的半径或 [直径(D)]: （在直线上端点位置指定一点）

结果如图 3-14 所示。

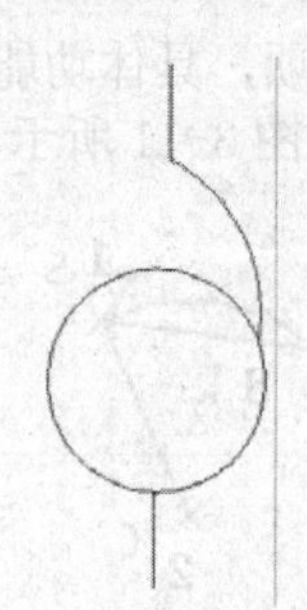

图3-12　自耦变压器

图3-13　绘制竖直直线

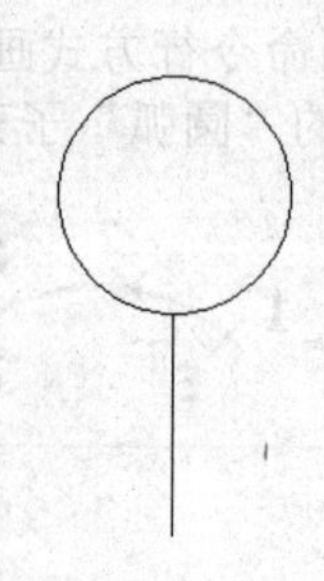

图3-14　绘制圆

03 单击“默认”选项卡“绘图”面板中的“圆弧”按钮和“直线”按钮，在圆右侧点取一点绘制一段圆弧和一条直线，完成自耦变压器符号的绘制，命令行提示：

命令: ARC↙

指定圆弧的起点或 [圆心(C)]:（在圆右侧边上取任意一点）

指定圆弧的第二个点或 [圆心(C)/端点(E)]:（在圆上端取一点）

指定圆弧的端点:（向右拖动）

命令: _line

指定第一个点:（点取圆弧下端点）

指定下一点或 [放弃(U)]:（在圆弧上方选取一点）

指定下一点或 [放弃(U)]: ↙（按 Enter 键，完成直线绘制）

结果如图3-12所示。

注意

绘制圆弧时，注意圆弧的曲率是遵循逆时针方向的，所以在采用指定圆弧两个端点和半径模式时，需要注意端点的指定顺序，否则有可能导致圆弧的凹凸形状与预期的相反。

3.2.5　圆环

【执行方式】

命令行：DONUT（缩写名：DO）

菜单：绘图→圆环

功能区：单击“默认”选项卡“绘图”面板中的“圆环”按钮

【操作格式】

命令: DONUT↙

指定圆环的内径 <默认值>：(指定圆环内径)

指定圆环的外径 <默认值>: (指定圆环外径)

指定圆环的中心点或 <退出>:（指定圆环的中心点）

指定圆环的中心点或 <退出>:（继续指定圆环的中心点，则继续绘制相同内外径的圆环。按 Enter 键、空格键或鼠标右键结束命令，如图 3-15a 所示。

【选项说明】

1）若指定内径为零，则画出实心填充圆如图 3-15b 所示。

2）用命令 FILL 可以控制圆环是否填充。具体方法是：

命令: FILL↙

输入模式 [开(ON)/关(OFF)] <开>:（选择 ON 表示填充，选择 OFF 表示不填充，如图 3-15c 所示）

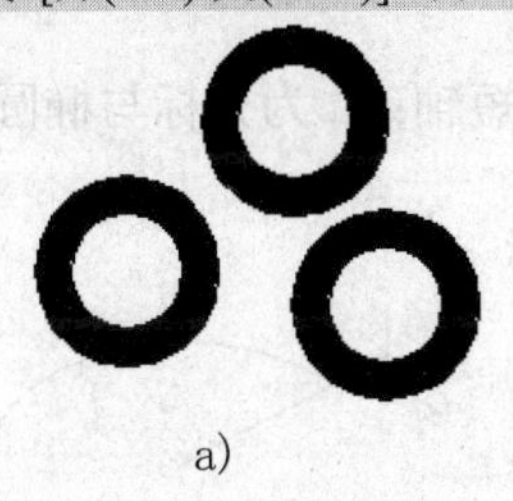

a)

b)

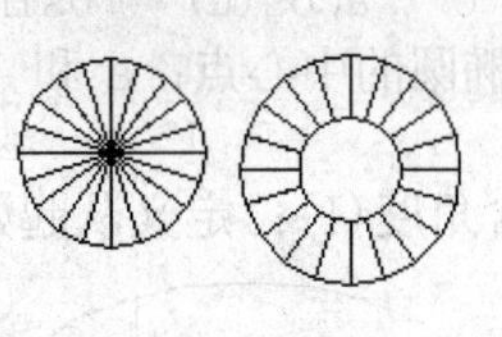

c)

图3-15　绘制圆环

3.2.6　椭圆与椭圆弧

【执行方式】

命令行：ELLIPSE（缩写名：EL）

菜单：绘图→椭圆→圆弧

工具栏：绘图→椭圆 或 绘制→椭圆弧

功能区：单击“默认”选项卡“绘图”面板中的“椭圆”下拉菜单（如图 3-16 所示）

图3-16　“椭圆”下拉菜单

【操作格式】

命令: ELLIPSE↙

指定椭圆的轴端点或 [圆弧(A)/中心点(C)]:（指定轴端点 1，如图 3-17a 所示）

指定轴的另一个端点:（指定轴端点 2，如图 3-17a 所示）

指定另一条半轴长度或 [旋转(R)]:

【选项说明】

（1）指定椭圆的轴端点　根据两个端点定义椭圆的第一条轴，第一条轴的角度确定了整个椭圆的角度，第一条轴既可定义椭圆的长轴也可定义短轴。

（2）旋转(R)　通过绕第一条轴旋转圆来创建椭圆，相当于将一个圆绕椭圆轴翻转一个角度后的投影视图。

（3）中心点(C)　通过指定的中心点创建椭圆。

（4）椭圆弧(A)　用于创建一段椭圆弧。与“工具栏：绘制 → 椭圆弧”功能相同。其中第一条轴的角度确定了椭圆弧的角度。第一条轴既可定义椭圆弧长轴也可定义椭圆弧短轴。选择该项，系统继续提示：

指定椭圆弧的轴端点或 [中心点(C)]:（指定端点或输入 C）

指定轴的另一个端点:（指定另一端点）

指定另一条半轴长度或 [旋转(R)]:（指定另一条半轴长度或输入 R）

指定起点角度或 [参数(P)]:（指定起始角度或输入 P）

指定端点角度或 [参数(P)/夹角(I)]:

其中各选项含义如下：

1）角度：指定椭圆弧端点的两种方式之一，光标与椭圆中心点连线的夹角为椭圆弧端点位置的角度，如图 3-17b 所示。

2）参数(P)：指定椭圆弧端点的另一种方式，该方式同样是指定椭圆弧端点的角度，但通过以下矢量参数方程式创建椭圆弧：

p(u) = c + acos(u) + bsin(u)

式中，c 是椭圆的中心点；a 和 b 分别是椭圆的长轴和短轴；u 为光标与椭圆中心点连线的夹角。

3）包含角度(I)：定义从起始角度开始的包含角度。

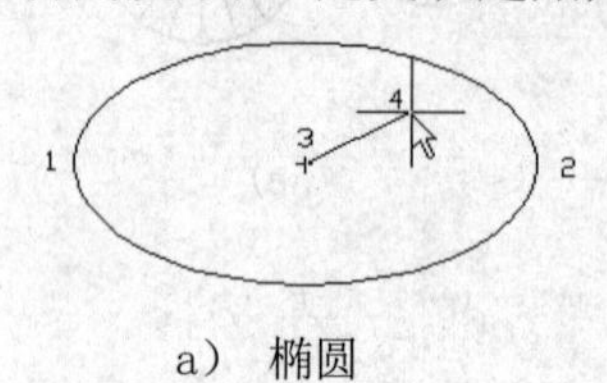

a） 椭圆

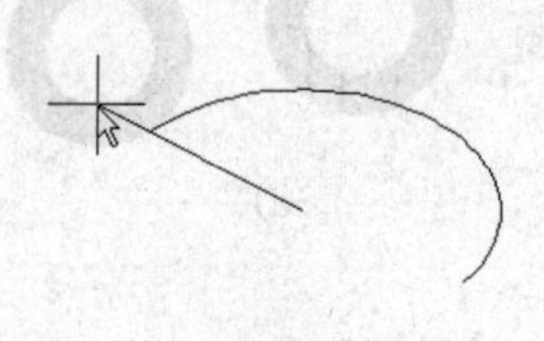

b） 椭圆弧

图3-17　椭圆和椭圆弧

3.2.7　实例——绘制感应式仪表符号

绘制图 3-18 所示的感应式仪表符号。

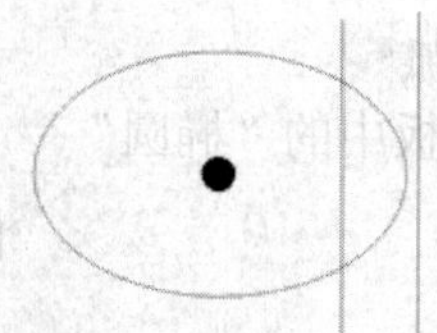

图3-18　感应式仪表符号

> 实讲实训
> 多媒体演示
>
> 多媒体演示参见配套光盘中的\\参考视频\第 3 章\3.2.7 绘制感应式仪表符号.avi。

01 单击“默认”选项卡“绘图”面板中的“椭圆”按钮，绘制椭圆。命令行提示与操作如下：

```
命令: _ellipse
指定椭圆的轴端点或 [圆弧(A)/中心点(C)]:（适当指定一点为椭圆的轴端点）
指定轴的另一个端点:（在水平方向指定椭圆的轴另一个端点）
指定另一条半轴长度或 [旋转(R)]:（适当指定一点，以确定椭圆另一条半轴的长度）
```

结果如图 3-19 所示。

02 单击“默认”选项卡“绘图”面板中的“圆环”按钮，绘制实心圆环，命令行提示与操作如下：

```
命令: _donut
指定圆环的内径 <0. 5000>: 0↙
指定圆环的外径 <1. 0000>:150↙
指定圆环的中心点或 <退出>:（大约指定椭圆的圆心位置）
指定圆环的中心点或 <退出>:↙
```

结果如图 3-20 所示。

03 单击“默认”选项卡“绘图”面板中的“直线”按钮，在椭圆偏右位置绘制一条竖直直线，最终结果如图 3-18 所示。

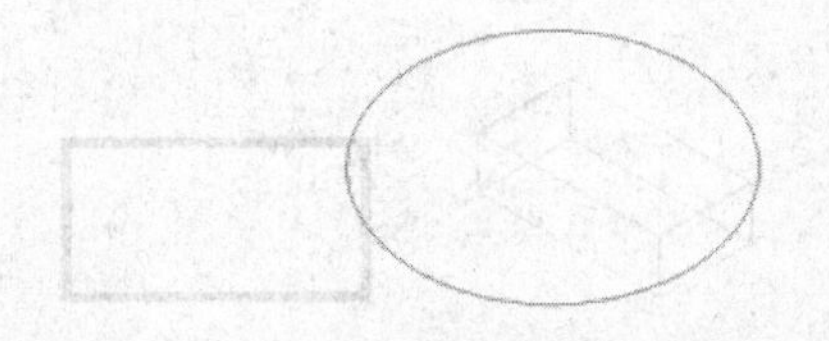

图3-19　绘制椭圆

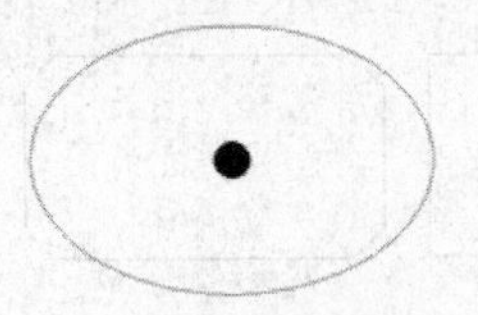

图3-20　绘制圆环

在绘制圆环时，可能仅仅一次无法准确确定圆环外径大小以确定圆环与椭圆的相对大小，可以通过多次绘制的方法找到一个相对合适的外径值。

3.3 平面图形

3.3.1 矩形

【执行方式】

命令行：RECTANG（缩写名：REC）

菜单：绘图→矩形

工具栏：绘图→矩形

功能区：单击“默认”选项卡“绘图”面板中的“矩形”按钮

【操作格式】

命令: RECTANG↙

指定第一个角点或 [倒角(C)/标高(E)/圆角(F)/厚度(T)/宽度(W)]:

指定另一个角点或 [面积(A)/尺寸(D)/旋转(R)]:

【选项说明】

（1）第一个角点　通过指定两个角点确定矩形，如图 3-21a 所示。

（2）倒角(C)　指定倒角距离，绘制带倒角的矩形如图 3-21b 所示，每一个角点的逆时针和顺时针方向的倒角可以相同也可以不同，其中第一个倒角距离是指角点逆时针方向倒角距离，第二个倒角距离是指角点顺时针方向倒角距离。

（3）标高(E)　指定矩形标高（Z 坐标），即把矩形画在标高为 Z，和 XOY 坐标面平行的平面上，并作为后续矩形的标高值。

（4）圆角(F)　指定圆角半径，绘制带圆角的矩形，如图 3-21c 所示。

（5）厚度(T)　指定矩形的厚度，如图 3-21d 所示。

（6）宽度(W)　指定线宽，如图 3-21e 所示。

（7）尺寸(D)　使用长和宽创建矩形。第二个指定点将矩形定位在与第一角点相关的 4 个位置之一内。

（8）面积（A）　指定面积和长或宽创建矩形。选择该项，系统提示：

输入以当前单位计算的矩形面积 <20.0000>:　（输入面积值）

计算矩形标注时依据 [长度(L)/宽度(W)] <长度>:（按 Enter 键或输入 W）

输入矩形长度 <4.0000>:（指定长度或宽度）

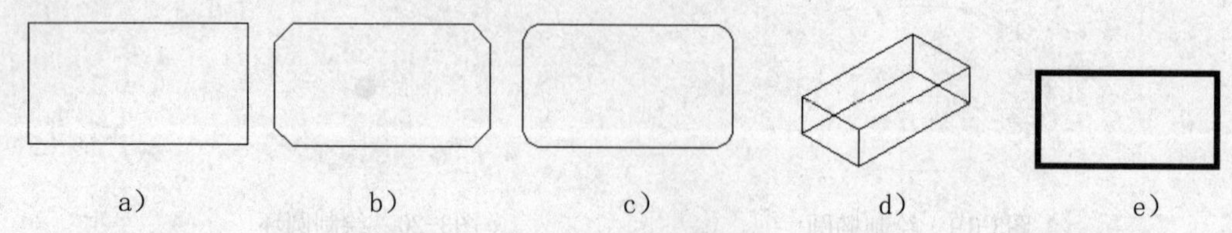

图3-21 绘制矩形

指定长度或宽度后，系统自动计算另一个维度后绘制出矩形。如果矩形被倒角或圆角，则长度或宽度计算中会考虑此设置，如图 3-22 所示。

（9）旋转（R） 旋转所绘制的矩形的角度。选择该项，系统提示：

指定旋转角度或 [拾取点(P)] <135>: （指定角度）

指定另一个角点或 [面积(A)/尺寸(D)/旋转(R)]: （指定另一个角点或选择其他选项）

指定旋转角度后，系统按指定角度创建矩形，如图 3-23 所示。

图3-22 按面积绘制矩形　　　图3-23 按指定旋转角度创建矩形

3.3.2 实例——绘制缓慢吸合继电器线圈

绘制图 3-24 所示的缓吸继电器线圈。

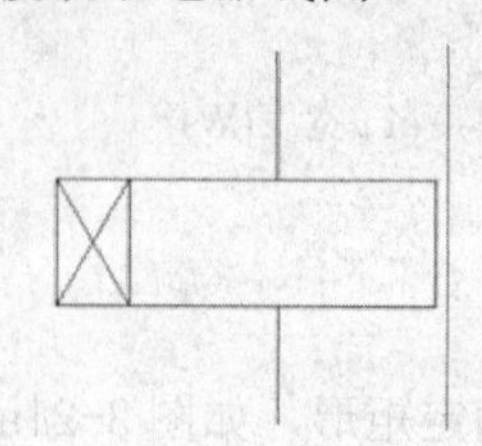

图3-24 缓吸继电器线圈

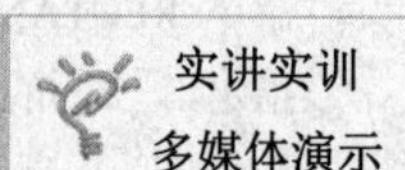

多媒体演示参见配套光盘中的\\动画演示\第 3 章\3.3.2 绘制缓吸继电器线圈.avi。

01 单击“默认”选项卡“绘图”面板中的“矩形”按钮，绘制外框。命令行提示与操作如下：

命令: RETANG↙

指定第一个角点或 [倒角(C)/标高(E)/圆角(F)/厚度(T)/宽度(W)]:（在屏幕适当指定一点）

指定另一个角点或 [面积(A)/尺寸(D)/旋转(R)]: （在屏幕适当指定另一点）

02 单击“默认”选项卡“绘图”面板中的“直线”按钮，绘制另外的图线，尺寸适当确定。结果如图 3-24 所示。

3.3.3 正多边形

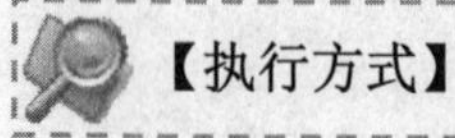

【执行方式】

命令行：POLYGON（缩写名：POL）

菜单：绘图→多边形

工具栏：绘图→多边形

功能区：单击“默认”选项卡“绘图”面板中的“多边形”按钮

【操作格式】

命令: POLYGON↙

输入侧面数 <4>:（指定多边形的侧面数，默认值为 4）

指定正多边形的中心点或 [边(E)]:　（指定中心点）

输入选项 [内接于圆(I)/外切于圆(C)] <I>:（指定是内接于圆或外切于圆，I 表示内接如图 3-25a，C 表示外切如图 3-25b 所示）

指定圆的半径:（指定外接圆或内切圆的半径）

【选项说明】

如果选择“边”选项，则只要指定多边形的一条边，系统就会按逆时针方向创建该正多边形，如图 3-25c 所示。

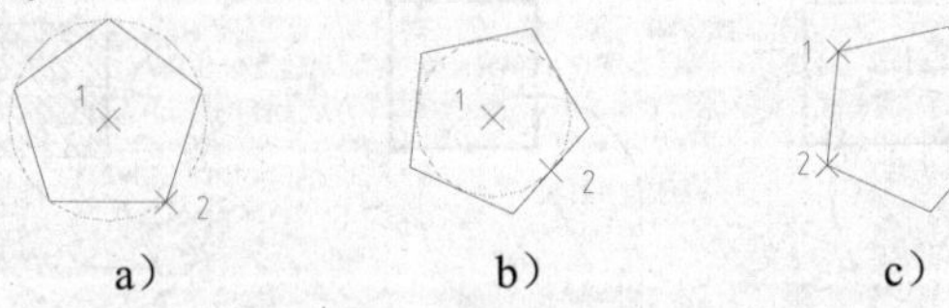

a）　b）　c）

图3-25　画正多边形

3.4 图案填充

当用户需要用一个重复的图案(pattern)填充一个区域时，可以使用 BHATCH 命令建立一个相关联的填充阴影对象，即所谓的图案填充。

3.4.1 图案填充的操作

【执行方式】

命令行：BHATCH（缩写名：H）

菜单：绘图→图案填充

工具栏：绘图→图案填充 或绘图→渐变色

功能区：单击“默认”选项卡“绘图”面板中的“图案填充”按钮

【操作步骤】

执行上述命令后，系统弹出如图 3-26 所示的“图案填充创建”选项卡，各选项组和按钮含义如下：

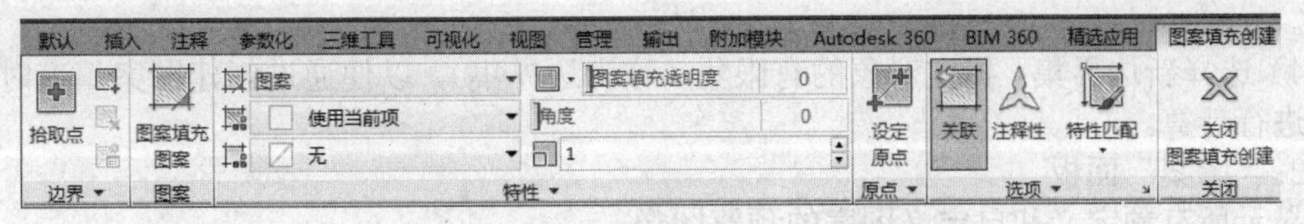

图3-26　“图案填充创建”选项卡

【选项说明】

1. “边界”面板

（1）拾取点　通过选择由一个或多个对象形成的封闭区域内的点，确定图案填充边界（如图 3-27 所示）。指定内部点时，可以随时在绘图区域中单击鼠标右键以显示包含多个选项的快捷菜单。

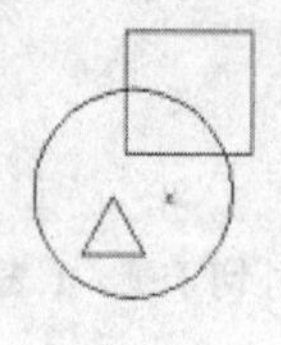
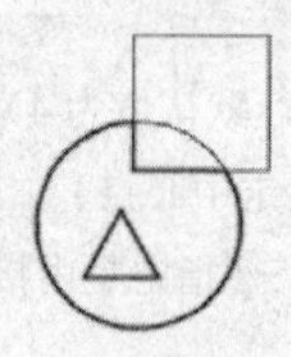
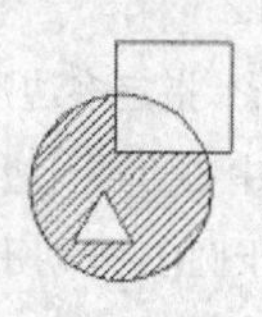

图3-27　边界确定

（2）选择边界对象　指定基于选定对象的图案填充边界。使用该选项时，不会自动检测内部对象，必须选择选定边界内的对象，以按照当前孤岛检测样式填充这些对象（如图 3-28 所示）。

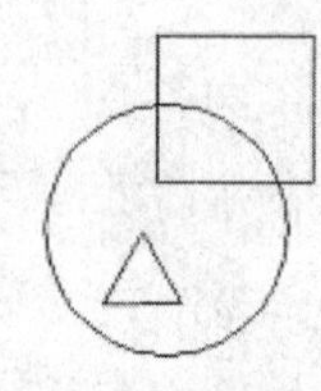
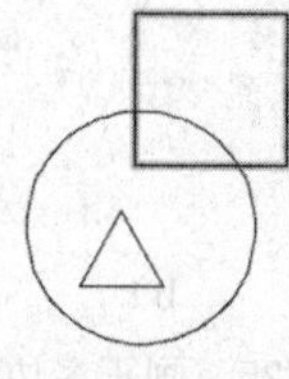
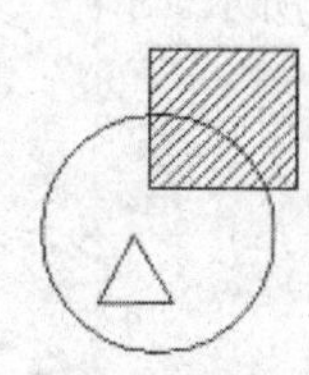

图3-28　选取边界对象

（3）删除边界对象　从边界定义中删除之前添加的任何对象（如图 3-29 所示）。

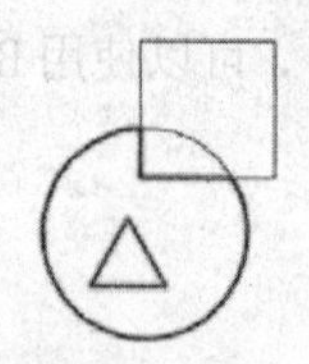
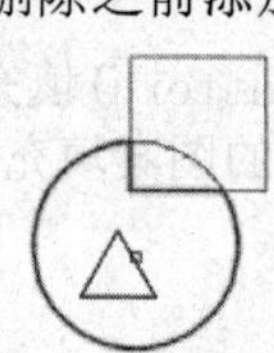
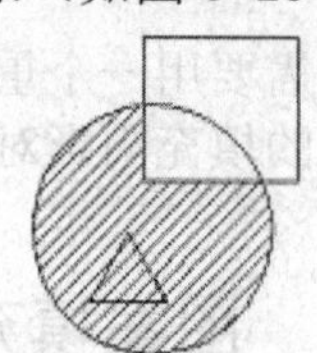

图3-29　删除“岛”后的边界

（4）重新创建边界　围绕选定的图案填充或填充对象创建多段线或面域，并使其与图案填充对象相关联（可选）。

（5）显示边界对象　选择构成选定关联图案填充对象的边界的对象，使用显示的夹点可修改图案填充边界。

（6）保留边界对象　指定如何处理图案填充边界对象，选项包括

1）不保留边界（仅在图案填充创建期间可用）：不创建独立的图案填充边界对象。

2）保留边界 - 多段线（仅在图案填充创建期间可用）：创建封闭图案填充对象的多段线。

3）保留边界 - 面域（仅在图案填充创建期间可用）：创建封闭图案填充对象的面域对象。

4）选择新边界集：指定对象的有限集（称为边界集），以便通过创建图案填充时的拾取点进行计算。

2. “图案”面板

显示所有预定义和自定义图案的预览图像。

3．特性”面板

（1）图案填充类型　指定是使用纯色、渐变色、图案还是用户定义的填充。

（2）图案填充颜色　替代实体填充和填充图案的当前颜色。

（3）背景色　指定填充图案背景的颜色。

（4）图案填充透明度　设定新图案填充或填充的透明度，替代当前对象的透明度。

（5）图案填充角度　指定图案填充或填充的角度。

（6）填充图案比例　放大或缩小预定义或自定义填充图案。

（7）相对图纸空间（仅在布局中可用）　相对于图纸空间单位缩放填充图案。使用此选项，可很容易地做到以适合于布局的比例显示填充图案。

（8）双向（仅当“图案填充类型”设定为“用户定义”时可用）　将绘制第二组直线，与原始直线成 90 度角，从而构成交叉线。

（9）ISO 笔宽（仅对于预定义的 ISO 图案可用）　基于选定的笔宽缩放 ISO 图案。

4．“原点”面板

（1）设定原点　直接指定新的图案填充原点。

（2）左下　将图案填充原点设定在图案填充边界矩形范围的左下角。

（3）右下　将图案填充原点设定在图案填充边界矩形范围的右下角。

（4）左上　将图案填充原点设定在图案填充边界矩形范围的左上角。

（5）右上　将图案填充原点设定在图案填充边界矩形范围的右上角。

（6）中心　将图案填充原点设定在图案填充边界矩形范围的中心。

（7）使用当前原点　将图案填充原点设定在 HPORIGIN 系统变量中存储的默认位置。

（8）存储为默认原点　将新图案填充原点的值存储在 HPORIGIN 系统变量中。

5．“选项”面板

（1）关联　指定图案填充或填充为关联图案填充。关联的图案填充或填充在用户修改其边界对象时将会更新。

（2）注释性　指定图案填充为注释性。此特性会自动完成缩放注释过程，从而使注释能够以正确的大小在图纸上打印或显示。

（3）特性匹配

1）使用当前原点：使用选定图案填充对象（除图案填充原点外）设定图案填充的特性。

2）使用源图案填充的原点：使用选定图案填充对象（包括图案填充原点）设定图案填充的特性。

（4）允许的间隙　设定将对象用作图案填充边界时可以忽略的最大间隙。默认值为 0，此值指定对象必须封闭区域而没有间隙。

（5）创建独立的图案填充　控制当指定了几个单独的闭合边界时，是创建单个图案填充对象，还是创建多个图案填充对象。

（6）孤岛检测

1）普通孤岛检测：从外部边界向内填充。如果遇到内部孤岛，填充将关闭，直到遇到孤岛中的另一个孤岛。

2）外部孤岛检测：从外部边界向内填充。此选项仅填充指定的区域，不会影响内部孤岛。

3）忽略孤岛检测：忽略所有内部的对象，填充图案时将通过这些对象。

（7）绘图次序　为图案填充或填充指定绘图次序。选项包括不更改、后置、前置、置于边界之后和置于边界之前。

6．“关闭”面板

关闭“图案填充创建”：退出 HATCH 并关闭上下文选项卡。也可以按 Enter 键或 Esc 键退出 HATCH。

3.4.2 渐变色的操作

【执行方式】

命令行：GRADIENT

菜单：选择菜单栏中的“绘图”→“渐变色”

工具栏：单击“绘图”工具栏中的“图案填充”按钮。

功能区：单击“默认”选项卡“绘图”面板中的“渐变色”按钮

【操作格式】

执行上述命令后系统打开图 3-30 所示的“图案填充创建”选项卡，各面板中的按钮含义与图案填充的类似，这里不再赘述。

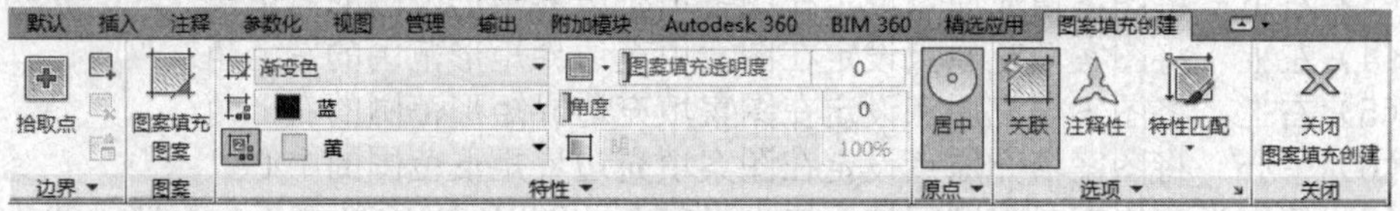

图3-30 “图案填充创建”选项卡2

3.4.3 边界的操作

【执行方式】

命令行：BOUNDARY

功能区：单击“默认”选项卡“绘图”面板中的“边界”按钮

【操作格式】

执行上述命令后系统打开图 3-31 所示的“边界创建”对话框，各面板中的按钮含义如下：

图3-31 “边界创建”对话框

【选项说明】

（1）拾取点 根据围绕指定点构成封闭区域的现有对象来确定边界。

（2）孤岛检测　控制 BOUNDARY 命令是否检测内部闭合边界，该边界称为孤岛。

（3）对象类型　控制新边界对象的类型。BOUNDARY 将边界作为面域或多段线对象创建。

（4）边界集　定义通过指定点定义边界时，BOUNDARY 要分析的对象集。

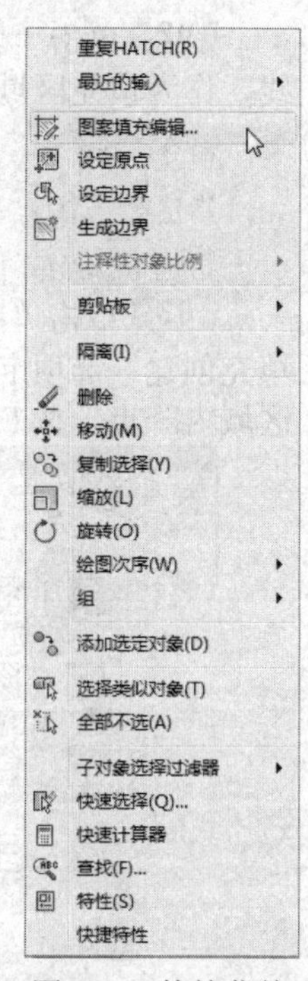

图3-32　快捷菜单

3.4.4　编辑填充的图案

利用 HATCHEDIT 命令，编辑已经填充的图案。

【执行方式】

命令行：HATCHEDIT

菜单栏：选择菜单栏中的“修改”→“对象”→“图案填充”命令

工具栏：单击“修改 II”工具栏中的“编辑图案填充”按钮。

功能区：单击“默认”选项卡“修改”面板中的“编辑图案填充”按钮

快捷菜单：选中填充的图案右击，在打开的快捷菜单中选择“图案填充编辑”命令（如图 3-32 所示）

快捷方法：直接选择填充的图案，打开“图案填充编辑器”选项卡（如图 3-33 所示）

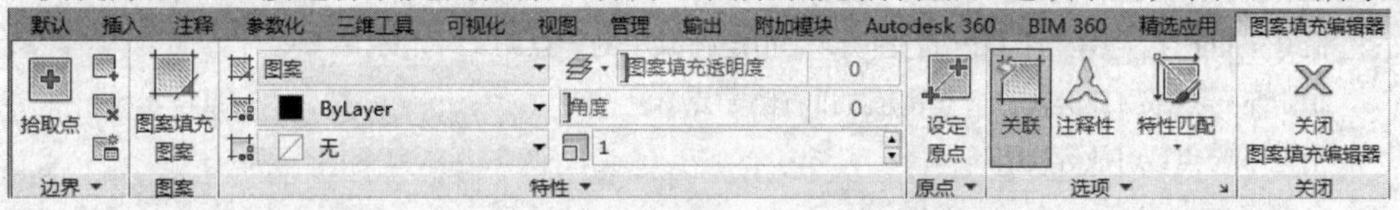

图3-33　“图案填充编辑器”选项卡

3.4.5　实例——绘制暗装插座符号

绘制图 3-34 所示的暗装插座符号。

01 单击“默认”选项卡“绘图”面板中的“圆弧”按钮，绘制一段圆弧，命令行提示与操作如下：

```
命令: ARC↙
指定圆弧的起点或 [圆心(C)]:（指定起点）
指定圆弧的第二个点或 [圆心(C)/端点(E)]:（指定第二点）
指定圆弧的端点:（指定端点）
```

结果如图 3-35 所示。

> 实讲实训
> 多媒体演示
>
> 多媒体演示参见配套光盘中的\\动画演示\第3 章\3.4.3 绘制暗装开关符号.avi。

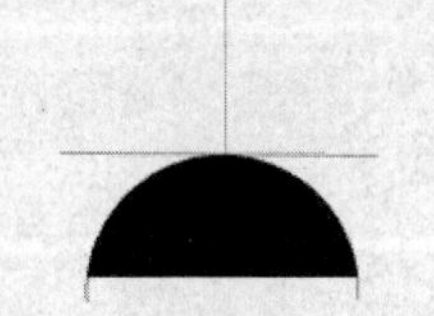

图3-34　暗装插座符号

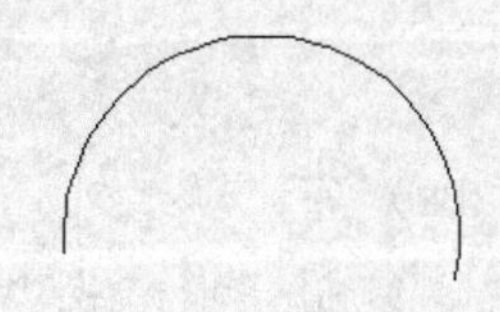

图3-35　绘制圆弧

02 单击“默认”选项卡“绘图”面板中的“直线”按钮，在圆弧内绘制一条直线，作为填充区域。命令行提示与操作如下：

命令: _line
指定第一个点:（圆弧左侧）
指定下一点或 [放弃(U)]:（圆弧右侧）

03 单击“默认”选项卡“绘图”面板中的“图案填充”按钮，系统打开“图案填充创建”选项卡，如图 3-36 所示，设置“图案填充图案”为“SOLID”图案，拾取填充区域内一点，按 Enter 键，完成对图案的填充，如图 3-37 所示。

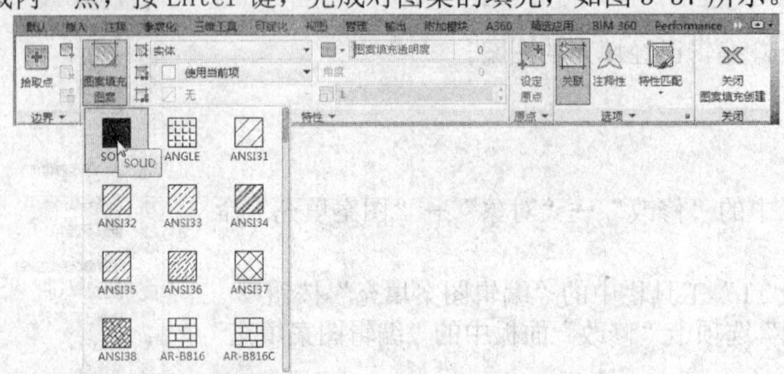

图3-36 “图案填充创建”选项卡

图3-37 填充图形

04 单击“默认”选项卡“绘图”面板中的“直线”按钮，在圆弧上端点绘制相互垂直的两条线段，命令行提示与操作如下：

命令: _line 指定第一个点: <正交 开>（指定圆弧左侧一点）
指定下一点或 [放弃(U)]:（指定圆弧右侧一点）
指定下一点或 [放弃(U)]:
命令:
LINE 指定第一个点:（指定圆弧中点）
指定下一点或 [放弃(U)]:（指定圆弧上一点）
指定下一点或 [放弃(U)]:

结果如图 3-34 所示。

3.5 多段线与样条曲线

多段线是一种由线段和圆弧组合而成的不同线宽的多线，这种线由于其组合形式和线宽变化多样，弥补了直线或圆弧功能的不足，适合绘制各种复杂的图形轮廓，因而得到广泛的应用。

3.5.1 多段线

【执行方式】

命令行：PLINE（缩写名：PL）
菜单：绘图→多段线
工具栏：绘图→多段线

功能区：单击“默认”选项卡“绘图”面板中的“多段线”按钮

【操作格式】

命令: PLINE↙

指定起点:（指定多段线的起点）

当前线宽为 0.0000

指定下一个点或 [圆弧(A)/半宽(H)/长度(L)/放弃(U)/宽度(W)]:（指定多段线的下一点）

指定下一点或 [圆弧(A)/闭合(C)/半宽(H)/长度(L)/放弃(U)/宽度(W)]:（指定下一点或进行其他操作设置）

【选项说明】

多段线主要由连续的不同宽度的线段或圆弧组成，如果在上述提示中选“圆弧”，则命令行提示：

指定圆弧的端点或[角度(A)/圆心(CE)/方向(D)/半宽(H)/直线(L)/半径(R)/第二个点(S)/放弃(U)/宽度(W)]:

绘制圆弧的方法与“圆弧”命令相似。

3.5.2 实例——绘制水下线路符号

绘制图 3-38 所示的水下线路符号。

01 单击“默认”选项卡“绘图”面板中的“多段线”按钮，绘制两段连续的圆弧，命令行提示与操作如下：

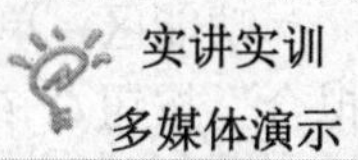

实讲实训
多媒体演示

多媒体演示参见配套光盘中的\\动画演示\第 3 章\3.5.2 绘制水下线路符号.avi。

命令: PLINE↙

指定起点:（指定多段线的起点）

当前线宽为 0.0000

指定下一个点或 [圆弧(A)/半宽(H)/长度(L)/放弃(U)/宽度(W)]:a↙

指定圆弧的端点(按住 Ctrl 键以切换方向)或[角度(A)/圆心(CE)/方向(D)/半宽(H)/直线(L)/半径(R)/第二个点(S)/放弃(U)/宽度(W)]: a↙

指定夹角：-180↙

指定圆弧的端点(按住 Ctrl 键以切换方向) 或[圆心（CE）/半径（R）]：R↙

指定圆弧的半径：100↙

指定圆弧的弦方向(按住 Ctrl 键以切换方向)<0>180↙

指定圆弧的端点(按住 Ctrl 键以切换方向)或[角度(A)/圆心(CE)/闭合(CL)/方向(D)/半宽(H)/直线(L)/半径(R)/第二个点(S)/放弃(U)/宽度(W)]: a

指定夹角: -180

指定圆弧的端点(按住 Ctrl 键以切换方向)或 [圆心(CE)/半径(R)]: r

指定圆弧的半径: 100

指定圆弧的弦方向(按住 Ctrl 键以切换方向) <90>: -180

指定圆弧的端点(按住 Ctrl 键以切换方向)或[角度(A)/圆心(CE)/闭合(CL)/方向(D)/半宽(H)/直线(L)/半径(R)/第二个点(S)/放弃(U)/宽度(W)]: *取消*

结果如图 3-39 所示。

02 单击“默认”选项卡“绘图”面板中的“直线”按钮，在圆弧下方绘制一条水平直线，结果如图 3-38 所示。

图3-38　水下线路符号　　　　图3-39　绘制两段圆弧

📖3.5.3　样条曲线

AutoCAD 使用一种称为非一致有理 B 样条(NURBS) 曲线的特殊样条曲线类型。NURBS 曲线在控制点之间产生一条光滑的曲线如图 3-40 所示。样条曲线可用于创建形状不规则的曲线，例如为地理信息系统(GIS)应用或汽车设计绘制轮廓线。

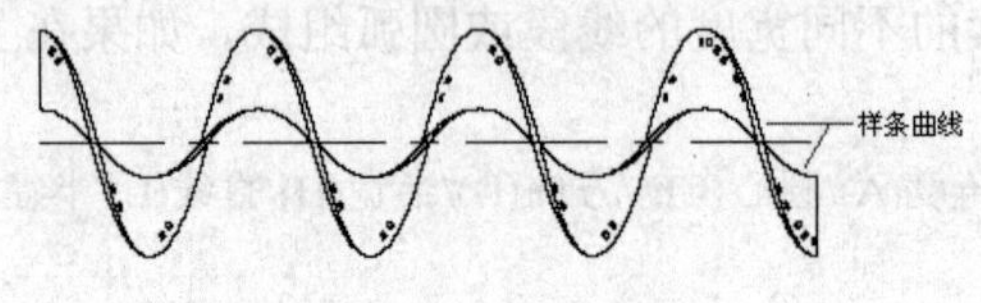

图3-40　样条曲线

【执行方式】

命令行：SPLINE（缩写名：SPL）

菜单：绘图→样条曲线

工具栏：绘图→样条曲线

功能区：单击“默认”选项卡“绘图”面板中的“样条曲线拟合”按钮或“样条曲线控制点”按钮（如图 3-41 所示）

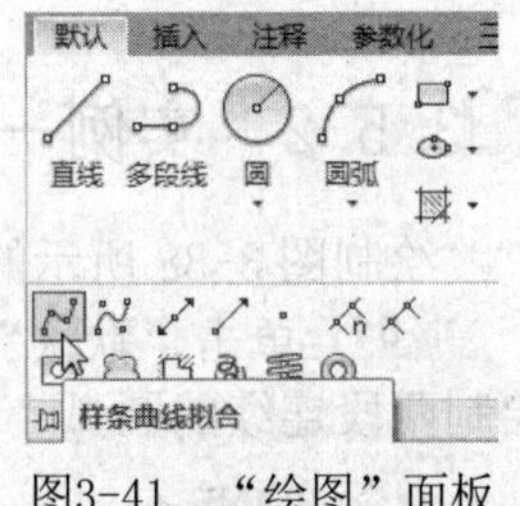

图3-41　“绘图”面板

【操作格式】

```
命令: SPLINE
当前设置: 方式=拟合　　节点=弦
指定第一个点或 [方式(M)/节点(K)/对象(O)]:（指定一点）
输入下一个点或 [起点切向(T)/公差(L)]:（指定下一点）
输入下一个点或 [端点相切(T)/公差(L)/放弃(U)]:（指定下一点）
输入下一个点或 [端点相切(T)/公差(L)/放弃(U)/闭合(C)]:
```

【选项说明】

（1）方式（M）　控制是使用拟合点还是使用控制点来创建样条曲线。选项会因您选择的是使用拟合点创建样条曲线的选项还是使用控制点创建样条曲线的选项而异。

（2）节点（K）　指定节点参数化，它会影响曲线在通过拟合点时的形状。

（3）对象（O）　将二维或三维的二次或三次样条曲线拟合多段线转换为等价的样条曲线，然后（根据 DELOBJ 系统变量的设置）删除该多段线。

（4）起点切向（T）　定义样条曲线的第一点和最后一点的切向。如果在样条曲线的两端都指定切向，可以输入一个点或使用“切点”和“垂足”对象捕捉模式使样条曲线与已有的对象相切或垂直。如果按 Enter 键，系统将计算默认切向。

（5）端点相切（T）　停止基于切向创建曲线。可通过指定拟合点继续创建样条曲线。

（6）公差（L）　指定距样条曲线必须经过的指定拟合点的距离。公差应用于除起点和端点外的所有拟合点。

（7）闭合（C） 将最后一点定义与第一点一致，并使其在连接处相切以闭合样条曲线。选择该项，命令行提示如下：

```
指定切向:指定点或按 Enter 键
```

如果在样条曲线的两端都指定切向，可以通过输入一个点或者使用“切点”和“垂足”对象来捕捉模式使样条曲线与已有的对象相切或垂直。如果按 Enter 键，AutoCAD 将计算默认切向。

3.5.4 实例：绘制整流器符号

实讲实训
多媒体演示

多媒体演示参见配套光盘中的\\动画演示\第 3 章\3.5.4 绘制整流器框形符号.avi

绘制图 3-42 所示的整流器框形符号。

图3-42 整流器框形符号

01 单击“默认”选项卡“绘图”面板中的“多边形”按钮，绘制正方形。命令行提示与操作如下：

```
命令: _polygon
输入边的数目 <4>:↙
指定正多边形的中心点或 [边(E)]:（在绘图屏幕适当指定一点）
输入选项 [内接于圆(I)/外切于圆(C)] <I>:C↙
指定圆的半径:（适当指定一点作为外接圆半径，使正四边形边大约处于垂直正交位置，如图 3-43 所示）
```

02 单击“默认”选项卡“绘图”面板中的“直线”按钮，绘制 3 条直线，并将其中一条直线设置为虚线，如图 3-44 所示。

03 单击“默认”选项卡“绘图”面板中的“样条曲线”按钮，绘制所需曲线，命令行提示与操作如下：

```
命令: _spline
当前设置: 方式=拟合    节点=弦
指定第一个点或 [方式(M)/节点(K)/对象(O)]:指定下一点: （指定一点）
指定下一点或[起点切向(T)/公差(L)]: （适当指定一点）<正交 关>
指定下一点或[端点相切(T)/公差(L)/放弃(U)]:（适当指定一点）
指定下一点或[端点相切(T)/公差(L)/放弃(U)/闭合(C)]:（适当指定一点）
指定下一点或[端点相切(T)/公差(L)/放弃(U)/闭合(C)]:（适当指定一点）
指定下一点或[端点相切(T)/公差(L)/放弃(U)/闭合(C)]:
```

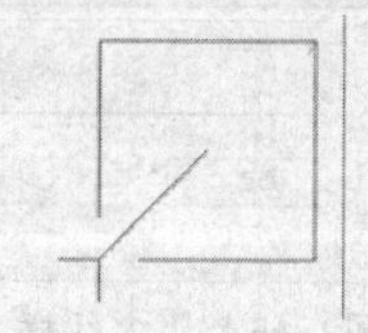

图3-43 绘制正四边形

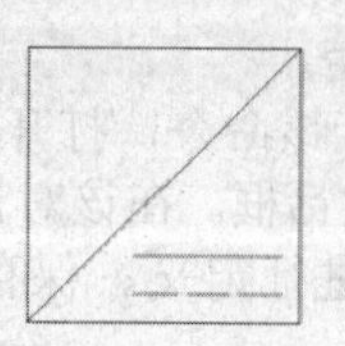

图3-44 绘制直线

最终结果如图 3-42 所示。

3.6 多线

多线是一种复合线，由连续的直线段复合组成。这种线的一个突出优点是能够提高绘图效率，保证图线之间的统一性，建筑的墙体设置过程中大量用到这种命令。

3.6.1 绘制多线

【执行方式】

命令行：MLINE （缩写名：ML）

菜单：绘图→多线

【操作格式】

命令：MLINE↙

当前设置：对正 = 上，比例 = 20.00，样式 = STANDARD

指定起点或 [对正(J)/比例(S)/样式(ST)]：(指定起点)

指定下一点：（给定下一点）

指定下一点或 [放弃(U)]：（继续给定下一点绘制线段。输入“U”，则放弃前一段的绘制；单击鼠标右键或按 Enter 键，结束命令）

指定下一点或 [闭合(C)/放弃(U)]：（继续给定下一点绘制线段。输入“C”，则闭合线段结束命令）

【选项说明】

（1）对正（J） 用于给定绘制多线的基准。共有三种对正类型“上”“无”和“下”。其中，“上（T）”表示以多线上侧的线为基准，依此类推。

（2）比例（S） 选择该项，要求用户设置平行线的间距。输入值为零时平行线重合，值为负时多线的排列倒置。

（3）样式（ST） 用于设置当前使用的多线样式。

3.6.2 定义多线样式

【执行方式】

命令行：MLSTYLE

【操作格式】

命令: MLSTYLE↙

系统自动执行该命令，打开图 3-45 所示的“多线样式”对话框。在该对话框中，用户可以对多线样式进行定义、保存和加载等操作。

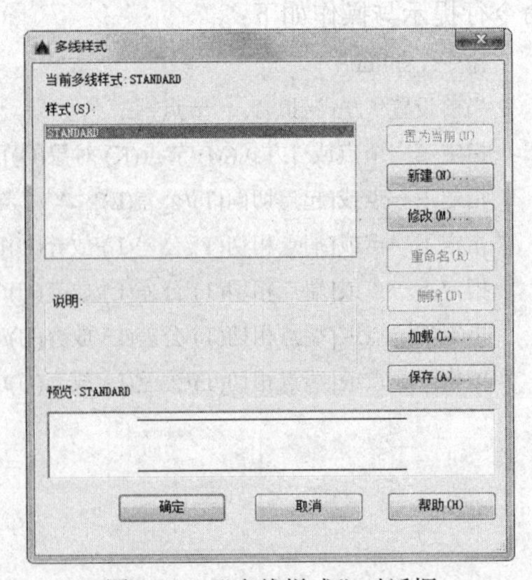

图3-45 “多线样式”对话框

3.6.3 实例——绘制多线

绘制图 3-46 所示的多线。

定义的多线样式由三条平行线组成，中心轴线为紫色的中心线，其余两条平行线为黑色实线，相对于中心轴线上、下各偏移 0.5。

实讲实训
多媒体演示
多媒体演示参见配套光盘中的\\动画演示\第 3 章\3.6.3 绘制多线.avi。

01 在命令行输入“MLSTYLE”，弹出“多线样式”对话框，在“多线样式”对话框中单击“新建”按钮，系统打开“创建新的多线样式”对话框，如图 3-47 所示。

02 在“创建新的多线样式”对话框的“新样式名”文本框中键入“THREE”，单击“继续”按钮。

03 系统打开“新建多线样式”对话框，如图 3-48 所示。

04 在“封口”选项组中可以设置多线起点和端点的特性，包括以直线、外弧还是内弧封口以及封口线段或圆弧的角度。

图3-46　绘制的多线

图3-47　“创建新的多线样式”对话框

05 在“填充颜色”下拉列表框中可以选择多线填充的颜色。

06 在“元素”选项组中可以设置组成多线的元素的特性。单击“添加”按钮，可以为多线添加元素；单击“删除”按钮，可以为多线删除元素。在“偏移”文本框中可以设置选中的元素的位置偏移值。在“颜色”下拉列表框中可以为选中元素选择颜色。按下“线型”按钮，可以为选中元素设置线型。

07 设置完毕，单击“确定”按钮，系统返回到如图 3-45 所示的“多线样式”对话框，在“样式”列表中会显示刚设置的多线样式名，选择该样式，单击“置为当前”按钮，则将刚设置的多线样式设置为当前样式，下面的预览框中会显示当前多线样式。

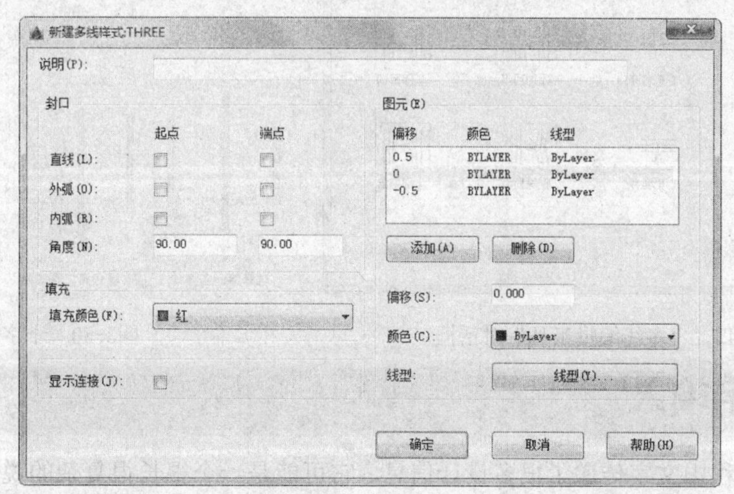

图3-48　“新建多线样式”对话框

08 单击“确定”按钮，完成多线样式设置。

3.6.4 编辑多线

【执行方式】

命令行：MLEDIT

菜单：“修改”→“对象”→“多线”

【操作格式】

调用该命令后，打开“多线编辑工具”对话框，如图 3-49 所示。

利用该对话框，可以创建或修改多线的模式。对话框中分 4 列显示了示例图形。其中，第 1 列管理十字交叉形式的多线，第 2 列管理 T 形多线，第 3 列管理拐角接合点和节点，第 4 列管理多线被剪切或连接的形式。

单击选择某个示例图形，然后单击“确定”按钮，就可以调用该项编辑功能。

下面以“十字打开”为例介绍多段线编辑方法：把选择的两条多线进行打开交叉。选择该选项后，出现如下提示：

选择第一条多线:（选择第一条多线）

选择第二条多线:（选择第二条多线）

选择完毕后，第二条多线被第一条多线横断交叉。系统继续提示：

选择第一条多线或[放弃（U）]:

可以继续选择多线进行操作。选择“放弃（U）”功能会撤消前次操作。操作过程和执行结果如图 3-50 所示。

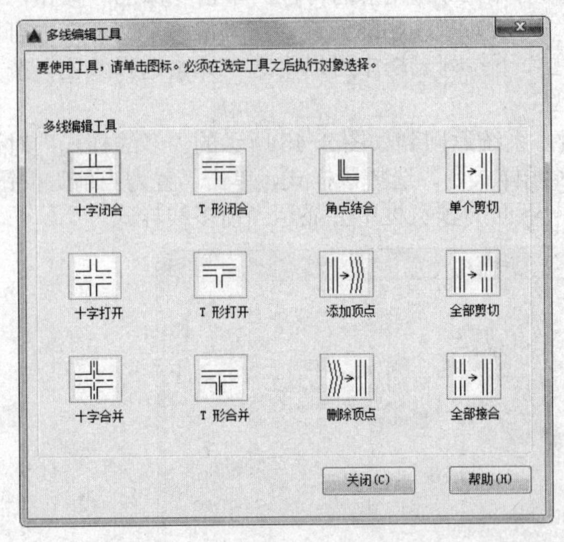

图3-49 “多线编辑工具”对话框

选择第一条多线　选择第二条多线　执行结果

图3-50 十字打开

3.7 文字输入

在制图过程中文字传递了很多设计信息，它可能是一个很长很复杂的说明，也可能是一个简短的文字信息。当需要标注的文本不太长时，可以利用 TEXT 命令创建单行文本。

当需要标注很长、很复杂的文字信息时，可以用 MTEXT 命令创建多行文本。

3.7.1 文字样式

AutoCAD 2016 提供了“文字样式”对话框，通过这个对话框可方便直观地设置需要的文字样式，或是对已有样式进行修改。

【执行方式】

命令行：STYLE（缩写名：ST） 或 DDSTYLE

菜单：“格式”→“文字样式”

工具栏：“文字”→“文字样式”或样式→文字样式管理器

功能区：单击“默认”选项卡“注释”面板中的“文字样式”按钮（如图 3-51 所示）或单击“注释”选项卡“文字”面板上的“文字样式”下拉菜单中的“管理文字样式”按钮（如图 3-52 所示）或单击“注释”选项卡“文字”面板中“对话框启动器”按钮

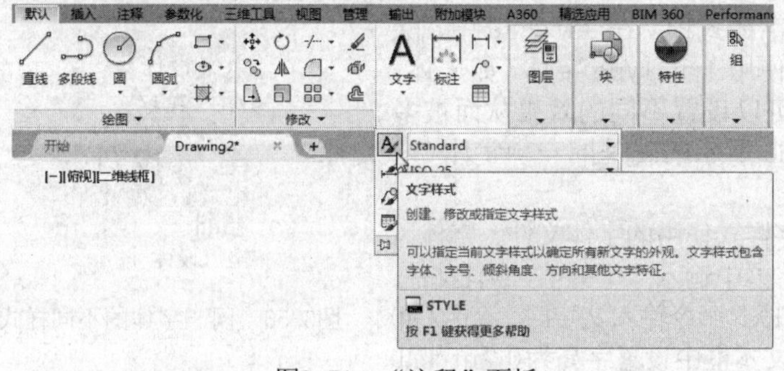

图3-51 “注释”面板1

图3-52 “文字”面板

【操作格式】

命令: STYLE↙

在命令行输入“STYLE”或“DDSTYLE”命令，或选择“格式”→“文字样式”命令，AutoCAD 打开“文字样式”对话框，如图 3-53 所示。

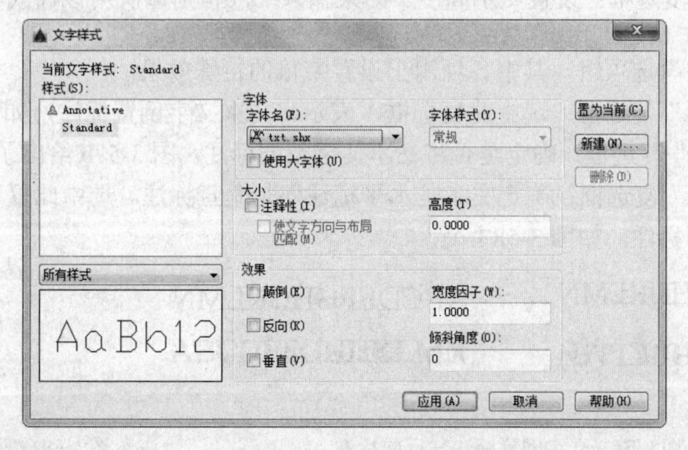

图3-53 “文字样式”对话框

【选项说明】

（1）“样式”选项组：用于命名新样式名或对已有样式名进行相关操作。单击“新建”

按钮，AutoCAD 打开如图 3-54 所示的“新建文字样式”对话框。双击选中的文字样式，将其修改为所需名称，如图 3-55 所示。

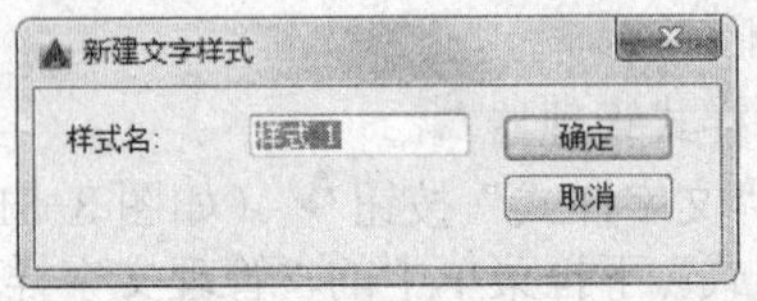

图3-54 “新建文字样式”对话框

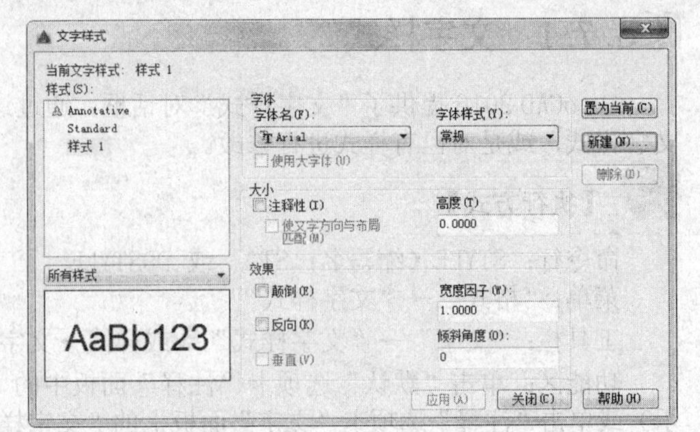

图3-55 文字样式重命名

（2）“字体”选项组　确定字体式样。在 AutoCAD 中，除了它固有的 SHX 字体外，还可以使用 TrueType 字体（如宋体、楷体、italic 等）。一种字体可以设置不同的效果从而被多种文字样式使用，例如，如图 3-56 所示的就是同一种字体（宋体）的不同样式。

电气设计
电气设计
电气设计
电气设计
电 气 设 计
电气设计
电气设计

图3-56 同一字体的不同样式

“字体”选项组用来确定文字样式使用的字体文件、字体风格及字高等。如果在“高度”文本框中输入一个数值，则它将作为创建文字时的固定字高，在用 TEXT 命令输入文字时，AutoCAD 不再提示输入字高参数；如果在此文本框中设置字高为 0，AutoCAD 则会在每一次创建文字时提示输入字高，所以如果不想固定字高就可以将其设置为 0。

（3）“大小”选项组

1）“注释性”复选框：指定文字为注释性文字。

2）“使文字方向与布局匹配”复选框：指定图纸空间视口中的文字方向与布局方向匹配。如果清除“注释性”选项，则该选项不可用。

3）“高度”复选框：设置文字高度。如果输入 0.0，则每次用该样式输入文字时，文字高度默认值为 0.2。

（4）“效果”选项组　其中各项用于设置字体的特殊效果。

1）“颠倒”复选框：选中此复选框，表示将文本文字倒置标注，如图 3-57a 所示。

2）“反向”复选框：确定是否将文本文字反向标注。图 3-57b 给出了这种标注效果。

3）“垂直”复选框：确定文本是水平标注还是垂直标注。选中此复选框时为垂直标注，否则为水平标注，如图 3-58 所示。

ABCDEFGHIJKLMN　　ABCDEFGHIJKLMN

a）　　b）

图3-57 文字倒置标注与反向标注

abcd
a
b
c
d

图3-58 垂直标注文字

4）宽度比例：设置宽度系数，确定文本字符的宽高比。当比例系数为 1 时，表示将按字体文件中定义的宽高比标注文字。当此系数小于 1 时字会变窄，反之变宽。

5）倾斜角度：用于确定文字的倾斜角度。角度为 0° 时不倾斜，为正值时向右倾斜，为负值时向左倾斜。

📖3.7.2　单行文本输入

【执行方式】

命令行：TEXT 或 DTEXT

菜单："绘图"→"文字"→"单行文字"

工具栏："文字"→"单行文字" A

功能区：单击"默认"选项卡"注释"面板中的"单行文字"按钮A或单击"注释"选项卡"文字"面板中的"单行文字"按钮A

【操作格式】

命令: TEXT↙

选择相应的菜单项或在命令行输入 TEXT 命令后按 Enter 键，AutoCAD 提示：

当前文字样式:　Standard　当前文字高度:　0.2000 注释性:　否

指定文字的起点或 [对正(J)/样式(S)]: 指定点或输入选项

只有当前文本样式中设置的字符高度为 0 时，在使用 TEXT 命令时 AutoCAD 才出现要求用户确定字符高度的提示。

【选项说明】

（1）指定文字的起点　在此提示下直接在作图屏幕上点取一点作为文本的起始点，AutoCAD 提示：

指定高度 <0.2000>:（确定字符的高度）

指定文字的旋转角度 <0>:（确定文本行的倾斜角度）

在此提示下输入一行文本后按 Enter 键，可继续输入文本，待全部输入完成后在此提示下直接按 Enter 键，则退出 TEXT 命令。可见，由 TEXT 命令也可创建多行文本，只是这种多行文本每一行是一个对象，因此不能对多行文本同时进行操作，但可以单独修改每一单行的文字样式、字高、旋转角度和对正方式等。

（2）对正(J)　在上面的提示下键入"J"，用来确定文本的对正方式，对正方式决定文本的哪一部分与所选的插入点对正。执行此选项，AutoCAD 提示：

输入选项 [对正(A)/布满(F)/居中(C)/中间(M)/右对正(R)/左上(TL)/中上(TC)/右上(TR)/左中(ML)/正中(MC)/右中(MR)/左下(BL)/中下(BC)/右下(BR)]:

在此提示下选择一个选项作为文本的对正方式。当文本串水平排列时，AutoCAD 为标注文本串定义了如图 3-59 所示的顶线、中线、基线和底线，各种对正方式如图 3-60 所示，图中大写字母对应上述提示中的各命令。

图3-59　文本行的底线、基线、中线和顶线

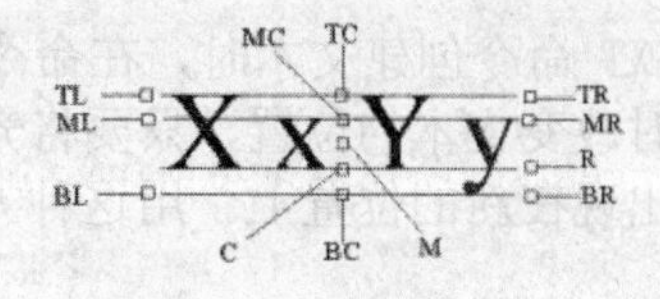

图3-60　文本的对正方式

下面以“对正”为例进行简要说明。

选择此选项，要求用户指定文本行基线的起始点与终止点的位置，AutoCAD 提示：

指定文字基线的第一个端点:（指定文本行基线的起点位置）

指定文字基线的第二个端点:（指定文本行基线的终点位置）

执行结果：所输入的文本字符均匀地分布于指定的两点之间，如果两点间的连线不水平，则文本行倾斜放置，倾斜角度由两点间的连线与 X 轴夹角确定；字高、字宽根据两点间的距离、字符的多少以及文字样式中设置的宽度系数自动确定。指定了两点之后，每行输入的字符越多，字宽和字高越小。

其他选项与“对正”类似，不再赘述。

实际绘图时，有时需要标注一些特殊字符，如直径符号、上划线或下划线、温度符号等，由于这些符号不能直接从键盘上输入，AutoCAD 提供了一些控制码，用来实现这些要求。控制码用两个百分号（%%）加一个字符构成，常用的控制码如表 3-1 所示。

表3-1　AutoCAD常用控制码

符号	功能	符号	功能
%%O	上划线	\u+0278	电相位
%%U	下划线	\u+E101	流线
%%D	“度”符号	\u+2261	标识
%%P	正负符号	\u+E102	界碑线
%%C	直径符号	\u+2260	不相等
%%%	百分号	\u+2126	欧姆
\u+2248	几乎相等	\u+03A9	欧米加
\u+2220	角度	\u+214A	低界线
\u+E100	边界线	\u+2082	下标 2
\u+2104	中心线	\u+00B2	上标 2
\u+0394	差值		

其中%%O 和%%U 分别是上划线和下划线的开关，第一次出现此符号时开始画上划线和下划线，第二次出现此符号上划线和下划线终止。例如，在“输入文字:”提示后输入“I want to %%U go to Beijing%%U”，则得到如图 3-61a 所示的文本行，输入“50%%D+%%C75%%P12”，则得到如图 3-61b 所示的文本行。

用 TEXT 命令可以创建一个或若干个单行文本，也就是说用此命令可以标注多行文本。在“输入文字:”提示下输入一行文本后按 Enter 键，用户可输入第二行文本，依此类推，直到文本全部输完，再在此提示下直接按 Enter 键，结束文本输入命令。每一次按 Enter 键就结束一个单行文本的输入，每一个单行文本是一个对象，可以单独修改其文本样式、字高、旋转角度和对正方式等。

I want to go to Beijing　　　50°+Ø75±12

a)　　　b)

图3-61　文本行

用 TEXT 命令创建文本时，在命令行输入的文字同时显示在屏幕上，而且在创建过程中可以随时改变文本的位置，只要将光标移到新的位置单击鼠标，则当前行结束，随后输入的文本出现在新的位置上。用这种方法可以把多行文本标注到屏幕的任何地方。

3.7.3 多行文本输入

【执行方式】

命令行：MTEXT（缩写名：T 或 MT）

菜单：绘图→文字→多行文字

工具栏：绘图→多行文字A 或 文字→多行文字A

功能区：单击“默认”选项卡“注释”面板中的“多行文字”按钮A或单击“注释”选项卡“文字”面板中的“多行文字”按钮 A

【操作格式】

命令: MTEXT↙

选择相应的菜单项或单击相应的工具按钮，或在命令行输入“MTEXT”命令后按 Enter 键，AutoCAD 提示：

当前文字样式:“Standard” 当前文字高度: 1.9122 注释性: 否

指定第一角点: (指定矩形框的第一个角点)

指定对角点或 [高度(H)/对正(J)/行距(L)/旋转(R)/样式(S)/宽度(W) /栏(C)]:

【选项说明】

（1）指定对角点 直接在屏幕上拾取一个点作为矩形框的第二个角点，AutoCAD 以这两个点为对角点形成一个矩形区域，其宽度作为将来要标注的多行文本的宽度，而且第一个点作为第一行文本顶线的起点。响应后 AutoCAD 打开“文字编辑器”选项卡和多行文字编辑器，可利用此编辑器输入多行文本并对其格式进行设置。关于对话框中各选项的含义与编辑器功能，稍后再做详细介绍。

（2）对正(J) 确定所标注文本的对齐方式。

这些对齐方式与“TEXT”命令中的各对齐方式相同，在此不再重复。选择一种对齐方式后按 Enter 键，AutoCAD 回到上一级提示。

（3）行距(L) 确定多行文本的行间距，这里所说的行间距是指相邻两文本行的基线之间的垂直距离。选择此选项，命令行中提示如下。

输入行距类型[至少(A)/精确(E)]<至少(A)>:

在此提示下有两种方式确定行间距，即“至少”方式和“精确”方式。“至少”方式下 AutoCAD 根据每行文本中最大的字符自动调整行间距。“精确”方式下 AutoCAD 给多行文本赋予一个固定的行间距。可以直接输入一个确切的间距值，也可以输入“nx”的形式，其中“n”是一个具体数，表示行间距设置为单行文本高度的 n 倍，而单行文本高度是本行文本字符高度的 1.66 倍。

（4）旋转(R) 确定文本行的倾斜角度。选择此选项，命令行中提示如下。

指定旋转角度<0>:（输入倾斜角度）

输入角度值后按<Enter>键，返回到“指定对角点或[高度(H)/对正(J)/行距(L)/旋转(R)/样式(S)/宽度(W)]:”提示。

（5）样式(S) 确定当前的文字样式。

（6）宽度(W) 指定多行文本的宽度。可在屏幕上拾取一点，将其与前面确定的第一个角点组成的矩形框的宽度作为多行文本的宽度，也可以输入一个数值，精确设置多行文本的宽度。

高手支招

在创建多行文本时，只要指定文本行的起始点和宽度后，AutoCAD 就会打开”文字编辑器”选项卡和多行文字编辑器，如图 3-62 和图 3-63 所示。该编辑器与 Microsoft Word 编辑器界面相似，事实上该编辑器与 Word 编辑器在某些功能上趋于一致。这样既增强了多行文字的编辑功能，又能使用户更熟悉和方便地使用。

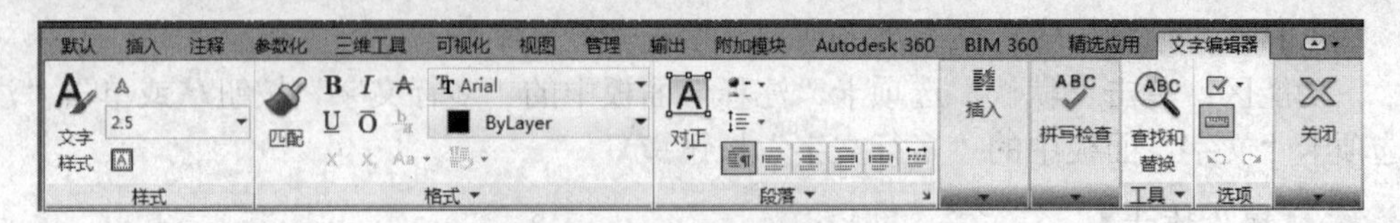

图3-62 “文字编辑器”选项卡

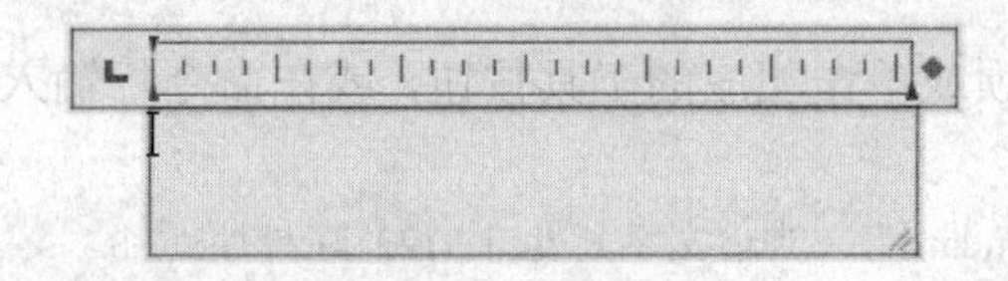

图3-63 多行文字编辑器

（7）栏(C) 可以将多行文字对象的格式设置为多栏。可以指定栏和栏之间的宽度、高度及栏数，以及使用夹点编辑栏宽和栏高。其中提供了 3 个栏选项：“不分栏”、“静态栏”和“动态栏”。

（8）“文字编辑器”选项卡 用来控制文本文字的显示特性。可以在输入文本文字前设置文本的特性，也可以改变已输入的文本文字特性。要改变已有文本文字的显示特性，首先应选择要修改的文本，选择文本的方式有以下 3 种。

1）将光标定位到文本文字开始处，按住鼠标左键，拖到文本末尾。

2）双击某个文字，则该文字被选中。

3）3 次单击鼠标，则选中全部内容。

下面介绍选项卡中部分选项的功能：

①“文字高度”下拉列表框：用于确定文本的字符高度，可在文本编辑器中设置输入新的字符高度，也可从此下拉列表框中选择已设定过的高度值。

②“加粗”**B**和“斜体”*I*按钮：用于设置加粗或斜体效果，但这两个按钮只对 TrueType 字体有效。

③“删除线”按钮A：用于在文字上添加水平删除线。

④“下划线”U和“上划线”O按钮：用于设置或取消文字的上下划线。

⑤“堆叠”按钮：为层叠或非层叠文本按钮，用于层叠所选的文本文字，也就是创建分数形式。当文本中某处出现“/”“^”或“#”3 种层叠符号之一时，选中需层叠的文字，才可层叠文本。二者缺一不可。则符号左边的文字作为分子，右边的文字作为分母进行层叠。

AutoCAD 提供了 3 种分数形式：

- 如选中“abcd/efgh”后单击此按钮，得到如图 3-64a 所示的分数形式。
- 如果选中“abcd^efgh”后单击此按钮，则得到如图 3-64b 所示的形式，此形式多用于标注极限偏差。
- 如果选中“abcd # efgh”后单击此按钮，则创建斜排的分数形式，如图 3-64c 所示。

如果选中已经层叠的文本对象后单击此按钮，则恢复到非层叠形式。

⑥“倾斜角度”（0/）文本框：用于设置文字的倾斜角度。

举一反三

倾斜角度与斜体效果是两个不同的概念，前者可以设置任意倾斜角度，后者是在任意倾斜角度的基础上设置斜体效果，如图 3-65 所示。第一行倾斜角度为 0°，非斜体效果；第二行倾斜角度为 12°，非斜体效果；第三行倾斜角度为 12°，斜体效果。

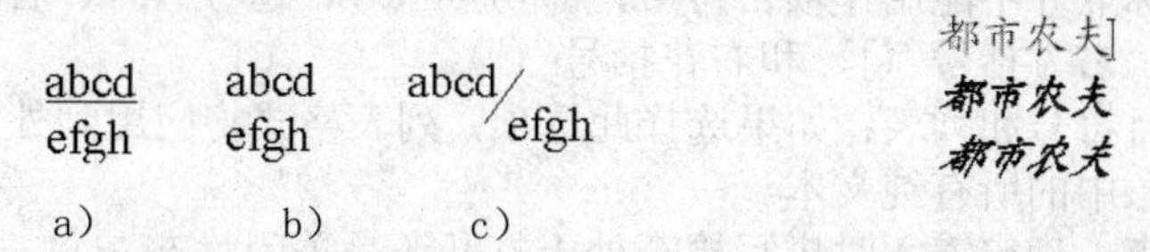

图3-64　文本层叠　　　图3-65　倾斜角度与斜体效果

⑦“符号”按钮@·：用于输入各种符号。单击此按钮，系统打开符号列表，如图 3-66 所示，可以从中选择符号输入到文本中。

⑧“插入字段”按钮：用于插入一些常用或预设字段。单击此按钮，系统打开“字段”对话框，如图 3-67 所示，用户可从中选择字段，插入到标注文本中。

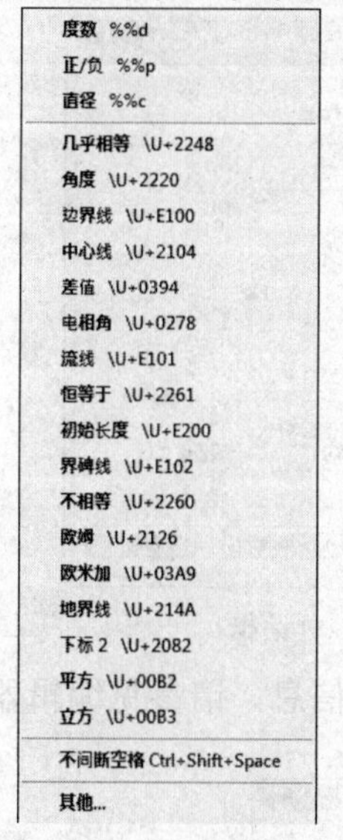

图3-66　符号列表

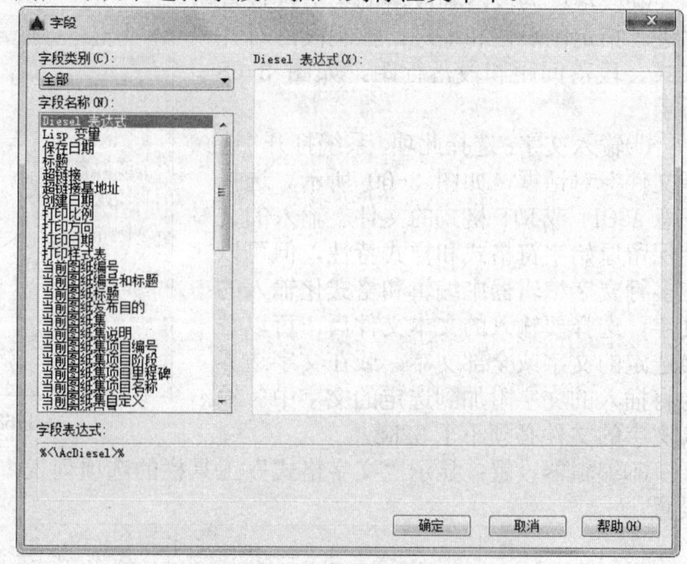

图3-67　“字段”对话框

⑨“追踪”下拉列表框 a-b：用于增大或减小选定字符之间的空间。1.0 表示设置常规间距，设置大于 1.0 表示增大间距，设置小于 1. 0 表示减小间距。

⑩“宽度因子”下拉列表框：用于扩展或收缩选定字符。1.0 表示设置代表此字体中字母的常规宽度，可以增大该宽度或减小该宽度。

⑪“上标”X^2按钮：将选定文字转换为上标，即在键入线的上方设置稍小的文字。

⑫“下标”X_2按钮：将选定文字转换为下标，即在键入线的下方设置稍小的文字。

⑬“清除格式”下拉列表：删除选定字符的字符格式，或删除选定段落的段落格式，或删除选定段落中的所有格式。

- 关闭：如果选择此选项，将从应用了列表格式的选定文字中删除字母、数字和项目符号，不更改缩进状态。
- 以数字标记：应用将带有句点的数字用于列表中的项的列表格式。
- 以字母标记：应用将带有句点的字母用于列表中的项的列表格式。如果列表含有的项多于字母中含有的字母，可以使用双字母继续序列。

- 以项目符号标记：应用将项目符号用于列表中的项的列表格式。
- 启动：在列表格式中启动新的字母或数字序列。如果选定的项位于列表中间，则选定项下面的未选中的项也将成为新列表的一部分。
- 继续：将选定的段落添加到上面最后一个列表然后继续序列。如果选择了列表项而非段落，选定项下面的未选中的项将继续序列。
- 允许自动项目符号和编号：在键入时应用列表格式。以下字符可以用作字母和数字后的标点并不能用作项目符号，即句点（.）、逗号（,）、右括号（)）、右尖括号（>）、右方括号（]）和右花括号（}）。
- 允许项目符号和列表：如果选择此选项，列表格式将应用到外观类似列表的多行文字对象中的所有纯文本。
- 拼写检查：确定键入时拼写检查处于打开还是关闭状态。
- 编辑词典：显示“词典”对话框，从中可添加或删除在拼写检查过程中使用的自定义词典。
- 标尺：在编辑器顶部显示标尺。拖动标尺末尾的箭头可更改文字对象的宽度。列模式处于活动状态时，还显示高度和列夹点。

⑭段落：为段落和段落的第一行设置缩进。指定制表位和缩进，控制段落对齐方式、段落间距和段落行距，如图 3-68 所示。

⑮输入文字：选择此项，系统打开“选择文件”对话框，如图 3-69 所示。选择任意 ASCII 或 RTF 格式的文件。输入的文字保留原始字符格式和样式特性，但可以在多行文字编辑器中编辑和格式化输入的文字。选择要输入的文本文件后，可以替换选定的文字或全部文字，或在文字边界内将插入的文字附加到选定的文字中。输入文字的文件必须小于 32KB。

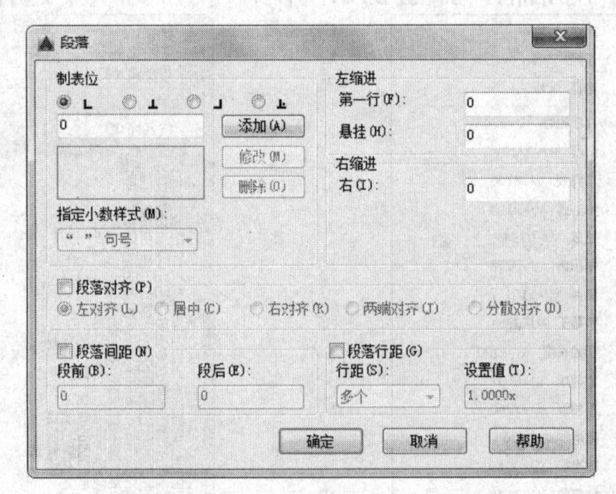

图3-68 “段落”对话框

⑯编辑器设置：显示“文字格式”工具栏的选项列表。有关详细信息，请参见编辑器设置。

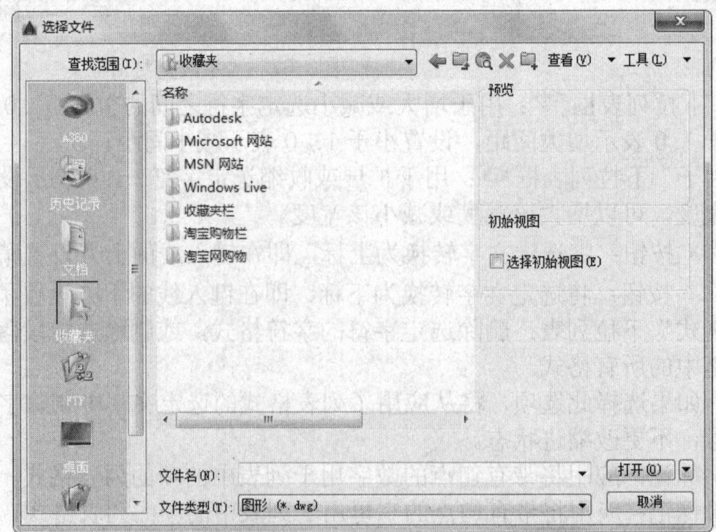

图3-69 “选择文件”对话框

高手支招

多行文字是由任意数目的文字行或段落组成的，布满指定的宽度，还可以沿垂直方向无限延伸。多行文字中，无论行数是多少，单个编辑任务中创建的每个段落集将构成单个对象；用户可对其进行移动、旋转、删除、复制、镜像或缩放操作。

3.7.4 文字编辑

【执行方式】

命令行：DDEDIT（缩写名：ED）
菜单："修改"→"对象"→"文字"→"编辑"
工具栏："文字"→"编辑"
快捷菜单："编辑多行文字"或"编辑文字"

【操作格式】

选择相应的菜单项，或在命令行输入 DDEDIT 命令后按 Enter 键，AutoCAD 提示：

```
命令: DDEDIT↙
选择注释对象或 [放弃(U)]:
```

要求选择想要修改的文本，同时光标变为拾取框。用拾取框单击对象，如果选取的文本是用 TEXT 命令创建的单行文本，则亮显该文本，此时可对其进行修改；如果选取的文本是用 MTEXT 命令创建的多行文本，选取后则打开多行文字编辑器（见图 3-63），可根据前面的介绍对各项设置或内容进行修改。

3.7.5 实例——绘制低压电气图

绘制图 3-69 所示的低压电气图。

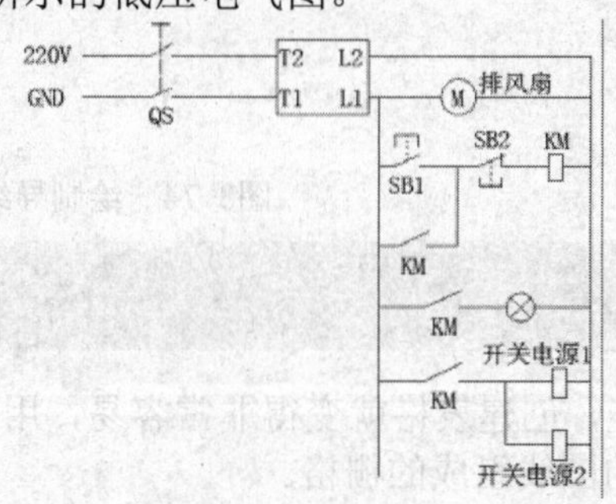

图3-70　低压电气图

实讲实训
多媒体演示

多媒体演示参见配套光盘中的\\动画演示\第 3 章\3.7.5 绘制低压电气图.avi。

绘制的大体顺序是先绘制方形线盒，再绘制与之相连的水平导线、开关以及排风扇，接下来绘制竖直导线以及三条水平支线上的开关、电源等元件，最后标注文字。绘制过程中要用到直线、圆、矩形和文字等命令。

本例主要学习直线、圆、矩形和文字标注等命令的运用。

01 单击"默认"选项卡"绘图"面板中的"矩形"按钮，绘制方形线盒。命令行提示与操作如下所示：

```
命令: _rectang
```

指定第一个角点或 [倒角(C)/标高(E)/圆角(F)/厚度(T)/宽度(W)]: （指定点或输入选项）

指定另一个角点或 [面积(A)/尺寸(D)/旋转(R)]: （使用指定的点作为对角点创建矩形）

结果如图 3-71 所示。

02 单击“默认”选项卡“绘图”面板中的“圆”按钮和“直线”按钮，绘制排风扇以及与方形线盒相连的水平导线和开关，如图 3-72 所示。

03 单击“默认”选项卡“绘图”面板中的“直线”按钮，绘制电源开关，如图3-73 所示。

04 单击“默认”选项卡“绘图”面板中的“直线”按钮、“圆弧”按钮和“矩形”按钮，绘制竖直导线及三条水平线上的开关，电源等元件，如图 3-74 所示。

05 单击“默认”选项卡“注释”面板中的的“多行文字”按钮A，为低压电气图添加文字标注，结果如图 3-70 所示。

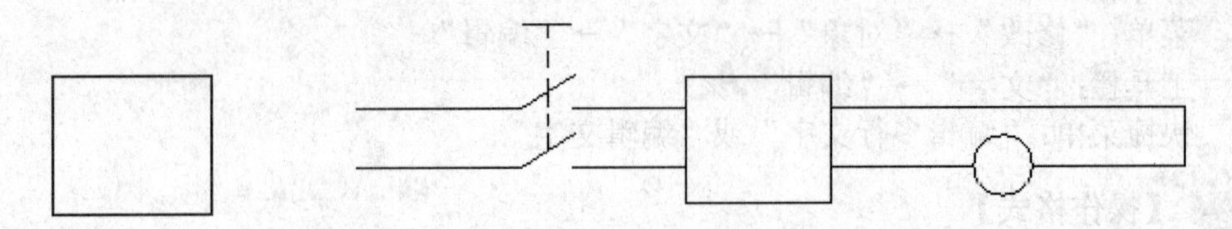

图3-71　绘制方形线盒　　图3-72　绘制导线，开关、和排风扇

注意

由于所绘制的直线、多段线和圆弧都是首尾相连或要求水平对正，所以要求读者在指定相应点时要比较细心，操作起来可能比较繁琐，当后面章节学习掌握了精确绘图相关知识后就能简便些。

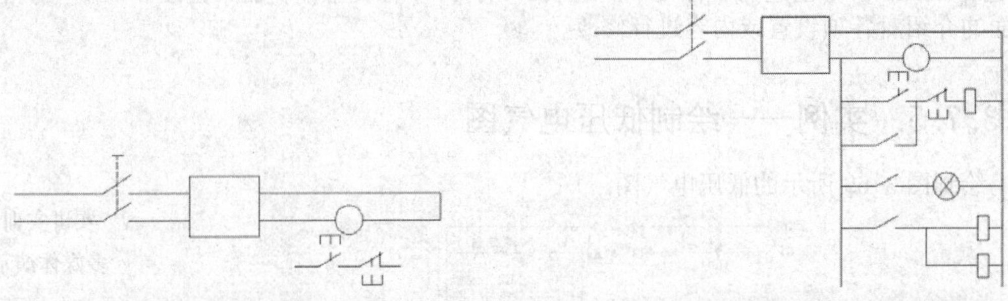

图3-73　绘制电源开关　　图3-74　绘制导线，开关和电源

3.8 表格

使用 AutoCAD 提供的“表格”功能，创建表格就变得非常容易，用户可以直接插入设置好样式的表格，而不用绘制由单独的图线组成的栅格。

3.8.1　定义表格样式

表格样式是用来控制表格基本形状和间距的一组设置。和文字样式一样，所有 AutoCAD 图形中的表格都有和其相对应的表格样式。当插入表格对象时，AutoCAD 使用当前设置的表格样式。模板文件 ACAD.DWT 和 ACADISO.DWT 中定义了名叫 STANDARD 的默认表格样式。

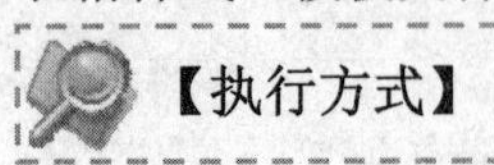

【执行方式】

命令行：TABLESTYLE

菜单：“格式”→“表格样式”

工具栏：“样式”→“表格样式”

功能区：单击“默认”选项卡“注释”面板中的“表格样式”按钮或单击“注释”选项卡“表格”面板上的“表格样式”下拉菜单中的“管理表格样式”按钮或单击“注释”选项卡“表格”面板中“对话框启动器”按钮

【操作格式】

命令: TABLESTYLE↙

执行上述操作后，AutoCAD 将打开“表格样式”对话框，如图 3-75 所示。

【选项说明】

（1）新建：单击该按钮，系统打开“创建新的表格样式”对话框，如图 3-76 所示。输入新的表格样式名后单击“继续”按钮，系统打开“新建表格样式”对话框如图 3-77 所示，从中可以定义新的表格样式。

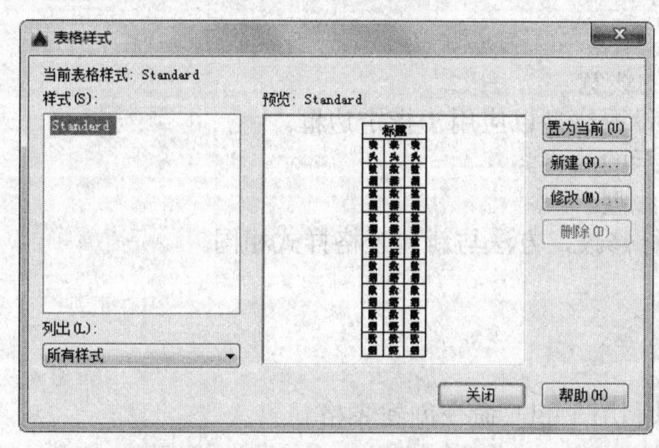

图3-75　“表格样式”对话框

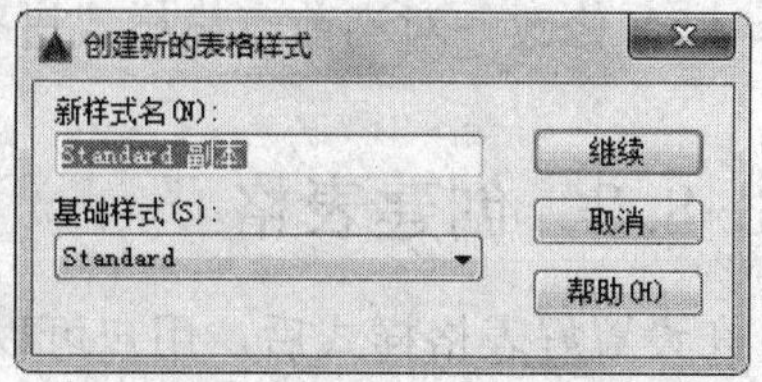

图3-76　“创建新的表格样式”对话框

“新建表格样式”对话框中有三个选项卡，即“常规”“文字”和“边框”。如图 3-77 所示，分别控制表格中数据、表头和标题的有关参数，如图 3-78 所示。

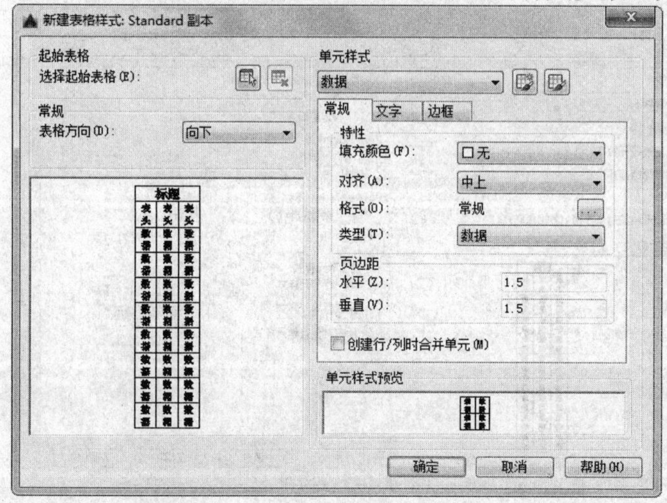

图3-77　“新建表格样式”对话框

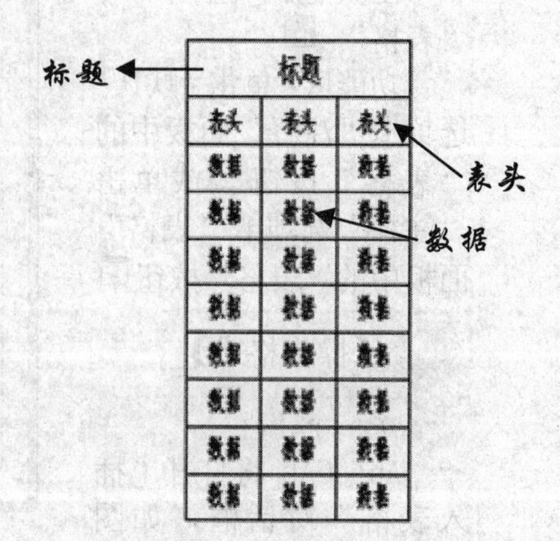

图3-78　表格样式

（2）“基本”选项卡

1）“特性”选项组：

- 填充颜色：指定填充颜色。
- 对正：为单元内容指定一种对正方式。
- 格式：设置表格中各行的数据类型和格式。
- 类型：将单元样式指定为标签或数据，在包含起始表格的表格样式中插入默认文字时使用，也用于在工具选项板上创建表格工具的情况。

2）“页边距”选项组：

- 水平：设置单元中的文字或块与左右单元边界之间的距离。
- 垂直：设置单元中的文字或块与上下单元边界之间的距离。
- 创建行/列时合并单元：将使用当前单元样式创建的所有新行或列合并到一个单元中。

（3）“文字”选项卡

1）文字样式：指定文字样式。
2）文字高度：指定文字高度。
3）文字颜色：指定文字颜色。
4）文字角度：设置文字角度。

（4）“边框”选项卡

1）线宽：设置要用于显示边界的线宽。
2）线型：通过单击边框按钮，设置线型以应用于指定边框。
3）颜色：指定颜色以应用于显示的边界。
4）双线：指定选定的边框为双线型。

（5）修改　对当前表格样式进行修改，方法与新建表格样式相同。

3.8.2 创建表格

在设置好表格样式后，用户可以利用 TABLE 命令创建表格。

【执行方式】

命令行：TABLE

菜单：“绘图”→“表格”

工具栏：“绘图”→“表格”

功能区：单击“默认”选项卡“注释”面板中的“表格”按钮或单击“注释”选项卡“表格”面板中的“表格”按钮

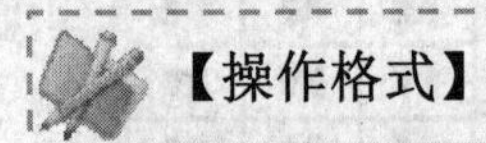
【操作格式】

命令：TABLE↙

AutoCAD 将打开“插入表格”对话框，如图 3-79 所示。

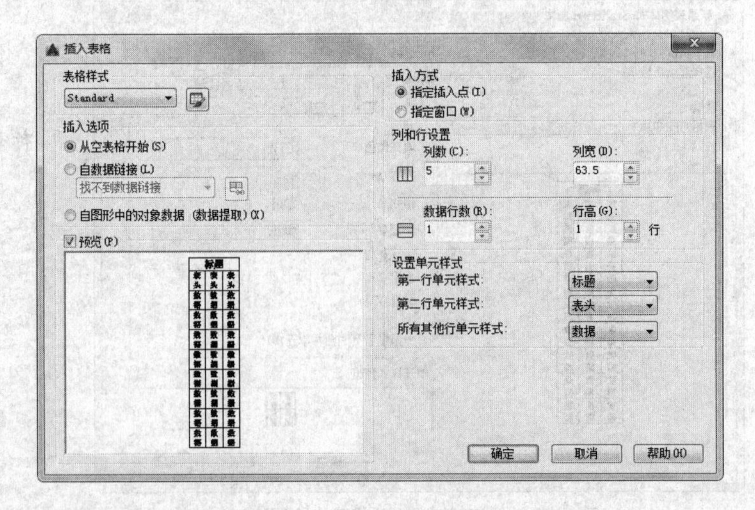

图3-79　插入表格”对话框

【选项说明】

（1）“表格样式”选项组　可以在“表格样式”下拉列表框中选择一种表格样式，也可以通过单击后面的“…”按钮来新建或修改表格样式。

（2）“插入选项”选项组

1）“从空表格开始”单选钮：创建可以手动填充数据的空表格。

2）“自数据连接”单选钮：通过启动数据连接管理器来创建表格。

3）“自图形中的对象数据”单选钮：通过启动“数据提取”向导来创建表格。

（3）“插入方式”选项组

1）“指定插入点”单选钮：指定表格的左上角的位置。可以使用定点设备，也可以在命令行中输入坐标值。如果表格样式将表格的方向设置为由下而上读取，则插入点位于表格的左下角。

2）“指定窗口”单选钮：指定表的大小和位置。可以使用定点设备，也可以在命令行中输入坐标值。选定此选项时，行数、列数、列宽和行高取决于窗口的大小以及列和行设置。

（4）“列和行设置”选项组　指定列和数据行的数目以及列宽与行高。

（5）“设置单元样式”选项组　指定“第一行单元样式”“第二行单元样式”和“所有其他行单元样式”分别为标题、表头或者数据样式。

注意

一个单位行高的高度为文字高度与垂直边距的和。列宽设置必须不小于文字宽度与水平边距的和，如果列宽小于此值，则实际列宽以文字宽度与水平边距的和为准。

在“插入表格”对话框中进行相应的设置后，单击“确定”按钮，系统在指定的插入点或窗口自动插入一个空表格，并显示多行文字编辑器，用户可以逐行逐列输入相应的文字或数据，如图 3-80 所示。

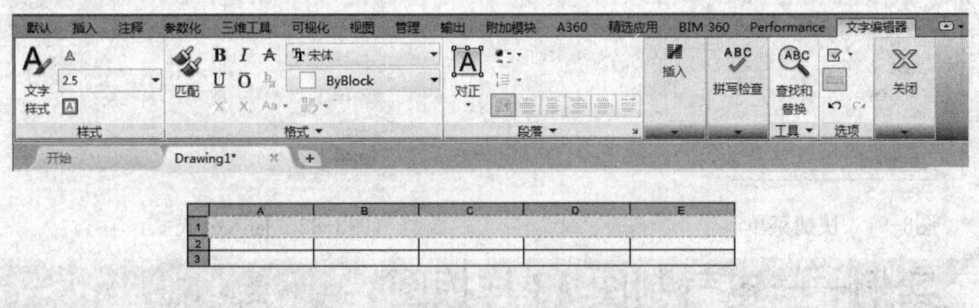

图3-80　空表格和多行文字编辑器

3.8.3　表格文字编辑

【执行方式】

命令行：TABLEDIT

快捷菜单：选定表和一个或多个单元后，右击鼠标并选择快捷菜单上的“编辑文字”命令（见图 3-81）

定点设备：在表单元内双击

【操作格式】

命令: TABLEDIT↙

系统打开多行文字编辑器，用户可以对指定单元格中的文字进行编辑。

在 AutoCAD 2016 中，可以在表格中插入简单的公式，用于计算总计、计数和平均值，以及定义简单的算术表达式。要在选定的单元格中插入公式，请单击鼠标右键，然后选择“插入公式”命令，如图 3-82 所示。也可以使用文字编辑器来输入公式。选择一个公式项后，系统提示：

选择表单元:（在表格内指定一点）

指定单元范围后，系统对范围内单元格的数值按指定公式进行计算，给出最终计算值，如图 3-80 所示。

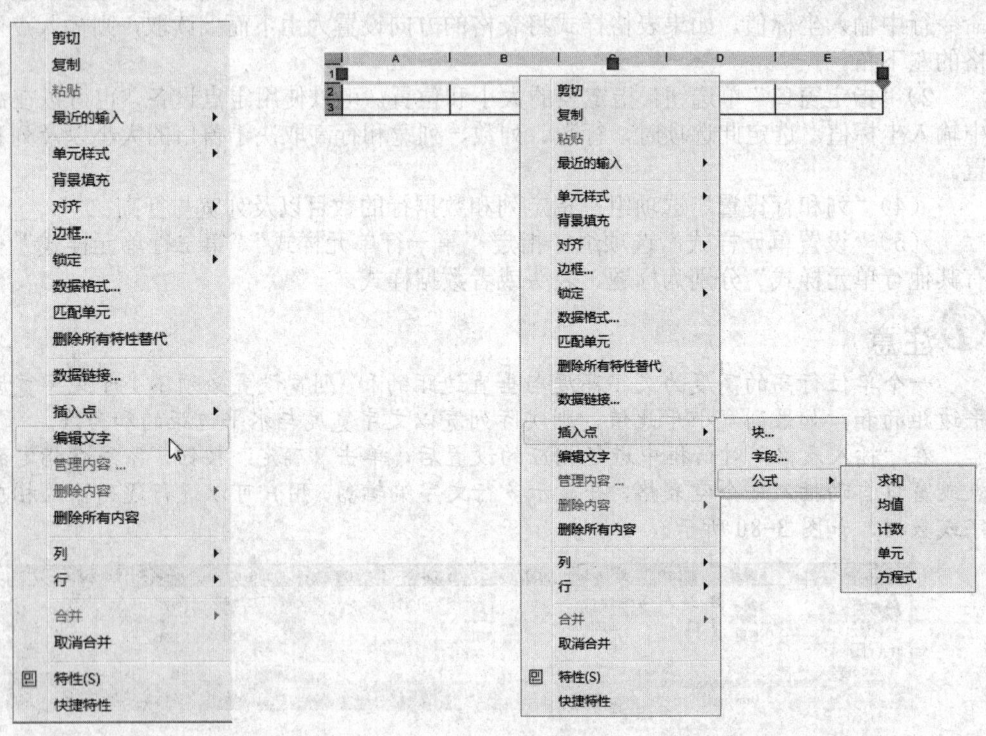

图3-81　快捷菜单　　　　图3-82　插入公式

3.9 实例——电气制图 A3 样板图

绘制图 3-83 所示的 A3 样板图。

实讲实训
多媒体演示

多媒体演示参见配套光盘中的\\动画演示\第 3 章\3.9 电气制图 A3 样板图.avi

01 绘制图框。单击“默认”选项卡“绘图”面板中的“矩形”按钮，绘制一个矩形。命令行中的提示与操作如下：

命令: rectang

指定第一个角点或 [倒角(C)/标高(E)/圆角(F)/厚度(T)/宽度(W)]: 25，10↙

指定另一个角点或 [面积(A)/尺寸(D)/旋转(R)]: 410，287↙

结果如图 3-84 所示。

注意

国家标准规定 A3 图纸的幅面大小是 420×297，这里留出了带装订边的图框到纸面边界的距离。

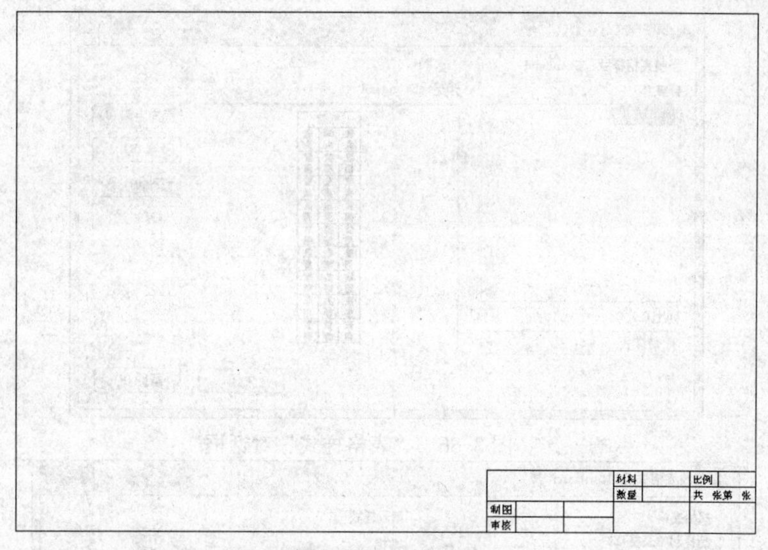

图3-83　A3样板图

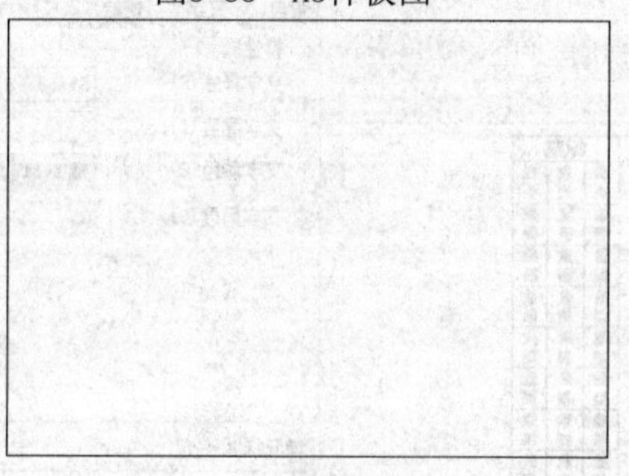

图3-84　绘制矩形图

02 绘制标题栏。标题栏结构如图 3-85 所示。由于分隔线并不整齐，所以可以先绘制一个 28×4（每个单元格的尺寸是 5×8）的标准表格，然后在此基础上编辑合并单元格形成如图 3-85 所示的形式。

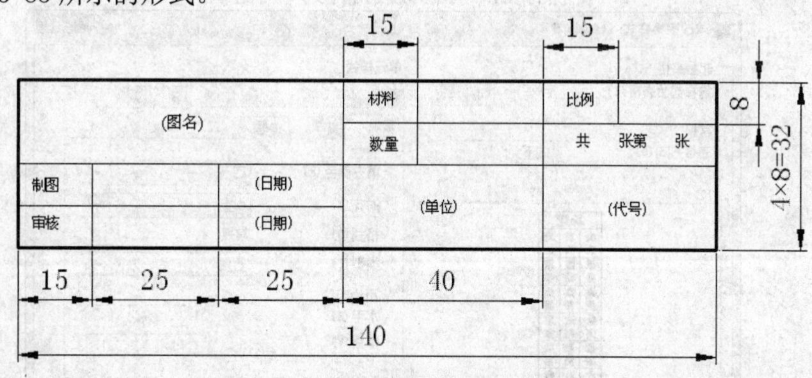

图3-85　标题栏示意图图

❶打开“表格样式”对话框。单击“注释”选项卡“表格”面板中的“对话框启动器”按钮，系统弹出“表格样式”对话框，如图 3-86 所示。

❷设置“修改表格样式”对话框。单击“修改”按钮，系统弹出“修改表格样式”对话框，在“单元样式”下拉列表框中选择“数据”选项，在下面的“文字”选项卡中将“文字高度”设置为 3，如图 3-87 所示。再打开“常规”选项卡，将“页边距”选项组中的“水平”和“垂直”都设置成 1，如图 3-88 所示。

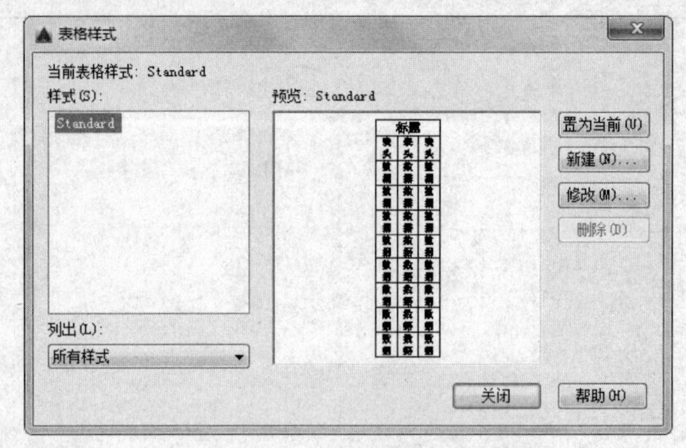

图 3-86 “表格样式”对话框

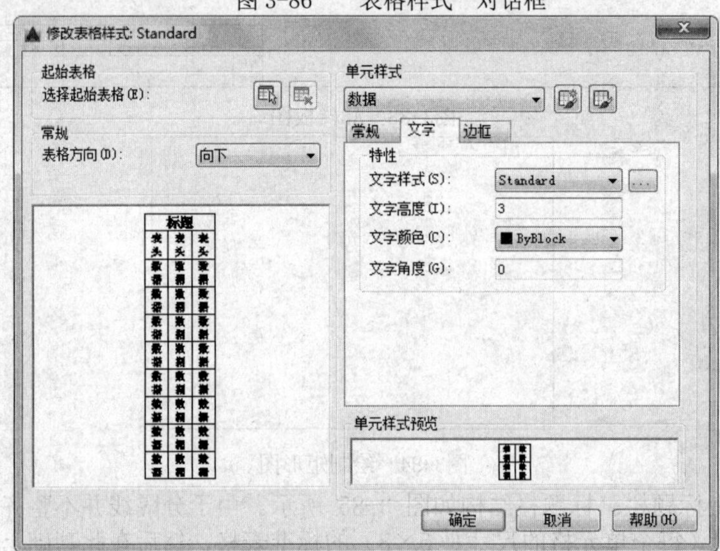

图3-87 “修改表格样式”对话框

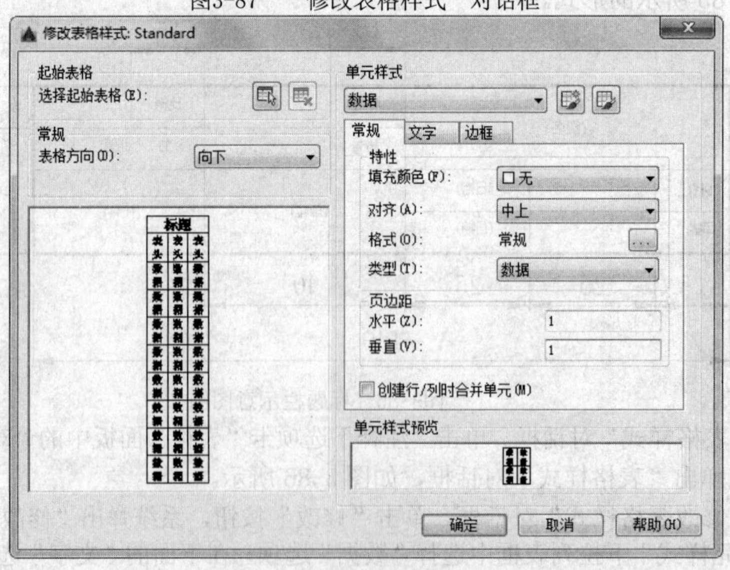

图3-88 设置“常规”选项卡

注意

表格的行高＝文字高度＋2×垂直面边距，此处设置为3＋2×1＝5

❸单击“确定”按钮，系统返回“表格样式”对话框，单击“关闭”按钮退出。

❹设置“插入表格”对话框。单击“默认”选项卡“注释”面板中的“表格”按钮，系统弹出“插入表格”对话框，在“列和行设置”选项组中将“列”设置为28，将“列宽”设置为5，将“数据行”设置为2（加上标题行和表头行共4行），将“行高”设置为1行（即为10）；在“设置单元样式”选项组中将“第一行单元样式” 与“第二行单元样式”和“第三行单元样式”都设置为“数据”，如图3-89所示。

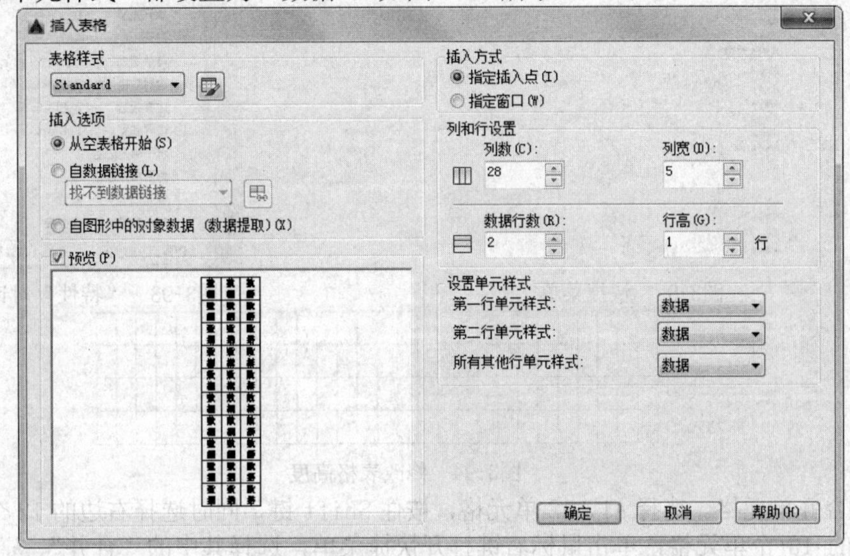

图3-89 “插入表格”对话框

❺生成表格。在图框线右下角附近指定表格位置，系统生成表格，同时打开多行文字编辑器如图3-90所示，不输入文字直接按Enter键，生成表格如图3-91所示。

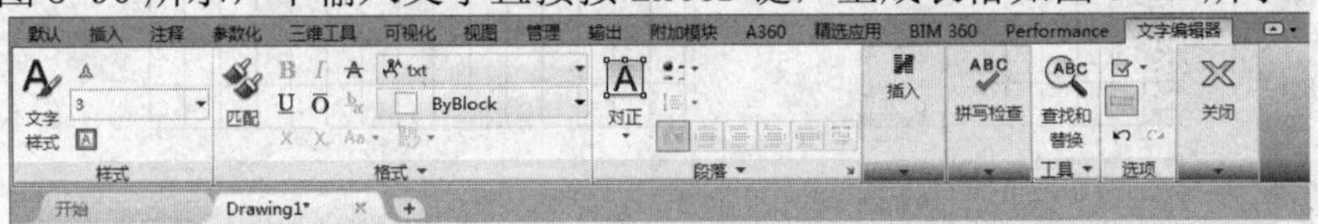

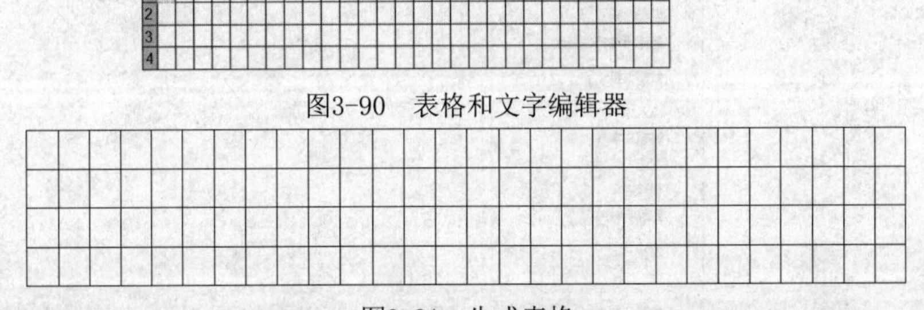

图3-90 表格和文字编辑器

图3-91 生成表格

❻修改表格高度。单击表格的一个单元格，系统显示其编辑夹点，单击鼠标右键，在打开的快捷菜单中选择“特性”命令，如图3-92所示，系统弹出“特性”对话框，将“单元高度”参数改为8，如图3-93所示，这样该单元格所在行的高度就统一改为8。同样将其他行的高度改为8，如图3-94所示。

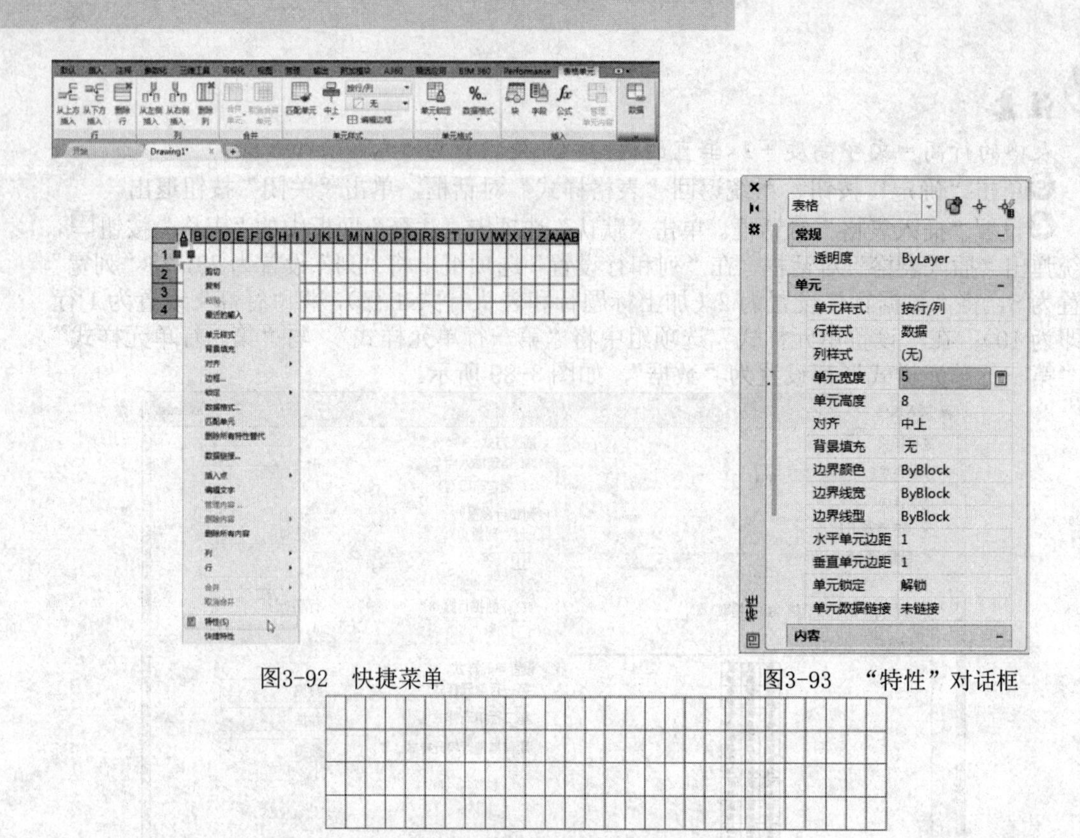

图3-92 快捷菜单　　　　图3-93 “特性”对话框

图3-94 修改表格高度

❼合并单元格。选择 A1、A2 单元格，按住 Shift 键，同时选择右边的 12 个单元格以及下面的 13 个单元格，单击鼠标右键打开快捷菜单，选择其中的“合并”→“全部”命令，如图 3-95 所示，这些单元格完成合并，如图 3-96 所示。

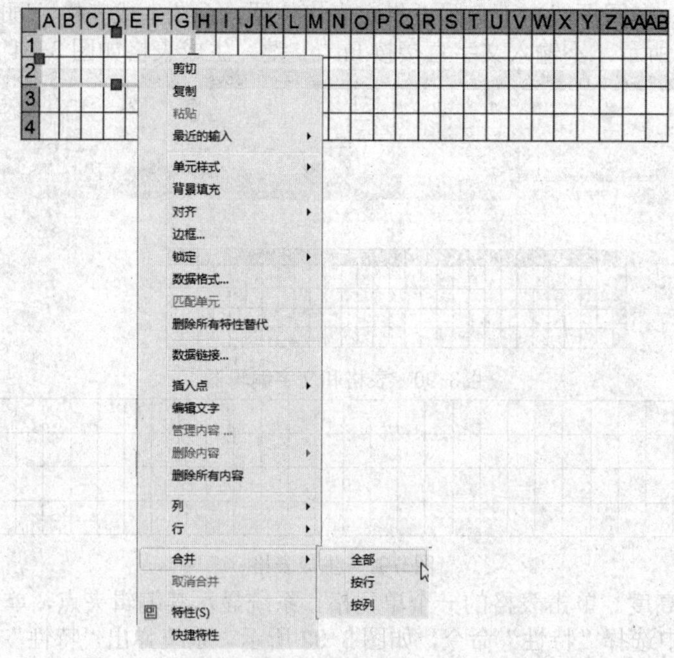

图3-95 快捷菜单

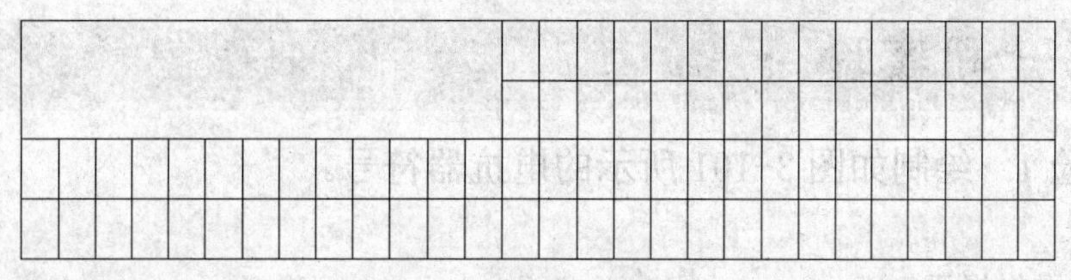

图3-96　合并单元格

使用同样方法合并其他单元格，结果如图 3-97 所示。

图3-97　完成表格绘制

❽输入文字。在单元格三击鼠标左键，打开文字编辑器，在单元格中输入文字，将文字大小改为 4，如图 3-98 所示。输入其他单元格文字，结果如图 3-99 所示。

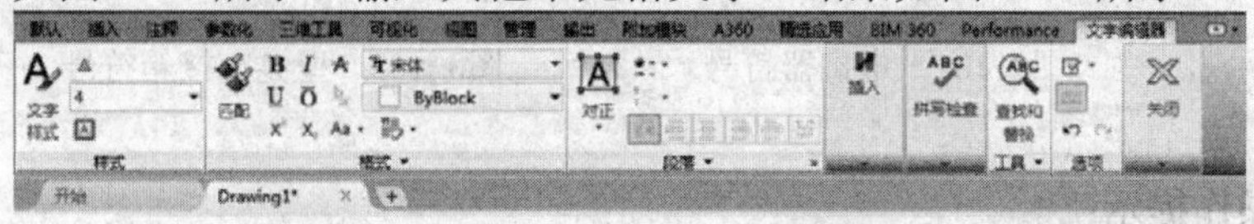

图3-98　输入文字

03 保存样板图。选择菜单栏中的“文件”→“另存为…”命令，弹出“图形另存为”对话框，将图形保存为 dwt 格式文件即可，如图 3-100 所示。

		材料		比例	
		数量		共　张第　张	
制图					
审核					

图3-99　完成标题栏文字输入

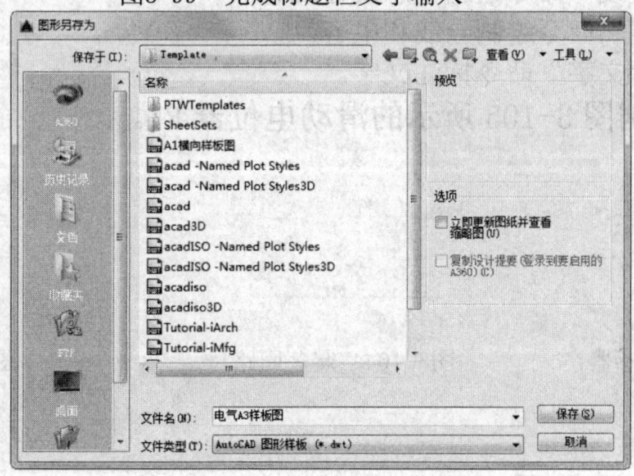

图3-100　“图形另存为”对话框

3.10 上机实验

实验 1 绘制如图 3-101 所示的电抗器符号。

操作提示：

1）利用“直线”命令绘制两条垂直相交直线。
2）利用“圆弧”命令绘制连接弧。
3）利用“直线”命令绘制竖直直线。

实验 2 绘制图 3-102 所示的壁龛交接箱符号。

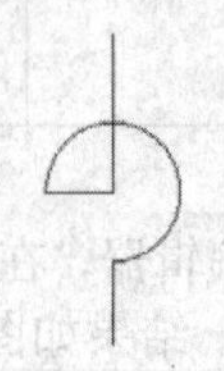

图3-101 电抗器符号

图3-102 壁龛交接箱符号

操作提示：

1）利用“矩形”和“直线”命令绘制箱体。
2）利用“图案填充”命令填充相关区域。

实验 3 绘制如图 3-103 所示的电流互感器符号。

**操作提示：**

1）利用“直线”命令绘制竖直导线。
2）利用“多段线”命令绘制电感线圈。

实验 4 绘制如图 3-104 所示的振荡回路。

**操作提示：**

1）利用“多段线”命令绘制电感及导线。
2）利用“直线”命令绘制导线和电容。
3）利用“多行文字”命令标注文字。

实验 5 绘制图 3-105 所示的滑动电位器 R1。

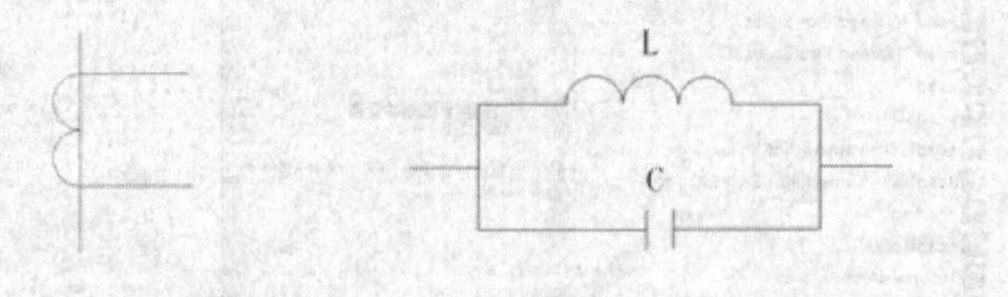

图3-103 电流互感器　　图3-104 震荡回路

图3-105 滑动电位器R1

**操作提示：**

1）利用“矩形”和“直线”命令绘制初步图形。
2）利用“多段线”命令绘制箭头。

3）利用“单行文字”命令绘制电位符号。

实验6　绘制图3-106所示的A3幅面标题栏。

操作提示：

1）设置表格样式。

2）插入空表格，并调整列宽。

3）输入文字和数据。

单位徽标	（单位名称）					
核定			工程			设计
审核						部分
审查			（图名）			
校核						
设计						
制图						
发证单位			比例		日期	
设计证号			图号			
15	25	10	15	20	15	20

120　15　63　8×6=48

图3-106　A3幅面的标题栏

3.11　思考与练习

1．选择连线题

（1）将下面的命令与其命令名进行连线。

直线段　　PLINE

样条曲线　SPLINE

多段线　　MLINE

多线　　　LINE

（2）下面的命令能绘制出线段或类线段图形的有：

（A）LINE　（B）SPLINE　（C）ARC　（D）PLINE

2．问答题

（1）请写出绘制圆弧的十种以上的方法。

（2）可以用圆弧与直线取代多段线吗？

3．操作题

（1）绘制如图3-107所示的多种电源配电箱符号。

（2）绘制如图3-108所示的蜂鸣器符号。

图3-107　多种电源配电箱符号

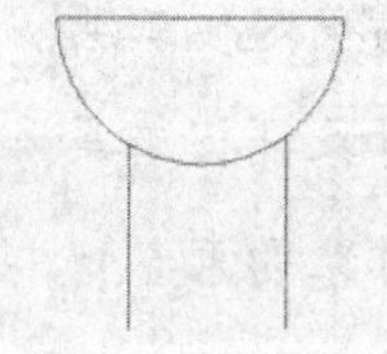

图3-108　蜂鸣器符号

基本绘图工具

AutoCAD 提供了图层工具，对每个图层规定了其颜色和线型，并把具有相同特征的图形对象放在同一层上绘制，这样绘图时不用分别设置对象的线形和颜色，不仅方便绘图，而且存储图形时只需存储几何数据和所在图层，因而既节省了存储空间，又可以提高工作效率。为了快捷准确地绘制图形，AutoCAD 还提供了多种必要的和辅助的绘图工具，如工具条、对象选择工具、对象捕捉工具、栅格和正交模式等。利用这些工具，可以方便、迅速、准确地实现图形的绘制和编辑，不仅可提高工作效率，而且能更好地保证图形的质量。

- 图层设计
- 精确定位工具
- 对象捕捉工具
- 对象约束
- 缩放与平移

4.1 图层设计

图层的概念类似投影片，将不同属性的对象分别画在不同的投影片（图层）上，例如，将图形的主要线段、中心线、尺寸标注等分别画在不同的图层上，每个图层可设定不同的线型、线条颜色，然后把不同的图层堆栈在一起成为一张完整的视图，如此可使视图层次分明有条理，方便图形对象的编辑与管理。一个完整的图形就是它所包含的所有图层上的对象叠加在一起，如图 4-1 所示。

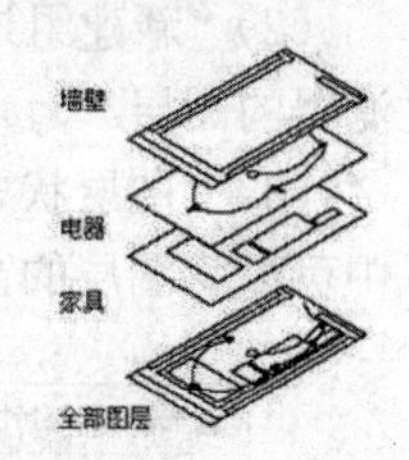

图4-1　图层效果

在用图层功能绘图之前，首先要对图层的各项特性进行设置，包括建立和命名图层、设置当前图层、设置图层的颜色和线型、图层是否关闭、是否冻结、是否锁定以及图层删除等。本节主要对图层的这些相关操作进行介绍。

4.1.1　设置图层

1．图层特性管理器

AutoCAD 2016 提供了详细直观的“图层特性管理器”对话框，用户可以方便地通过对该对话框中的各选项及其二级对话框进行设置，从而实现建立新图层、设置图层颜色及线型等各种操作。

【执行方式】

命令行：LAYER

菜单：格式→图层

工具栏：图层→图层特性管理器

功能区：单击“默认”选项卡“图层”面板中的“图层特性”按钮或单击“视图”选项卡“选项板”面板中的“图层特性”按钮

【操作格式】

命令：LAYER↙

系统打开如图 4-2 所示的“图层特性管理器”对话框。

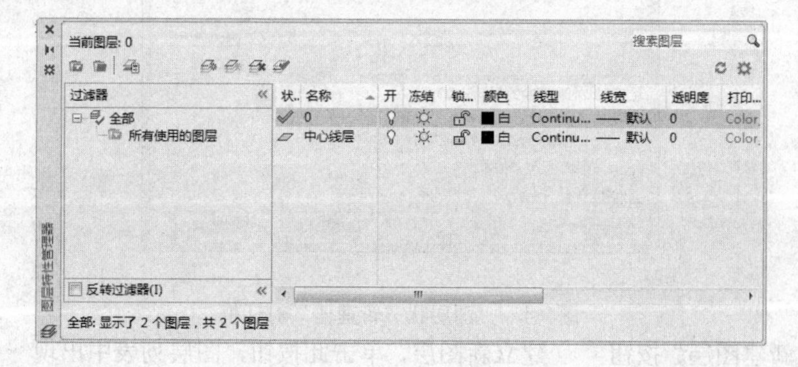

图4-2　“图层特性管理器”对话框

【选项说明】

（1）“新建特性过滤器”按钮 显示“图层过滤器特性”对话框，如图 4-3 所示。从中可以基于一个或多个图层特性创建图层过滤器。

（2）“新建组过滤器”按钮 创建一个图层过滤器，其中包含用户选定并添加到该过滤器的图层。

（3）“图层状态管理器”按钮 显示“图层状态管理器”对话框，如图 4-4 所示。从中可以将图层的当前特性设置保存到命名图层状态中，以后可以再恢复这些设置。

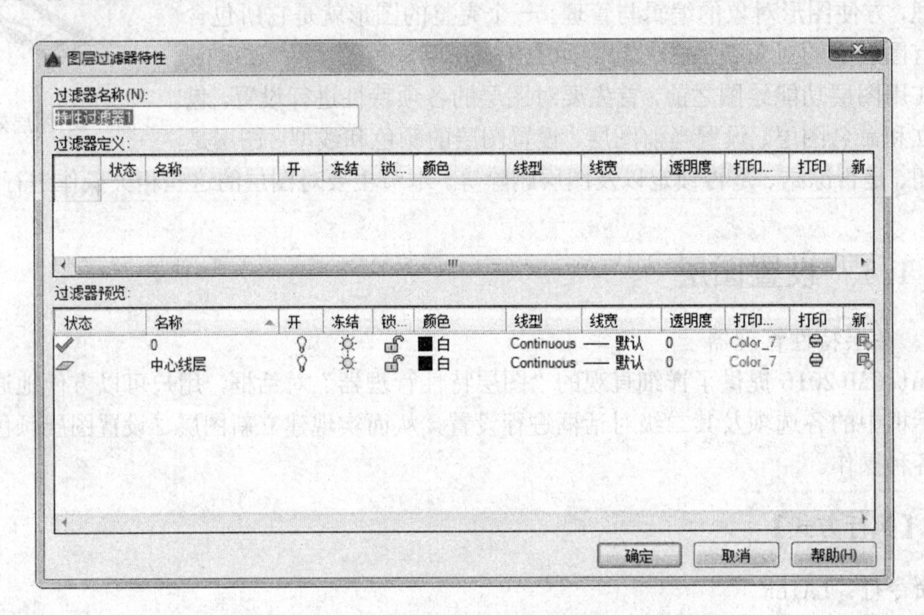

图4-3 “图层过滤器特性”对话框

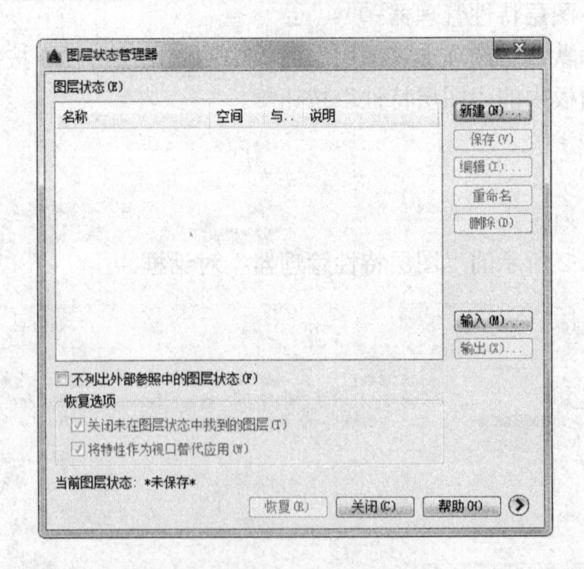

图4-4 “图层状态管理器”对话框

（4）“新建图层”按钮 建立新图层，单击此按钮，图层列表中出现一个新的图层名字“图层 1”，用户可使用此名字，也可改名。要想同时产生多个图层，可选中一个图层名后，输入多个名字，各名字之间以逗号分隔。图层的名字可以包含字母、数字、空格和特殊符号，AutoCAD 2016 支持长达 255 个字符的图层名字。新的图层继承了建立新图层时所选中的已有图层的所有特性（如颜色、线型、ON/OFF 状态等），如果新建图层时没有图层被选中，则新图层具有默认的设置。

（5）“删除图层”按钮 删除所选层，在图层列表中选中某一图层，然后单击此按钮，则把该层删除。

（6）“置为当前”按钮 设置当前图层，在图层列表中选中某一图层，然后单击此按钮，则把该层设置为当前层，并在“当前图层”一栏中显示其名字。当前层的名字存储在系统变量 CLAYER 中。另外，双击图层名也可把该层设置为当前层。

（7）“搜索图层”文本框 输入字符时，按名称快速过滤图层列表。关闭图层特性管理器时并不保存此过滤器。

（8）“反向过滤器”复选框 打开此复选框，显示所有不满足选定图层特性过滤器中条件的图层。

（9）图层列表区 显示已有的图层及其特性。要修改某一图层的某一特性，单击它所对应的图标即可。右击空白区域或利用快捷菜单可快速选中所有图层。列表区中各列的含义如下：

1）名称：显示满足条件的图层的名字。如果要对某层进行修改，首先要选中该层，使其逆反显示。

2）状态转换图标：在“图层特性管理器”窗口的名称栏分别有一列图标，移动光标到图标上单击，可以打开或关闭该图标所代表的功能，或从详细数据区中勾选或取消勾选关闭（ / ）、锁定（ / ）、在所有视口内冻结（ / ）及不打印（ / ）等项目，各图标功能说明见表 4-1。

表4-1 各图标功能

图标	名称	功能说明
/	打开/关闭	将图层设定为打开或关闭状态。当呈现关闭状态时，该图层上的所有对象将隐藏不显示，只有打开状态的图层会在屏幕上显示或由打印机打印出来。因此绘制复杂的视图时，先将不编辑的图层暂时关闭，可降低图形的复杂性。图 4-5a 和 b 分别表示文字标注图层打开和关闭的情形
/	解冻/冻结	将图层设定为解冻或冻结状态。当图层呈现冻结状态时，该图层上的对象均不会显示在屏幕或由打印机打出，而且不会执行重生（REGEN）、缩放（ROOM）、平移（PAN）等命令的操作，因此若将视图中不编辑的图层暂时冻结，可加快执行绘图编辑的速度。而 / （打开/关闭）功能只是单纯将对象隐藏，因此并不会加快执行速度
/	解锁/锁定	将图层设定为解锁或锁定状态。被锁定的图层仍然显示在画面上，但不能以编辑命令修改被锁定的对象，只能绘制新的对象，如此可防止重要的图形被修改
/	打印/不打印	设定该图层是否可以打印图形

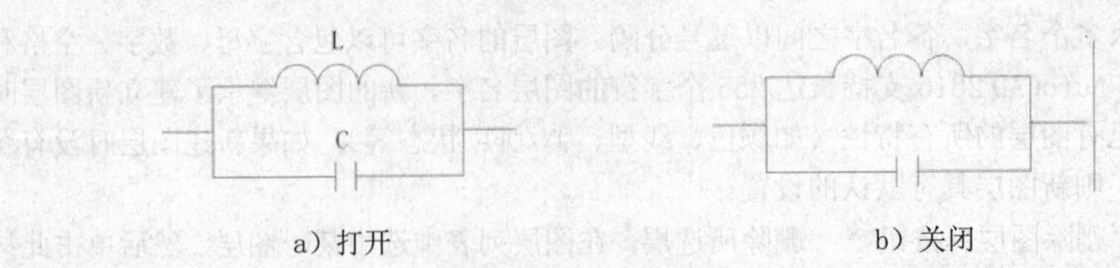

图4-5　打开或关闭文字标注图层

3）颜色：显示和改变图层的颜色。如果要改变某一层的颜色，单击其对应的颜色图标，AutoCAD 打开图 4-6 所示的“选择颜色”对话框，用户可从中选取需要的颜色。

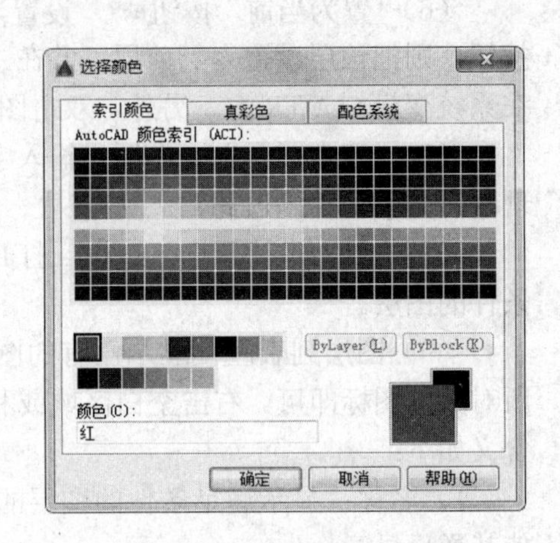

图 4-6　“选择颜色”对话框

4）线型：显示和修改图层的线型。如果要修改某一层的线型，单击该层的“线型”项，打开“选择线型”对话框，如图 4-7 所示，其中列出了当前可用的线型，用户可从中选取。具体内容下节将详细介绍。

5）线宽：显示和修改图层的线宽。如果要修改某一层的线宽，单击该层的“线宽”项，打开“线宽”对话框，如图 4-8 所示，其中列出了 AutoCAD 设定的线宽，用户可从中选取。其中“线宽”列表框显示可以选用的线宽值，包括一些绘图中经常用到线宽，用户可从中选取需要的线宽。“旧的”显示行显示前面赋予图层的线宽。当建立一个新图层时，采用默认线宽（其值为 0.01in 即 0.25 mm），默认线宽的值由系统变量 LWDEFAULT 设置。“新的”显示行显示赋予图层的新的线宽。

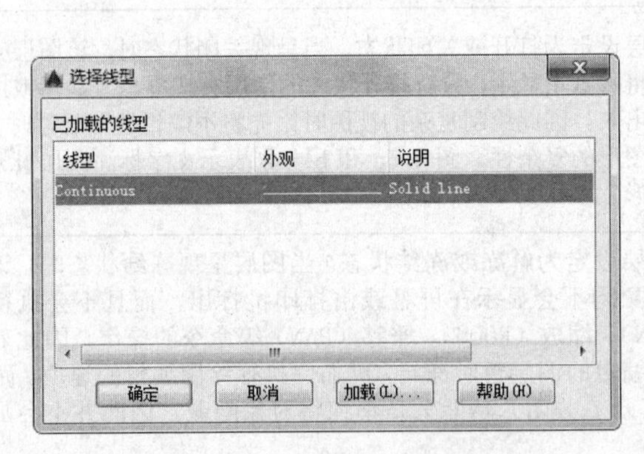

图4-7　“选择线型”对话框

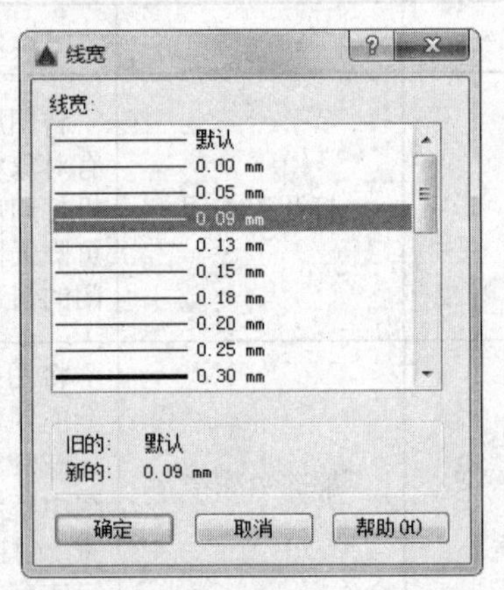

图4-8　“线宽”对话框

6）打印样式：修改图层的打印样式，所谓打印样式是指打印图形时各项属性的设置。

2. 特性工具栏

AutoCAD 提供了一个“特性”工具栏，如图 4-9 所示。用户能够控制和使用工具栏上的工具图标快速查看和改变所选对象的图层、颜色、线型和线宽等特性。“特性”工具栏上的图层颜色、线型、线宽和打印样式的控制加强了察看和编辑对象属性的命令。在绘图屏幕上选择任何对象都将在工具栏上自动显示它所在图层、颜色、线型等属性。下面把“特性”工具栏各部分的功能简单说明一下：

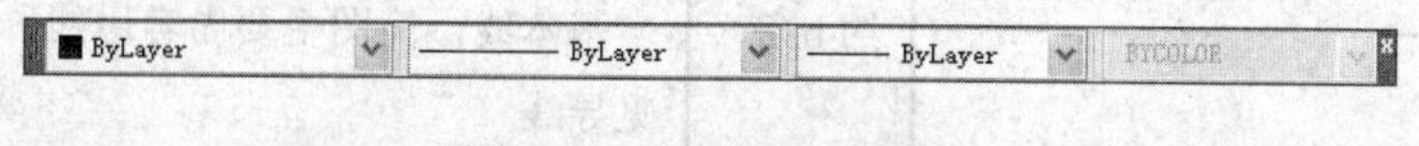

图4-9 “特性”工具栏

（1）“颜色控制”下拉列表框　单击右侧的向下箭头，弹出一下拉列表，用户可从中选择使之成为当前颜色，如果选择“选择颜色”选项，AutoCAD 打开“选择颜色”对话框以选择其他颜色。修改当前颜色之后，不论在哪个图层上绘图都采用这种颜色，但对各个图层的颜色设置没有影响。

（2）“线型控制”下拉列表框　单击右侧的向下箭头，弹出一下拉列表，用户可从中选择某一线型使之成为当前线型。修改当前线型之后，不论在哪个图层上绘图都采用这种线型，但对各个图层的线型设置没有影响。

（3）“线宽”下拉列表框　单击右侧的向下箭头，弹出一下拉列表，用户可从中选择一个线宽使之成为当前线宽。修改当前线宽之后，不论在哪个图层上绘图都采用这种线宽，但对各个图层的线宽设置没有影响。

（4）“打印类型控制”下拉列表框　单击右侧的向下箭头，弹出一下拉列表，用户可从中选择一种打印样式使之成为当前打印样式。

4.1.2　图层的线型

在国家标准 GB/T 4457.4－2008 中，对机械图样中使用的各种图线的名称、线型、线宽以及在图样中的应用作了规定，如表 4-2 所示，其中常用的图线有 4 种，即粗实线、细实线、虚线、细点画线。图线分为粗、细两种，粗线的宽度 b 应按图样的大小和图形的复杂程度，在 0.5～2mm 之间选择，细线的宽度约为 b/3。根据电气图的需要，一般只使用 4 种图线，如表 4-3 所示。

按照上节讲述方法，打开图 4-2 所示“图层特性管理器”对话框，在图层列表的线型项下单击线型名，系统打开图 4-7 所示“选择线型”对话框，对话框中选项含义如下：

表4-2　图线的型式及应用

图线名称	线型	线宽	主要用途
粗实线		b=0.5~2	可见轮廓线，可见过渡线
细实线		约 b/2	尺寸线、尺寸界线、剖面线、引出线、弯折线、牙底线、齿根线、辅助线等
细点画线		约 b/2	轴线、对称中心线、齿轮节线等
虚线		约 b/2	不可见轮廓线、不可见过渡线
波浪线		约 b/2	断裂处的边界线、剖视与视图的分界线
双折线		约 b/2	断裂处的边界线
粗点画线		b	有特殊要求的线或面的表示线
双点画线		约 b/2	相邻辅助零件的轮廓线、极限位置的轮廓线、假想投影的轮廓线

表4-3　电气图用图线的型式及应用

图线名称	线型	线宽	主要用途
实线		约 b/2	基本线，简图主要内容用线，可见轮廓线，可见导线
点画线		约 b/2	分界线，结构图框线，功能图框线，分组图框线
虚线		约 b/2	辅助线、屏蔽线、机械连接线，不可见轮廓线、不可见导线、计划扩展内容用线
双点画线		约 b/2	辅助图框线

（1）“已加载的线型”列表框　显示在当前绘图中加载的线型，可供用户选用，其右侧显示出线型的形式。

（2）“加载”按钮　单击此按钮，打开“加载或重载线型”对话框，如图 4-10 所示，用户可通过此对话框加载线型并把它添加到线型列表中，不过加载的线型必须在线型库（LIN）文件中定义过。标准线型都保存在 acad.lin 文件中。

设置图层线型的方法如下：

命令行：LINETYPE

在命令行输入上述命令后，系统打开“线型管理器”对话框，如图 4-11 所示。该对话框与前面讲述的相关知识相同，不再赘述。

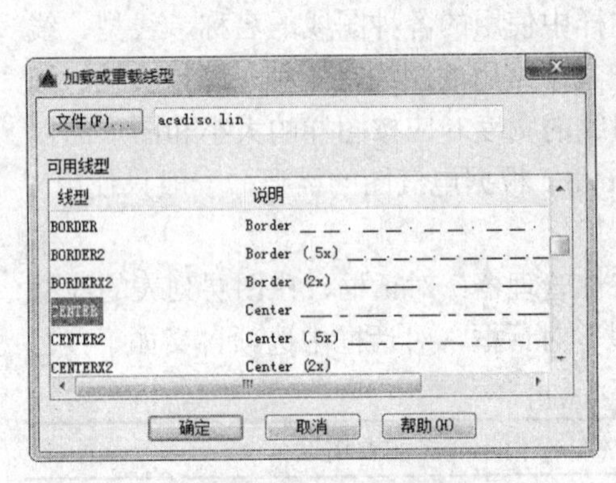

图4-10　“加载或重载线型”对话框

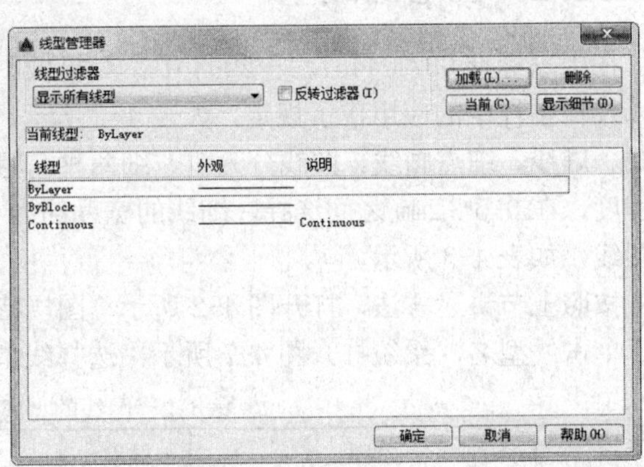

图4-11　“线型管理器”对话框

4.1.3　实例——绘制手动操作开关

利用图层命令绘制图 4-12 所示的手动开关。

01 新建两个图层。

❶图层 1，颜色黑色，线性 Continuous，其他默认。

❷图层 2，颜色红色，线性 ACAD_ISO02W100，其他默认。

02 将图层 1 设为当前图层，单击“默认”选项卡“绘图”面板中的“直线”按钮，绘制手动开关左侧图形，如图 4-13 所示。

03 将图层 2 设为当前图层，单击“默认”选项卡“绘图”面板中的“直线”按钮，利用直线命令绘制右侧图形，结果如图 4-12 所示。

图4-12　手动开关

图4-13　左侧图形

4.2 精确定位工具

精确定位工具是指能够帮助用户快速准确地定位某些特殊点（如端点、中点、圆心等）和特殊位置（如水平位置、垂直位置）的工具。

精确定位工具主要集中在状态栏上，图 4-14 所示为默认状态下显示的状态栏按钮。

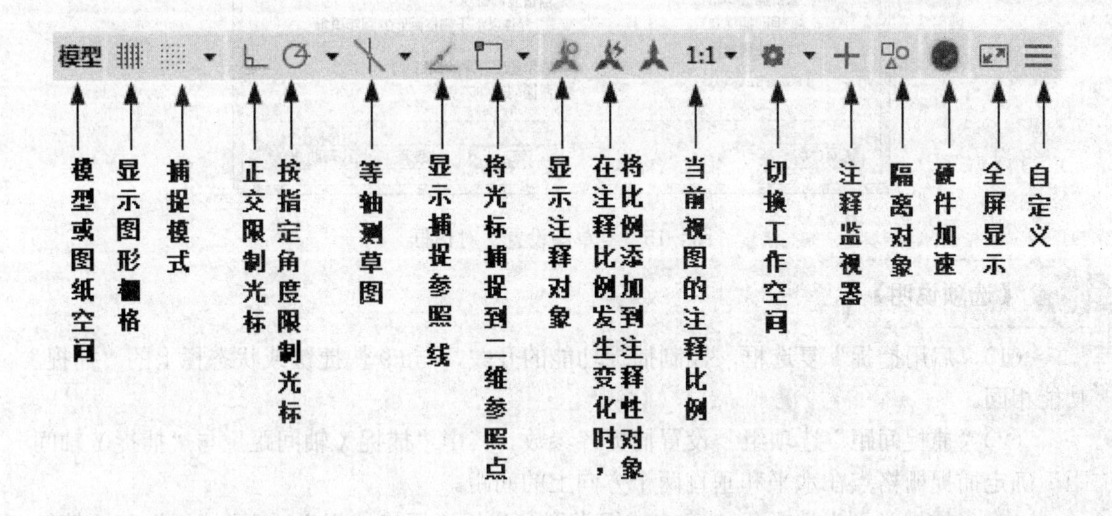

图4-14　状态栏按钮

4.2.1　捕捉工具

为了准确地在屏幕上捕捉点，AutoCAD 提供了捕捉工具，可以在屏幕上生成一个隐含的栅格（捕捉栅格），这个栅格能够捕捉光标，约束它只能落在栅格的某一个节点上，使用户能够高精确度地捕捉和选择这个栅格上的点。本节介绍捕捉栅格的参数设置方法。

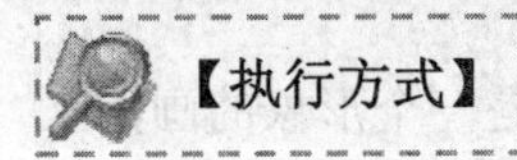

【执行方式】

菜单：工具→绘图设置

状态栏：（仅限于打开与关闭）

快捷键：F9（仅限于打开与关闭）

命令行：dsettings

【操作格式】

按上述操作打开“草图设置”对话框，打开其中“捕捉与栅格”标签，如图 4-15 所示。

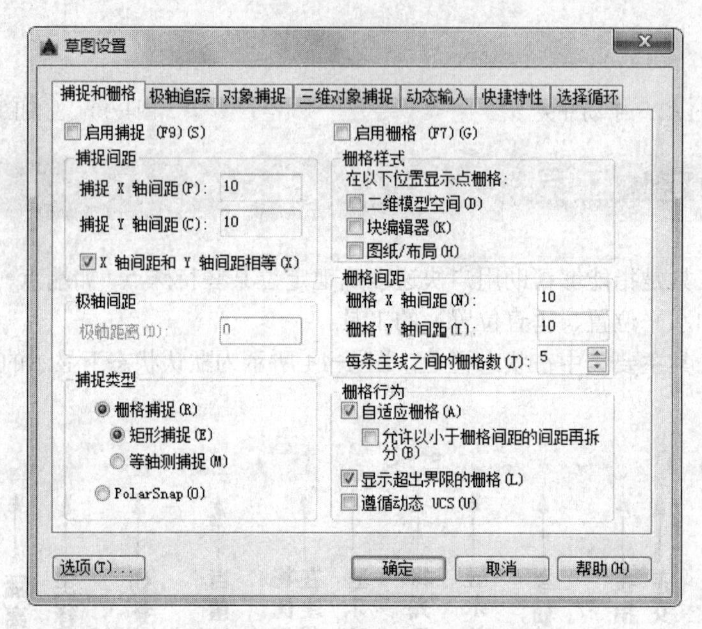

图4-15 “草图设置”对话框

【选项说明】

（1）“启用捕捉”复选框　控制捕捉功能的开关，与 F9 快捷键或状态栏上的“捕捉”功能相同。

（2）“捕捉间距”选项组　设置捕捉各参数。其中“捕捉 X 轴间距”与“捕捉 Y 轴间距”确定捕捉栅格点在水平和垂直两个方向上的间距。

（3）“捕捉类型”选项组　确定捕捉类型。包括“栅格捕捉”“矩形捕捉”和“等轴测捕捉”三种方式。栅格捕捉是指按正交位置捕捉位置点。在“矩形捕捉”方式下捕捉栅格是标准的矩形，在“等轴测捕捉”方式下捕捉栅格和光标十字线不再互相垂直，而是成绘制等轴测图时的特定角度，这种方式对于绘制等轴测图是十分方便的。

（4）“极轴间距”选项组　该选项组只有在“极轴捕捉”类型时才可用。可在“极轴距离”文本框中输入距离值。也可以通过命令行命令 SNAP 设置捕捉有关参数。

4.2.2 栅格工具

用户可以应用显示栅格工具使绘图区域上出现可见的网格，它是一个形象的画图工具，就像传统的坐标纸一样。本节介绍控制栅格的显示及设置栅格参数的方法。

【执行方式】

菜单：工具→绘图设置

状态栏：(仅限于打开与关闭)

快捷键：F7（仅限于打开与关闭))

【操作格式】

按上述操作打开“草图设置”对话框，打开“捕捉与栅格”标签。利用如图 4-15 所示的“草图设置”对话框中的“捕捉与栅格”选项卡来设置，其中的“启用栅格”复选框控制是否显示栅格。“栅格 X 轴间距”和“栅格 Y 轴间距”文本框用来设置栅格在水平与垂直方向的间距，如果“栅格 X 轴间距”和“栅格 Y 轴间距”设置为 0，则 AutoCAD 会自动将捕捉栅格间距应用于栅格，且其原点和角度总是和捕捉栅格的原点和角度相同。还可以通过 Grid 命令在命令行设置栅格间距，不再赘述。

4.2.3 正交模式

在用 AutoCAD 绘图的过程当中，经常需要绘制水平直线和垂直直线，但是用鼠标拾取线段的端点时很难保证两个点严格沿水平或垂直方向，为此，AutoCAD 提供了正交功能，当启用正交模式时，画线或移动对象时只能沿水平方向或垂直方向移动光标，因此只能画平行于坐标轴的正交线段。

【执行方式】

命令行：ORTHO

状态栏：

快捷键：F8

【操作格式】

命令: ORTHO↙

输入模式 [开(ON)/关(OFF)] <开>: (设置开或关)

4.3 对象捕捉工具

在利用 AutoCAD 画图时经常要用到一些特殊的点，如圆心、切点、线段或圆弧的端点、中点等等，如果用鼠标准确拾取这些点是十分困难的。为此，AutoCAD 提供了对象捕捉工具，通过这些工具可轻易地找到这些点。

4.3.1 特殊位置点捕捉

在绘制 AutoCAD 图形时，有时需要指定一些特殊位置的点，如圆心、端点、中点、平行线上的点等，可以通过表 4-4 所示的对象捕捉功能来捕捉这些点。

表4-4 特殊位置点捕捉

捕捉模式	命令	功能
临时追踪点	TT	建立临时追踪点
两点之间的中点	M2P	捕捉两个独立点之间的中点
捕捉自	FROM	建立一个临时参考点，作为指出后继点的基点
点过滤器	.X (Y、Z)	由坐标选择点
端点	ENDP	线段或圆弧的端点
中点	MID	线段或圆弧的中点
交点	INT	线、圆弧或圆等的交点
外观交点	APPINT	图形对象在视图平面上的交点
延长线	EXT	指定对象的延伸线
圆心	CEN	圆或圆弧的圆心
象限点	QUA	距光标最近的圆或圆弧上可见部分的象限点，即圆周上 0°、90°、180°、270° 位置上的点
切点	TAN	最后生成的一个点到选中的圆或圆弧上引切线的切点位置
垂足	PER	在线段、圆、圆弧或它们的延长线上捕捉一个点，使之与最后生成的点的连线与该线段、圆或圆弧正交
平行线	PAR	绘制与指定对象平行的图形对象
节点	NOD	捕捉用 Point 或 DIVIDE 等命令生成的点
插入点	INS	文本对象和图块的插入点
最近点	NEA	离拾取点最近的线段、圆、圆弧等对象上的点
无	NON	关闭对象捕捉模式
对象捕捉设置	OSNAP	设置对象捕捉

AutoCAD 提供了命令行、工具栏和右键快捷菜单三种执行特殊点对象捕捉的方法。

- 命令方式。绘图时，当在命令行中提示输入一点时，输入相应特殊位置点命令，如表 4-4 所示，然后根据提示操作即可。
- 工具栏方式。使用如图 4-16 所示的“对象捕捉”工具栏可以更方便地实现捕捉点的目的。当命令行提示输入一点时，从“对象捕捉”工具栏上单击相应的按钮。当把鼠标放在某一图标上时，会显示出该图标功能的提示，然后根据提示操作即可。
- 快捷菜单方式。快捷菜单可通过同时单击 Shift 键和鼠标右键来激活，菜单中列出了 AutoCAD 提供的对象捕捉模式，如图 4-17 所示。操作方法与工具栏相似，只要在 AutoCAD 提示输入点时单击快捷菜单上相应的菜单项，然后按提示操作即可。

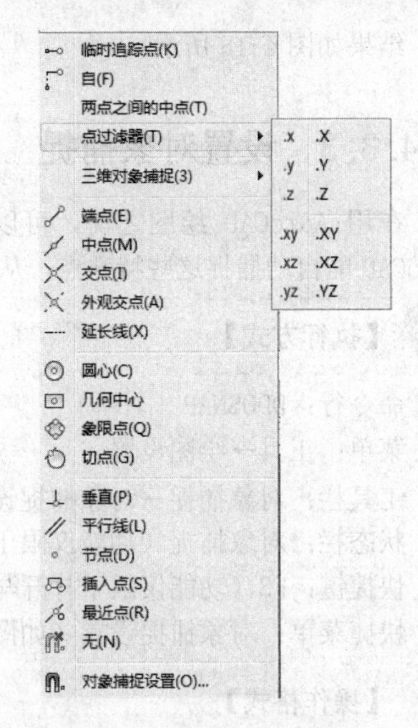

图4-16 “对象捕捉”工具栏

图4-17 对象捕捉快捷菜单

4.3.2 实例——绘制电阻

> 实讲实训
> 多媒体演示
> 多媒体演示参见配套光盘中的\\动画演示\第4章\4.3.2 绘制电阻.avi。

绘制如图4-18所示的电阻。

01 单击“默认”选项卡“绘图”面板中的“矩形”按钮，绘制一个矩形，如图4-19所示。

02 单击“默认”选项卡“绘图”面板中的“直线”按钮，绘制导线，命令行提示与操作如下：

命令: _line 指定第一个点:MID （捕捉中点）

于：（用鼠标选取矩形左边，系统自动捕捉左边中点）

指定下一点或 [放弃(U)]: <正交 开>（单击状态栏上的按钮，向左适当指定一点）

指定下一点或 [放弃(U)]: ↙（如图4-20所示）

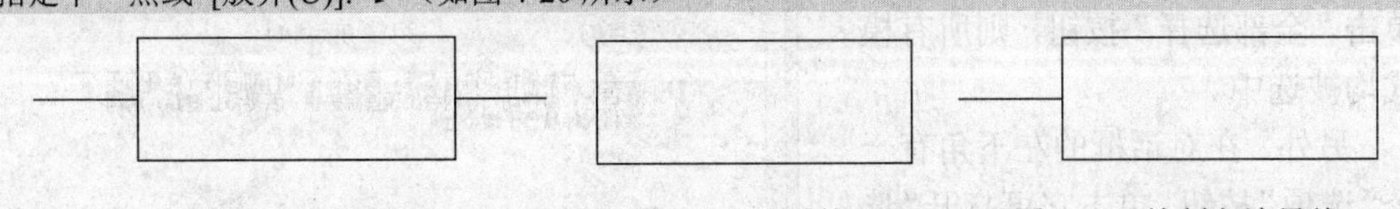

图4-18 电阻　　图4-19 绘制矩形　　图4-20 绘制左边导线

命令: _line

指定第一个点: MID （捕捉中点）

于：（用鼠标选取矩形右边，系统自动捕捉右边中点）

指定下一点或 [放弃(U)]:（向右适当指定一点）

指定下一点或 [放弃(U)]: ↙

结果如图 4-18 所示。

📖4. 3. 3　设置对象捕捉

在用 AutoCAD 绘图之前，可以根据需要事先设置运行一些对象捕捉模式，绘图时 AutoCAD 能自动捕捉这些特殊点，从而加快绘图速度，提高绘图质量。

【执行方式】

命令行：DDOSNAP

菜单：工具→绘图设置

工具栏：对象捕捉→对象捕捉设置

状态栏：对象捕捉（功能仅限于打开与关闭）

快捷键：F3（功能仅限于打开与关闭）

快捷菜单：对象捕捉设置（如图 4-21 所示）

【操作格式】

命令:DDOSNAP↙

系统打开“草图设置”对话框，在该对话框中，单击“对象捕捉”标签打开“对象捕捉”选项卡，如图 4-21 所示。利用此对话框可以对象捕捉方式进行设置。

【选项说明】

（1）“启用对象捕捉”复选框　打开或关闭对象捕捉方式，当选中此复选框时，在“对象捕捉模式”选项组中选中的捕捉模式处于激活状态。

（2）“启用对象捕捉追踪”复选框　打开或关闭自动追踪功能。

（3）“对象捕捉模式”选项组　列出各种捕捉模式的单选按钮，选中则该模式被激活，单击“全部清除”按钮，则所有模式均被清除。单击“全部选择”按钮，则所有模式均被选中。

另外，在对话框的左下角有一个“选项”按钮，单击它可打开“选项”对话框的“草图”选项卡，利用该对话框可决定捕捉模式的各项设置。

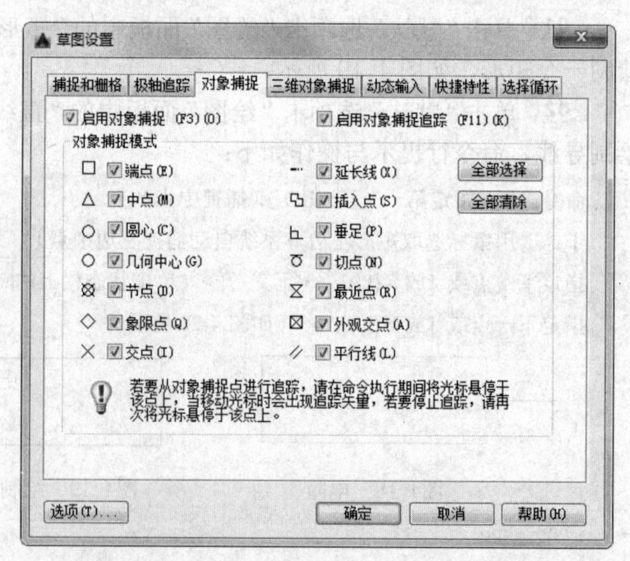

图4-21　“草图设置”对话框“对象捕捉”选项卡

4.3.4 实例：绘制带保护极的（电源）插座

实讲实训
多媒体演示

多媒体演示参见配套光盘中的\\动画演示\第 4 章\4.3.4 绘制带保护极的（电源）插座.avi。

绘制如图 4-22 所示的带保护极的（电源）插座。

01 单击“默认”选项卡“绘图”面板中的“圆弧”按钮，绘制一段圆弧，如图 4-23 所示。

02 单击“默认”选项卡“绘图”面板中的“直线”按钮，绘制其余图形，结果如图 4-22 所示。

图4-22 密闭插座　　图4-23 绘制圆弧

4.4 对象约束

约束能够用于精确地控制草图中的对象。草图约束有两种类型，尺寸约束和几何约束。

几何约束建立起草图对象的几何特性（如要求某一直线具有固定长度）或是两个或更多草图对象的关系类型（如要求两条直线垂直或平行，或是几个弧具有相同的半径）。在图形区用户可以使用“参数化”选项卡内的“全部显示”“全部隐藏”或“显示”来显示有关信息，并显示代表这些约束的直观标记（如图 4-24 所示的水平标记 和共线标记 ）。

尺寸约束建立起草图对象的大小（如直线的长度、圆弧的半径等）或是两个对象之间的关系（如两点之间的距离）。图 4-25 所示为一带有尺寸约束的示例。

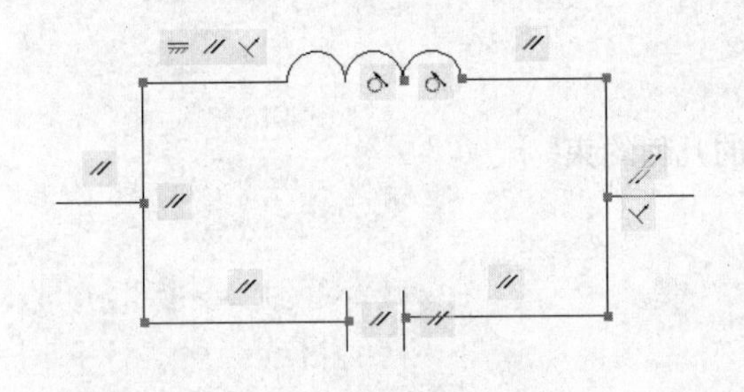

图4-24 “几何约束”示意图

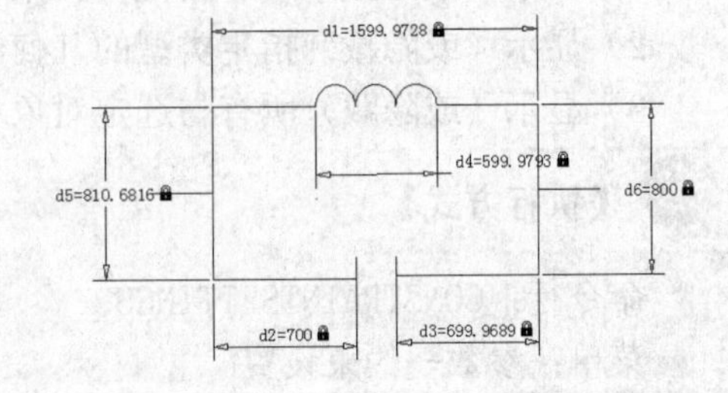

图4-25 “尺寸约束”示意图

4.4.1 几何约束

使用几何约束，可以指定草图对象必须遵守的条件，或是草图对象之间必须维持的关系。几何约束面板及工具栏（面板在“参数化”标签内的“几何”面板中）如图 4-26 所示，其主要几何约束选项功能见表 4-5。

绘图中可指定二维对象或对象上的点之间的几何约束，之后编辑受约束的几何图形时将保留约束。因此通过使用几何约束可以在图形中包括设计要求。

表4-5　特殊位置点捕捉

约束模式	功能
重合	约束两个点使其重合，或者约束一个点使其位于曲线（或曲线的延长线）上。可以使对象上的约束点与某个对象重合，也可以使其与另一对象上的约束点重合
共线	使两条或多条直线段沿同一直线方向
同心	将两个圆弧、圆或椭圆约束到同一个中心点。结果与将重合约束应用于曲线的中心点所产生的结果相同
固定	将几何约束应用于一对对象时，选择对象的顺序以及选择每个对象的点可能会影响对象彼此间的放置方式
平行	使选定的直线位于彼此平行的位置。平行约束在两个对象之间应用
垂直	使选定的直线位于彼此垂直的位置。垂直约束在两个对象之间应用
水平	使直线或点对位于与当前坐标系的 X 轴平行的位置。默认选择类型为对象
竖直	使直线或点对位于与当前坐标系的 Y 轴平行的位置
相切	将两条曲线约束为保持彼此相切或其延长线保持彼此相切。相切约束在两个对象之间应用
平滑	将样条曲线约束为连续，并与其他样条曲线、直线、圆弧或多段线保持 G2 连续性
对称	使选定对象受对称约束，相对于选定直线对称
相等	将选定圆弧和圆的尺寸重新调整为半径相同，或将选定直线的尺寸重新调整为长度相同

在用 AutoCAD 绘图时，可以控制约束栏的显示，使用“约束设置”对话框可控制约束栏上显示或隐藏的几何约束类型，可单独或全局显示/隐藏几何约束和约束栏，可执行以下操作：

1）显示（或隐藏）所有的几何约束。

2）显示（或隐藏）指定类型的几何约束。

3）显示（或隐藏）所有与选定对象相关的几何约束。

【执行方式】

命令行：CONSTRAINTSETTINGS

菜单：参数→约束设置

功能区：单击“参数化”选项卡“几何”面板中的“对话框启动器”按钮

工具栏：参数化→约束设置

快捷键：CSETTINGS

【操作格式】

命令: CONSTRAINTSETTINGS↙

系统打开“约束设置”对话框，在该对话框中单击“几何”标签打开“几何”选项卡，如图 4-27 所示。利用此对话框可以控制约束栏上约束类型的显示。

【选项说明】

（1）“约束栏显示设置”选项组　此选项组控制图形在编辑器中是否为对象显示约束栏或约束点标记。例如，可以为水平约束和竖直约束隐藏约束栏的显示。

（2）“全部选择”按钮　选择几何约束类型。

（3）“全部清除”按钮　清除选定的几何约束类型。

（4）“仅为处于当前平面中的对象显示约束栏 ”复选框　仅为当前平面上受几何约束的对象显示约束栏。

（5）“约束栏透明度”选项组　设置图形中约束栏的透明度。

（6）“将约束应用于选定对象后显示约束栏”复选框　手动应用约束后或使用AUTOCONSTRAIN 命令时显示相关约束栏。

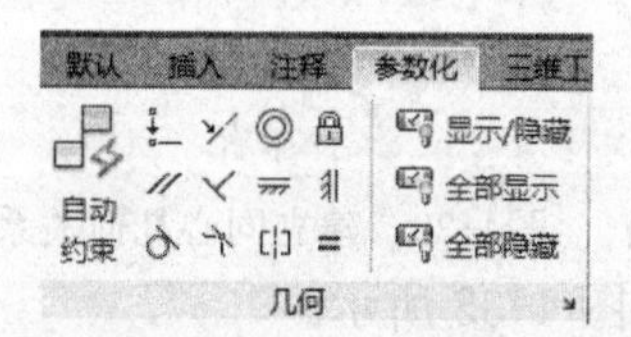

图4-26　“几何约束”面板及工具栏

图4-27　“约束设置”对话框

4.4.2　实例——绘制相切及同心的两圆

绘制如图 4-28 所示的同心相切圆。

01 单击“默认”选项卡“绘图”面板中的“圆”按钮，以适当半径绘制 4 个圆，结果如图 4-29 所示。

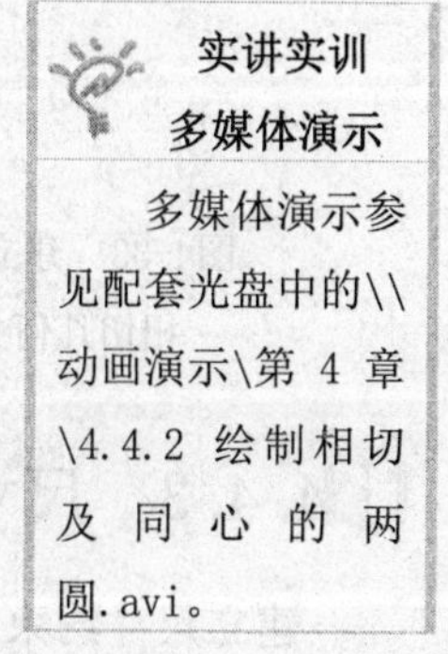

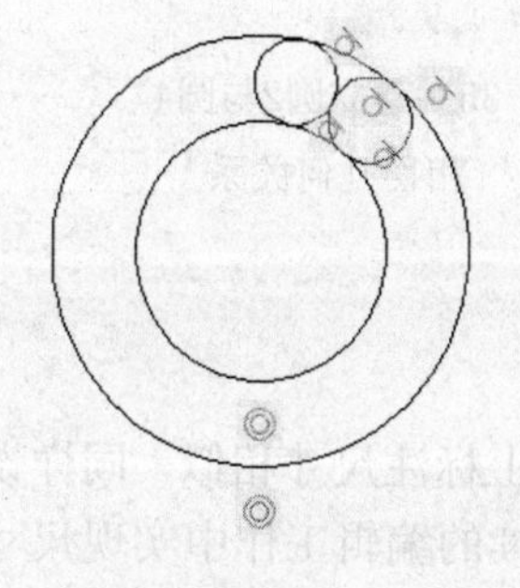

图4-28　圆的公切线

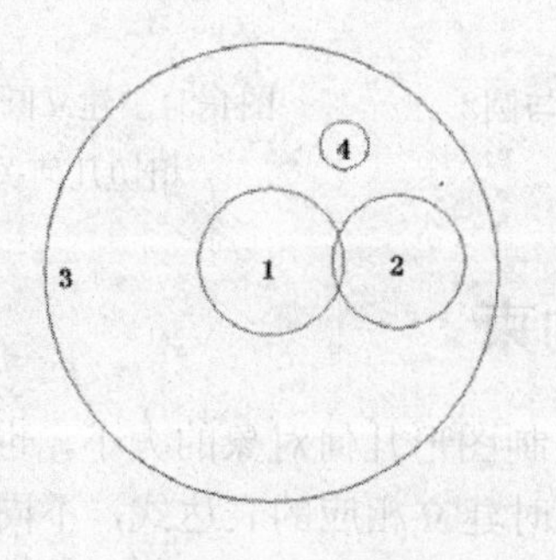

图4-29　绘制圆

02 在任意工具栏单击鼠标右键打开如图 4-30 所示的“几何约束”工具栏。

03 利用“圆”→“相切”命令绘制使两圆相切。命令行提示与操作如下：

命令: _GeomConstraint

输入约束类型[水平(H)/竖直(V)/垂直(P)/平行(PA)/相切(T)/平滑(SM)/重合(C)/同心(CON)/共线(COL)/对称(S)/相等(E)/固定(F)]<相切>:_Tangent

选择第一个对象:（使用鼠标指针选择圆 1）

选择第二个对象: （使用鼠标指针选择圆 2）

04 系统自动将圆 2 向左移动与圆 1 相切，结果如图 4-31 所示。

05 单击“参数化”选项卡“几何”面板中的“同心”按钮◎，或选择菜单栏中的“参数”→ “几何约束”→“ 同心”命令，使其中两圆同心。命令行提示与操作如下：

命令: _GeomConstraint

输入约束类型[水平(H)/竖直(V)/垂直(P)/平行(PA)/相切(T)/平滑(SM)/重合(C)/同心(CON)/共线(COL)/对称(S)/相等(E)/固定(F)] <相切>:_Concentric

选择第一个对象:（选择圆 1）

选择第二个对象:（选择圆 3）

系统自动建立同心的几何关系，如图 4-32 所示。

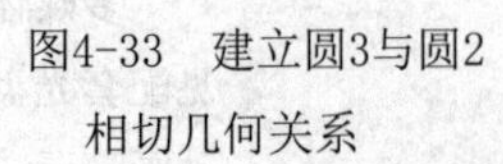

图4-30 “几何约束”工具栏

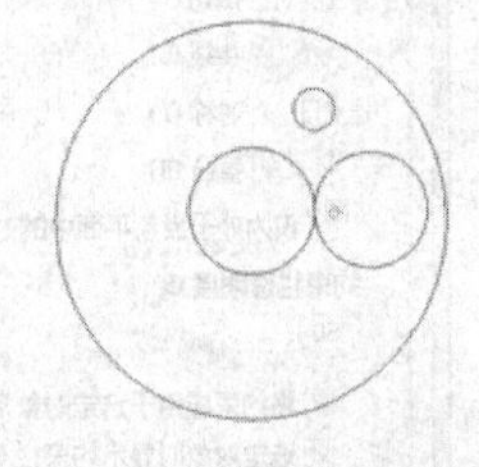

图4-31 建立相切几何关系

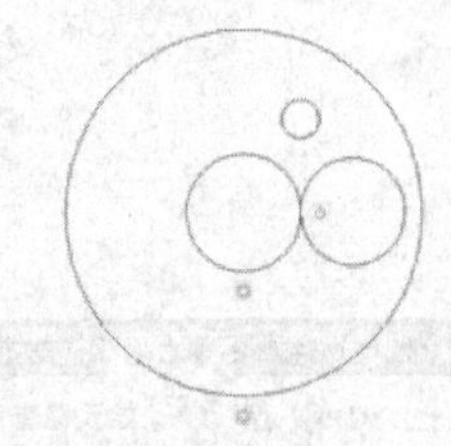

图4-32 建立同心几何关系

06 用同样方法使圆 3 与圆 2 建立相切几何约束，如图 4-33 所示。

07 用同样方法使圆 1 与圆 4 建立相切几何约束，如图 4-34 所示。

08 用同样方法使圆 4 与圆 2 建立相切几何约束，如图 4-35 所示。

09 用同样方法使圆 3 与圆 4 建立相切几何约束，最终结果如图 4-28 所示。

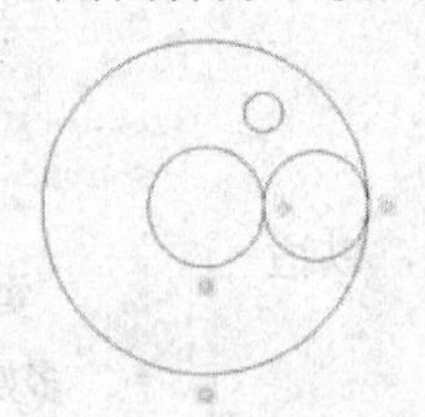

图4-33 建立圆3与圆2相切几何关系

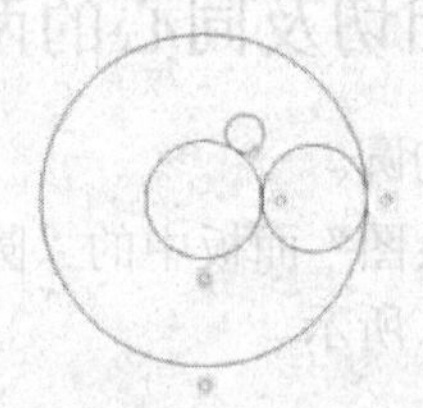

图4-34 建立圆1与圆4相切几何关系

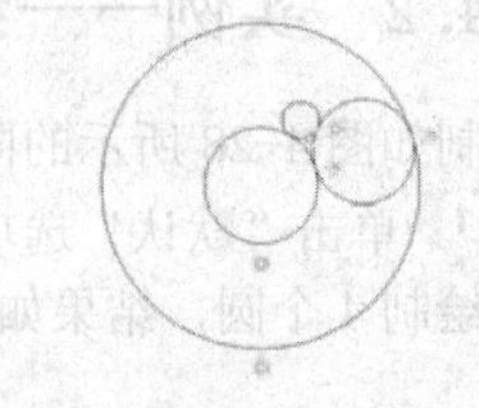

图4-35 建立圆2与圆4相切几何关系

4.4.3 尺寸约束

建立尺寸约束是限制图形几何对象的大小，也就是与在草图上标注尺寸相似，同样设置尺寸标注线，与此同时建立相应的表达式，不同的是可以在后续的编辑工作中实现尺寸的参数化驱动。“标注约束”面板及工具栏（面板在“参数化”标签内的“标注”面板中）

如图 4-36 所示。

在生成尺寸约束时，用户可以选择草图曲线、边、基准平面或基准轴上的点，以生成水平、竖直、平行、垂直和角度尺寸。

生成尺寸约束时，系统会生成一个表达式，其名称和值显示在一弹出的对话框文本区域中，如图 4-37 所示，用户可以接着编辑该表达式的名称和值。

图4-36　“标注约束”面板及工具栏

生成尺寸约束时，只要选中了几何体，其尺寸及其延伸线和箭头就会全部显示出来。将尺寸拖动到位后单击。完成尺寸约束后还可以随时更改尺寸约束，只需在图形区选中该值双击，然后可以使用生成过程所采用的同一方式，编辑其名称、值或位置。

在用 AutoCAD 绘图时，可以控制约束栏的显示，使用“约束设置”对话框内的“标注”选项卡，可控制显示标注约束时的系统配置，标注约束控制设计的大小和比例。它们可以约束以下内容：

- 对象之间或对象上的点之间的距离。
- 对象之间或对象上的点之间的角度。

【执行方式】

命令行：CONSTRAINTSETTINGS

菜单：参数→约束设置

功能区：参数化→标注→标注约束设置

工具栏：参数化→约束设置

快捷键：CSETTINGS

功能区：单击“参数化”选项卡“标注”面板中的“对话框启动器”按钮

【操作格式】

命令: CONSTRAINTSETTINGS↙

系统打开“约束设置”对话框，在该对话框中单击“标注”标签打开“标注”选项卡，如图 4-38 所示。利用此对话框可以控制约束栏上约束类型的显示。

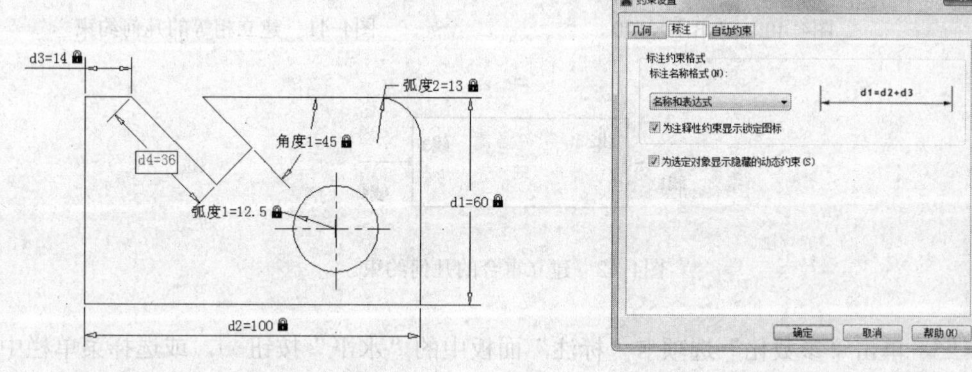

图4-37　“尺寸约束编辑”示意图　　图4-38　“约束设置”对话框

【选项说明】

（1）“显示所有动态约束”复选框　默认情况下显示所有动态标注约束。

（2）“标注约束格式”选项组　在该选项组内可以设置标注名称格式和锁定图标的显示。

（3）“标注名称格式”下拉框　为应用标注约束时显示的文字指定格式。将名称格式设置为显示：名称、值或名称和表达式。例如，宽度=长度/2。

（4）“为注释性约束显示锁定图标”复选框　针对已应用注释性约束的对象显示锁定图标。

（5）“为选定对象显示隐藏的动态约束”　显示选定时已设置为隐藏的动态约束。

4.4.4　实例——利用尺寸驱动更改电阻尺寸

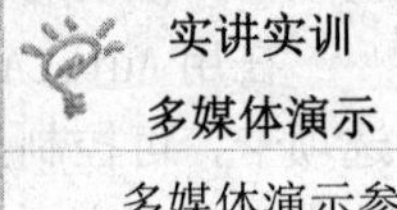
实讲实训
多媒体演示

多媒体演示参见配套光盘中的\\动画演示\第 4 章\4.4.4 利用尺寸驱动更改电阻尺寸.avi。

绘制如图 4-39 所示的电阻。

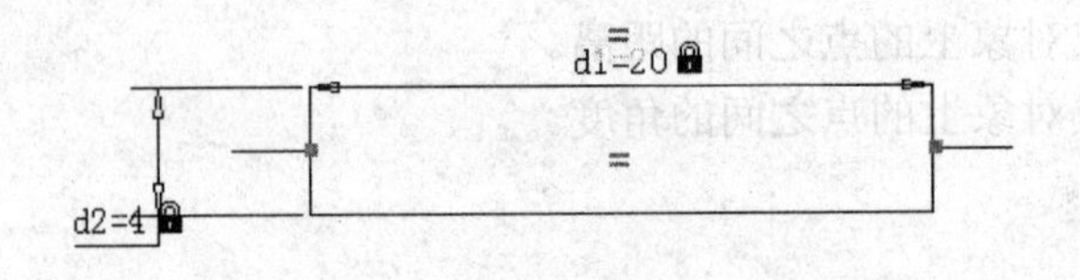

图4-39　电阻

01 单击“默认”选项卡“绘图”面板中的“直线”按钮和“矩形”按钮，绘制电阻如图 4-40 所示。

02 单击“参数化”选项卡“几何”面板中的“相等”按钮，使最上端水平线与下面各条水平线建立相等的几何约束，如图 4-41 所示。

03 单击“参数化”选项卡“几何”面板中的“重合”按钮，使线 1 右端点和线 2 中点和线 4 左端点和线 3 的中点建立重合的几何约束，如图 4-42 所示。

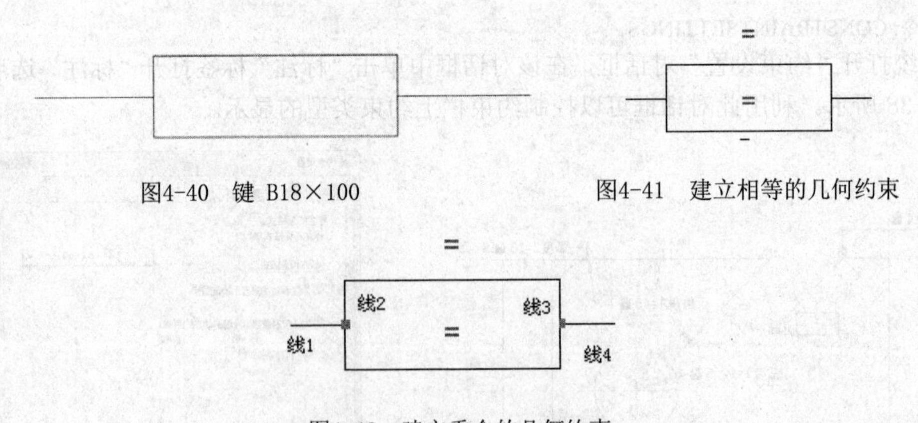

图4-40　键 B18×100

图4-41　建立相等的几何约束

图4-42　建立重合的几何约束。

04 单击“参数化”选项卡“标注”面板中的“水平”按钮，或选择菜单栏中的“参数”→“标注约束”→“水平”命令，更改水平尺寸。命令行提示与操作如下：

命令: _DimConstraint

当前设置: 约束形式 = 动态

选择要转换的关联标注或 [线性(LI)/水平(H)/竖直(V)/对齐(A)/角度(AN)/半径(R)/直径(D)/形式(F)] <水平>:_Horizontal

指定第一个约束点或 [对象(O)] <对象>:(单击最上端直线左端)

指定第二个约束点: (单击最上端直线右端)

指定尺寸线位置(在合适位置单击左键)

标注文字 = 10(输入长度 20)

05 系统自动将长度 10 调整为 20,最终结果如图 4-39 所示。

4.5 缩放与平移

改变视图最一般的方法就是利用缩放和平移命令,用它们可以在绘图区域放大或缩小图像显示,或者改变观察位置。

4.5.1 实时缩放

在实时缩放命令下,用户可以通过垂直向上或向下移动光标来放大或缩小图形。利用实时平移(下节介绍),能单击和移动光标重新放置图形。

【执行方式】

命令行:Zoom

菜单:视图→缩放→实时

工具栏:标准→实时缩放(如图 4-43 所示)

功能区:单击"视图"选项卡"导航"面板上的"范围"下拉菜单中的"实时"按钮(如图 4-44 所示)

图4-43 导航栏

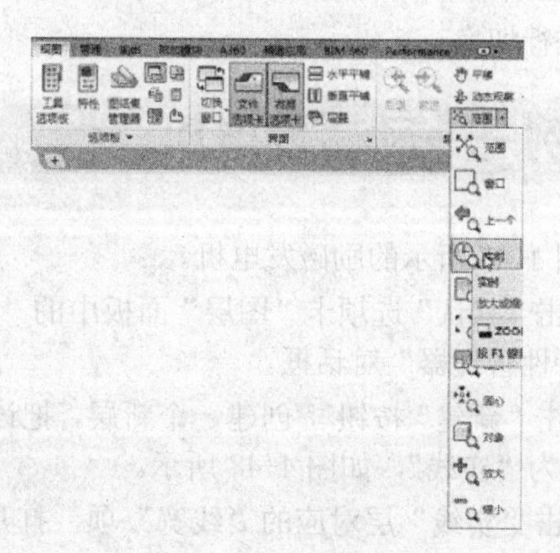

图4-44 下拉菜单

【操作格式】

按住选择钮垂直向上或向下移动。从图形的中点向顶端垂直地移动光标就可以放大图形一倍，向底部垂直地移动光标就可以缩小图形一倍。

另外，放大、缩小、动态缩放、窗口缩放、比例缩放、中心缩放、全部缩放、对象缩放、缩放上一个和最大图形范围缩放等操作方法与动态缩放类似，不再赘述。

4.5.2 实时平移

【执行方式】

命令：PAN

菜单：视图→平移→实时

工具栏：标准→实时平移

功能区：单击“视图”选项卡“导航”面板中的“平移”按钮（如图 4-45 所示）

图4-45 “导航”面板

【操作格式】

执行上述命令后，用鼠标单击选择钮，然后移动手形光标就平移图形了。当移动到图形的边沿时，光标就变成一个三角形显示。

另外，为显示控制命令设置了一个右键快捷菜单，如图 4-46 所示。在该菜单中，用户可以在显示命令执行的过程中，透明地进行切换。

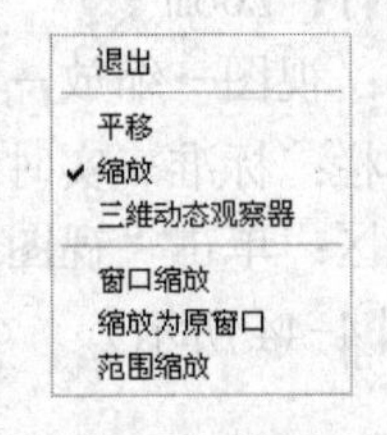

图4-46 右键快捷菜单

4.6 实例——励磁发电机

绘制如图 4-47 所示的励磁发电机。

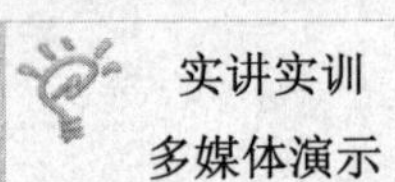

多媒体演示参见配套光盘中的\\动画演示\第 4 章\4.6 实例——励磁发电机.avi。

01 单击“默认”选项卡“图层”面板中的“图层特性”按钮，打开“图层特性管理器”对话框。

02 单击“新建”按钮创建一个新层，把该层的名字由默认的“图层 1”改为“实线”，如图 4-48 所示。

03 单击“实线”层对应的“线宽”项，打开“线宽”对话框，如图 4-49 所示。选择 0.09mm 线宽，确认退出。

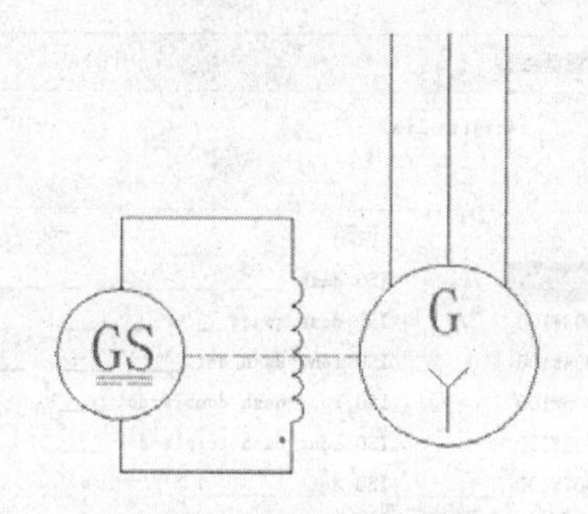

图4-47　励磁发电机图形

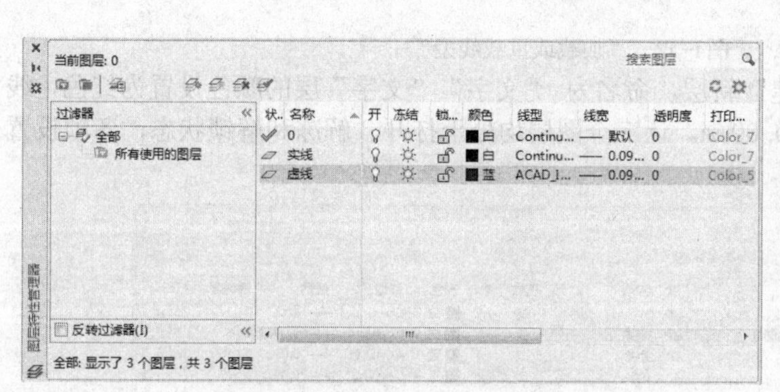

图4-48　更改图层名

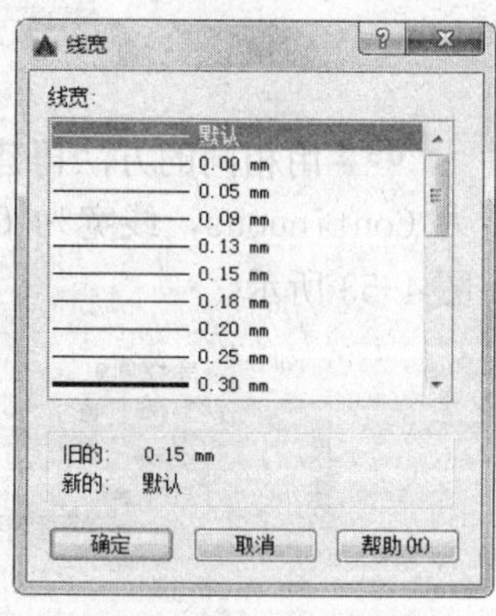

图4-49　选择线宽

04 单击“新建”按钮创建一个新层，把该层的名字命名为“虚线”。

05 单击“虚线”层对应的“颜色”项，打开“选择颜色”对话框，选择蓝色为该层颜色，如图4-50所示。确认返回“图层特性管理器”对话框。

06 单击“虚线”层对应“线型”项，打开“选择线型” 对话框，如图4-51所示。

07 在“选择线型” 对话框中，单击“加载”按钮，系统打开“加载或重载线型”对话框，选择ACAD_ISO02W100线型，如图4-52所示，确认退出。在“选择线型”对话框中选择ACAD_ISO02W100为该层线型，确认返回“图层特性管理器”对话框。

08 采用同样方法将“虚线”层的线宽设置为0.09mm。

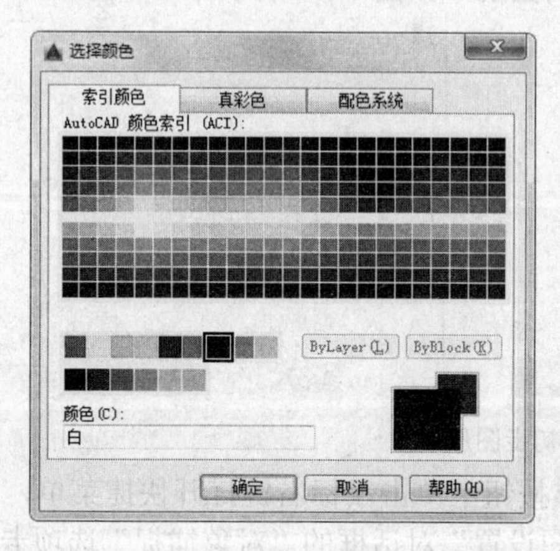

图4-50　选择颜色

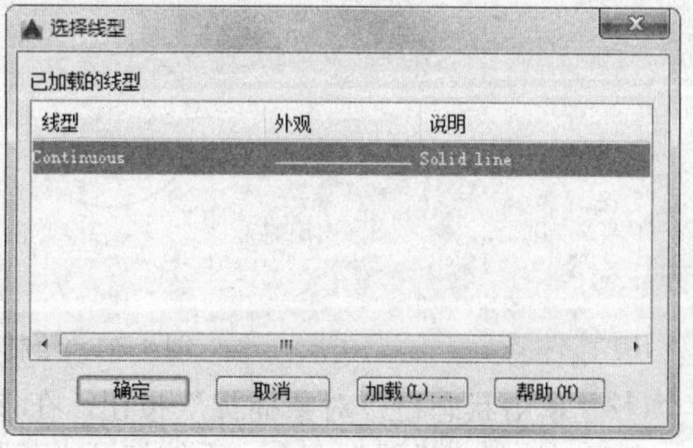

图4-51　选择线型

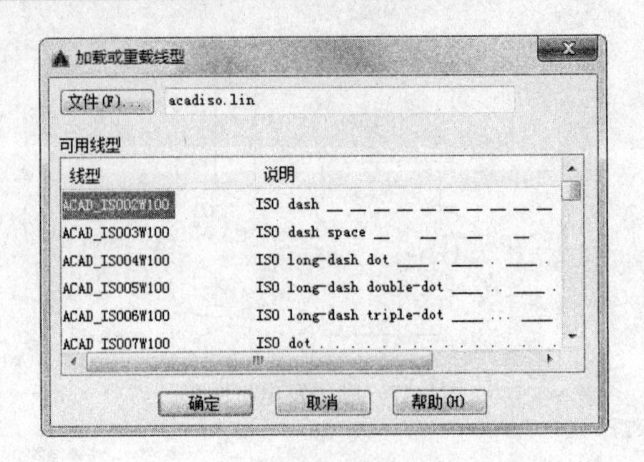

图4-52 “加载或重载线型”

09 用相同的方法再建立新层，命名为 “文字”。“文字”层的颜色设置为红色，线型为 Continuous，线宽为 0.09mm。让三个图层均处于打开、解冻和解锁状态，各项设置如图 4-53 所示。

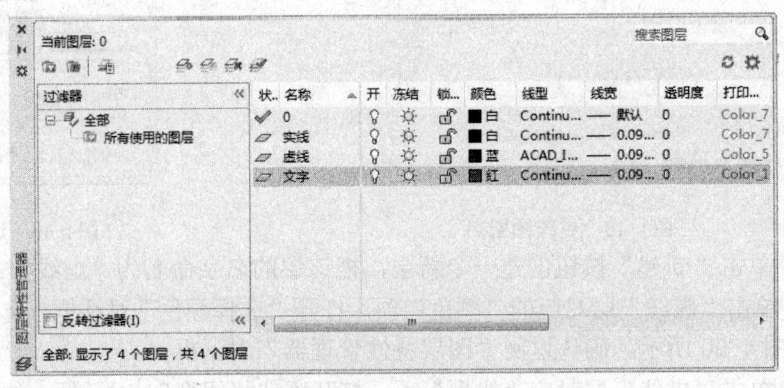

图 4-53 设置图层

10 选中“实线”层，单击“置为当前”按钮，将其设置为当前层，然后确认关闭“图层特性管理器”对话框。

11 在当前层“实线”层上单击“默认”选项卡“绘图”面板中的“直线”按钮，“圆”按钮、和“圆弧”按钮，绘制一系列图线，如图 4-54 所示。

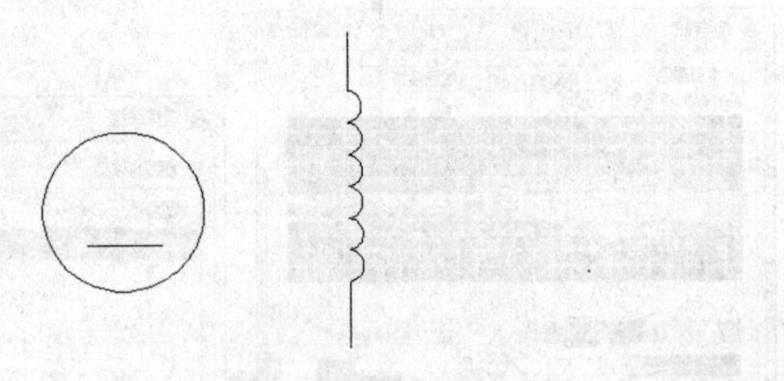

图 4-54 绘制初步图形

12 单击状态栏“对象捕捉”按钮，在该按钮上单击鼠标右键打开快捷菜单，如图 4-55 所示，选择“设置”命令，系统打开“草图设置”对话框的“对象捕捉”选项卡，选用“启用对象捕捉追踪”复选框，单击“全部选择”按钮，将所有特殊位置点设置为可捕捉状态，如图 4-56 所示。单击“极轴追踪”选项卡，选用“启用极轴追踪”复选框，在“增量角”下拉列表框中选择 90，单击“用所有极轴角设置追踪”单选按钮，如图 4-57 所示。

图4-55　快捷菜单

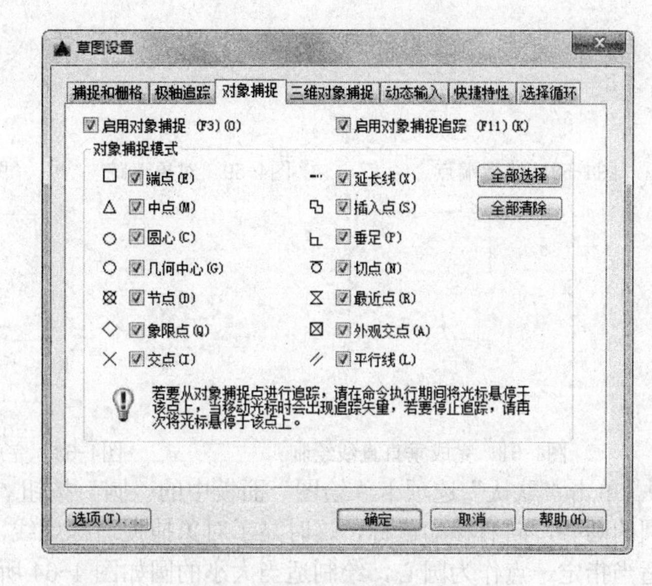

图4-56　“对象捕捉”设置

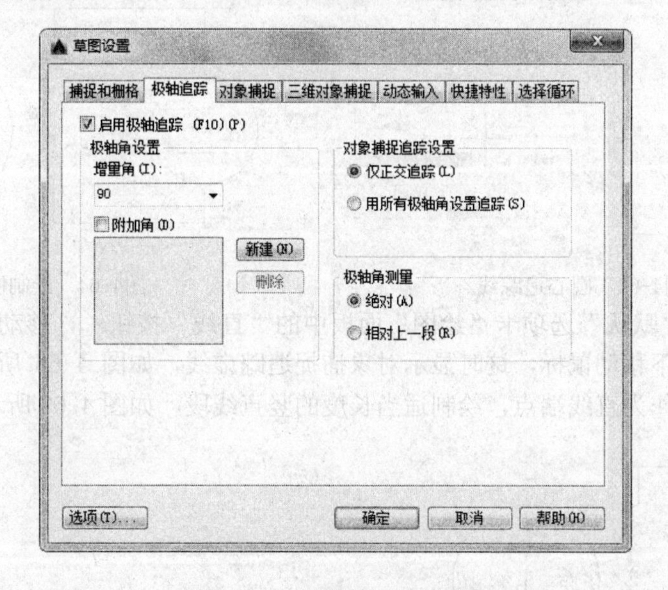

图4-57　“极轴追踪”设置

13 单击状态上的按钮、和。单击“默认”选项卡“绘图”面板中的“直线”按钮，将鼠标移向表示电感的多段线顶端，系统自动捕捉该端点为直线起点，单击鼠标左键确认，如图 4-58 所示。继续移动鼠标指向左边圆，捕捉到圆的圆心或象限点，向上移动鼠标，这时显示对象捕捉追踪虚线和水平垂直线交点，如图 4-59 所示，在显示的交点处单击鼠标左键确认完成水平线段的绘制。继续向下移动鼠标捕捉圆的上象限点，如图 4-60 所示，单击鼠标左键确认，最后按 Enter 键，结果如图 4-61 所示。

14 用同样方法绘制下面的导线，如图 4-62 所示。

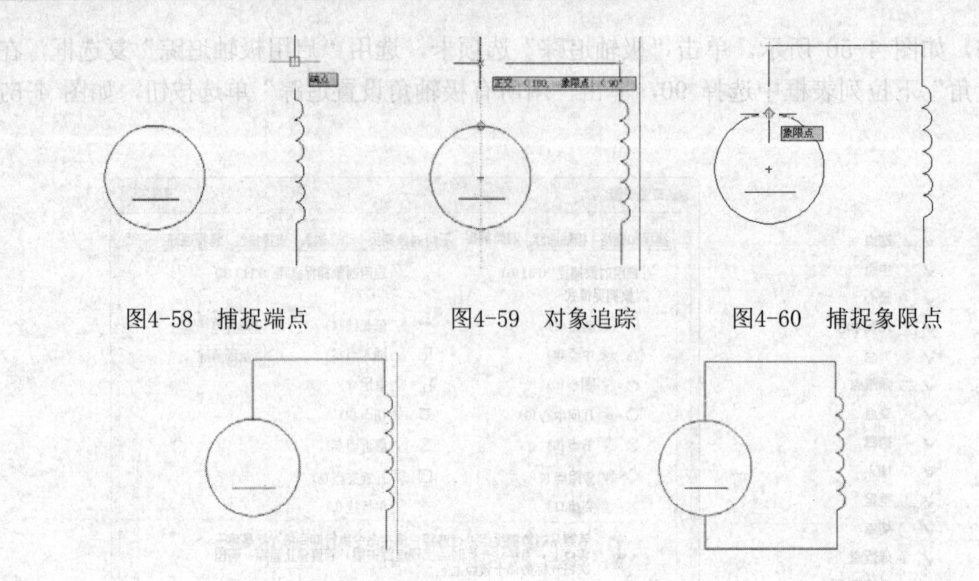

图4-58　捕捉端点　　图4-59　对象追踪　　图4-60　捕捉象限点

图4-61　完成垂直直线绘制　　图4-62　完成另一导线绘制

15 单击“默认”选项卡“绘图”面板中的“圆”按钮⊙，移动鼠标指向左边圆，捕捉到圆的圆心，向右移动鼠标，这时显示对象捕捉追踪虚线，如图 4-63 所示，在追踪虚线上适当指定一点作为圆心，绘制适当大小的圆如图 4-64 所示。

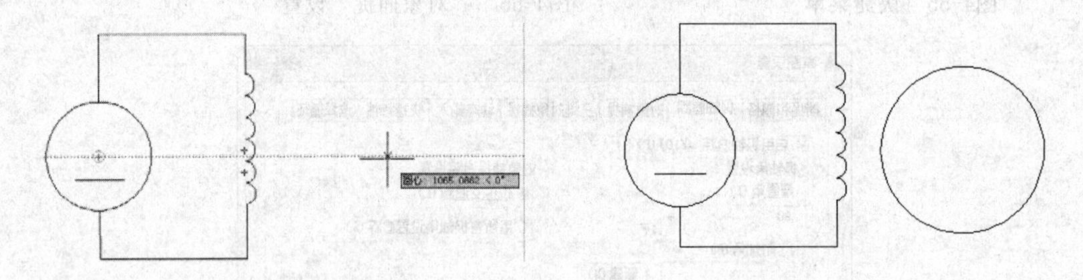

图4-63　圆心追踪线　　图4-64　绘制圆

16 单击“默认”选项卡“绘图”面板中的“直线”按钮╱，移动鼠标指向右边圆捕捉到圆心，向下移动鼠标，这时显示对象捕捉追踪虚线，如图 4-65 所示，在追踪虚线上适当指定一点作为直线端点，绘制适当长度的竖直线段，如图 4-66 所示。

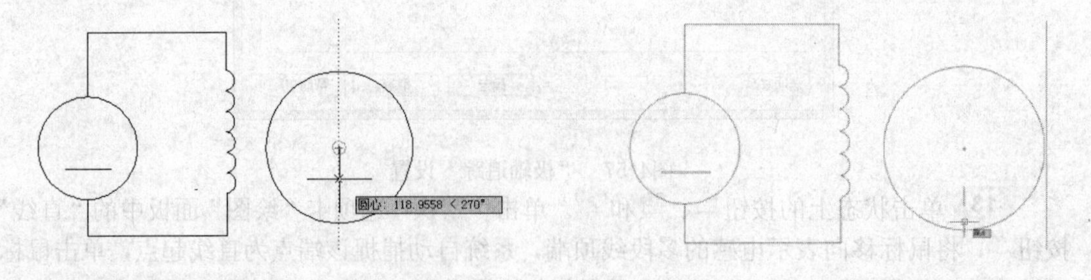

图4-65　追踪捕捉线段端点　　图4-66　绘制竖直线段

在指定竖直下端点时，可以利用“实时缩放”功能将图形局部适当放大，这样可以避免系统自动捕捉到圆象限点作为端点。

17 单击状态上的“正交”按钮，关闭正交功能。单击“默认”选项卡“绘图”面板中的“直线”按钮，捕捉刚绘制的线段的上端点为起点，绘制两条倾斜线段，利用“极轴追踪”功能，捕捉倾斜角度为±45°，结果如图 4-67 所示。

18 单击状态上的“正交”按钮，打开正交功能。单击“默认”选项卡“绘图”面板中的“直线”按钮，捕捉右边圆上象限点为起点，绘制一条适当长度竖直线段。再次执行“直线”命令，在圆弧上适当位置捕捉一个“最近点”作为直线起点，如图 4-68 所示，绘制一条与刚绘制竖直线段顶端平齐的线段。使用同样方法绘制另一条竖直线段，如图 4-69 所示。

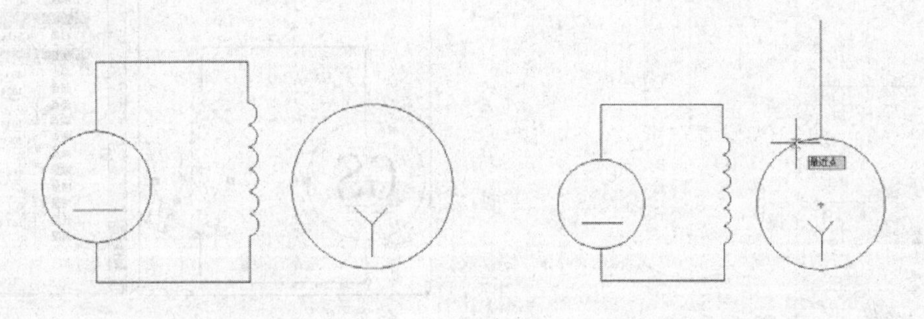

图4-67　绘制斜线　　　　图4-68　指定线段起点

注意

这里是利用“对象捕捉追踪”功能捕捉线段的终点，保证竖直线段顶端平齐。

19 单击“图层”面板中图层下拉列表的下拉按钮，将“虚线”层设置为当前层。

20 单击“默认”选项卡“绘图”面板中的“直线”按钮，捕捉左边圆右象限点为起点（如图 4-70 所示），右边圆左象限点为起点，绘制一条适当长度水平线段，同时在左侧单击符号内部绘制水平短虚线，如图 4-71 所示。

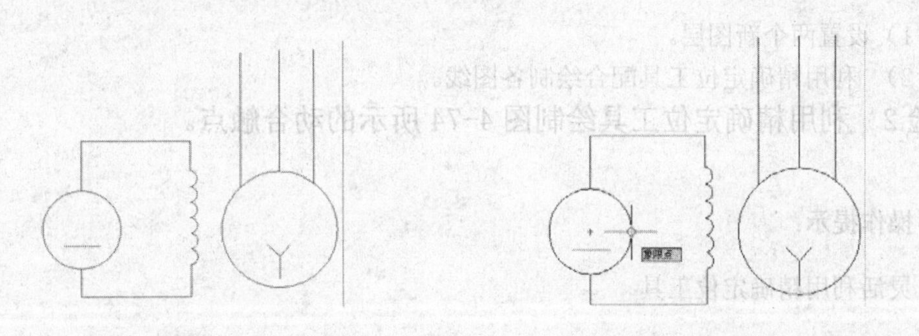

图 4-69　绘制竖直线段　　　　图 4-70　指定线段起点

21 将当前层设置为“文字”层，并在“文字”层上绘制文字。执行结果如图 4-47 所示。

注意

有时绘制出的虚线在计算机屏幕上显示仍然是实线，这是由于显示比例过小所致，放大图形后可以显示出虚线。如果要在当前图形大小下明确显示出虚线，可以单击鼠标左键选择该虚线，这时该虚线显示被选中状态，再次双击鼠标，系统打开“特性”工具板，该工具板中包含对象的各种参数，可以将其中的“线形比例”参数设置成比较大的数值，如图 4-72 所示，这样就可以在正常图形显示状态下可以清晰地看见虚线的细线段和间隔。

“特性”工具板非常方便，读者注意灵活使用。

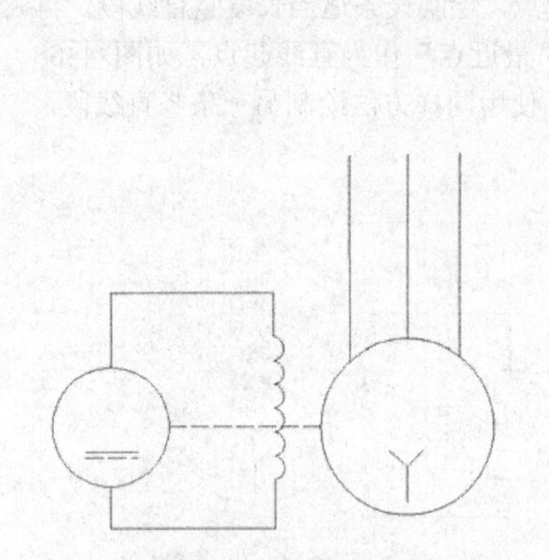

图4-71　绘制虚线

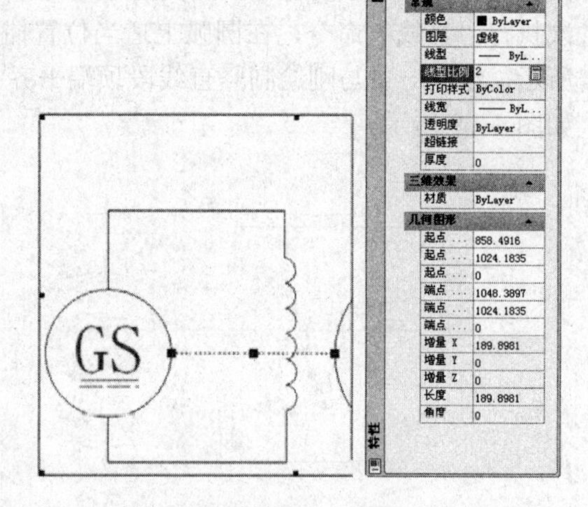

图4-72　修改虚线参数

4.7 上机实验

实验 1　利用图层命令和精确定位工具绘制图 4-73 所示的简单电路布局。

操作提示：

1）设置两个新图层。

2）利用精确定位工具配合绘制各图线。

实验 2　利用精确定位工具绘制图 4-74 所示的动合触点。

操作提示：

灵活利用精确定位工具

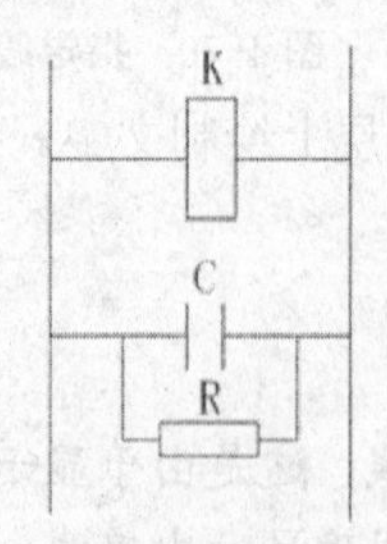

图4-73　简单电路布局

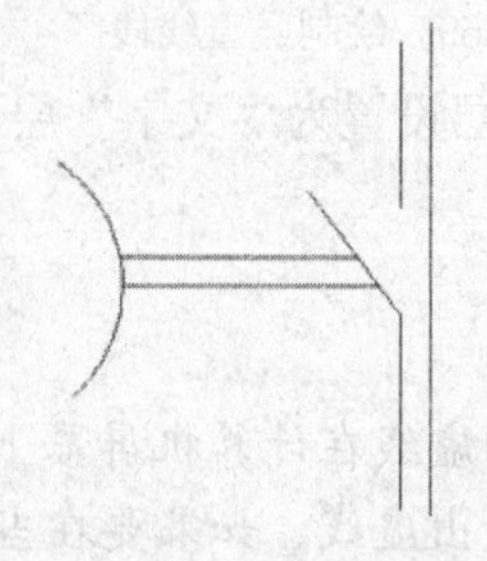

图4-74　动合触点

4.8 思考与练习

1. 选择题

（1）物体捕捉的方法有：

A 命令行方式　B 菜单栏方式　C 快捷菜单方式　D 工具栏方式

（2）正交模式设置的方法有：

A 命令行：ORTHO　B 菜单：工具→辅助绘图工具

C 状态栏：正交开关按钮　D 快捷键：F8

2. 操作题

（1）绘制图 4-75 所示隔离开关。

（2）绘制图 4-76 所示电磁阀。

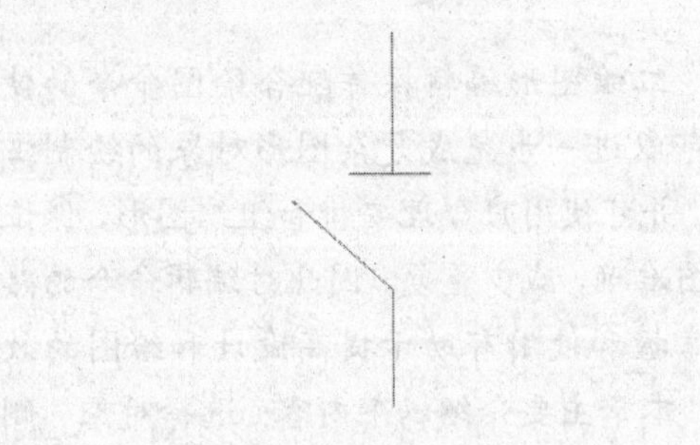

图4-75　隔离开关

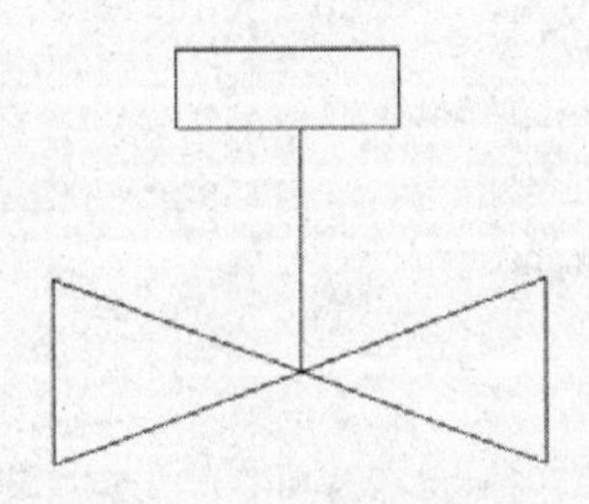

图4-76　电磁阀

第5章

编辑命令

二维图形编辑操作配合绘图命令的使用可以进一步完成复杂图形对象的绘制工作，并可使用户合理安排和组织图形，保证作图准确，减少重复，因此对编辑命令的熟练掌握和使用有助于提高设计和绘图的效率。本章主要介绍以下内容：选择对象、删除及恢复类命令、复制类命令、改变位置类命令、改变几何特性类编辑命令和对象编辑等。

学习要点

- 选择对象
- 删除及恢复类命令
- 复制类命令
- 改变位置类命令
- 改变几何特性类命令
- 对象编辑

5.1 选择对象

AutoCAD 2016 提供两种途径编辑图形：

1）先执行编辑命令，然后选择要编辑的对象。

2）先选择要编辑的对象，然后执行编辑命令。

这两种途径的执行效果是相同的，但选择对象是进行编辑的前提。AutoCAD 2016 提供了多种对象选择方法，如点取方法、用选择窗口选择对象、用选择线选择对象、用对话框选择对象等。AutoCAD 2016 可以把选择的多个对象组成整体，如选择集和对象组，进行整体编辑与修改。

选择集可以仅由一个图形对象构成，也可以是一个复杂的对象组，如位于某一特定层上具有某种特定颜色的一组对象。选择集的构造可以在调用编辑命令之前或之后。

AutoCAD 2016 提供以下几种方法构造选择集：

1）先选择一个编辑命令，然后选择对象，按 Enter 键结束操作。

2）使用 SELECT 命令。在命令提示行输入 SELECT，然后根据选择选项后，出现提示选择对象，选择后按 Enter 键结束。

3）用点取设备选择对象，然后调用编辑命令。

4）定义对象组。

无论使用哪种方法，AutoCAD 2016 都将提示用户选择对象，并且光标的形状由十字变为拾取框。此时可以用下面介绍的方法选择对象。

下面结合 SELECT 命令说明选择对象的方法。

SELECT 命令可以单独使用，也可以在执行其他编辑命令时被自动调用，此时屏幕提示：

```
选择对象：
```

等待用户以某种方式选择对象作为回答。AutoCAD 2016 提供多种选择方式，可以键入“？”查看这些选择方式。选择该选项后，出现如下提示：

```
需要点或窗口(W)/上一个(L)/窗交(C)/框(BOX)/全部(ALL)/栏选(F)/圈围(WP)/圈交(CP)/编组(G)/添加(A)/删除(R)/多个(M)/前一个(P)/放弃(U)/自动(AU)/单个(SI)/子对象(SU)/对象(O)
选择对象：
```

部分选项含义如下：

1）窗口(W)：用由两个对角顶点确定的矩形窗口选取位于其范围内部的所有图形，与边界相交的对象不会被选中，如图 5-1 所示。指定对角顶点时应该按照从左向右的顺序。

2）窗交(C)：该方式与上述“窗口”方式类似，区别在于它不但选择矩形窗口内部的对象，也选中与矩形窗口边界相交的对象，如图 5-2 所示。

3）框(BOX)：使用时，系统根据用户在屏幕上给出的两个对角点的位置而自动引用“窗口”或“窗交”选择方式。若从左向右指定对角点，为“窗口”方式，反之为“窗交”方式。

4）栏选(F)：用户临时绘制一些直线，这些直线不必构成封闭图形，凡是与这些直线相交的对象均被选中，执行结果如图 5-3 所示。

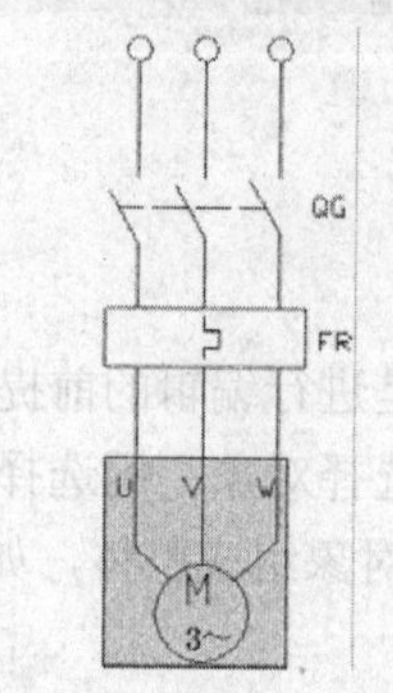

图中阴影覆盖部分为选择框

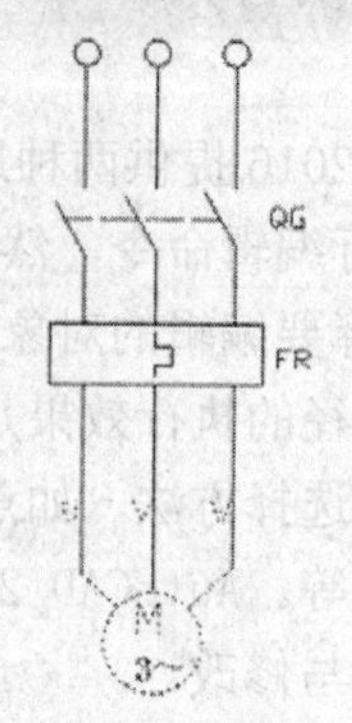

选择后的图形

图5-1　窗口对象选择方式

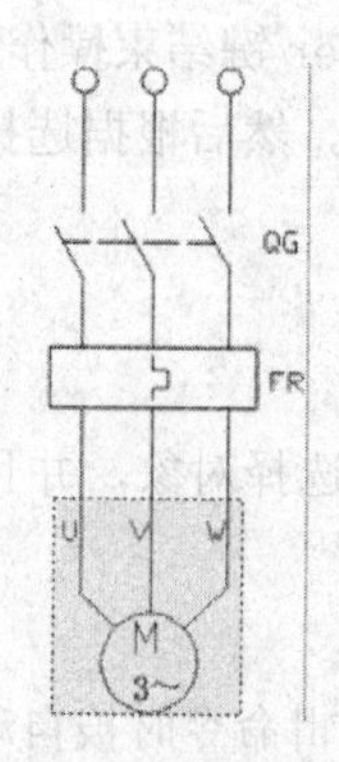

图中阴影覆盖部分为选择框

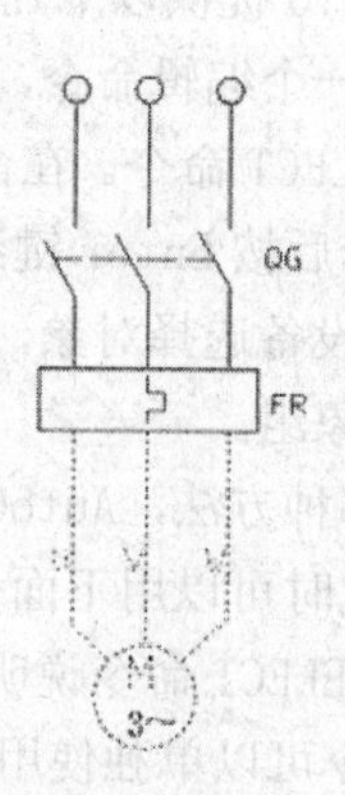

选择后的图形

图5-2　“窗交”对象选择方式

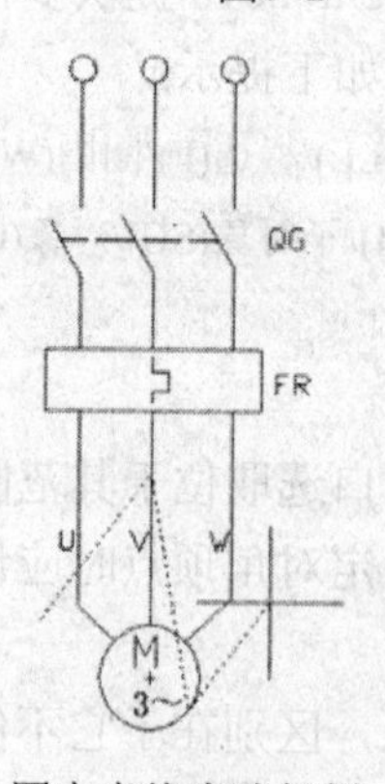

图中虚线为选择栏

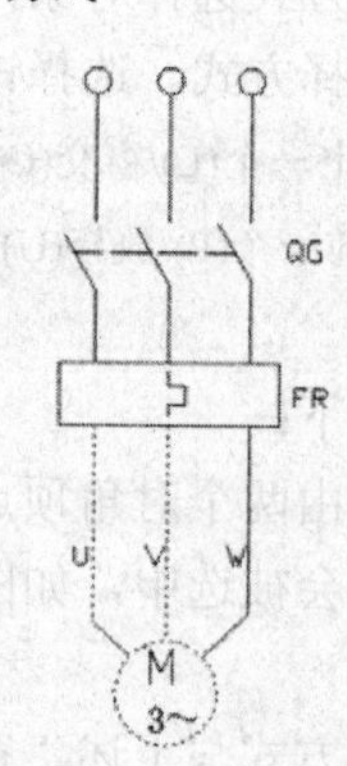

选择后的图形

图5-3　“栏选”对象选择方式

5）圈围(WP)：使用一个不规则的多边形来选择对象。用户根据提示顺次输入构成多边形所有顶点的坐标，直到最后按 Enter 键做出空回答结束操作，系统将自动连接第一个顶点与最后一个顶点形成封闭的多边形。凡是被多边形围住的对象均被选中（不包括边界），执行结果如图 5-4 所示。

6）添加(A)：添加下一个对象到选择集。也可用于从移走模式（Remove）到选择模式的切换。

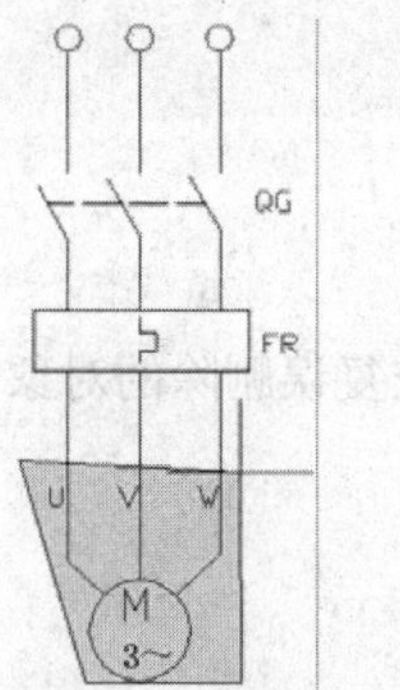

图中十字线所拉出的多边形为选择框

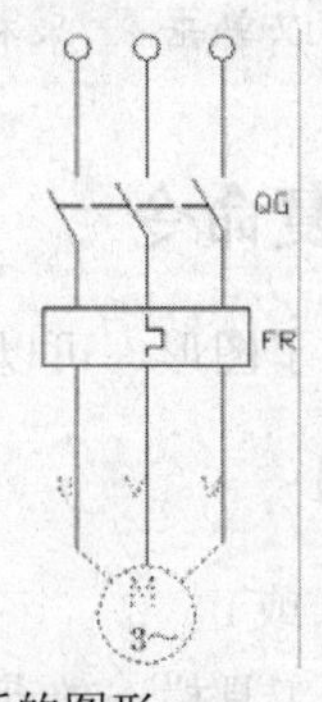

选择后的图形

图5-4 “圈围”对象选择方式

5.2 删除及恢复类命令

这一类命令主要用于删除图形的某部分或对已被删除的部分进行恢复，包括删除、回退、重做、清除等命令。

5.2.1 删除命令

如果绘制的图形不符合要求或不小心错绘了图形，可以使用删除命令 ERASE 把它删除。

【执行方式】

命令行：ERASE

菜单：修改→删除

快捷菜单：选择要删除的对象，在绘图区域右击鼠标，从打开的快捷菜单上选择“删除”

工具栏：修改→删除

功能区：单击“默认”选项卡“修改”面板中的“删除”按钮

【操作格式】

可以先选择对象后调用删除命令，也可以先调用删除命令然后再选择对象。选择对象时可以使用前面介绍的各种对象选择方法。

当选择多个对象时，多个对象都被删除；若选择的对象属于某个对象组，则该对象组内的所有对象都被删除。

注意

绘图过程中，如果需要删除图形，可以利用标准工具栏中的命令，也可以用 Delete 键，单击要删除的图形，之后单击右键就行了。删除命令可以一次删除一个或多个图形，如果删除错误，可以单击来补救。

5.2.2　恢复命令

若不小心误删了图形，可以使用恢复命令 OOPS 恢复误删除的对象。

【执行方式】

命令行：OOPS 或 U

工具栏：标准工具栏→放弃或快速访问→放弃

快捷键：Ctrl+Z

【操作格式】

在命令窗口的提示行上输入“OOPS”，按 Enter 键。

5.2.3　清除命令

此命令与删除命令功能完全相同。

【执行方式】

菜单：编辑→删除

快捷键：Delete

【操作格式】

用菜单或快捷键输入上述命令后，系统提示：

选择对象:（选择要清除的对象，按 Enter 键执行清除命令）

5.3　复制类命令

本节详细介绍 AutoCAD 2016 的复制类命令。利用这些编辑功能，可以方便地编辑绘制的图形。

5.3.1　复制命令

【执行方式】

命令行：COPY

菜单：修改→复制

工具栏：修改→复制

快捷菜单：选择要复制的对象，在绘图区域右击鼠标，从打开的快捷菜单上选择“复制选择”

功能区：单击“默认”选项卡“修改”面板中的“复制”按钮

【操作格式】

命令: COPY↙

选择对象：（选择要复制的对象）

用前面介绍的对象选择方法选择一个或多个对象，按 Enter 键结束选择操作。系统继续提示：

当前设置:　复制模式 = 多个

指定基点或 [位移（D）/模式（O）] <位移>：（指定基点或位移）

指定第二个点或 [阵列（A）] <使用第一个点作为位移>:

指定第二个点或 [阵列（A）/退出（E）/放弃（U）] <退出>:

【选项说明】

（1）指定基点　指定一个坐标点后，AutoCAD 把该点作为复制对象的基点并提示：

指定第二个点或 [阵列(A)] <使用第一个点作为位移>:

指定第二个点后，系统将根据这两点确定的位移矢量把选择的对象复制到第二点处。如果此时直接按 Enter 键，即选择默认的“用第一点作位移”，则第一个点被当作相对于 x、y、z 的位移。例如，如果指定基点为（ 2,3 ）并在下一个提示下按 Enter 键，则该对象从它当前的位置开始在 x 方向上移动 2 个单位，在 y 方向上移动 3 个单位。复制完成后系统会继续提示：

指定第二个点或 [阵列(A)/退出(E)/放弃(U)] <退出>:

这时，可以不断指定新的第二点，从而实现多重复制。

（2）位移(D)　直接输入位移值，表示以选择对象时的拾取点为基准，以拾取点坐标为移动方向，以纵横比移动指定量后确定的点为基点。例如，选择对象时拾取点坐标为（2，3），输入位移为 5，则表示以点（2，3）为基准，沿纵横比为 3∶2 的方向移动 5 个单位所确定的点为基点。

（3）模式(O)　控制是否自动重复该命令。该设置由 COPYMODE 系统变量控制。

5.3.2　实例——绘制带磁心的电感器符号

实讲实训
多媒体演示

多媒体演示参见配套光盘中的\\动画演示\第 5 章\5.3.2 绘制带磁心的电感器符号.avi。

绘制如图 5-5 所示的带磁心的电感器符号。

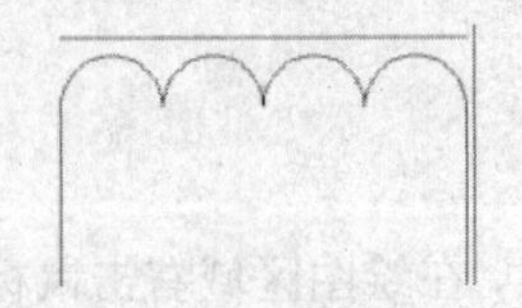

图5-5　带磁心的电感器符号

01 单击“默认”选项卡“绘图”面板中的“圆弧”按钮，绘制半径为10的半圆弧。命令行提示与操作如下：

命令: _arc

指定圆弧的起点或 [圆心(C)]:（选取一点）

指定圆弧的第二个点或 [圆心(C)/端点(E)]: _e

指定圆弧的端点: 20

指定圆弧的圆心或 [角度(A)/方向(D)/半径(R)]: _r

指定圆弧的半径: 10

02 单击“默认”选项卡“绘图”面板中的“复制”按钮，绘制4个半圆弧相切。命令行提示与操作如下：

命令: _copy　（复制圆弧）

选择对象:（选择圆弧）

选择对象:

当前设置: 复制模式 = 多个

指定第二个点或 [阵列(A)] <使用第一个点作为位移>:

指定第二个点或 <使用第一个点作为位移>:（鼠标选取圆弧的一个端点作为基点，另一端点作为复制放置点）

指定第二个点或 [阵列(A)/退出(E)/放弃(U)] <退出>:（复制第二段圆弧）

指定第二个点或 [阵列(A)/退出(E)/放弃(U)] <退出>:（复制第三段圆弧）

指定第二个点或 [阵列(A)/退出(E)/放弃(U)] <退出>:（复制第四段圆弧）

结果如图5-6所示。

03 单击状态栏上的“正交模式”按钮，单击“默认”选项卡“绘图”面板中的“直线”按钮，绘制竖直向下的电感两端引线，如图5-7所示。

图5-6　绕组图

图5-7　绘制竖直直线

04 利用“相切”命令绘制使直线与圆弧相切。命令行提示与操作如下：

命令: _GeomConstraint

输入约束类型[水平(H)/竖直(V)/垂直(P)/平行(PA)/相切(T)/平滑(SM)/重合(C)/同心(CON)/共线(COL)/对称(S)/相等(E)/固定(F)]<相切>:_T

选择第一个对象:（使用光标指针选择最左端圆弧）

选择第二个对象:（使用光标指针选择最左端竖直直线）

05 系统自动将竖直直线与圆弧相切。同样地建立右端相切的关系。

06 单击“默认”选项卡“修改”面板中的“修剪”按钮，将多余的部分剪切掉。命令行提示与操作如下：

命令: _trim

当前设置:投影=UCS，边=无

选择剪切边...

选择对象或 <全部选择>:

选择要修剪的对象，或按住 Shift 键选择要延伸的对象，或[栏选(F)/窗交(C)/投影(P)/边(E)/删除(R)/放弃(U)]: （选取左侧线）

选择要修剪的对象，或按住 Shift 键选择要延伸的对象，或[栏选(F)/窗交(C)/投影(P)/边(E)/删除(R)/放弃(U)]:（选取右侧线）

选择要修剪的对象，或按住 Shift 键选择要延伸的对象，或[栏选(F)/窗交(C)/投影(P)/边(E)/删除(R)/放弃(U)]:

07 单击“默认”选项卡“绘图”面板中的“直线”按钮，在电感器上方绘制水平直线（表示磁心），结果如图 5-5 所示。

5.3.3 镜像命令

镜像对象是指把选择的对象围绕一条镜像线做对称复制。镜像操作完成后，可以保留原对象，也可以将其删除。

【执行方式】

命令行：MIRROR

菜单：修改→镜像

工具栏：修改→镜像

功能区：单击“默认”选项卡“修改”面板中的“镜像”按钮

【操作格式】

命令：MIRROR↙

选择对象：（选择要镜像的对象）

指定镜像线的第一点:（指定镜像线的第一个点）

指定镜像线的第二点:（指定镜像线的第二个点）

要删除源对象吗？[是(Y)/否(N)] <N>:（确定是否删除原对象）

这两点确定一条镜像线，被选择的对象以该线为对称轴进行镜像。包含该线的镜像平面与用户坐标系统的 xy 平面垂直，即镜像操作工作在与用户坐标系统的 xy 平面平行的平面上。

5.3.4 实例——绘制 PNP 半导体管

绘制如图 5-8 所示的 PNP 半导体管。

01 单击“默认”选项卡“绘图”面板中的“直线”按钮，绘制隔层、基极和集电极，如图 5-9 所示。

02 单击“默认”选项卡“修改”面板中的“镜像”按钮，将斜线镜像到左侧，如图 5-10 所示。其命令行提示与操作如下：

实讲实训
多媒体演示

多媒体演示参见配套光盘中的\\动画演示\第 5 章\5.3.4 绘制 PNP 半导体管.avi。

```
命令: _mirror
选择对象：找到 1 个
指定镜像线的第一点: （选择竖直直线上端点）
指定镜像线的第二点: （选择竖直直线下端点）
要删除源对象吗？[是(Y)/否(N)] <N>:
```

图5-8 PNP半导体管

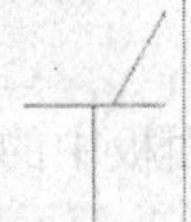

图5-9 绘制PNP半导体管第一步

图5-10 镜像斜线

03 单击“默认”选项卡“绘图”面板中的“直线”按钮，绘制箭头，结果如图 5-8 所示。

5.3.5 偏移命令

偏移对象是指保持选择对象的形状，在不同位置以不同的尺寸新建一个对象。

【执行方式】

命令行：OFFSET

菜单：修改→偏移

工具栏：修改→偏移

功能区：单击“默认”选项卡“修改”面板中的“偏移”按钮

【操作格式】

```
命令： OFFSET↙
当前设置: 删除源=否  图层=源  OFFSETGAPTYPE=0
指定偏移距离或 [通过(T)/删除(E)/图层(L)] <通过>:（指定距离值）
选择要偏移的对象，或 [退出(E)/放弃(U)] <退出>:（选择要偏移的对象，按 Enter 键会结束操作）
指定要偏移的那一侧上的点，或 [退出(E)/多个(M)/放弃(U)] <退出>:（指定偏移方向）
选择要偏移的对象，或 [退出(E)/放弃(U)] <退出>:
```

【选项说明】

（1）指定偏移距离　输入一个距离值，或按Enter键使用当前的距离值，系统把该距离值作为偏移距离，如图5-11a所示。

（2）通过(T)　指定偏移的通过点。选择该选项后出现如下提示：

选择要偏移的对象或 <退出>:（选择要偏移的对象，按Enter键会结束操作）

指定通过点:（指定偏移对象的一个通过点）

操作完毕后，系统根据指定的通过点绘出偏移对象，如图5-11b所示。

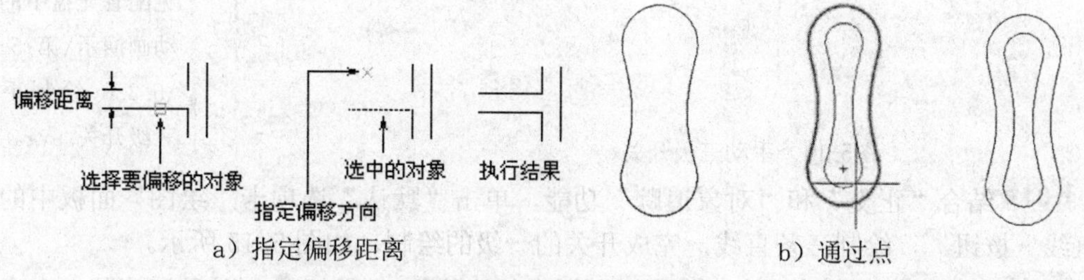

a）指定偏移距离　　b）通过点

图5-11　偏移选项说明一

（3）删除（E）　偏移源对象后将其删除，如图5-12a所示。选择该项，系统提示：

要在偏移后删除源对象吗？ [是(Y)/否(N)] <当前>:（输入 y 或 n）

（4）图层（L）　确定将偏移对象创建在当前图层上还是源对象所在的图层上，这样就可以在不同图层上偏移对象。选择该项，系统提示：

输入偏移对象的图层选项 [当前(C)/源(S)] <当前>:（输入选项）

如果偏移对象的图层选择为当前层，则偏移对象的图层特性与当前图层相同，如图5-12b所示。

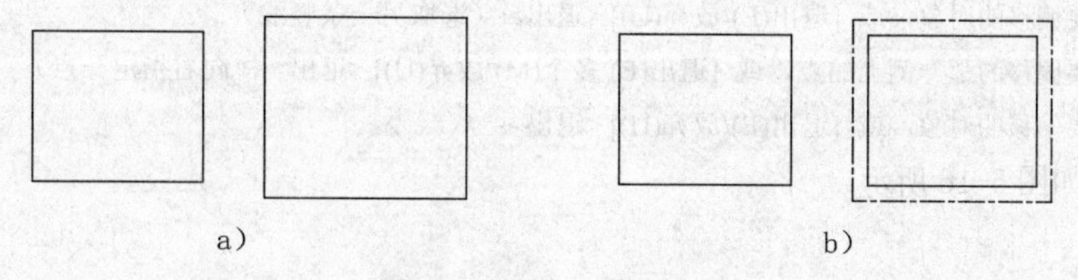

a）　　b）

图5-12　偏移选项说明二

（5）多个（M）　使用当前偏移距离重复进行偏移操作，并接受附加的通过点，如图5-13所示。

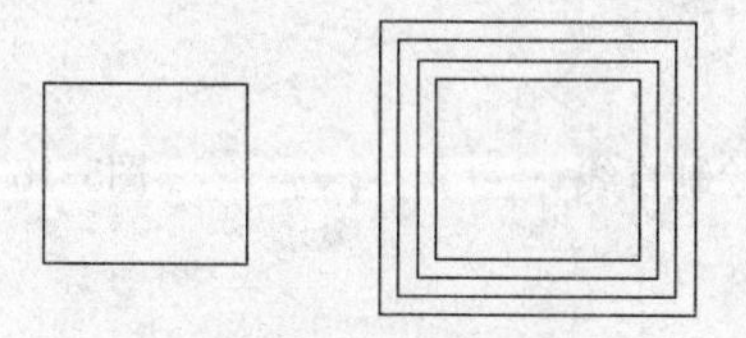

图5-13　偏移选项说明三

注意

AutoCAD 2016中可以使用“偏移”命令，对指定的直线、圆弧、圆等对象做定距离偏移复制。在实际应用中，常利用“偏移”命令的特性创建平行线或等距离分布图形，效果同“阵列”。默认情况下，需要指定偏移距离，再选择要偏移复制的对象，然后指定偏移方向以复制出对象。

5.3.6 实例——绘制手动三极开关

绘制如图 5-14 所示的手动三极开关。

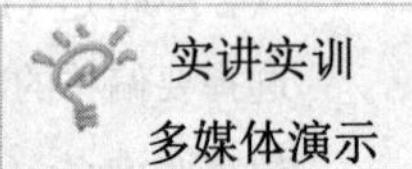

多媒体演示参见配套光盘中的\\动画演示\第 5 章\5.3.6 绘制手动三级开关.avi。

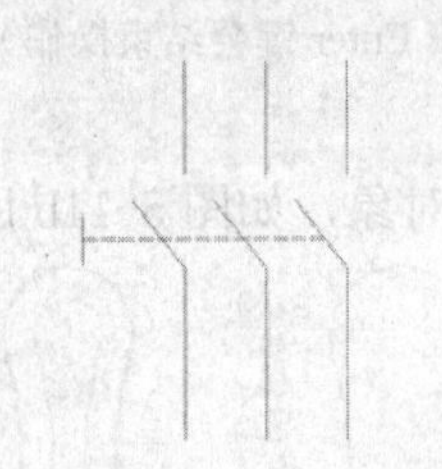

图5-14 手动三极开关

01 结合“正交”和“对象追踪”功能，单击“默认”选项卡“绘图”面板中的“直线”按钮，绘制三条直线，完成开关的一级的绘制，如图 5-15 所示。

02 单击“默认”选项卡“绘图”面板中的“偏移 ”按钮，偏移竖直线。命令行提示与操作如下：

命令: _offset

当前设置: 删除源=否 图层=源 OFFSETGAPTYPE=0

指定偏移距离或 [通过(T)/删除(E)/图层(L)] <通过>: 指定第二点: <正交 开>（向右在竖直方向选取适当的两点）

选择要偏移的对象，或 [退出(E)/放弃(U)] <退出>:（选择一条竖直直线）

指定要偏移的那一侧上的点，或 [退出(E)/多个(M)/放弃(U)] <退出>:（向右指定一点）

选择要偏移的对象，或 [退出(E)/放弃(U)] <退出>:（选取另一条竖线）

指定要偏移的那一侧上的点，或 [退出(E)/多个(M)/放弃(U)] <退出>:（向右指定一点）

选择要偏移的对象，或 [退出(E)/放弃(U)] <退出>:

结果如图 5-16 所示。

图5-15 绘制直线　　图5-16 偏移结果

注意

偏移是将对象按指定的距离沿对象的垂直或法向进行复制。在本例中，如果采用上面设置相同的距离将斜线进行偏移，就会得到如图 5-17 所示的结果，与我们设想的结果不一样，这是初学者应该注意的地方。

03 单击“默认”选项卡“绘图”面板中的“偏移”按钮，绘制第三极开关的竖线，具体操作方法与上面相同，只是在系统提示：

指定偏移距离或 [通过(T)/删除(E)/图层(L)] <190.4771>:

直接按 Enter 键接受上一次偏移指定的偏移距离为本次偏移的默认距离。结果如图 5-18 所示。

04 单击“默认”选项卡“绘图”面板中的“复制”按钮，复制斜线，捕捉基点和目标点分别为对应的竖线端点。命令行提示与操作如下：

```
命令: COPY
选择对象: 找到 1 个
选择对象:（选择斜线）
当前设置: 复制模式 = 多个
指定基点或 [位移(D)/模式(O)] <位移>:
指定第二个点或 [阵列(A)] <使用第一个点作为位移>:
指定第二个点或 [阵列(A)/退出(E)/放弃(U)] <退出>:  *取消*
```

结果如图 5-19 所示。

图5-17　偏移斜线　　　图5-18　完成偏移　　　图5-19　复制斜线

05 单击“默认”选项卡“绘图”面板中的“直线”按钮，结合“对象捕捉”功能绘制一条竖直线和一条水平线，结果如图 5-20 所示。

06 单击“默认”选项卡“图层”面板中的“图层特性”图标，打开“图层特性管理器”对话框，如图 5-21 所示，双击 0 层下的 Continuous 线型，打开“选择线型”对话框，如图 5-22 所示，单击“加载”按钮，打开图 5-23 所示的“加载或重载线型”对话框，选择其中的 ACAD_ISO02W100 线型，单击“确定”按钮，回到“选择线型”对话框，再次单击“确定”按钮，回到“图层特性管理器”对话框，最后单击“确定”按钮并退出。

图5-20　绘制直线

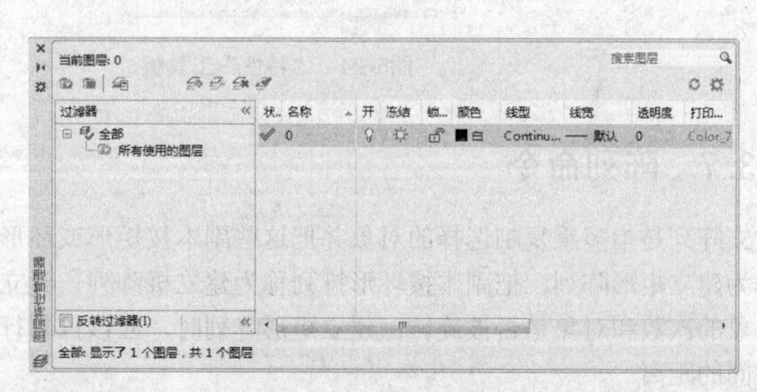

图5-21　“图层特性管理器”对话框

07 选择上面绘制的水平直线，单击鼠标右键，在弹出的右键快捷菜单中选取“特性”选项，系统打开“特性”工具板，在“线型”下拉列表框中选择刚加载的 ACAD_ ISO02W100

线型，在“线型比例”文本框中将线型比例改为3，如图5-24所示。关闭“特性”工具板，可以看到水平直线的线型已经改为虚线，最终结果如图5-14所示。

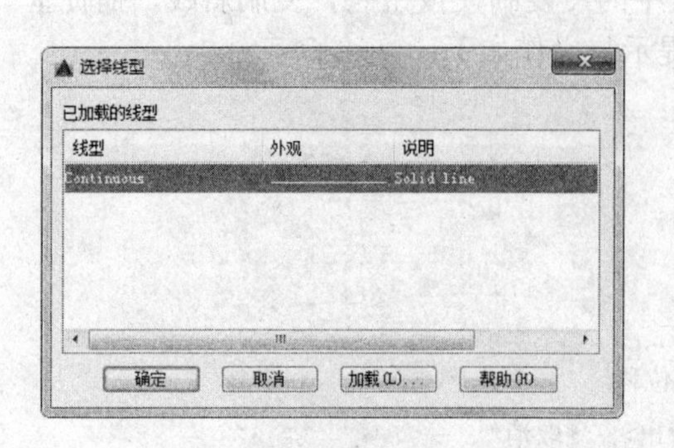

图5-22 “选择线型”对话框

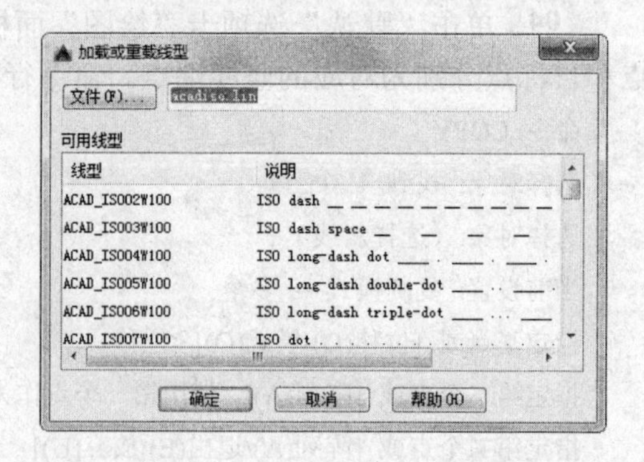

图5-23 “加载或重载线型”对话框

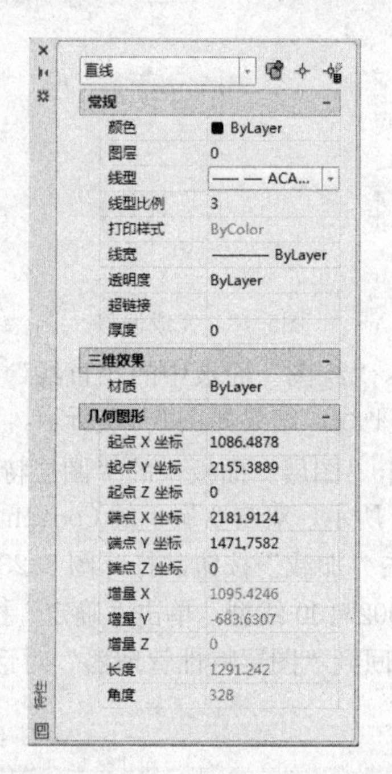

图5-24 “特性”工具板

5.3.7 阵列命令

建立阵列是指多重复制选择的对象并把这些副本按矩形或环形排列。把副本按矩形排列称为建立矩形阵列，把副本按环形排列称为建立极阵列。建立极阵列时，应该控制复制对象的次数和对象是否被旋转；建立矩形阵列时，应该控制行和列的数量以及对象副本之间的距离。

AutoCAD 2016 提供 ARRAY 命令建立阵列，用该命令可以建立矩形阵列、极阵列（环形）和旋转的矩形阵列。

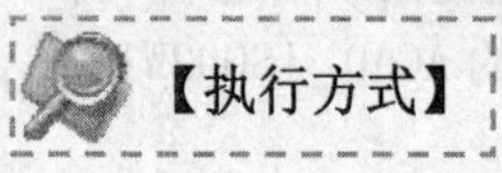

【执行方式】

命令行：ARRAY

菜单：修改→阵列→矩形阵列、路径阵列、环形阵列

工具栏：修改→矩形阵列、修改→路径阵列、修改→环形阵列

功能区：单击“默认”选项卡“修改”面板中的“矩形阵列”按钮/“路径阵列”按钮/“环形阵列”按钮（如图5-25所示）

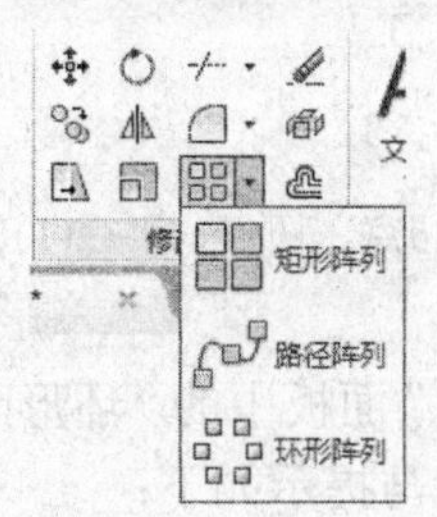

图5-25 “修改”面板

【操作格式】

命令：ARRAY↙

选择对象：（使用对象选择方法）

输入阵列类型[矩形（R）/路径（PA）/极轴（PO）]<矩形>:

【选项说明】

（1）矩形（R） 将选定对象的副本分布到行数、列数和层数的任意组合。选择该选项后出现如下提示：

选择夹点以编辑阵列或 [关联(AS)/基点(B)/计数(COU)/间距(S)/列数(COL)/行数(R)/层数(L)/退出(X)] <退出>:（通过夹点，调整阵列间距、列数、行数和层数；也可以分别选择各选项输入数值）

（2）路径（PA） 沿路径或部分路径均匀分布选定对象的副本。选择该选项后出现如下提示：

选择路径曲线:（选择一条曲线作为阵列路径）

选择夹点以编辑阵列或 [关联(AS)/方法(M)/基点(B)/切向(T)/项目(I)/行(R)/层(L)/对齐项目(A)/Z方向(Z)/退出(X)] <退出>:（通过夹点，调整阵行数和层数；也可以分别选择各选项输入数值）

（3）极轴（PO） 在绕中心点或旋转轴的环形阵列中均匀分布对象副本。选择该选项后出现如下提示：

指定阵列的中心点或 [基点(B)/旋转轴(A)]:（选择中心点、基点或旋转轴）

选择夹点以编辑阵列或 [关联(AS)/基点(B)/项目(I)/项目间角度(A)/填充角度(F)/行(ROW)/层(L)/旋转项目(ROT)/退出(X)] <退出>:（通过夹点，调整角度，填充角度；也可以分别选择各选项输入数值）

阵列在平面作图时有两种方式，可以在矩形或环形（圆形）阵列中创建对象的副本。对于矩形阵列，可以控制行和列的数目以及它们之间的距离。对于环形阵列，可以控制对象副本的数目并决定是否旋转副本。

5.3.8　实例——绘制三绕组变压器

绘制如图 5-26 示的三绕组变压器。

01 单击“默认”选项卡“绘图”面板中的“圆”按钮，绘制一个圆心在（100，100），半径为 10 的圆。命令行中的操作与提示如下：

> **实讲实训 多媒体演示**
>
> 多媒体演示参见配套光盘中的\\动画演示\第 5 章\5.3.8 绘制三绕组变压器.avi。

```
命令: _circle
指定圆的圆心或 [三点(3P)/两点(2P)/切点、切点、半径(T)]: 100,100
指定圆的半径或 [直径(D)]: 10
```

02 单击“默认”选项卡“修改”面板中的“环形阵列”按钮，阵列上步绘制的圆。命令行中的操作与提示如下：

```
命令：_arraypolar
选择对象：
指定阵列的中心点或[基点（B）/旋转轴（A）]:
输入项目数或[项目间角度（A）/表达式（E）]<4>：3
指定填充角度（+=逆时针、-=顺时针）或[表达式（EX）]<360>:
按 Enter 键接受或 [关联(AS)/基点(B)/项目(I)/行数(R)/层级(L)/对齐项目(A)/Z 方向(Z)/退出(X)] <
退出>:
```

阵列后的结果如图 5-27 所示。

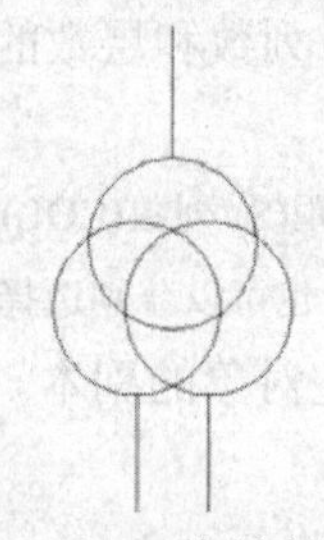

图5-26　三绕组变压器

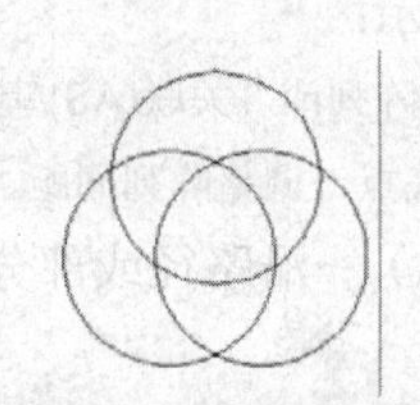

图5-27　阵列结果图

03 单击“默认”选项卡“绘图”面板中的“直线”按钮，捕捉第一个圆与竖直线交点作为直线起点，直线长度为 15。捕捉过程和绘制完成的结果分别如图 5-28、图 5-29 所示。

04 单击“默认”选项卡“修改”面板中的“复制”按钮，完成另外两条引线，三绕组变压器的符号如图 5-30 所示。

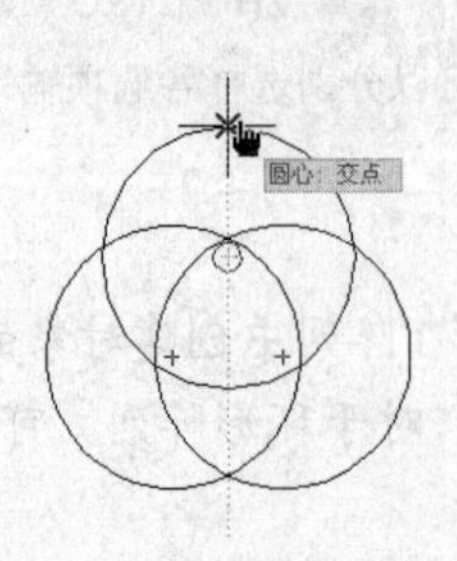

图5-28　捕捉过程

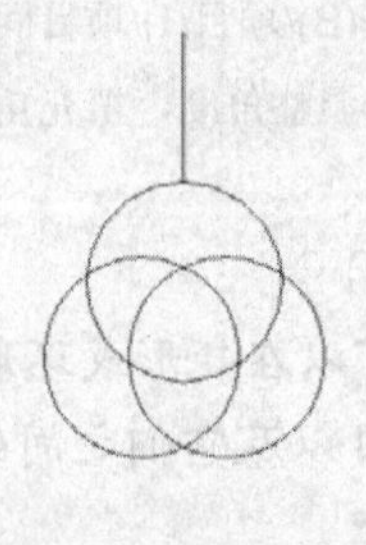

图5-29　引线绘制

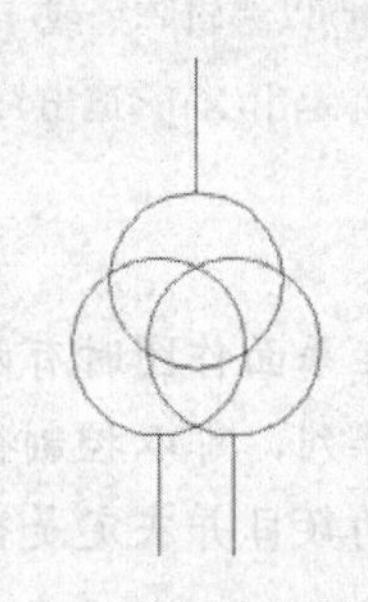

图5-30　三绕组变压器符号

5.4 改变位置类命令

这一类编辑命令的功能是按照指定要求改变当前图形或图形某部分的位置，主要包括移动、旋转和缩放等命令。

5.4.1 移动命令

【执行方式】

命令行：MOVE

菜单：修改→移动

快捷菜单：选择要移动的对象，在绘图区域右击鼠标，从打开的快捷菜单上选择“移动”

工具栏：修改→移动

功能区：单击“默认”选项卡“修改”面板中的“移动”按钮

【操作格式】

命令：MOVE↙

选择对象：（选择对象）

用前面介绍的对象选择方法选择要移动的对象，按 Enter 键结束选择。系统继续提示：

指定基点或位移:（指定基点或移至点）

指定基点或 [位移(D)] <位移>:（指定基点或位移）

指定第二个点或 <使用第一个点作为位移>:

命令选项功能与“复制”命令类似。

5.4.2 旋转命令

【执行方式】

命令行：ROTATE

菜单：修改→旋转

快捷菜单：选择要旋转的对象，在绘图区域右击鼠标，从打开的快捷菜单上选择“旋转”

工具栏：修改→旋转

功能区：单击“默认”选项卡“修改”面板中的“旋转”按钮

【操作格式】

命令：ROTATE↙

```
UCS 当前的正角方向:  ANGDIR=逆时针   ANGBASE=0
选择对象:(选择要旋转的对象)
指定基点:(指定旋转的基点。在对象内部指定一个坐标点)
指定旋转角度,或 [复制(C)/参照(R)] <0>:(指定旋转角度或其他选项)
```

【选项说明】

(1)复制(C) 选择该项，旋转对象的同时保留原对象，如图 5-31 所示。

(2)参照(R) 采用参考方式旋转对象时，系统提示：

```
指定参照角 <0>:(指定要参考的角度，默认值为 0)
指定新角度:(输入旋转后的角度值)
```

操作完毕后，对象被旋转至指定的角度位置。

注意

可以用拖动鼠标的方法旋转对象。选择对象并指定基点后，从基点到当前光标位置会出现一条连线，移动鼠标选择的对象会动态地随着该连线与水平方向的夹角变化而旋转，如图 5-32 所示，按 Enter 键会确认旋转操作。

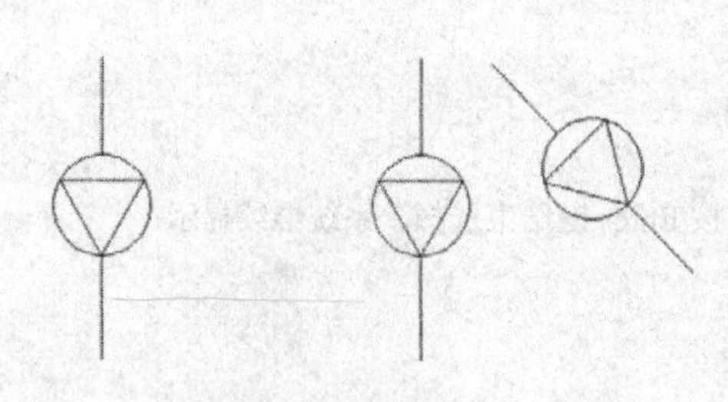

图5-31 复制旋转

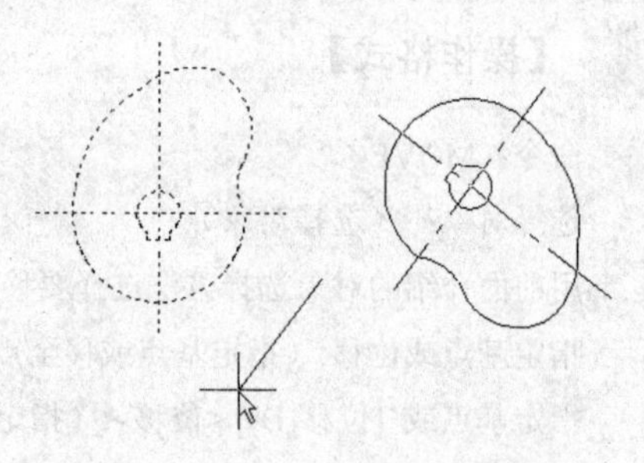

图5-32 拖动鼠标旋转对象

5.4.3 实例——绘制加热器

绘制如图 5-33 所示的加热器。

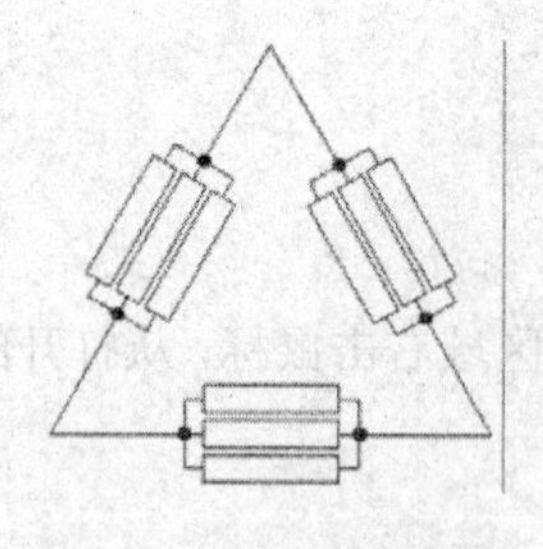

图5-33 加热器

> 实讲实训
> 多媒体演示
>
> 多媒体演示参见配套光盘中的\动画演示\第 5 章\5.4.3 绘制加热器.avi

01 单击“默认”选项卡“绘图”面板中的“多边形”按钮，绘制一个正三角形。命令行提示与操作如下：

```
命令: _polygon
```

输入侧面数 <4>: 3

指定正多边形的中心点或 [边(E)]:

输入选项 [内接于圆(I)/外切于圆(C)] <I>:

指定圆的半径:

结果如图 5-34 所示。

02 单击“默认”选项卡“绘图”面板中的“矩形”按钮，绘制两个大小不同的矩形，如图 5-35 所示。

03 单击“默认”选项卡“修改”面板中的“复制”按钮，复制矩形。命令行提示与操作如下：

命令: COPY

找到 1 个（选择上步绘制的矩形）

当前设置:　复制模式 = 多个

指定基点或 [位移(D)/模式(O)] <位移>: （选择矩形左边中点）

指定第二个点或 [阵列(A)] <使用第一个点作为位移>:（按 F8 键，将矩形复制到大矩形的上下两条边上）

指定第二个点或 [阵列(A)/退出(E)/放弃(U)] <退出>:

结果如图 5-36 所示。

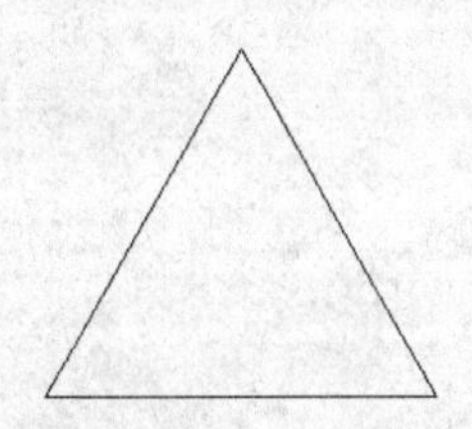

图5-34　绘制三角形

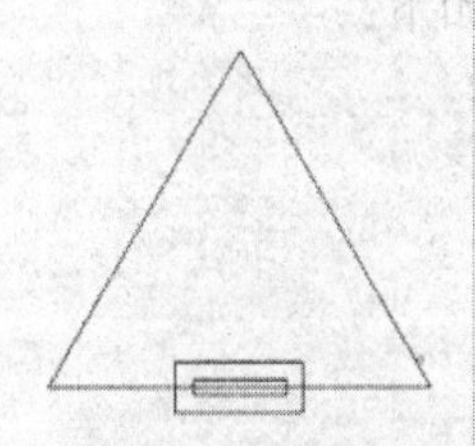

图5-35　绘制矩形

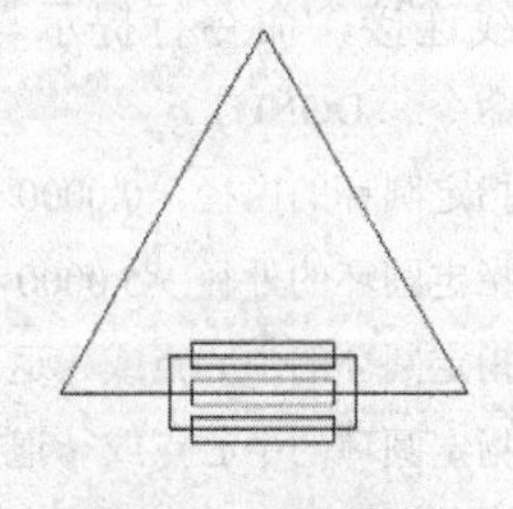

图5-36　复制矩形

04 单击“默认”选项卡“修改”面板中的“修剪”按钮，将多余的线条删除。命令行提示与操作如下：

命令: _trim

当前设置:投影=UCS，边=无

选择剪切边...

选择对象或 <全部选择>:

选择要修剪的对象，或按住 Shift 键选择要延伸的对象，或[栏选(F)/窗交(C)/投影(P)/边(E)/删除(R)/放弃(U)]:（选取线段）

选择要修剪的对象，或按住 Shift 键选择要延伸的对象，或[栏选(F)/窗交(C)/投影(P)/边(E)/删除(R)/放弃(U)]: （选取线段）

选择要修剪的对象，或按住 Shift 键选择要延伸的对象，或[栏选(F)/窗交(C)/投影(P)/边(E)/删除(R)/放弃(U)]: （选取线段）

选择要修剪的对象，或按住 Shift 键选择要延伸的对象，或[栏选(F)/窗交(C)/投影(P)/边(E)/删除(R)/放弃(U)]:

05 单击“默认”选项卡“修改”面板中的“旋转”按钮，分别以加热单元左、右线段端点为基点，复制旋转加热单元到60°和-60°位置。命令行提示与操作如下：

```
命令: _rotate
UCS 当前的正角方向:  ANGDIR=逆时针    ANGBASE=0
选择对象: （选择修剪后的所有矩形）
选择对象:
指定基点:（选择左下角点）
指定旋转角度，或 [复制(C)/参照(R)] <0>: C
指定旋转角度，或 [复制(C)/参照(R)] <0>: 60
命令: _rotate
UCS 当前的正角方向:  ANGDIR=逆时针    ANGBASE=0
选择对象: （选择修剪后的所有矩形）
选择对象:
指定基点: （选择右下角点）
指定旋转角度，或 [复制(C)/参照(R)] <60>: C
指定旋转角度，或 [复制(C)/参照(R)] <60>: -60
```

06 选择菜单栏中的“绘图”→“圆环”命令，在导线交点处放置实心圆环，表示导线连接，命令行提示与操作如下：

```
命令:  DONUT
指定圆环的内径 <0.0000>:
指定圆环的外径 <5.0000>: 2
指定圆环的中心点或 <退出>:
指定圆环的中心点或 <退出>:
指定圆环的中心点或 <退出>:
指定圆环的中心点或 <退出>:
指定圆环的中心点或 <退出>:
指定圆环的中心点或 <退出>:
```

结果如图 5-33 所示。

5.4.4　缩放命令

命令行：SCALE

菜单：修改→缩放

快捷菜单：选择要缩放的对象，在绘图区域右击鼠标，从打开的快捷菜单上选择“缩放”

工具栏：修改→缩放

功能区：单击“默认”选项卡“修改”面板中的“缩放”按钮

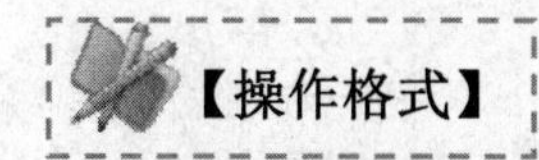

【操作格式】

命令：SCALE↙

选择对象：(选择要缩放的对象)

指定基点：(指定缩放操作的基点)

指定比例因子或 [复制(C)/参照(R)]:

【选项说明】

1）采用参考方向缩放对象时，系统提示：

指定参照长度 <1>:（指定参考长度值）

指定新的长度或 [点(P)] <1.0000>:（指定新长度值）

若新长度值大于参考长度值，则放大对象，否则缩小对象。操作完毕后，系统以指定的基点按指定的比例因子缩放对象。如果选择“点（P）”选项，则指定两点来定义新的长度。

2）可以用拖动鼠标的方法缩放对象。选择对象并指定基点后，从基点到当前光标位置会出现一条连线，线段的长度即为比例大小。移动鼠标选择的对象会动态地随着该连线长度的变化而缩放，按 Enter 键会确认缩放操作。

3）选择“复制（C）”选项时，可以复制缩放对象，即缩放对象时，保留原对象，如图 5-37 所示。

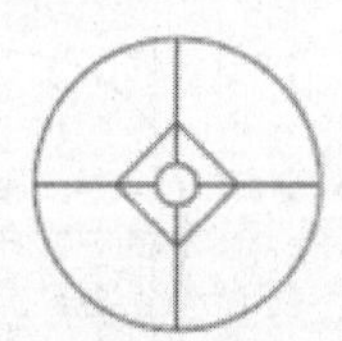

图5-37　复制缩放

5.5 改变几何特性类命令

这一类编辑命令在对指定对象进行编辑后，使编辑对象的几何特性发生改变，包括倒角、倒圆、断开、修剪、延长、加长、伸展等命令。

5.5.1 修剪命令

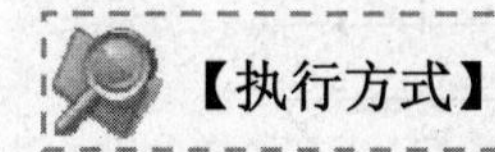

【执行方式】

命令行：TRIM

菜单：修改→修剪

工具栏：修改→修剪

功能区：单击“默认”选项卡“修改”面板中的“修剪”按钮

【操作格式】

命令：TRIM↙

当前设置:投影=UCS，边=无

选择剪切边...

选择对象或 <全部选择>:（选择用作修剪边界的对象）

按 Enter 键结束对象选择，系统提示：

选择要修剪的对象，或按住 Shift 键选择要延伸的对象，或[栏选(F)/窗交(C)/投影(P)/边(E)/删除(R)/放弃(U)]:

【选项说明】

1）在选择对象时，如果按住Shift键，系统会自动将“修剪”命令转换成“延伸”命令。“延伸”命令将在下节介绍。

2）选择“边”选项时，可以选择对象的修剪方式。

①延伸(E)：延伸边界进行修剪。在此方式下，如果剪切边没有与要修剪的对象相交，系统会延伸剪切边直至与对象相交后再修剪。

②不延伸(N)：不延伸边界修剪对象，只修剪与剪切边相交的对象。

3）选择“栏选（F）”选项时，系统以栏选的方式选择被修剪对象，如图 5-38 所示。

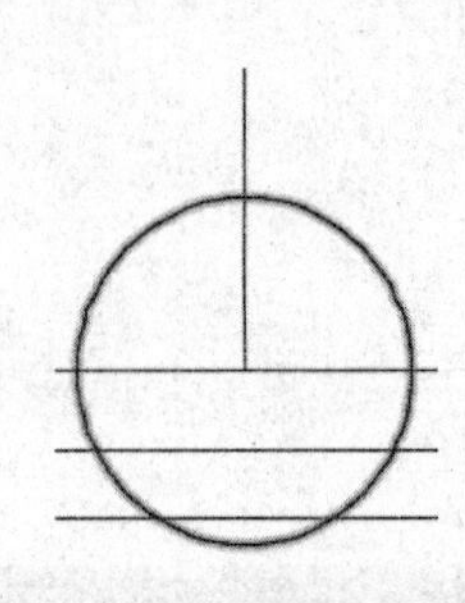
选定剪切边

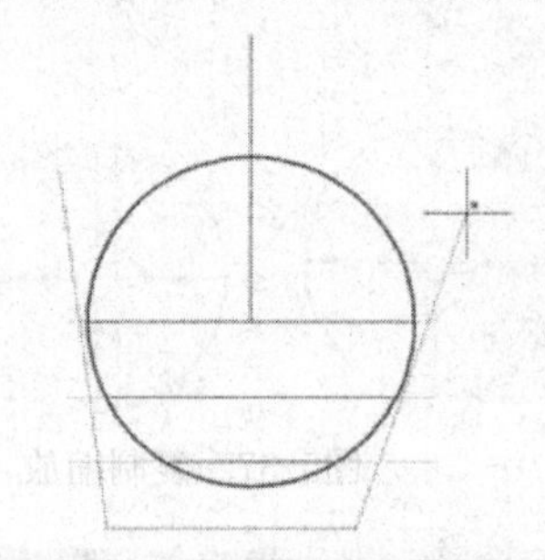
使用“栏选”选定的要修剪的对象

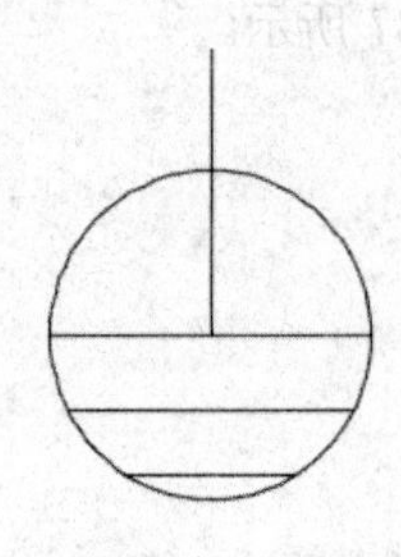
结果

图5-38　栏选选择修剪对象

4）选择“窗交（C）”选项时，系统以栏选的方式选择被修剪对象，如图 5-39 所示。

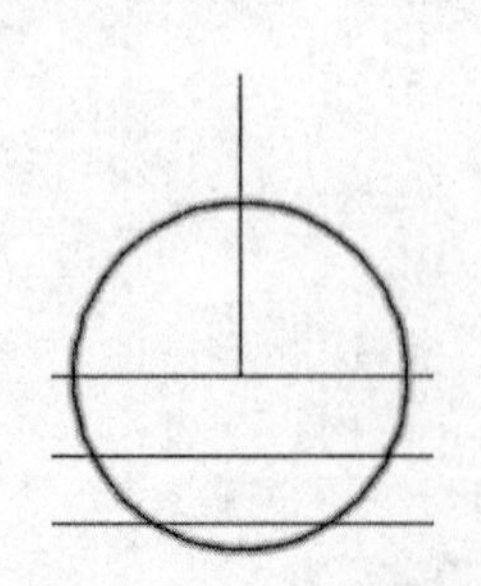
使用“窗交”选择选定的边

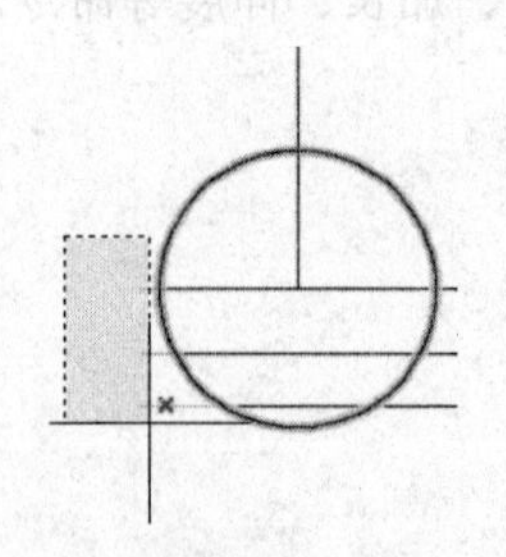
选定要修剪的对象

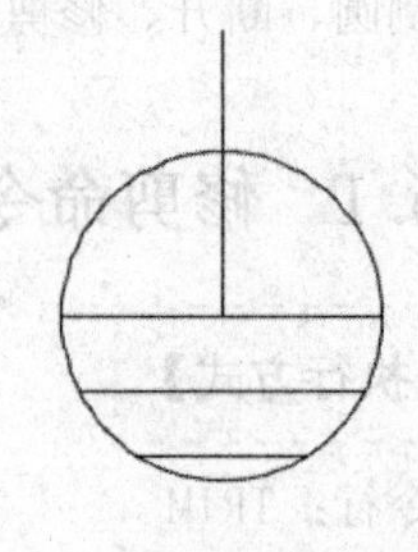
结果

图5-39　窗交选择修剪对象

5）被选择的对象可以互为边界和被修剪对象，此时系统会在选择的对象中自动判断边界。

5.5.2　实例——绘制 MOS 场效应晶体管

绘制如图 5-40 所示的 MOS 场效应晶体管。

01 绘制 MOS 场效应晶体管的轮廓图。

❶单击“默认”选项卡“绘图”面板中的“直线”按钮，开启“正交模式”，画长为 32 的直线，如图 5-41 所示。

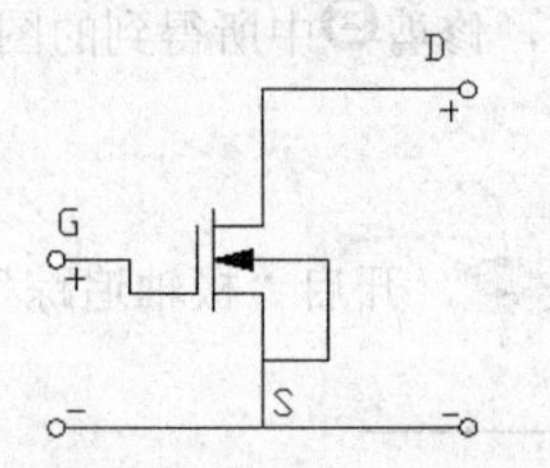

图5-40　MOS场效应晶体管

图5-41　画直线

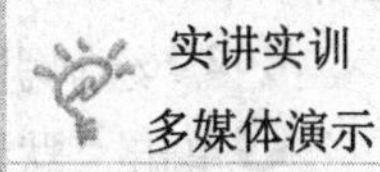

实讲实训
多媒体演示

多媒体演示参见配套光盘中的\动画演示\第 5 章\5.5.2 绘制 MOS场效应晶体管.avi。

❷单击“默认”选项卡“修改”面板中的“偏移 ”按钮，将直线分别向上平移 4、1、10，按以下命令行提示操作：

命令: _offset　（执行偏移命令）

当前设置: 删除源=否　图层=源　OFFSETGAPTYPE=0

指定偏移距离或 [通过(T)/删除(E)/图层(L)] <通过>:4（偏移距离为 2）

选择要偏移的对象，或 [退出(E)/放弃(U)] <退出>:（选择直线为偏移对象）

指定要偏移的那一侧上的点，或 [退出(E)/多个(M)/放弃(U)] <退出>:（选择直线上侧，按 Enter 键确认）

偏移后的结果如图 5-42 所示。

注意

AutoCAD 中可以使用“偏移”命令，对指定的直线、圆弧、圆等对象做定距离偏移复制。在实际应用中，常利用“偏移”命令的特性创建平行线或等距离分布图形，效果同“阵列”。默认情况下需要指定偏移距离，再选择要偏移复制的对象，然后指定偏移方向，以复制出对象。

❸单击“默认”选项卡“修改”面板中的“镜像”按钮，将❷中上面三条线镜像到下方，如图 5-43 所示。

图5-42　偏移直线

图5-43　镜像效果

❹单击“默认”选项卡“绘图”面板中的“直线”命令，开启“极轴追踪”方式，捕捉直线中点画竖直线，如图 5-44 所示。

❺单击“默认”选项卡“修改”面板中的“偏移 ”按钮，将竖直线向左边平移4、1、8个单位，如图5-45所示。

图5-44　画直线　　　　图5-45　偏移直线

❻单击“默认”选项卡“修改”面板中的“修剪”按钮，修剪❺中所得到的图，结果如图5-46所示。

02 绘制引出端及箭头。

❶单击“默认”选项卡“绘图”面板中的“多段线”按钮，开启“极轴追踪”方式，并捕捉直线中点，如图5-47所示。

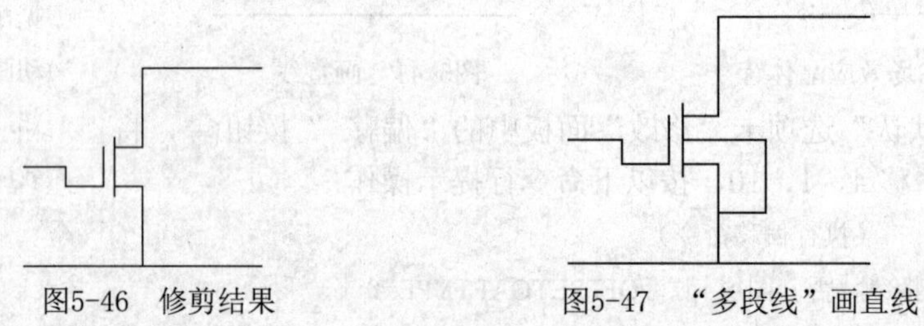

图5-46　修剪结果　　　　图5-47　“多段线”画直线

❷单击“默认”选项卡“绘图”面板中的“多段线”按钮，启用“极轴追踪”方式，并将“增量角”设为15，如图5-48所示。

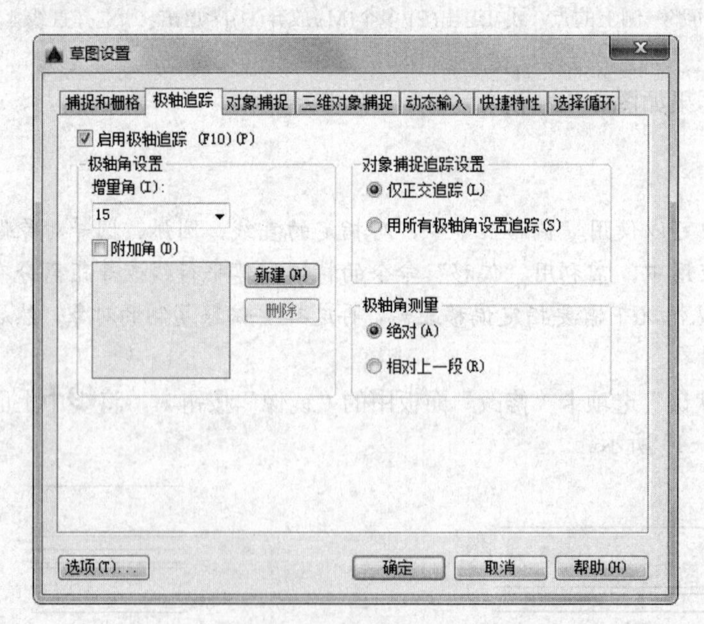

图5-48　草图设置

❸捕捉交点，单击“默认”选项卡“绘图”面板中的“直线”按钮，绘制箭头，如图5-49所示。

❹单击“默认”选项卡“绘图”面板中的“图案填充”按钮，用“SOLID”填充箭头，如图5-50所示。

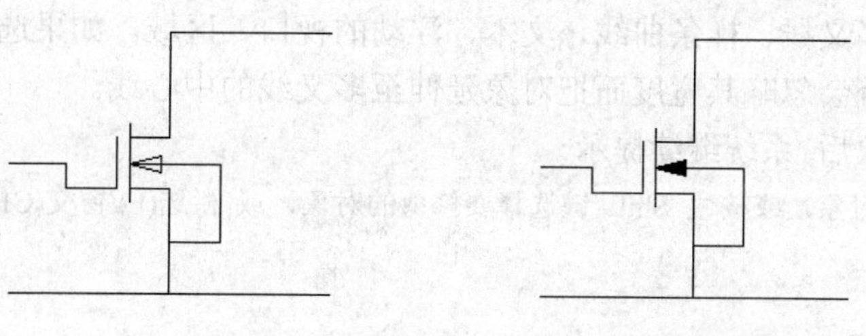

图5-49 画箭头　　　图5-50 填充

03 单击“默认”选项卡“绘图”面板中的“圆”按钮，画输入输出端子，并剪切掉多余的线段；然后单击“默认”选项卡“绘图”面板中的“直线”按钮，在输入输出端子处标上正负号，单击“默认”选项卡“绘图”面板中的“多行文字”按钮A，标上符号，结果如图5-40所示。

5.5.3 延伸命令

延伸对象是指延伸对象直至另一个对象的边界线，如图5-51所示。

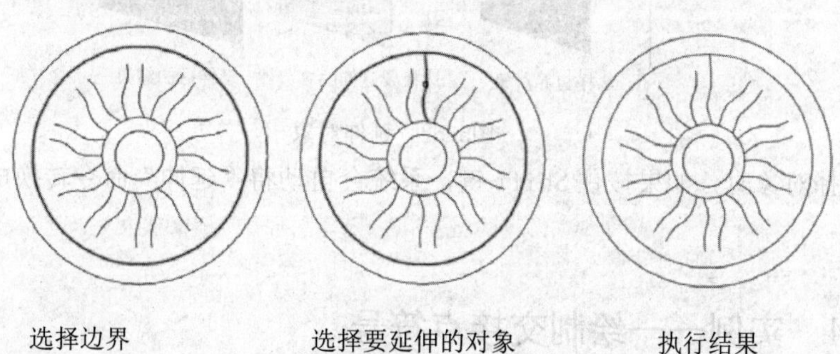

选择边界　　　选择要延伸的对象　　　执行结果

图5-51 延伸对象

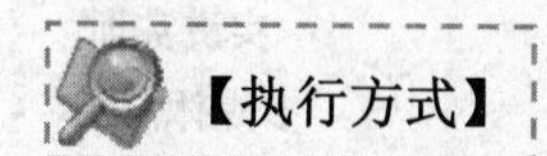

【执行方式】

命令行：EXTEND

菜单：修改→延伸

工具栏：修改→延伸

功能区：单击“默认”选项卡“修改”面板中的“延伸”按钮

【操作格式】

命令：EXTEND↙

当前设置:投影=UCS，边=无

选择边界的边...

选择对象或 <全部选择>:(选择边界对象)

此时可以选择对象来定义边界。若直接按Enter键，则选择所有对象作为可能的边界对象。

系统规定可以用作边界对象的对象有直线段、射线、双向无限长线、圆弧、圆、椭圆、二维和三维多义线、样条曲线、文本、浮动的视口、区域。如果选择二维多义线作为边界对象，系统会忽略其宽度而把对象延伸至多义线的中心线。

选择边界对象后,系统继续提示：

选择要延伸的对象，或按住 Shift 键选择要修剪的对象，或[栏选(F)/窗交(C)/投影(P)/边(E)/放弃(U)]:

【选项说明】

1）如果要延伸的对象是适配样条多义线，则延伸后会在多义线的控制框上增加新节点。如果要延伸的对象是锥形的多义线，系统会修正延伸端的宽度，使多义线从起始端平滑地延伸至新终止端。如果延伸操作导致终止端宽度可能为负值，则取宽度值为 0，如图 5-52 所示。

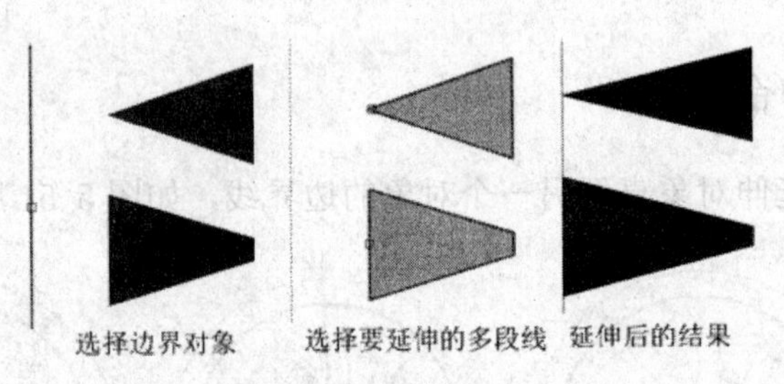

图5-52　延伸对象

2）选择对象时，如果按住 Shift 键，系统会自动将“延伸”命令转换成“修剪”命令。

5.5.4　实例——绘制交接点符号

绘制如图 5-53 所示的交接点符号。

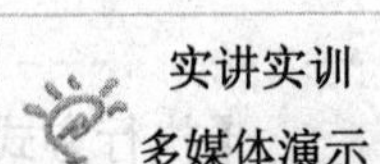

多媒体演示参见配套光盘中的\\动画演示\第 5 章\5.5.4 绘制交接点符号.avi。

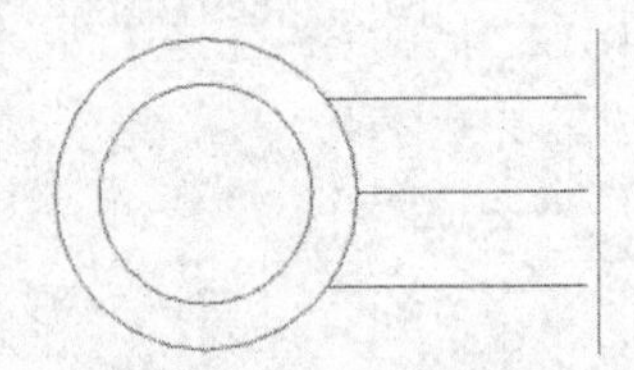

图5-53　交接点符号

01 单击“默认”选项卡“绘图”面板中的“圆”按钮，在（100，100）处绘制半径为 10 的外圆。

02 单击“默认”选项卡“修改”面板中的“偏移”按钮，将圆向内偏移 3，偏移后的结果如图 5-54 所示。

03 绘制三条引线。

❶单击“默认”选项卡“绘图”面板中的“直线”按钮，从外圆右侧象限点处绘制长度为 15 的直线，如图 5-55 所示。

❷单击“默认”选项卡“修改”面板中的“偏移”按钮，将水平直线分别向上、向下偏移6，结果如图5-56所示。

图5-54 偏移结果

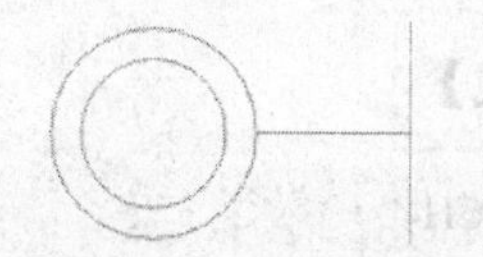

图5-55 直线命令

❸单击“默认”选项卡“修改”面板中的“延伸”按钮，以外圆为延伸边界，延伸右边上、下两条引线，命令行中的操作与提示如下：

命令: _extend

当前设置:投影=UCS，边=无

选择边界的边...

选择对象或 <全部选择>:（单击空格键）

选择要延伸的对象，或按住 Shift 键选择要修剪的对象，或[栏选(F)/窗交(C)/投影(P)/边(E)/放弃(U)]: 指定对角点:（选择上引线）

选择要延伸的对象，或按住 Shift 键选择要修剪的对象，或[栏选(F)/窗交(C)/投影(P)/边(E)/放弃(U)]: 指定对角点:（选择下引线）

选择要延伸的对象，或按住 Shift 键选择要修剪的对象，或 [栏选(F)/窗交(C)/投影(P)/边(E)/放弃(U)]:（退出操作）

结果如图5-57所示。

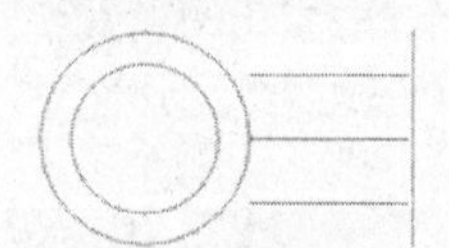

图5-56 偏移直线

图5-57 延伸引线

5.5.5 拉伸命令

拉伸对象是指拖拉选择的对象，且对象的形状发生改变。拉伸对象时应指定拉伸的基点和移置点。利用一些辅助工具（如捕捉、钳夹功能及相对坐标等）可以提高拉伸的精度，如图5-58所示。

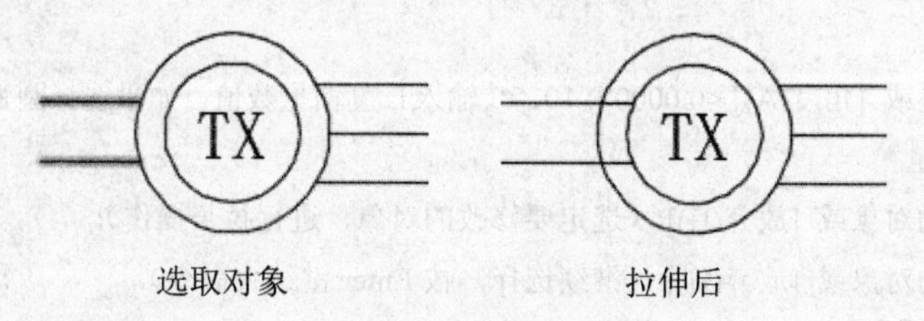

图5-58 拉伸

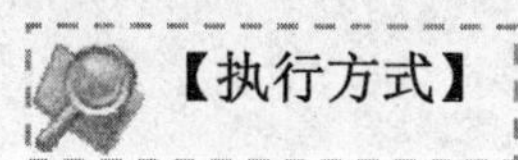

命令行：STRETCH

菜单：修改→拉伸

工具栏：修改→拉伸

功能区：单击“默认”选项卡“修改”面板中的“拉伸”按钮

【操作格式】

命令：STRETCH↙

以交叉窗口或交叉多边形选择要拉伸的对象...

选择对象: C↙

指定第一个角点:

指定对角点: 找到 2 个（采用交叉窗口的方式选择要拉伸的对象）

指定基点或 [位移(D)] <位移>:（指定拉伸的基点）

指定第二个点或 <使用第一个点作为位移>:（指定拉伸的移至点）

此时若指定第二个点，系统将根据这两点决定的矢量拉伸对象。若直接按 Enter 键，系统会把第一个点作为 X 轴和 Y 轴的分量值。

STRETCH 移动完全包含在交叉窗口内的顶点和端点。部分包含在交叉选择窗口内的对象将被拉伸。

5.5.6 拉长命令

【执行方式】

命令行：LENGTHEN

菜单：修改→拉长

功能区：单击“默认”选项卡“修改”面板中的“拉长”按钮

【操作格式】

命令:LENGTHEN↙

选择对象或 [增量(DE)/百分比(P)/总计(T)/动态(DY)]:（选定对象）

当前长度: 30.5001（给出选定对象的长度，如果选择圆弧则还将给出圆弧的包含角）

选择对象或 [增量(DE)/ 百分比(P)/总计(T)/动态(DY)]: DE↙（选择拉长或缩短的方式，如选择“增量（DE）”方式）

输入长度增量或 [角度(A)] <0.0000>: 10↙（输入长度增量数值。如果选择圆弧段，则可输入选项“A”给定角度增量）

选择要修改的对象或 [放弃(U)]:（选定要修改的对象，进行拉长操作）

选择要修改的对象或 [放弃(U)]:（继续选择，按 Enter 键结束命令）

【选项说明】

（1）增量(DE)　用指定增加量的方法改变对象的长度或角度。

（2）百分比(P)　用指定占总长度的百分比的方法改变圆弧或直线段的长度。

（3）总计(T)　用指定新的总长度或总角度值的方法来改变对象的长度或角度。

（4）动态(DY) 打开动态拖拉模式。在这种模式下可以使用拖拉鼠标的方法动态改变对象的长度或角度。

5.5.7 实例——绘制带燃油泵电动机

绘制如图5-59所示的带燃油泵电动机。

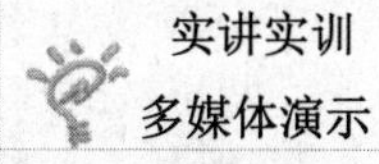

多媒体演示参见配套光盘中的\\动画演示\第5章\5.5.7 绘制带燃油泵电动机.avi。

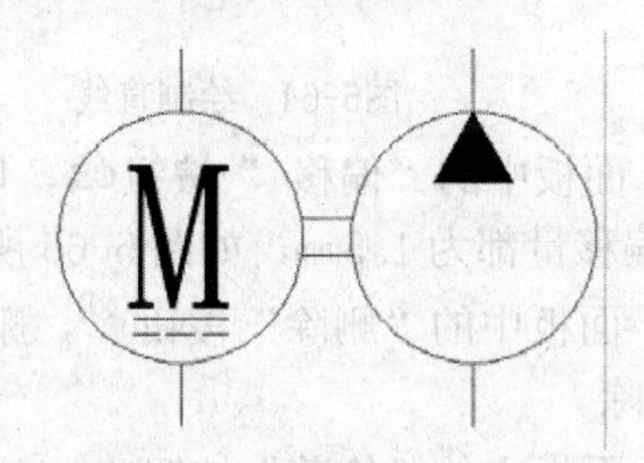

图5-59 带燃油泵电动机

01 绘制圆及直线。

❶单击“默认”选项卡“绘图”面板中的“圆”按钮，以点（200，50）为圆心，绘制一个半径为10mm的圆，如图5-60所示。

❷单击“默认”选项卡“绘图”面板中的“直线”按钮，在“对象捕捉”和“正交”绘图方式下用鼠标捕捉点O，以其为起点向上绘制一条长度为15mm的竖直直线1，如图5-61所示。

02 拉长并复制。

❶选择菜单栏中的“修改”→“拉长”命令，将直线1向下拉长15mm，命令行中的操作与提示如下：

```
命令: _lengthen
选择对象或 [增量(DE)/百分比(P)/总计(T)/动态(DY)]: de
输入长度增量或 [角度(A)] <0.0000>: 15
选择要修改的对象或 [放弃(U)]:（选择直线）
选择要修改的对象或 [放弃(U)]:
```

结果如图5-62所示。

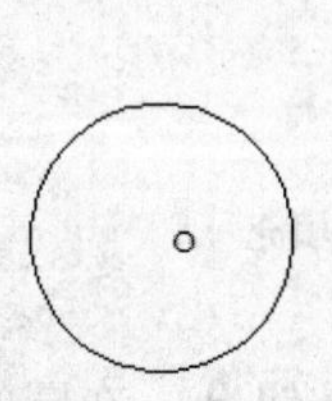

图5-60 绘制圆

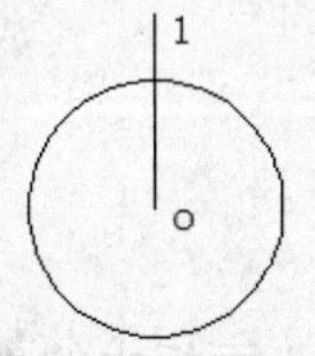

图5-61 绘制直线

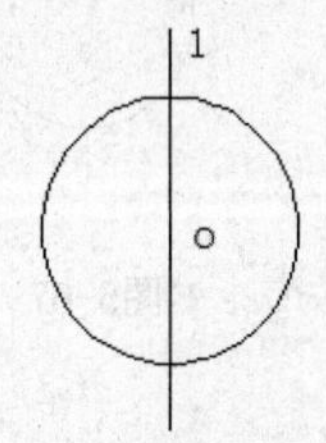

图5-62 拉长直线

❷单击“默认”选项卡“修改”面板中的“复制”按钮，将前面绘制的圆O与直线1复制一份，并向右平移24mm，如图5-63所示。

❸单击“默认”选项卡“绘图”面板中的“直线”按钮，在“对象捕捉”绘图方式下，用鼠标分别捕捉圆心O和P，绘制水平直线3，如图5-64所示。

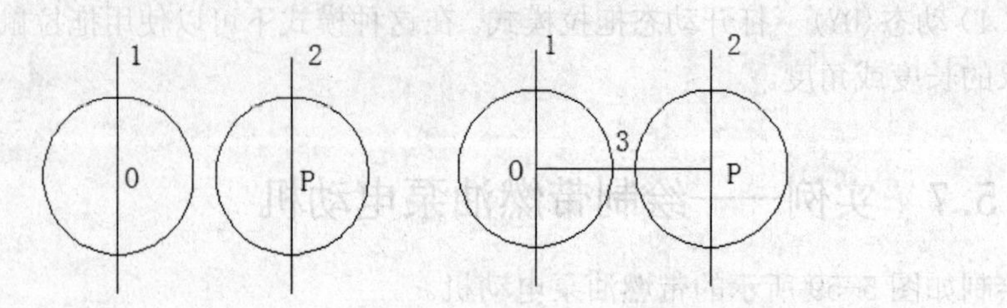

图5-63　复制图形　　　　图5-64　绘制直线

03 单击“默认”选项卡“修改”面板中的“偏移 ”按钮，以直线 3 为起始，分别向上和向下绘制直线 4 和直线 5，偏移量都为 1.5mm，如图 5-65 所示。

04 单击“默认”选项卡“修改”面板中的“删除”按钮，删除直线 3。或者选中直线 3，然后单击 Delete 键将其删除。

05 单击“默认”选项卡“修改”面板中的“修剪”按钮，以圆弧为剪切边，对直线 1、2、4 和 5 进行修剪，得到如图 5-66 所示的结果。

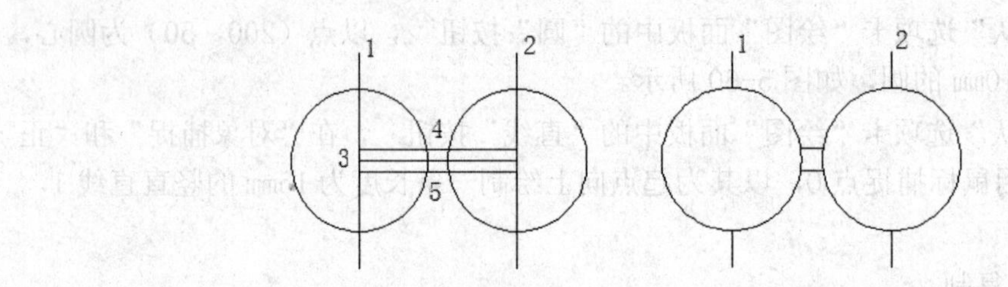

图5-65　偏移直线　　　　图5-66　修剪图形

06 单击“默认”选项卡“绘图”面板中的“多边形”按钮，以直线 2 的下端点为上顶点，绘制一个边长为 6.5mm 的等边三角形，如图 5-67 所示。

07 单击“默认”选项卡“绘图”面板中的“图案填充”按钮，选择“SOLID”图案填充三角形，如图 5-68 所示。

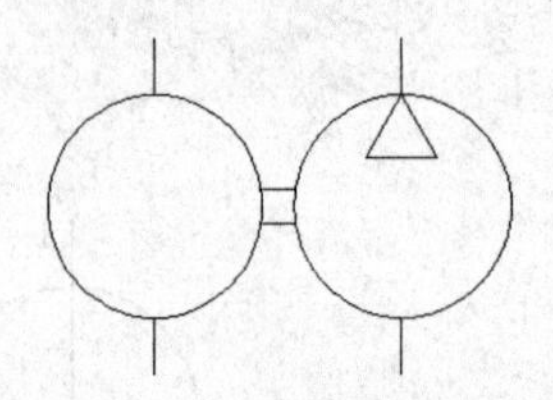

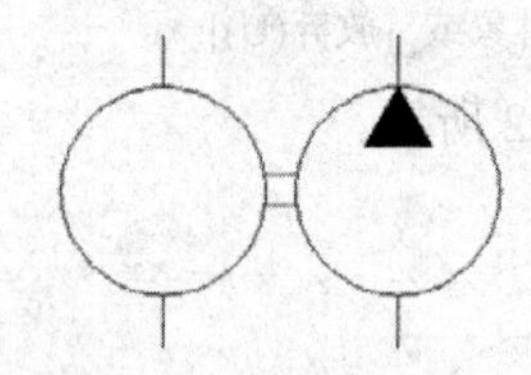

图5-67　绘制三角形　　　　图5-68　图案填充

08 单击“默认”选项卡“绘图”面板中的“多行文字”按钮A，在圆的中心输入文字“M”，并在“文字编辑”对话框选择按钮U，使文字带下划线，文字高度为 12。

09 单击“默认”选项卡“绘图”面板中的“直线”按钮，在文字下划线下方绘制水平直线，并设置线型为虚线“ACAD_ISO02W100”。绘制完成的带燃油泵电动机的图形符号如图 5-59 所示。

5.5.8 分解命令

【执行方式】

命令行：EXPLODE

菜单：修改→分解

工具栏：修改→分解

功能区：单击“默认”选项卡“修改”面板中的“分解”按钮

【操作格式】

命令：EXPLODE↙

选择对象：（选择要分解的对象）

选择一个对象后，该对象会被分解。系统继续提示该行信息，允许分解多个对象。

分解命令是将一个合成图形分解成为其部件的工具。例如，一个矩形被分解之后会变成四条直线，而一个有宽度的直线分解之后会失去其宽度属性。

5.5.9 合并命令

可以将直线、圆、椭圆弧和样条曲线等独立的线段合并为一个对象，如图 5-69 所示。

【执行方式】

命令行：JOIN

菜单：修改→合并

工具栏：修改→合并

功能区：单击“默认”选项卡“修改”面板中的“合并”按钮

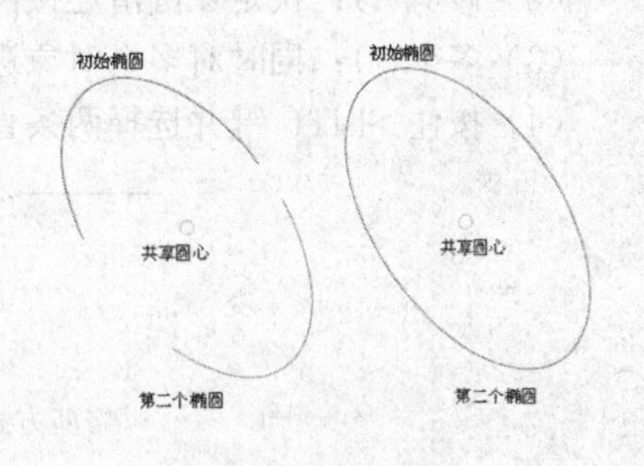

图5-69 合并对象

【操作格式】

命令: JOIN↙

选择源对象或要一次合并的多个对象:（选择一个对象）

找到 1 个

选择要合并的对象:（选择另一个对象）

找到 1 个，总计 2 个

选择要合并的对象: ↙

2 条直线已合并为 1 条直线

5.5.10 圆角命令

圆角是指用指定半径决定的一段平滑圆弧连接两个对象。系统规定可以圆滑连接一对直线段、非圆弧的多义线段、样条曲线、双向无限长线、射线、圆、圆弧和真椭圆。可以在任何时刻圆滑连接多义线的每个节点。

【执行方式】

命令行：FILLET

菜单：修改→圆角

工具栏：修改→圆角

功能区：单击“默认”选项卡“修改”面板中的“圆角”按钮

【操作格式】

命令：FILLET↙

当前设置: 模式 = 修剪，半径 = 0.0000

选择第一个对象或 [放弃(U)/多段线(P)/半径(R)/修剪(T)/多个(M)]:（选择第一个对象或别的选项）

选择第二个对象，或按住 Shift 键选择对象以应用角点或 [半径(R)]:（选择第二个对象）

【选项说明】

（1）多段线(P)：在一条二维多段线的两段直线段的节点处插入圆滑的弧。选择多段线后系统会根据指定的圆弧半径把多段线各顶点用圆滑的弧连接起来。

（2）修剪(T)：决定在圆滑连接两条边时，是否修剪这两条边，如图 5-70 所示。

（3）多个(M)：同时对多个对象进行圆角编辑，而不必重新起用命令。

（4）按住 Shift 键并选择两条直线，可以快速创建零距离倒角或零半径圆角。

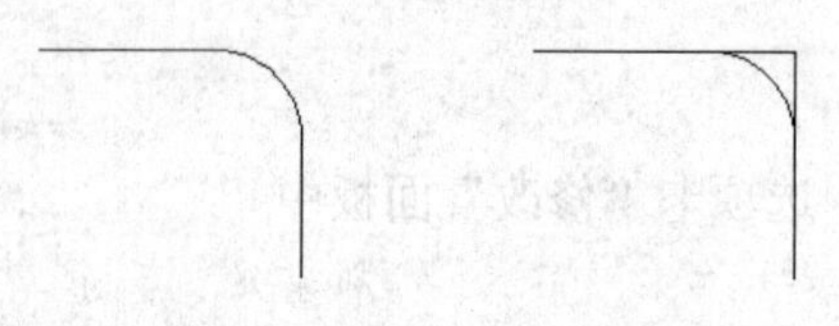

图5-70 圆角连接

5.5.11 倒角命令

斜角是指用斜线连接两个不平行的线型对象。可以用斜线连接直线段、双向无限长线、射线和多义线。

系统采用两种方法确定连接两个线型对象的斜线，即指定斜线距离和指定斜线角度。下面分别介绍这两种方法。

（1）指定斜线距离　斜线距离是指从被连接的对象与斜线的交点到被连接的两对象的可能的交点之间的距离，如图 5-71 所示。

（2）指定斜线角度　采用这种方法斜线连接对象时，需要输入两个参数，即斜线与一个对象的斜线距离和斜线与该对象的夹角，如图 5-72 所示。

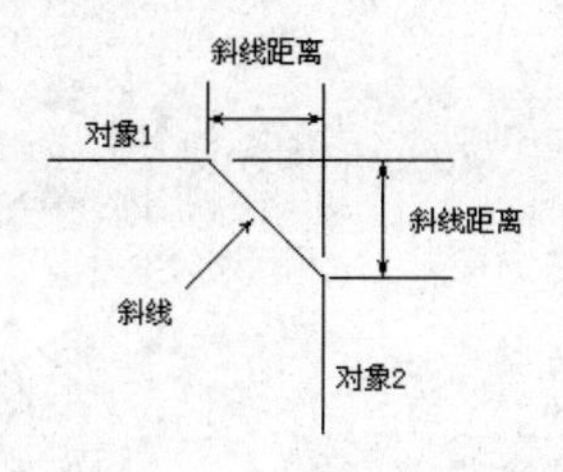

图5-71　斜线距离

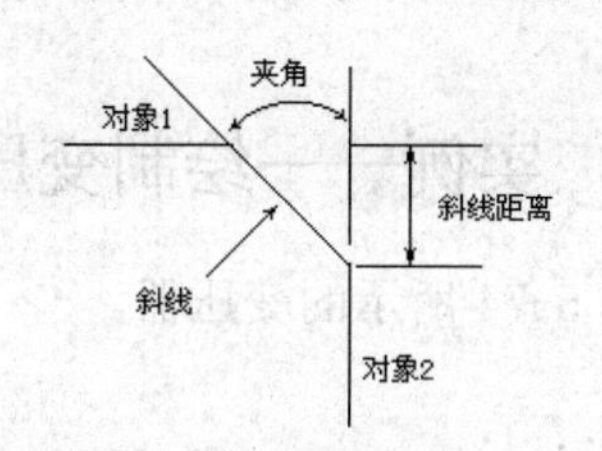

图5-72　斜线距离与夹角

【执行方式】

命令行：CHAMFER

菜单：修改→倒角

工具栏：修改→倒角

功能区：单击“默认”选项卡“修改”面板中的“倒角”按钮

【操作格式】

命令：CHAMFER↙

(“不修剪”模式) 当前倒角距离 1 = 0.0000，距离 2 = 0.0000

选择第一条直线或 [放弃(U)/多段线(P)/距离(D)/角度(A)/修剪(T)/方式(E)/多个(M)]: (选择第一条直线或别的选项)

选择第二条直线，或按住 Shift 键选择直线以应用角点或 [距离(D)/角度(A)/方法(M)]:（选择第二条直线）

【选项说明】

（1）多段线（P）　对多段线的各个交叉点倒角。为了得到最好的连接效果，一般设置斜线是相等的值。系统根据指定的斜线距离把多义线的每个交叉点都作斜线连接，连接的斜线成为多段线新添加的构成部分，如图 5-73 所示。

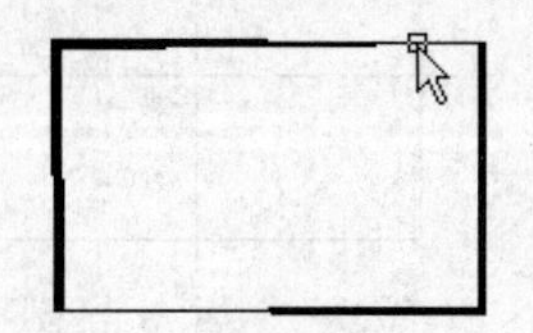
选择多段线

倒角结果

图5-73　斜线连接多义线

（2）距离(D)　选择倒角的两个斜线距离，这两个斜线距离可以相同或不相同，若二者均为 0，则系统不绘制连接的斜线，而是把两个对象延伸至相交并修剪超出的部分。

（3）角度(A)　选择第一条直线的斜线距离和第一条直线的倒角角度。

（4）修剪(T)　与圆角连接命令 FILLET 相同，该选项决定连接对象后是否剪切原对象。

（5）方式(M)　决定采用“距离”方式还是“角度”方式来倒角。

（6）多个(U)　同时对多个对象进行倒角编辑。

5.5.12　实例——绘制变压器

绘制如图 5-74 所示的变压器。

实讲实训
多媒体演示

多媒体演示参见配套光盘中的\\动画演示\第 5 章\5.5.12 绘制变压器.avi。

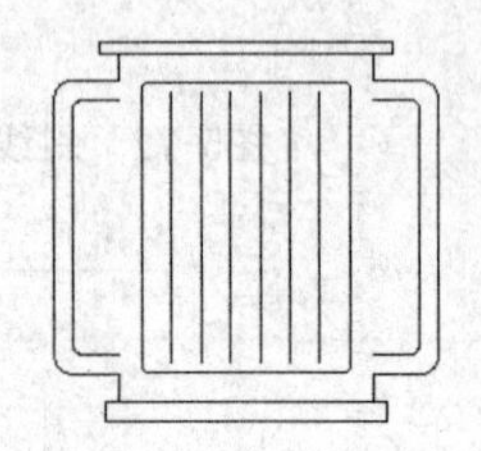

图5-74　变压器

01 绘制矩形及中心线。

❶单击“默认”选项卡“绘图”面板中的“矩形”按钮，绘制一个长为 630mm、宽为 455mm 的矩形，如图 5-75 所示。

❷单击“默认”选项卡“修改”面板中的“分解”按钮，将绘制的矩形分解为直线 1、2、3、4。

❸单击“默认”选项卡“修改”面板中的“偏移”按钮，将直线 1 向下偏移 227.5mm，将直线 3 向右偏移 315mm，得到两条中心线，设置中心线为虚线。单击“修改”菜单栏中的“拉长”命令，将两条中心线向端点方向分别拉长 50mm，结果如图 5-76 所示。

02 修剪直线。

❶单击“默认”选项卡“修改”面板中的“偏移”按钮，将直线 1 向下偏移 35mm，将直线 2 向上偏移 35mm，将直线 3 向右偏移 35mm，将直线 4 向左偏移 35mm。然后利用“修剪”按钮修剪掉多余的直线，得到的结果如图 5-77 所示。

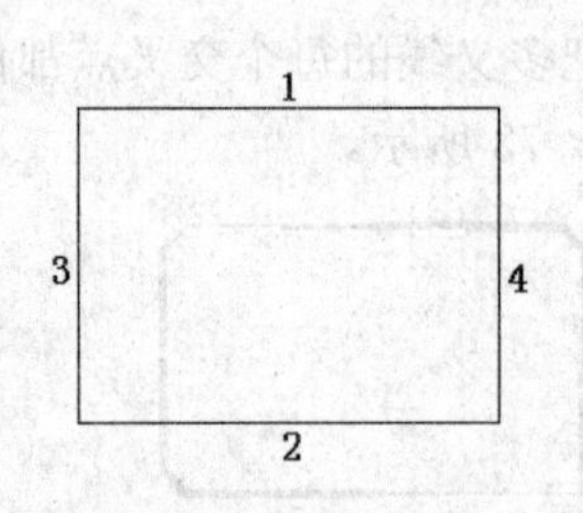

图5-75　绘制矩形

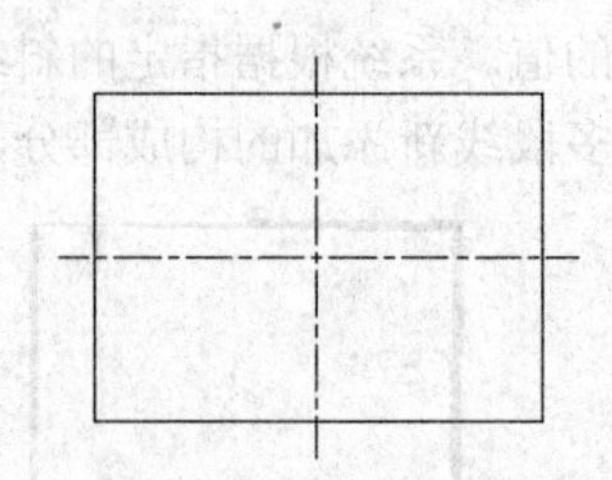

图5-76　绘制中心线

❷单击“默认”选项卡“修改”面板中的“圆角”按钮，设置圆角半径为 35mm，对图形进行圆角处理。命令行提示与操作如下：

```
命令: _fillet
当前设置: 模式 = 修剪，半径 = 0.0000
选择第一个对象或 [放弃(U)/多段线(P)/半径(R)/修剪(T)/多个(M)]: r
```

指定圆角半径 <0.0000>: 35
选择第一个对象或 [放弃(U)/多段线(P)/半径(R)/修剪(T)/多个(M)]: m
选择第一个对象或 [放弃(U)/多段线(P)/半径(R)/修剪(T)/多个(M)]:（选择大矩形的一边）
选择第二个对象，或按住 Shift 键选择对象以应用角点或 [半径(R)]:（选择大矩形的相邻另一边）
选择第一个对象或 [放弃(U)/多段线(P)/半径(R)/修剪(T)/多个(M)]:

结果如图 5-78 所示。

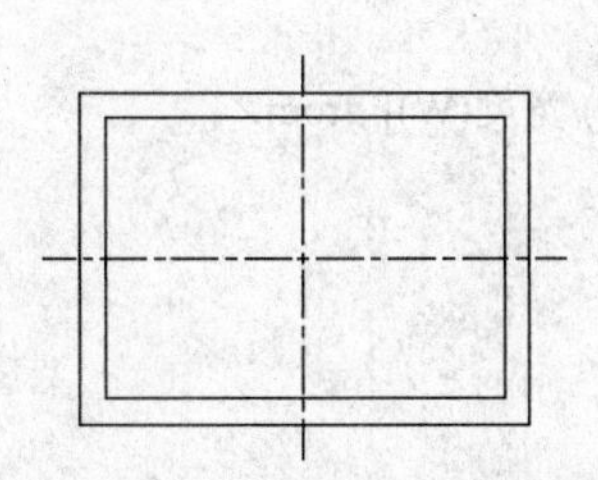
图5-77　偏移修剪直线

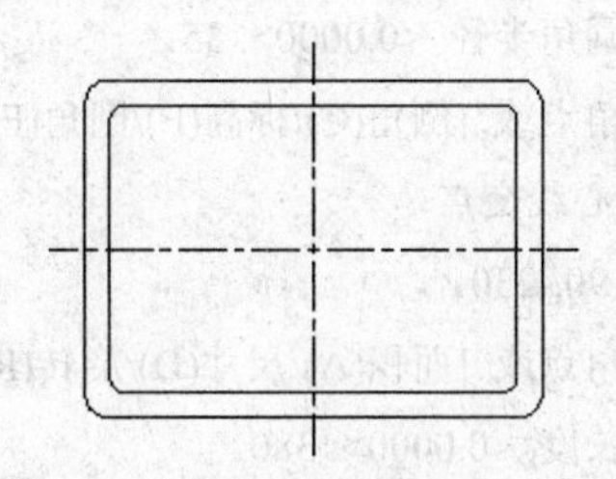
图5-78　圆角处理

03 单击“默认”选项卡“修改”面板中的“偏移 ”按钮，将竖直中心线分别向左和向右各偏移 230mm，将偏移后的直线设置为实线，结果如图 5-79 所示。

04 单击“默认”选项卡“绘图”面板中的“直线”按钮，在“对象追踪”绘图方式下，以直线 1、2 的上端点为两端点绘制水平直线 3，并调用“拉长”命令，将水平直线向两端分别拉长 35mm，结果如图 5-80 所示。将图中的水平直线 3 向上偏移 20mm 得到直线 4，分别连接直线 3 和直线 4 的左右端点，如图 5-81 所示。

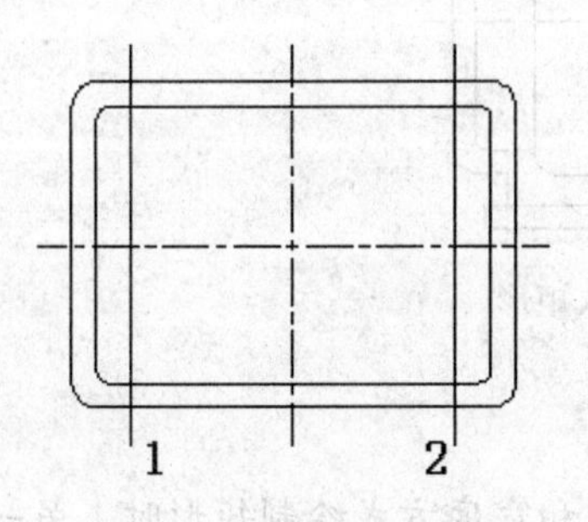

图5-79　偏移中心线

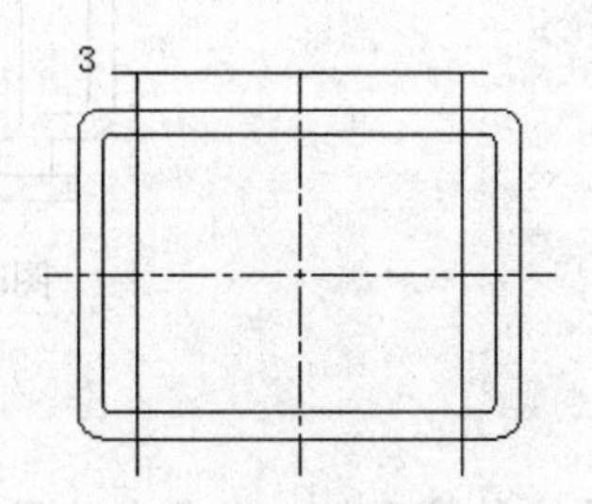

图5-80　绘制水平线

05 用和前面相同的方法绘制下半部分。下半部分两水平直线的距离是 35mm，其他操作与绘制上半部分完全相同。完成后单击“默认”选项卡“修改”面板中的“修剪”按钮，修剪掉多余的直线，得到的结果如图 5-82 所示。

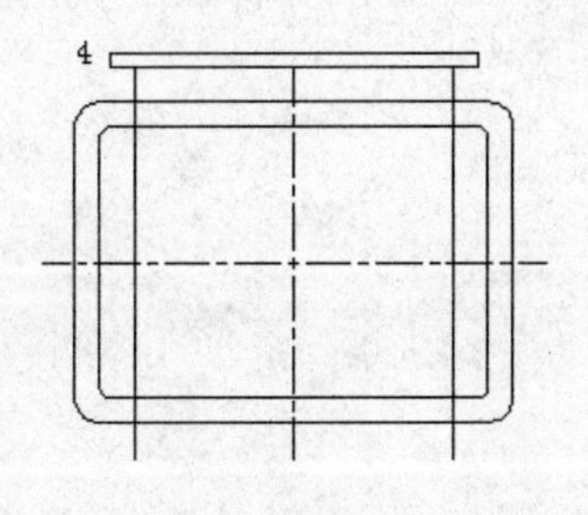

图5-81　偏移水平线

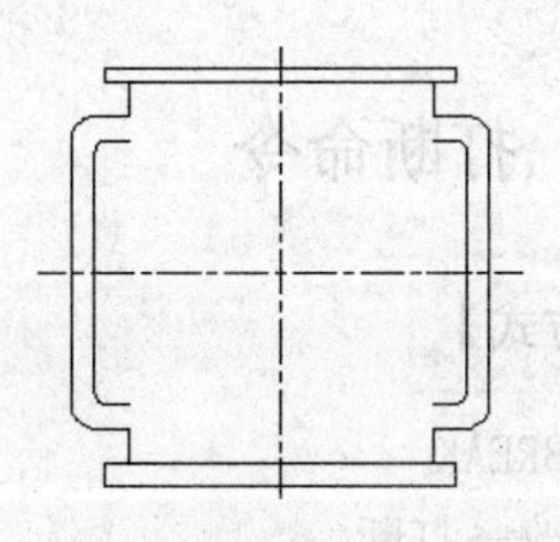
图5-82　绘制下半部分

06 单击“默认”选项卡“绘图”面板中的“矩形”按钮，以两中心线交点为中心绘制一个带圆角的矩形，矩形的长为 380mm，宽为 460mm，圆角的半径为 35mm。命令行提示与操作如下：

命令: _rectang

当前矩形模式: 圆角=0.0000

指定第一个角点或 [倒角(C)/标高(E)/圆角(F)/厚度(T)/宽度(W)]: f↙

指定矩形的圆角半径 <0.0000>: 35↙

指定第一个角点或 [倒角(C)/标高(E)/圆角(F)/厚度(T)/宽度(W)]: from↙

基点:选择中心线交点

<偏移>: @-190,-230↙

指定另一个角点或 [面积(A)/尺寸(D)/旋转(R)]: d↙

指定矩形的长度 <0.0000>: 380↙

指定矩形的宽度 <0.0000>: 460↙

指定另一个角点或 [面积(A)/尺寸(D)/旋转(R)].（移动鼠标到中心线的右上角，单击鼠标左键确定另一个角点的位置）

结果如图 5-83 所示。

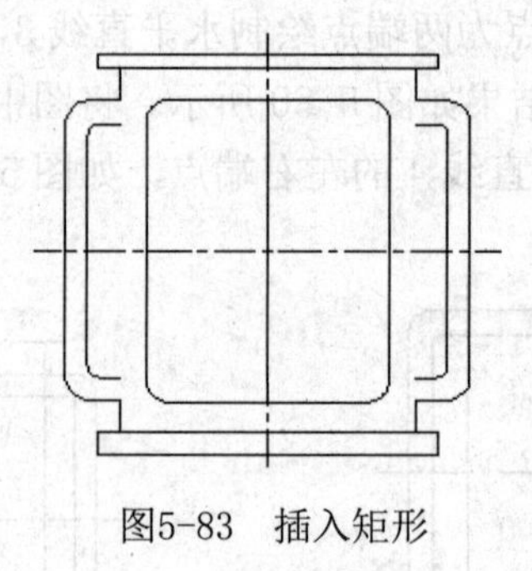

图5-83　插入矩形

注意

采取上面这种按已知一个角点位置以及长度和宽度方式绘制矩形时，另一个矩形的角点位置有 4 种可能，通过移动鼠标指向大体位置方向可以确定具体的另一个角点位置。

07 单击“默认”选项卡“绘图”面板中的“直线”按钮，以竖直中心线为对称轴，绘制六条竖直直线，长度均为 420mm，直线间的距离为 55mm，结果如图 5-74 所示。至此，变压器图形绘制完毕。

5.5.13　打断命令

【执行方式】

命令行：BREAK

菜单：修改→打断

工具栏：修改→打断

功能区：单击“默认”选项卡“修改”面板中的“打断”按钮

【操作格式】

命令：BREAK↙

选择对象:（选择要打断的对象）

指定第二个打断点或 [第一点(F)]:（指定第二个断开点或键入 F）

【选项说明】

如果选择“第一点(F)”，系统将丢弃前面的第一个选择点，重新提示用户指定两个断开点。

5.6 对象编辑

在对图形进行编辑时，还可以对图形对象本身的某些特性进行编辑，从而方便图形的绘制。

5.6.1 钳夹功能

利用钳夹功能可以快速方便地编辑对象。AutoCAD 在图形对象上定义了一些特殊点，称为夹持点。利用夹持点可以灵活地控制对象，如图 5-84 所示。

要使用钳夹功能编辑对象，必须先打开钳夹功能，打开方法是：工具→选项→选择集。

在“选择集”选项卡的“夹点”选项组下面打开“显示夹点”复选框。在该页面上还可以设置代表夹点的小方格的尺寸和颜色。

也可以通过 GRIPS 系统变量控制打开钳夹功能。1 代表打开，0 代表关闭。

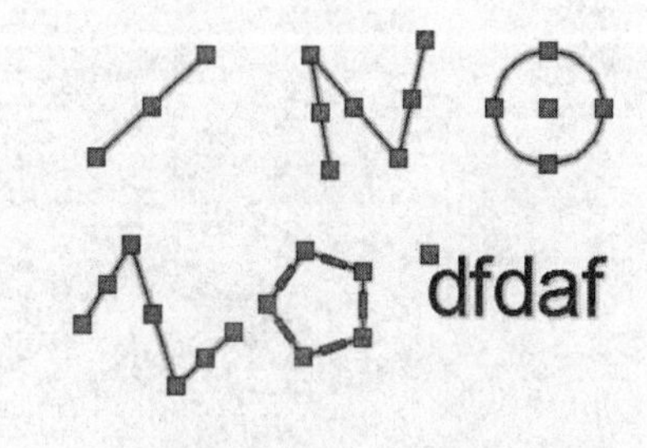

图5-84　夹持点

打开钳夹功能后，应该在编辑对象之前先选择对象。夹点表示了对象的控制位置。

使用夹点编辑对象，要选择一个夹点作为基点，称为基准夹点，然后选择一种编辑操作，如镜像、移动、旋转、拉伸和缩放。可以用空格键、按 Enter 键或键盘上的快捷键循环选择这些功能。

下面仅就其中的拉伸对象操作为例进行介绍，其他操作类似。

在图形上拾取一个夹点，该夹点改变颜色，此点为夹点编辑的基准点。这时系统提示：

** 拉伸 **

指定拉伸点或 [基点(B)/复制(C)/放弃(U)/退出(X)]:

在上述拉伸编辑提示下输入镜像命令或右击鼠标，在右键快捷菜单中选择“镜像”命令，系统就会转换为“镜像”操作，其他操作类似。

5.6.2　特性选项板

【执行方式】

命令行：DDMODIFY 或 PROPERTIES

菜单：修改→特性

工具栏：标准→特性

功能区：单击“视图”选项卡“选项板”面板中的“特性”按钮（如图 5-85 所示）或单击“默认”选项卡“特性”面板中的“对话框启动器”按钮

【操作格式】

命令：DDMODIFY↙

AutoCAD 打开特性工具板，如图 5-86 所示。利用它可以方便地设置或修改对象的各种属性。

不同的对象属性种类和值是不同的，修改属性值，对象改变为新的属性。

图5-85　“选项板”面板

图5-86　特性工具板

5.7 实例——绘制变电站避雷针布置图

图 5-87 所示为某厂 35kV 变电站避雷针布置及其保护范围图。由图可知，这个变电站装有三支 17m 的避雷针和一支利用进线终端杆的 12m 的避雷针，是按照被保护高度为 7m 而确定的保护范围。此图表明，凡是 7m 高度以下的设备和构筑物均在此保护范围图之内，即使高于 7m 的设备，如果离某支避雷针很近，也能被保护；即使低于 7m 的设备，即使超过图示范围也可能在保护范围之内。

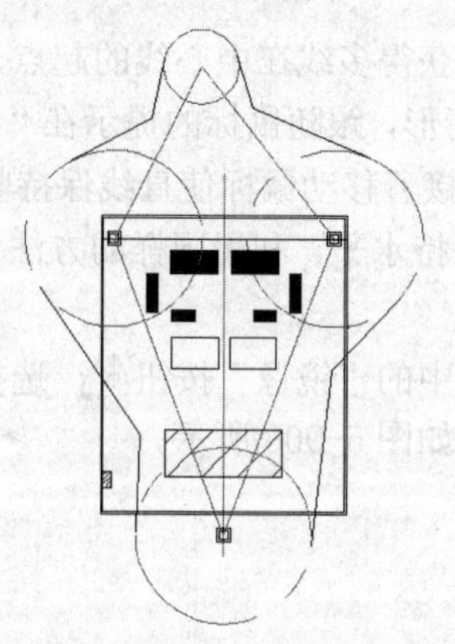

图5-87　某厂用35kV变电站避雷针布置图

> **实讲实训**
> **多媒体演示**
>
> 多媒体演示参见配套光盘中的\\动画演示\第 5 章\5.7 绘制变电站避雷针布置图.avi。

01 设置绘图环境。

设置图层。单击菜单栏中的“格式”→“图层”命令，设置“中心线层”和“绘图层”两个图层。设置好的各图层的属性如图 5-88 所示。

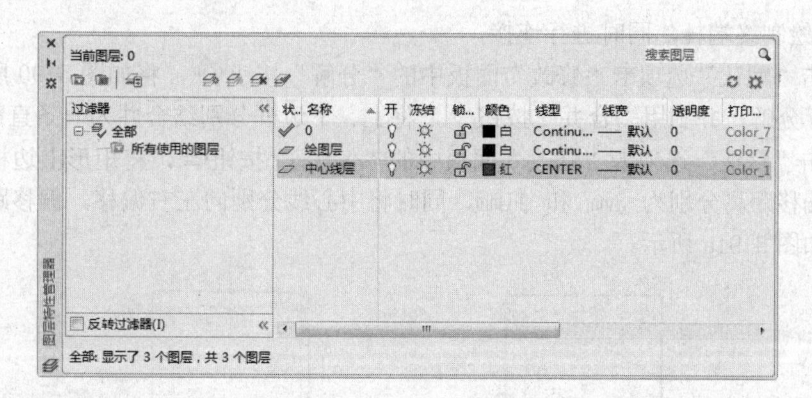

图5-88　图层设置

02 绘制矩形边框。

❶将“中心线层”设置为当前图层，单击“默认”选项卡“绘图”面板中的“直线”按钮，绘制一条竖直直线。

❷将“绘图层”设置为当前图层，单击菜单栏中的“绘图”→“多线”命令，绘制边框，命令行提示与操作如下：

```
命令：_mline
```

当前设置： 对正 = 无，比例 = 0.30，样式 = STANDARD
指定起点或[对正(J)/比例(S)/样式(ST)]：（输入 S）
输入多线比例<20.00>：（输入 0.3）
当前设置： 对正 = 无，比例 = 0.30，样式 = STANDARD
指定起点或[对正(J)/比例(S)/样式(ST)]：（输入 J）
输入对正类型[上(T)/无(Z)/下(B)]<无>：（输入 Z）
当前设置：对正 = 无，比例 = 0.30，样式 = STANDARD
指定起点或[对正(J)/比例(S)/样式(ST)]：

打开“对象捕捉”功能捕捉最近点，获得多线在中心线的起点，移动鼠标使直线保持水平，在屏幕上出现如图 5-89 所示的情形，跟随鼠标的提示在“指定下一点”右面的方格中输入下一点到起点的距离 15.6mm，接着移动鼠标使直线保持竖直，竖直向上绘制，绘制长度为 38mm；继续移动鼠标使直线保持水平，利用同样的方法水平向右绘制，绘制长度为 15.6mm，如图 5-90a 所示。

❸单击“默认”选项卡“修改”面板中的“镜像”按钮，选择镜像对象为绘制的左边框，镜像线为中心线，镜像后的结果如图 5-90b 所示。

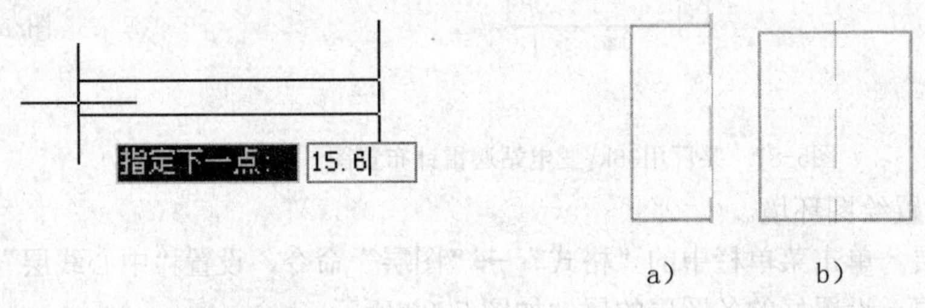

图5-89　多段线的绘制　　图5-90　矩形边框图

03 绘制终端杆，同时进行连接。

❶单击“默认”选项卡“修改”面板中的“分解”按钮，将如图 5-90 所示的矩形边框进行分解，并利用“合并”按钮，将上、下边框分别结合并为一条直线。

❷单击“默认”选项卡“修改”面板中的“偏移 ”按钮，将矩形上边框直线向下偏移，偏移距离分别为 3mm 和 41mm，同时将中心线分别向左右偏移，偏移距离均为 14.1mm，如图 5-91a 所示。

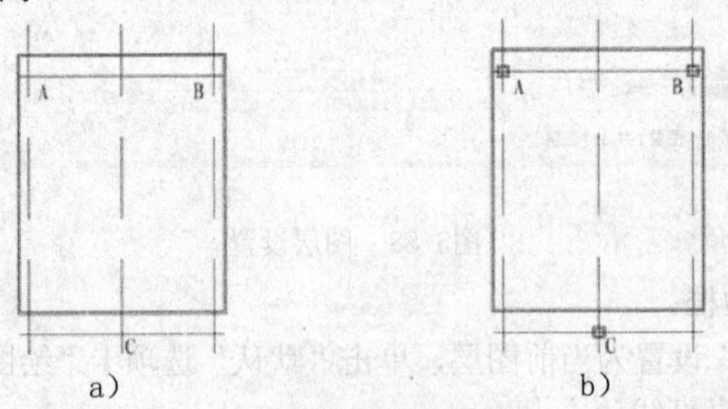

图5-91　绘制终端杆

❸单击“默认”选项卡“绘图”面板中的“矩形”按钮，绘制一个长为 1.1mm、宽为 1.1mm 的正方形，使矩形的中心与 B 点重合。

❹单击“默认”选项卡“修改”面板中的“偏移 ”按钮，偏移距离为 0.3mm，

偏移对象选择上面绘制的正方形，点取矩形外面的一点，偏移后的结果如图 5-91b 所示。

❺单击“默认”选项卡“修改”面板中的“复制”按钮，将绘制的矩形在 A、C 两点各复制一份，如图 5-91b 所示。

❻单击“默认”选项卡“修改”面板中的“偏移 ”按钮，将直线 AB 向上偏移 22mm，同时将中心线向左偏移 3mm，偏移后的结果如图 5-92a 所示。

❼单击“默认”选项卡“修改”面板中的“复制”按钮，将绘制的终端杆在 D 点复制一份，如图 5-92b 所示。

❽单击“默认”选项卡“修改”面板中的“缩放”按钮，缩小位于 D 点的终端杆。命令行提示与操作如下：

```
命令：_scale
选择对象：找到一个（选择绘制的终端杆）
选择对象：
指定基点：（选择终端杆的中心）
指定比例因子或[复制(c)/参照(R)]<1.0000>：0.8
```

绘制结果如图 5-92b 所示。

❾将“中心线层”设置为当前图层，连接各终端杆的中心，结果如图 5-92b 所示。

04 绘制以各终端杆中心为圆心的圆。

❶单击“默认”选项卡“绘图”面板中的“圆”按钮，分别以点 A，B，C 为圆心，绘制半径为 11.3mm 的圆。

❷单击“默认”选项卡“绘图”面板中的“圆”按钮，以点 D 为圆心，绘制半径为 4.8mm 的圆，结果如图 5-93 所示。

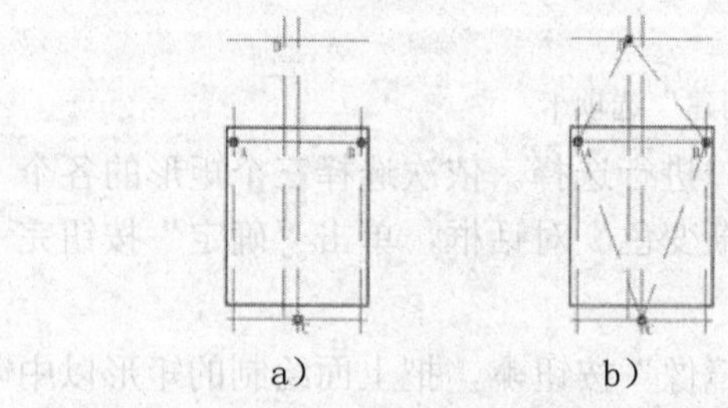

图5-92　终端杆绘制连接图

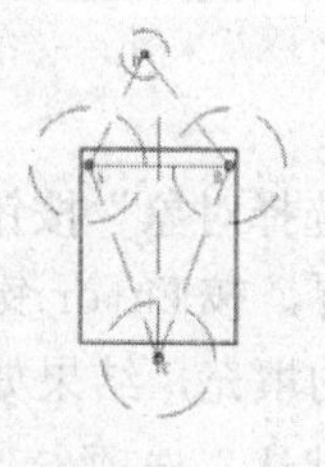

图5-93　绘制以终端杆为圆心的圆

05 连接各圆的切线。

❶单击“默认”选项卡“修改”面板中的“偏移”按钮，将图 5-93 中直线 AC、BC、AD、BD 分别向外偏移 5.6mm、5.6mm、2.7mm、1.9mm，结果如图 5-94a 所示。

❷单击“默认”选项卡“绘图”面板中的“直线”按钮，以顶圆 D 与直线 AD 的交点为起点向圆 A 作切线，与上面偏移的直线相交于点 E，再以点 E 为起点作圆 D 的切线。单击“默认”选项卡“修改”面板中的“修剪”按钮，修建多余的线段，按照这种方法分别得到交点 F、G、H，结果如图 5-94b 所示。

❸单击“默认”选项卡“修改”面板中的“删除”按钮，删除多余的直线，结果如图 5-94c 所示。

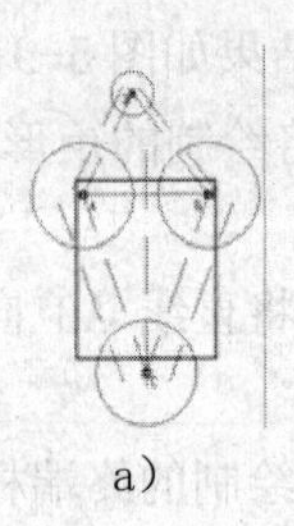
a）

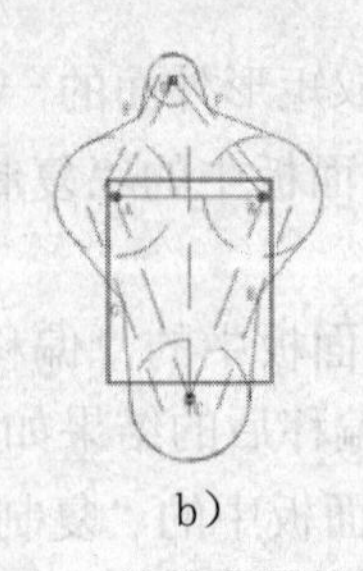
b）

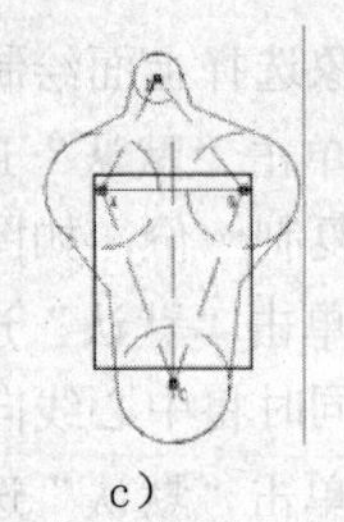
c）

图5-94 连接各圆的切线

06 绘制各个变压器。

❶单击“默认”选项卡“绘图”面板中的“矩形”按钮，分别绘制长为 6mm、宽为 3mm 的矩形，长为 3mm、宽为 1.5mm 的矩形，以及长为 5mm、宽为 1.4mm 的三个矩形，并将这几个矩形放到合适的位置。

❷单击“默认”选项卡“绘图”面板中的“图案填充”按钮，系统弹出“图案填充创建”选项卡，设置如图 5-95 所示。

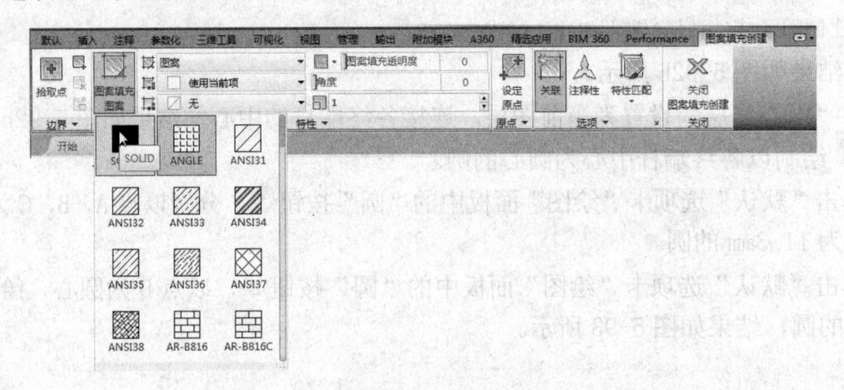

图5-95 “图案填充创建”选项卡

❸单击“选择对象”按钮，暂时回到绘图窗口进行选择。依次选择三个矩形的各个边作为填充边界，按 Enter 键回到“图案填充和渐变色”对话框，单击“确定”按钮完成各个变压器的填充，结果如图 5-96a 所示。

❹单击“默认”选项卡“修改”面板中的“镜像”按钮，把上面绘制的矩形以中心线作为镜像线，镜像复制到右边，结果如图 5-96b 所示。

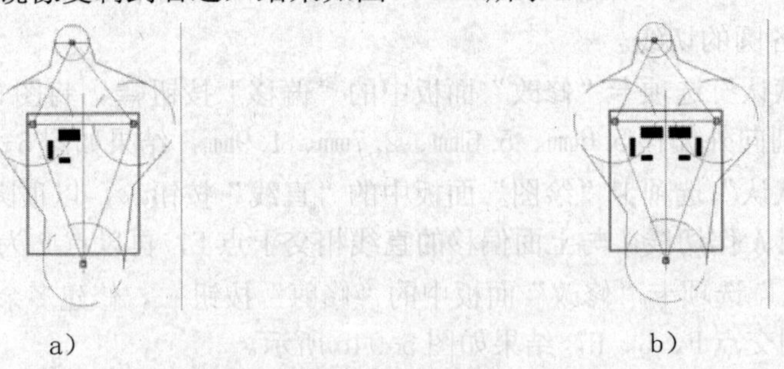
a） b）

图5-96 绘制变压器

❺单击“默认”选项卡“绘图”面板中的“矩形”按钮，绘制一个长为 6mm、宽为 4mm 的矩形，如图 5-97a 所示。

❻单击“默认”选项卡“修改”面板中的“镜像”按钮，把上面绘制的矩形以中

心线作为镜像线，镜像复制到右边，如图 5-97b 所示。

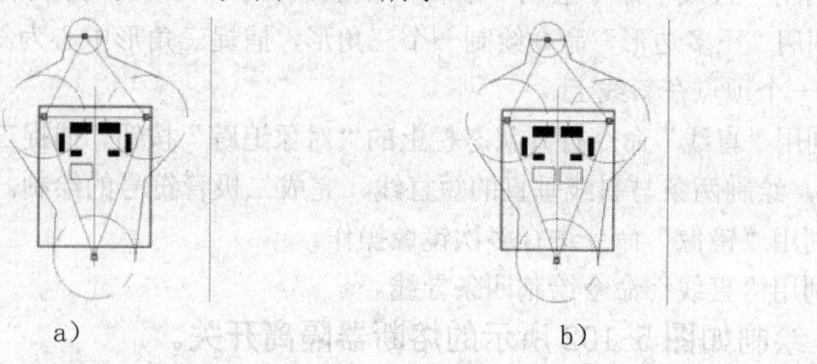

a）　　b）

图5-97　绘制设备

07 绘制并填充配电室。

❶单击“默认”选项卡“绘图”面板中的“矩形”按钮，绘制一个长为 15mm、宽为 6mm 的矩形，将其放到合适位置。

❷选择填充图案。单击“默认”选项卡“绘图”面板中的“图案填充”按钮，系统弹出“图案填充创建”选项卡，设置“图案填充图案”为“ANSI31”图案，“图案填充角度”设置为 0，“填充图案比例”设置为 1，其他为默认值，拾取填充区域内一点，按 Enter 键，完成配电室的绘制，如图 5-98 所示。

08 绘制并填充设备。

❶单击“默认”选项卡“绘图”面板中的“矩形”按钮，绘制一个长为 1mm、宽为 2mm 的矩形，如图 5-99a 所示。

❷选择填充图案。单击“默认”选项卡“绘图”面板中的“图案填充”按钮，系统弹出“图案填充创建”选项卡，设置“图案填充图案”为“ANSI31”图案，“图案填充角度”设置为 0，“填充图案比例”设置为 0.125，其他为默认值，拾取矩形区域内一点，按 Enter 键完成设备的填充，如图 5-99b 所示。

绘制完成的变电站避雷针布置图如图 5-100 所示。

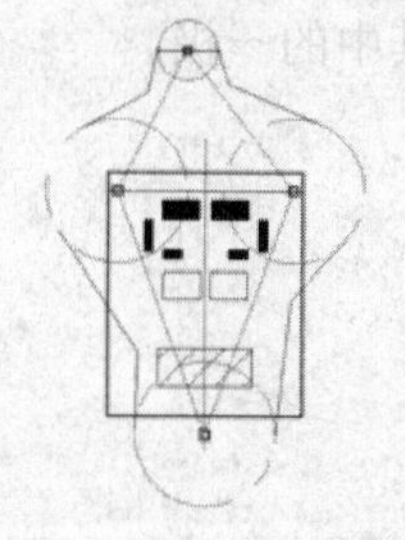

图5-98　绘制配电室

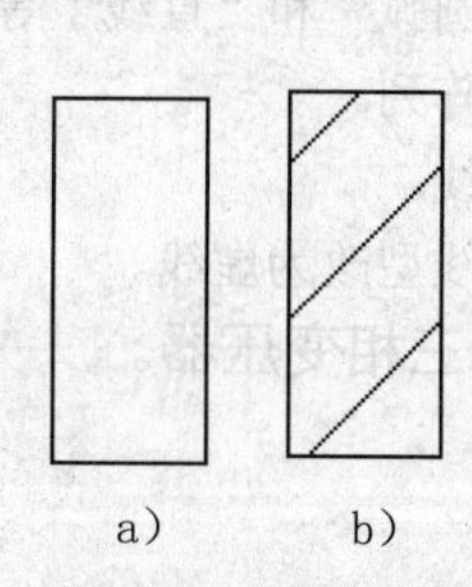

a）　　b）

图5-99　绘制设备

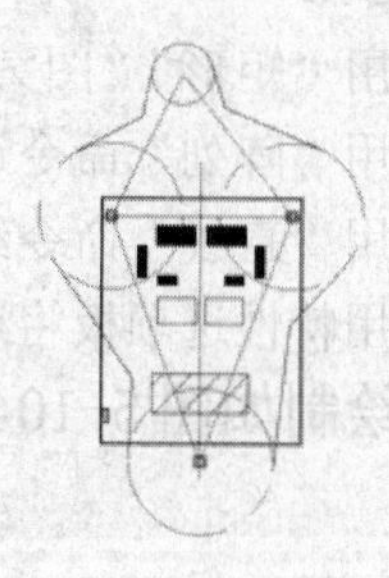

图5-100　变电站避雷针布置图

5.8 上机实验

实验 1　绘制如图 5-101 所示的整流桥电路。

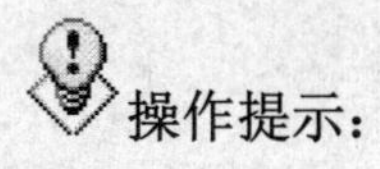

操作提示：

1）利用“直线”命令绘制一条45° 的斜线。

2）利用“正多边形”命令绘制一个三角形，捕捉三角形中心为斜直线中点，并指定三角形的一个顶点在斜线上。

3）利用“直线”命令打开状态栏上的“对象追踪”按钮，捕捉三角形在斜线上的顶点为端点，绘制两条与斜线垂直的短直线，完成二极管符号的绘制。

4）利用“镜像”命令进行多次镜像操作。

5）利用“直线”命令绘制四条导线。

实验2　绘制如图5-102所示的熔断器隔离开关。

操作提示：

1）利用“直线”命令绘制一条水平线段和三条首尾相连的竖直线段。

2）利用“矩形”命令绘制一个穿过中间竖直线段的矩形。

3）利用“旋转”命令将矩形以及穿过它的直线旋转一定角度。

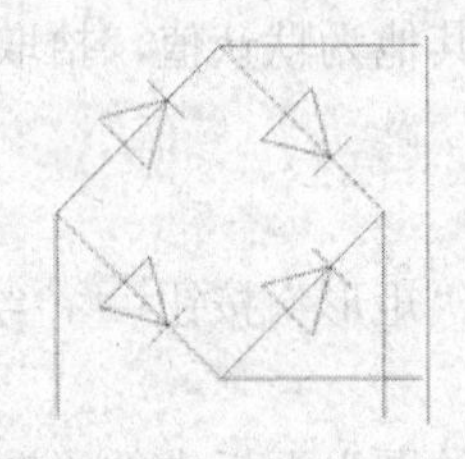

图5-101　整流桥电路　　图5-102　熔断器隔离开关

实验3　绘制如图5-103所示的多级插头插座。

操作提示：

1）利用“矩形”“图案填充”“圆弧”和“直线”等命令绘制其中的一极。

2）利用“阵列”命令进行矩形阵列。

3）利用“直线”命令绘制连接线。

4）利用特性选项板将连接线的线型改为虚线。

实验4　绘制如图5-104所示的三相变压器。

操作提示：

（1）利用“圆”和“直线”等命令绘制变压器单元。

（2）利用“复制”命令进行复制。

（3）利用“直线”和“镜像”命令绘制连接线。

实验5　绘制如图5-105所示的桥式电路

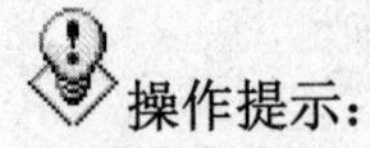

操作提示：

1）利用“矩形”命令绘制电阻。

2）利用“阵列”命令进行矩形阵列。

3）利用“直线”和“修剪”命令绘制连接线。

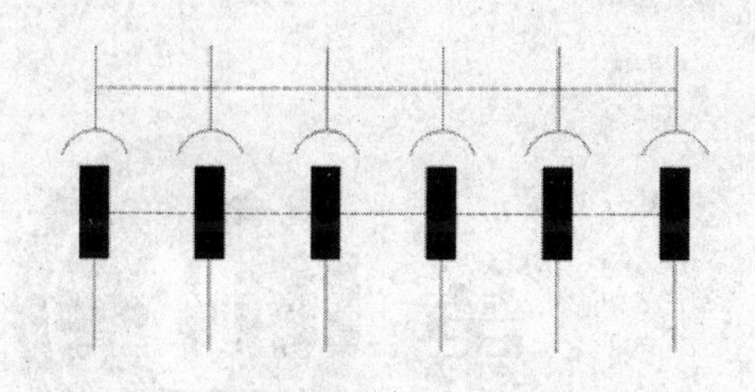

图5-103 多级插头插座

图5-104 三相变压器

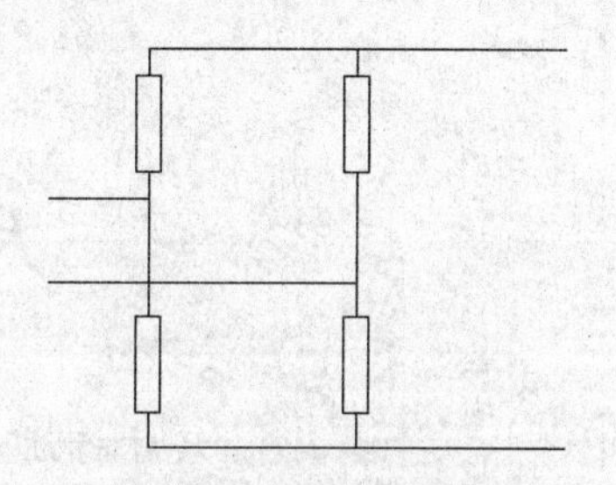

图5-105 桥式电路

5.9 思考与练习

1．选择连线题

（1）能够将物体的某部分进行大小不变的复制的命令有

A MIRROR　　B COPY　　C ROTATE　　D ARRAY

（2）下列命令中哪些可以用来去掉图形中不需要的部分？

A 删除　　B 清除　　C 移动　　D 回退

（3）能够改变一条线段长度的命令有：

A DDMODIFY　　B LENTHEN　　C EXTEND　　D TRIM

E STRETCH　　F SCALE　　G BREAK　　H MOVE

（4）将下列命令与其命令名连线。

CHAMFER　　伸展

LENGTHEN　　倒圆

FILLET　　加长

STRETCH　　倒角

（5）下面哪个命令在选择物体时必须采取交叉窗口或交叉多边形窗口进行选择？

A LENTHEN　　B STRETCH　　C ARRAY　　D MIRROR

2．问答题

（1）请分析COPY命令与OFFSET命令的异同。

（2）在利用剪切命令对图形进行剪切时有时无法实现剪切，试分析可能的原因。

第6章

尺寸标注

尺寸标注是绘图设计过程中相当重要的一个环节。由于图形的主要作用是表达物体的形状，而物体各部分的真实大小和各部分之间的确切位置只能通过尺寸标注来表达。因此，没有正确的尺寸标注，绘制出的图样对于加工制造就没什么意义。AutoCAD 2016提供了方便、准确的尺寸标注功能。

学习要点

- 尺寸样式
- 标注尺寸
- 引线标注

6.1 尺寸样式

组成尺寸标注的尺寸界线、尺寸线、尺寸文本及箭头等可以采用多种多样的形式.实际标注一个几何对象的尺寸时，它的尺寸标注以什么形态出现，取决于当前所采用的尺寸标注样式。标注样式决定尺寸标注的形式，包括尺寸线、尺寸界线、箭头和中心标记的形式，以及尺寸文本的位置、特性等。在 AutoCAD 2016 中用户可以利用“标注样式管理器”对话框方便地设置自己需要的尺寸标注样式。下面介绍如何定制尺寸标注样式。

6.1.1 新建或修改尺寸样式

在进行尺寸标注之前，要建立尺寸标注的样式。如果用户不建立尺寸标注样式而直接进行标注，系统使用默认的名称为 STANDARD 的样式。用户如果认为使用的标注样式有某些设置不合适，也可以修改标注样式。

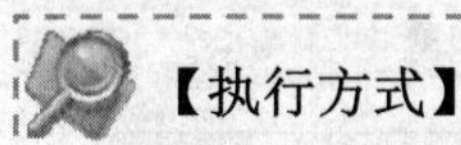

【执行方式】

命令行：DIMSTYLE

菜单：格式→标注样式或标注→标注样式

工具栏：标注→标注样式

功能区：单击“默认”选项卡“注释”面板中的“标注样式”按钮（如图 6-2 所示）或单击“注释”选项卡“标注”面板上的“标注样式”下拉菜单中的“管理标注样式”按钮（如图 6-2 所示）或单击“注释”选项卡“标注”面板中“对话框启动器”按钮

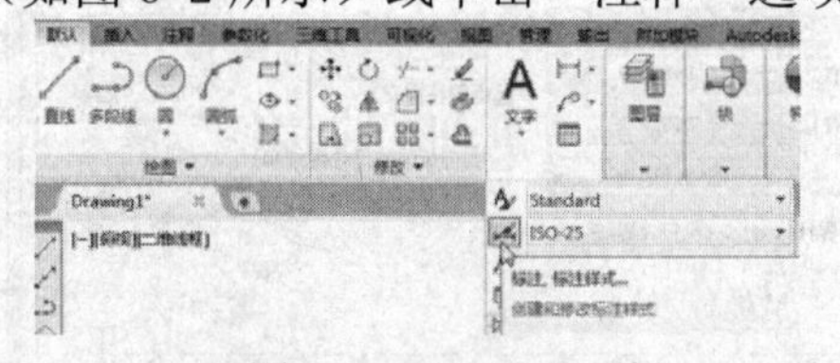

图6-1 “注释”面板

图6-2 “标注”面板

【操作格式】

命令: DIMSTYLE↙

AutoCAD 打开“标注样式管理器”对话框，如图 6-3 所示。利用此对话框可方便直观地设置和浏览尺寸标注样式，包括建立新的标注样式、修改已存在的标注样式、设置当前尺寸标注样式、标注样式重命名以及删除一个已存在的标注样式等。

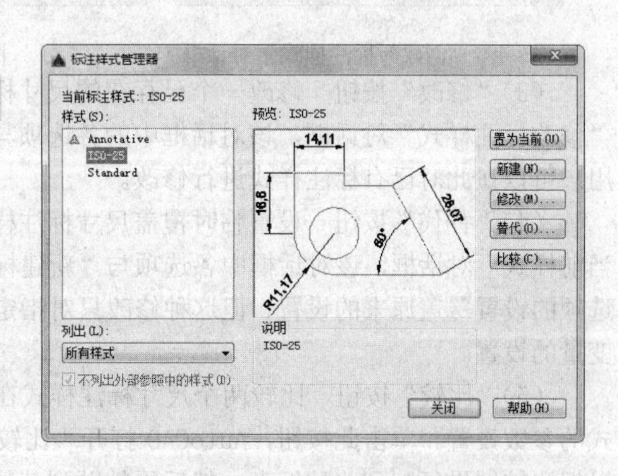

图6-3 “标注样式管理器”对话框

【选项说明】

（1）“置为当前”按钮　单击此按钮，把在“样式”列表框中选中的样式设置为当前样式。

（2）“新建”按钮　定义一个新的尺寸标注样式。单击此按钮，AutoCAD 打开“创建新标注样式”对话框，如图 6-4 所示，利用此对话框可创建一个新的尺寸标注样式。下面介绍其中各选项的功能。

1）新样式名：给新的尺寸标注样式命名。

2）基础样式：选取创建新样式所基于的标注样式。单击右侧的下三角按钮，出现当前已有的样式列表，从中选取一个作为定义新样式的基础，新的样式是在这个样式的基础上修改一些特性得到的。

3）用于：指定新样式应用的尺寸类型。单击右侧的下三角按钮，出现尺寸类型列表，如果新建样式应用于所有尺寸，则选“所有标注”；如果新建样式只应用于特定的尺寸标注（如只在标注直径时使用此样式），则选取相应的尺寸类型。

4）继续：各选项设置好以后，单击“继续”按钮，AutoCAD 打开“新建标注样式”对话框，如图 6-5 所示，利用此对话框可对新样式的各项特件进行设置。该对话框中各部分的含义和功能将在后面介绍。

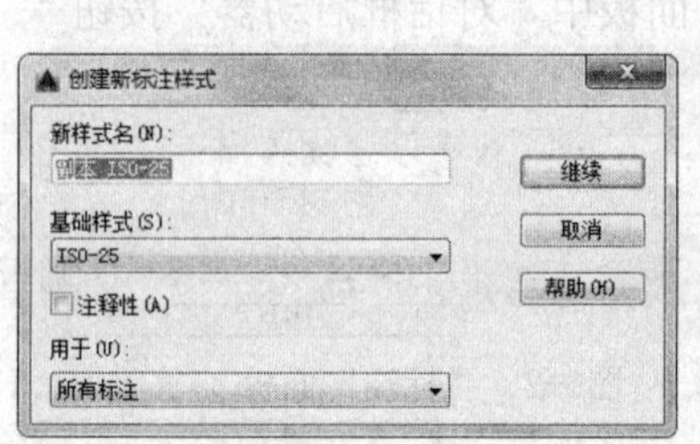

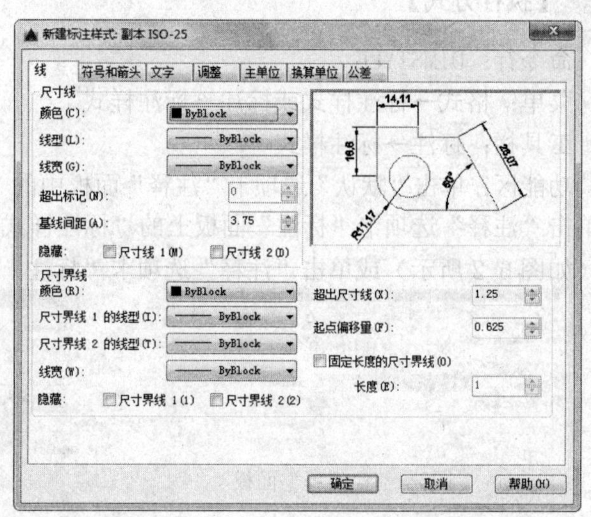

图6-4　“创建新标注样式”对话框　　　　图6-5　“新建标注样式”对话框

（3）“修改”按钮　修改一个已存在的尺寸标注样式。单击此按钮，AutoCAD 将弹出“修改标注样式”对话框，该对话框中的各选项与“新建标注样式”对话框中完全相同，用户可以在此对已有标注样式进行修改。

（4）“替代”按钮　设置临时覆盖尺寸标注样式。单击此按钮，AutoCAD 打开“替代当前样式”对话框，该对话框中各选项与“新建标注样式”对话框完全相同，用户可改变选项的设置覆盖原来的设置，但这种修改只对指定的尺寸标注起作用，而不影响当前尺寸变量的设置。

（5）“比较”按钮　比较两个尺寸标注样式在参数上的区别，或浏览一个尺寸标注样式的参数设置。单击此按钮，AutoCAD 打开“比较标注样式”对话框，如图 6-6 所示。可以把比较结果复制到剪贴板上，然后再粘贴到其他的 Windows 应用软件上。

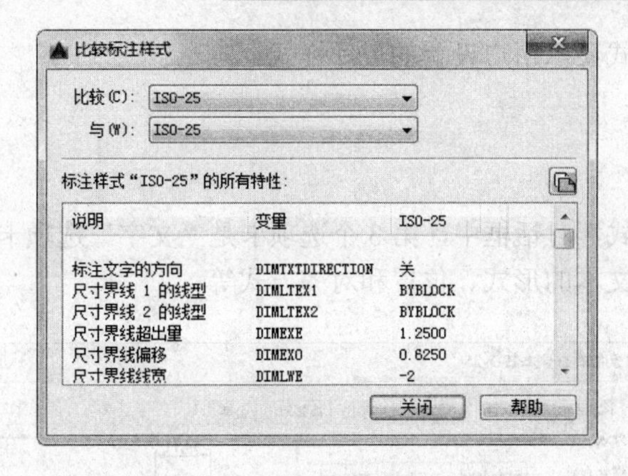

图6-6　“比较标注样式”对话框

6.1.2　线

在“新建标注样式”对话框中，第1个选项卡就是“线”。该选项卡用于设置尺寸线、尺寸界线的形式和特性。现分别进行说明。

（1）“尺寸线”选项组　设置尺寸线的特性。其中主要选项的含义如下：

1）“颜色”下拉列表框：设置尺寸线的颜色。可直接输入颜色名字，也可从下拉列表中选择，如果选取“选择颜色”，AutoCAD 打开“选择颜色”对话框供用户选择其他颜色。

2）“线宽”下拉列表框：设置尺寸线的线宽，下拉列表中列出了各种线宽的名字和宽度。AutoCAD 把设置值保存在 DIMLWD 变量中。

3）“超出标记”微调框：当尺寸箭头设置为短斜线、短波浪线等，或尺寸线上无箭头时，可利用此微调框设置尺寸线超出尺寸界线的距离，相应的尺寸变量是 DIMDLE。

4）“基线间距”微调框：设置以基线方式标注尺寸时，相邻两尺寸线之间的距离，相应的尺寸变量是 DIMDLI。

5）“隐藏”复选框组：确定是否隐藏尺寸线及相应的箭头。选中“尺寸线 1”复选框表示隐藏第一段尺寸线，选中“尺寸线 2”复选框表示隐藏第二段尺寸线。相应的尺寸变量为 DIMSD1 和 DIMSD2。

（2）“尺寸界线”选项组　用于确定尺寸界线的形式。其中主要选项的含义如下：

1）“颜色”下拉列表框：设置尺寸界线的颜色。

2）“线宽”下拉列表框：设置尺寸界线的线宽，AutoCAD 把其值保存在 DIMLWE 变量中。

3）“超出尺寸线”微调框：确定尺寸界线超出尺寸线的距离，相应的尺寸变量是 DIMEXE。

4）“起点偏移量”微调框：确定尺寸界线的实际起始点相对于指定的尺寸界线的起始点的偏移量，相应的尺寸变量是 DIMEXO。

5）“隐藏”复选框组：确定是否隐藏尺寸界线。选中“尺寸界线 1”复选框表示隐藏第一段尺寸界线，选中“尺寸界线 2”复选框表示隐藏第二段尺寸界线。相应的尺寸变量为 DIMSE1 和 DIMSE2。

6）“固定长度的尺寸界线”复选框：选中该复选框，系统以固定长度的尺寸界线标注尺寸。可以在下面的“长度”微调框中输入长度值。

（3）尺寸样式显示框　在“新建标注样式”对话框的右上方，是一个尺寸样式显示框，该框以样例的形式显示用户设置的尺寸样式。

📖6.1.3　文字

在“新建标注样式”对话框中，第 3 个选项卡是“文字”选项卡，如图 6-7 所示。该选项卡用于设置尺寸文本的形式、位置和对齐方式等。

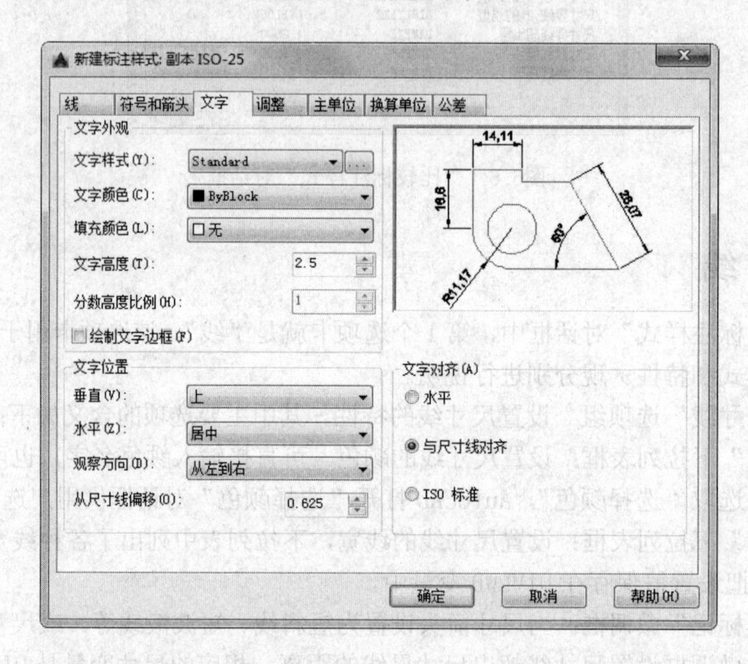

图6-7　“新建标注样式”对话框的“文字”选项卡

（1）“文字外观”选项组

1）“文字样式”下拉列表框：选择当前尺寸文本采用的文本样式。可在下拉列表中选取一个样式，也可单击右侧的按钮[...]，打开“文字样式”对话框，以创建新的文字样式或对文字样式进行修改。AutoCAD 将当前文字样式保存在 DIMTXSTY 系统变量中。

2）“文字颜色”下拉列表框：设置尺寸文本的颜色，其操作方法与设置尺寸线颜色的方法相同，与其对应的尺寸变量是 DIMCLRT。

3）“文字高度”微调框：设置尺寸文本的字高，相应的尺寸变量是 DIMTXT。如果选用的文字样式中已设置了具体的字高（不是 0），则此处的设置无效；如果文字样式中设置的字高为 0，才以此处的设置为准。

4）“分数高度比例”微调框：确定尺寸文本的比例系数，相应的尺寸变量是 DIMTFAC。

5）“绘制文字边框”复选框：选中此复选框，AutoCAD 将在尺寸文本的周围加上边框。

（2）“文字位置”选项组

1）“垂直”下拉列表框：确定尺寸文本相对于尺寸线在垂直方向的对齐方式，相应的尺寸变量是 DIMTAD。在该下拉列表框中可选择的对齐方式有以下 4 种：

- 置中：将尺寸文本放在尺寸线的中间，此时 DIMTAD＝0。
- 上方：将尺寸文本放在尺寸线的上方，此时 DIMTAD＝1。
- 外部：将尺寸文本放在远离第一条尺寸界线起点的位置，即和所标注的对象分列于尺寸线的两侧，此时 DIMTAD＝2。

- JIS：使尺寸文本的放置符合 JIS（日本工业标准）规定，此时 DIMTAD＝3。
- 上面这几种文本布置方式如图 6-8 所示。

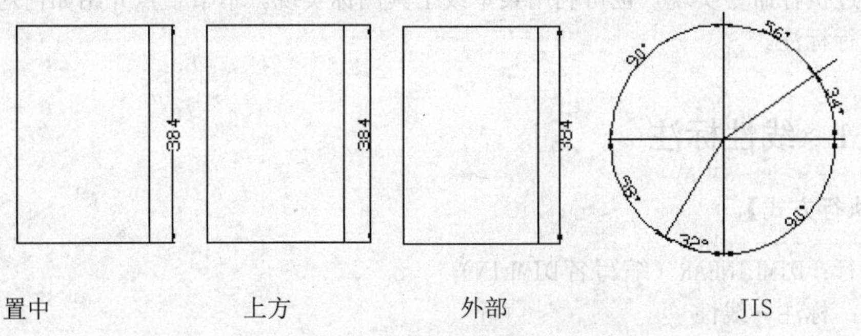

图6-8 尺寸文本在垂直方向的放置

2）“水平”下拉列表框：用来确定尺寸文本相对于尺寸线和尺寸界线在水平方向的对齐方式，相应的尺寸变量是 DIMJUST。在下拉列表框中可选择的对齐方式有置中、第一条尺寸界线、第二条尺寸界线、第一条尺寸界线上方、第二条尺寸界线上方 5 种，如图 6-9a ～图 6-9e 所示。

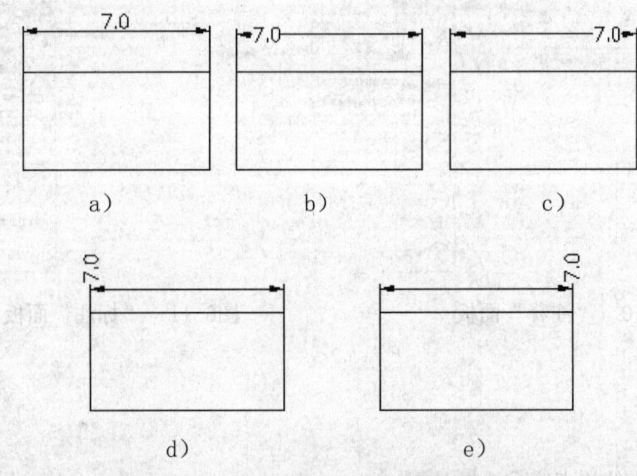

图6-9 尺寸文本在水平方向的放置

3）“从尺寸线偏移”微调框：当尺寸文本放在断开的尺寸线中间时，此微调框用来设置尺寸文本与尺寸线之间的距离（尺寸文本间隙），这个值保存在尺寸变量 DIMGAP 中。

（3）“文字对齐”选项组 用来控制尺寸文本排列的方向。当尺寸文本在尺寸界线之内时，与其对应的尺寸变量是 DIMTIH；当尺寸文本在尺寸界线之外时，与其对应的尺寸变量是 DIMTOH。

1）“水平”单选按钮：尺寸文本沿水平方向放置。不论标注什么方向的尺寸，尺寸文本总保持水平。

2）“与尺寸线对齐”单选按钮：尺寸文本沿尺寸线方向放置。

3）“ISO 标准”单选按钮：当尺寸文本在尺寸界线之间时，沿尺寸线方向放置；在尺寸界线之外时，沿水平方向放置。

6.2 标注尺寸

正确地进行尺寸标注是设计绘图工作中非常重要的一个环节，方便快捷的尺寸标注方法，可通过执行命令实现，也可利用菜单或工具图标实现。本节重点介绍如何对各种类型的尺寸进行标注。

6.2.1 线性标注

【执行方式】

命令行：DIMLINEAR（缩写名 DIMLIN）

菜单：标注→线性

工具栏：标注→线性

功能区：单击“默认”选项卡“注释”面板中的“线性”按钮（如图 6-10 所示）或单击“注释”选项卡“标注”面板中的“线性”按钮（如图 6-11 所示）

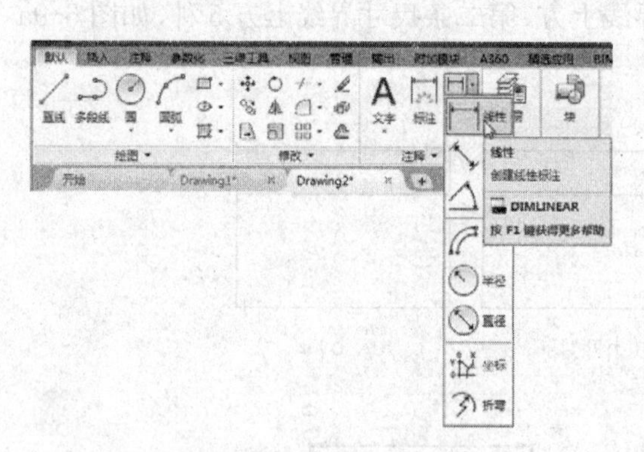

图6-10 “注释”面板

图6-11 “标注”面板1标注→线性

【操作格式】

命令: DIMLIN↙

指定第一个尺寸界线原点或 <选择对象>:

【选项说明】

在此提示下有两种选择，直接按 Enter 键选择要标注的对象或确定尺寸界线的起始点。

（1）直接按 Enter 键　光标变为拾取框，并且在命令行提示：

选择标注对象:

用拾取框点取要标注尺寸的线段，AutoCAD 提示：

指定尺寸线位置或[多行文字(M)/文字(T)/角度(A)/水平(H)/垂直(V)/旋转(R)]:

各项的含义如下：

1）指定尺寸线位置：确定尺寸线的位置。用户可移动鼠标选择合适的尺寸线位置，然后按 Enter 键或单击鼠标左键，AutoCAD 将自动测量所标注线段的长度并标注出相应的尺寸。

2）多行文字(M)：用多行文字编辑器确定尺寸文本。

3）文字(T)：在命令行提示下输入或编辑尺寸文本。选择此选项后，AutoCAD 提示：

```
输入标注文字 <默认值>:
```

其中的默认值是 AutoCAD 自动测量得到的被标注线段的长度，直接按 Enter 键即可采用此长度值，也可输入其他数值代替默认值。当尺寸文本中包含默认值时，可使用尖括号“< >”表示默认值。

4）角度(A)：确定尺寸文本的倾斜角度。

5）水平(H)：水平标注尺寸，不论标注什么方向的线段，尺寸线均水平放置。

6）垂直(V)：垂直标注尺寸，不论被标注线段沿什么方向，尺寸线总保持垂直。

7）旋转(R)：输入尺寸线旋转的角度值，旋转标注尺寸。

（2）指定第一条尺寸界线原点　指定第一条与第二条尺寸界线的起始点。

6.2.2　对齐标注

【执行方式】

命令行：DIMALIGNED

菜单：标注→对齐

工具栏：标注→对齐

功能区：单击“默认”选项卡“注释”面板中的“对齐”按钮或单击“注释”选项卡“标注”面板中的“已对齐”按钮

【操作格式】

```
命令: DIMALIGNED↙
指定第一个尺寸界线原点或 <选择对象>:
指定第二条尺寸界线原点: ↙
指定尺寸线位置或[多行文字(M)/文字(T)/角度(A)]:
标注文字 =2.81
```

这种命令标注的尺寸线与所标注轮廓线平行，标注的是起始点到终点之间的距离尺寸。

6.2.3　基线标注

基线标注用于产生一系列基于同一条尺寸界线的尺寸标注，适用于长度尺寸标注、角度标注和坐标标注等。在使用基线标注方式之前，应该先标注出一个相关的尺寸。

【执行方式】

命令行：DIMBASELINE

菜单：标注→基线

工具栏：标注→基线

功能区：单击“注释”选项卡“标注”面板中的“基线”按钮

【操作格式】

```
命令: DIMBASELINE↙
指定第二条尺寸界线原点或 [放弃(U)/选择(S)] <选择>:
```

【选项说明】

（1）指定第二条尺寸界线原点　直接确定另一个尺寸的第二条尺寸界线的起点，AutoCAD 以上次标注的尺寸为基准标注出相应尺寸。

（2）〈选择〉　在上述提示下直接按 Enter 键，AutoCAD 提示：

```
选择基准标注:（选取作为基准的尺寸标注）
```

6.2.4　连续标注

连续标注又叫尺寸链标注，用于产生一系列连续的尺寸标注，后一个尺寸标注把前一个标注的第二条尺寸界线作为它的第一条尺寸界线，适用于长度尺寸标注、角度标注和坐标标注等。在使用连续标注方式之前，应该先标注出一个相关的尺寸。

【执行方式】

命令行：DIMCONTINUE

菜单：标注→连续

工具栏：标注→连续

功能区：单击“注释”选项卡“标注”面板中的“连续”按钮

【操作格式】

```
命令: DIMCONTINUE↙
指定第二条尺寸界线原点或 [放弃(U)/选择(S)] <选择>:
```

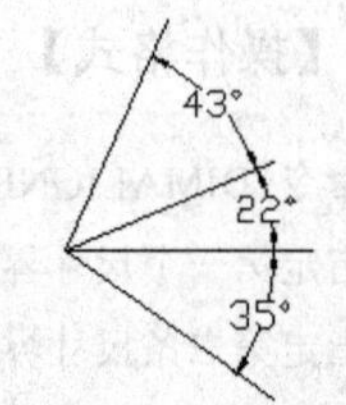

图6-12　连续标注

在此提示下的各选项与基线标注中完全相同，不再赘述。

连续标注的结果如图 6-12 所示。

6.3 引线标注

AutoCAD 提供了引线标注功能，利用该功能不仅可以标注特定的尺寸，如圆角、倒角等，还可以在图中添加多行旁注、说明。在引线标注中，指引线可以是折线，也可以是曲线，指引线端部可以有箭头，也可以没有箭头。

利用 QLEADER 命令可快速生成指引线及注释，而且可以通过命令行优化对话框进行用户自定义，由此可以消除不必要的命令行提示，取得最高的工作效率。

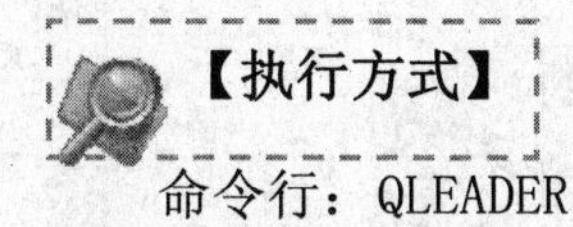

【执行方式】

命令行：QLEADER

【操作格式】

命令: QLEADER↙

指定第一个引线点或 [设置(S)] <设置>:

【选项说明】

（1）指定第一个引线点　在上面的提示下确定一点作为指引线的第一点，AutoCAD 提示：

指定下一点:（输入指引线的第二点）

指定下一点:（输入指引线的第三点）

AutoCAD 提示用户输入的点的数目由“引线设置”对话框（见图 6-9）确定。输入完指引线的点后 AutoCAD 提示：

指定文字宽度 <0.0000>:（输入多行文本的宽度）

输入注释文字的第一行 <多行文字(M)>:

此时有两种命令输入选择。

1）输入注释文字的第一行：系统继续提示：

输入注释文字的下一行:（输入另一行文本）

输入注释文字的下一行:（输入另一行文本或按 Enter 键）

2）〈多行文字(M)〉：打开多行文字编辑器，输入、编辑多行文字。输入全部注释文本后，在此提示下直接按 Enter 键，AutoCAD 结束 QLEADER 命令并把多行文本标注在指引线的末端附近。

（2）〈设置〉　在上面提示下直接按 Enter 键或键入“S”，AutoCAD 将打开如图 6-13 所示的“引线设置”对话框，允许对引线标注进行设置。该对话框包含“注释”“引线和箭头”“附着”3 个选项卡，下面分别进行介绍。

1）“注释”选项卡如图 6-13 所示。用于设置引线标注中注释文本的类型、多行文本的格式并确定注释文本是否多次使用。

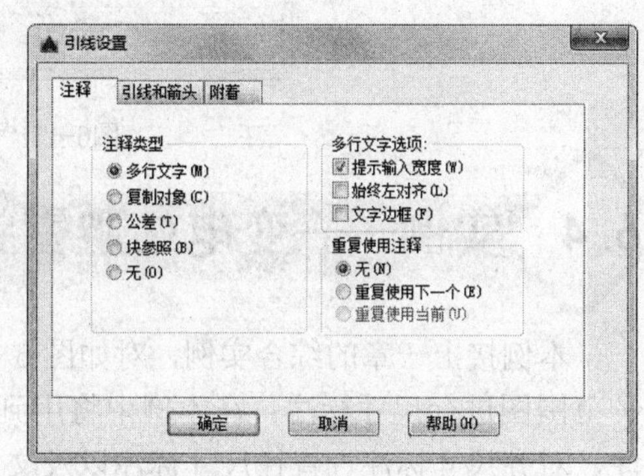

图6-13　“引线设置”对话框

2）“引线和箭头”选项卡如图 6-14 所示。用来设置引线标注中指引线和箭头的形式。其中“点数”选项组设置执行 QLEADER 命令时 AutoCAD 提示用户输入的点的数目。例如，设置点数为 3，执行 QLEADER 命令时当用户在提示下指定 3 个点后，AutoCAD 自动提示用户输入注释文本。注意，设置的点数要比用户希望的指引线的段数多 1。可利用微调框进行设置，如果选中“无限制”复选框，AutoCAD 会一直提示用户输入点直到连续按 Enter 键两次为止。“角度约束”选项组设置第一段和第二段指引线的角度约束。

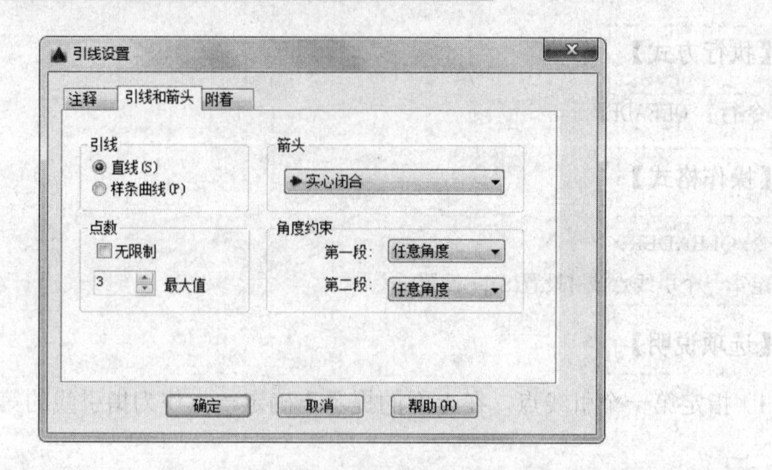

图6-14 “引线和箭头”选项卡

3）“附着”选项卡如图 6-15 所示，设置注释文本和指引线的相对位置。如果最后一段指引线指向右边，AutoCAD 自动把注释文本放在右侧；如果最后一段指引线指向左边，AutoCAD 自动把注释文本放在左侧。利用该选项卡中左侧或右侧的单选按钮，分别设置位于左侧或右侧的注释文本与最后一段指引线的相对位置，二者可相同也可不同。

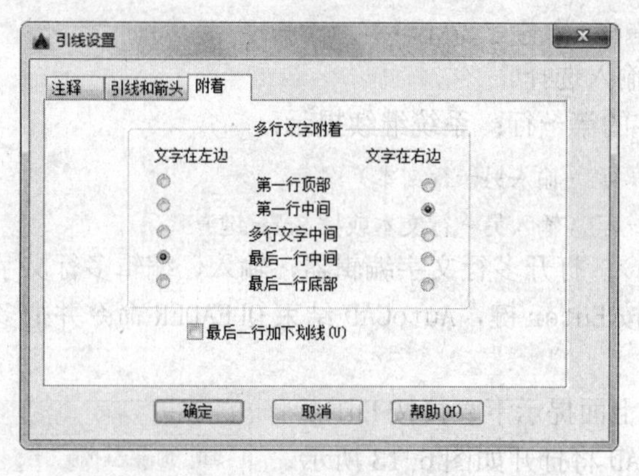

图6-15 “附着”选项卡

6.4 实例——变电站避雷针布置图尺寸标注

本例接上一章的综合实例，对如图 6-16 所示的避雷针布置及其保护范围图进行尺寸标注。在本例中将用到尺寸样式设置、线性尺寸标注、对齐尺寸标注、直径尺寸标注以及文字标注等知识。

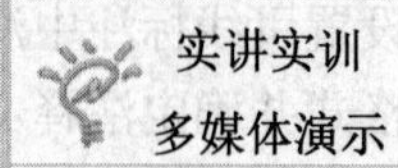

多媒体演示参见配套光盘中的\\动画演示\第6章\6.4变电站避雷针布置图尺寸标注.avi。

为方便操作，将实例保存到源文件中，打开随书光盘中“源文件\第 6 章\变电站避雷针布置图”，进行以下操作。

01 标注样式设置。

❶单击菜单栏中的“格式”→“标注样式”命令，弹出“标注样式管理器”对话框，如图 6-17 所示，单击“新建”按钮，弹出“创建新标注样式”对话框，如图 6-18 所示。设置新样式名为“避雷针布置图标注样式”，如图 6-18 所示。

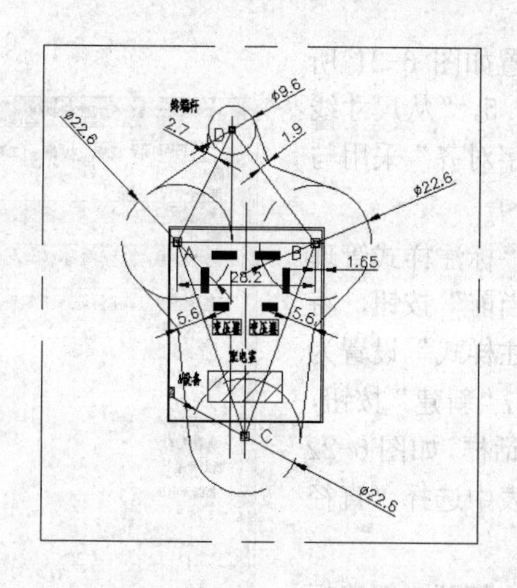

图6-16　某厂用35kV变电站避雷针布置图

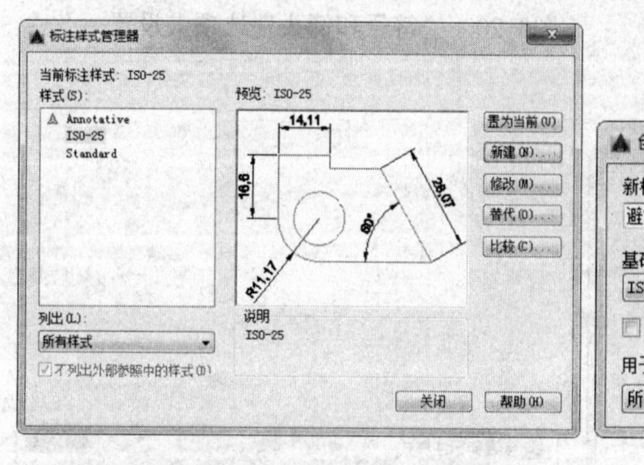

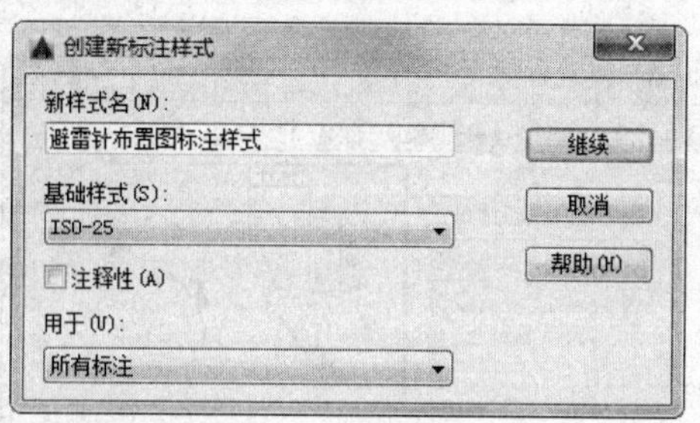

图6-17　“标注样式管理器”对话框　　　　图6-18　“创建新标注样式”对话框

❷单击“继续”按钮，打开“新建标注样式”对话框。其中有六个选项卡，可对新建的“直径标注样式”的风格进行设置。“线”选项卡设置如图 6-19 所示，“基线间距”设置为 3.75，“超出尺寸线”设置为 2。

❸“符号和箭头”选项卡设置如图 6-20 所示，“箭头大小”设置为 2.5。

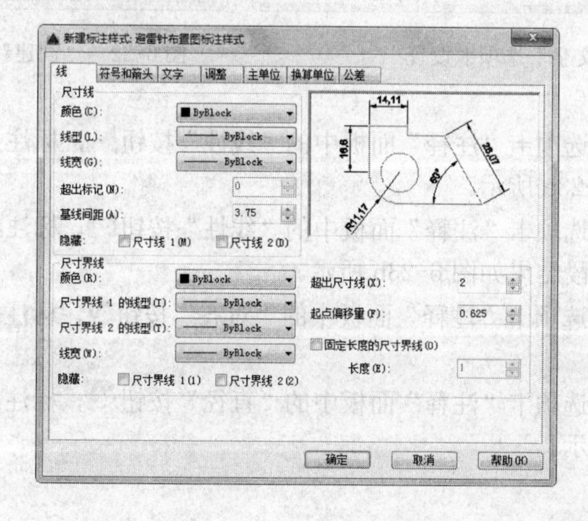

图6-19　“线”选项卡设置

❹“文字”选项卡设置如图 6-21 所示，“文字高度”设置为 2.5，“从尺寸线偏移”设置为 0.625，“文字对齐”采用与尺寸线对齐。

❺设置完毕后，回到“标注样式管理器”对话框，单击“置为当前”按钮，将新建的“避雷针布置图标注样式”设置为当前使用的标注样式。单击“新建”按钮，打开“创建新标注样式”对话框，如图 6-22 所示。在“用于”下拉列表中选择“直径标注 ”。

❻单击“继续”按钮，打开“新建标注样式”对话框，其中有 6 个选项卡，可对新建的“直径标注样式”的风格进行设置。

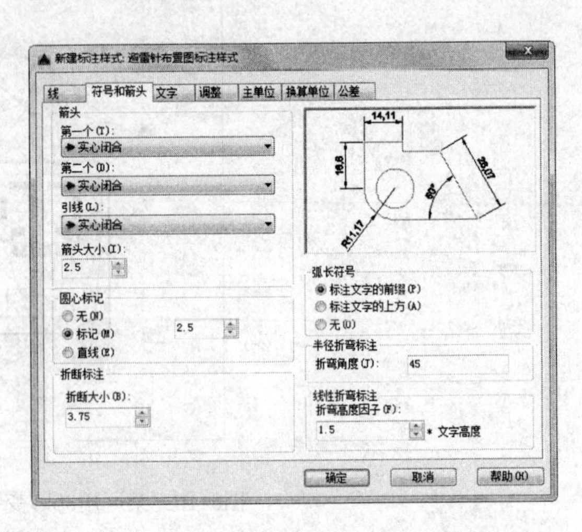

图6-20 “符号和箭头”选项卡设置

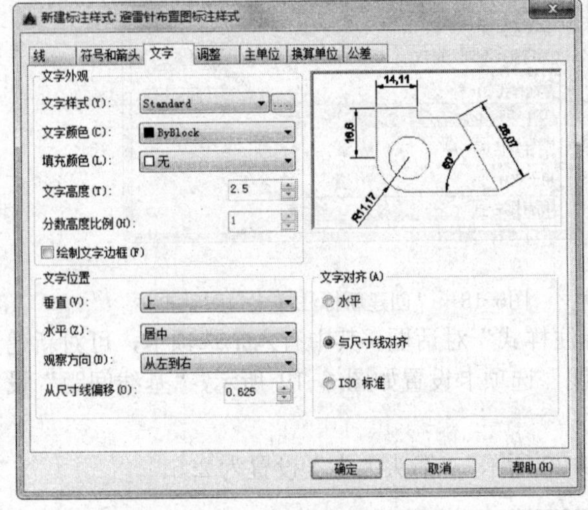

图 6-21 “文字”选项卡设置

图 6-22 “创建新标注样式”对话框

02 标注尺寸。

❶单击“默认”选项卡“注释”面板中的“线性”按钮，标注点 A 与点 B 之间的距离，阶段结果如图 6-23a 所示。

❷单击“默认”选项卡“注释”面板中的“线性”按钮，标注终端杆中心到矩形外边框之间的距离，阶段结果如图 6-23b 所示。

❸单击“默认”选项卡“注释”面板中的“对齐”按钮，标注图中的各个尺寸，结果如图 6-23b 所示。

❹单击“默认”选项卡“注释”面板中的“直径”按钮，标注图形中各个圆的直径尺寸，如图 6-23c 所示。

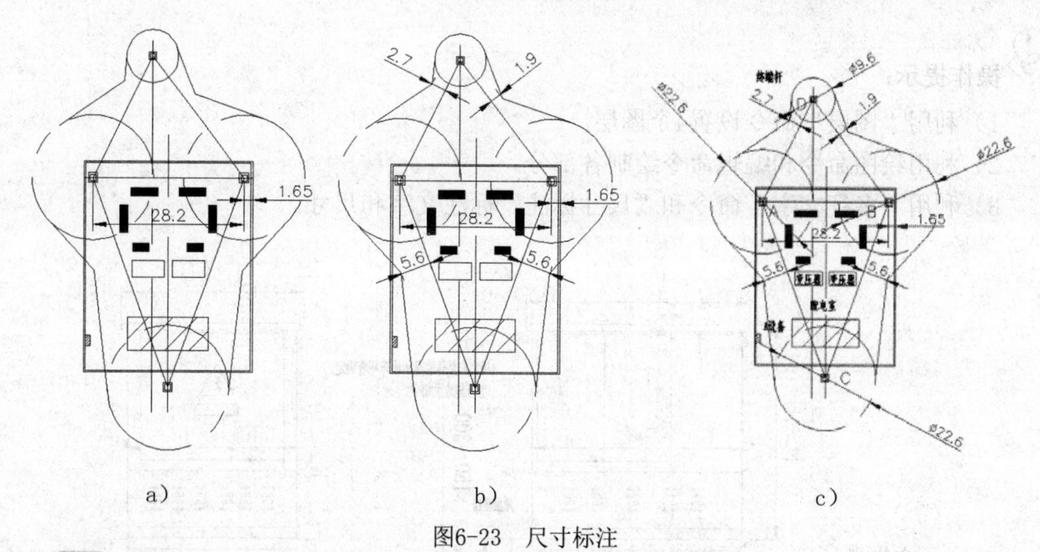

图6-23　尺寸标注

03 添加文字。

❶创建文字样式。单击菜单栏中的“格式”→“文字样式”命令，弹出“文字样式”对话框，创建一个样式名为“避雷针平面图”的文字样式。“字体名”为“仿宋_GB2312”，“字体样式”为“常规”，“高度”为2，“宽度因子”为0.7，如图6-24所示。

❷添加注释文字。单击“默认”选项卡“注释”面板中的“多行文字”A命令，一次输入几行文字，然后调整其位置，以对齐文字。调整位置的时候，结合使用正交命令。

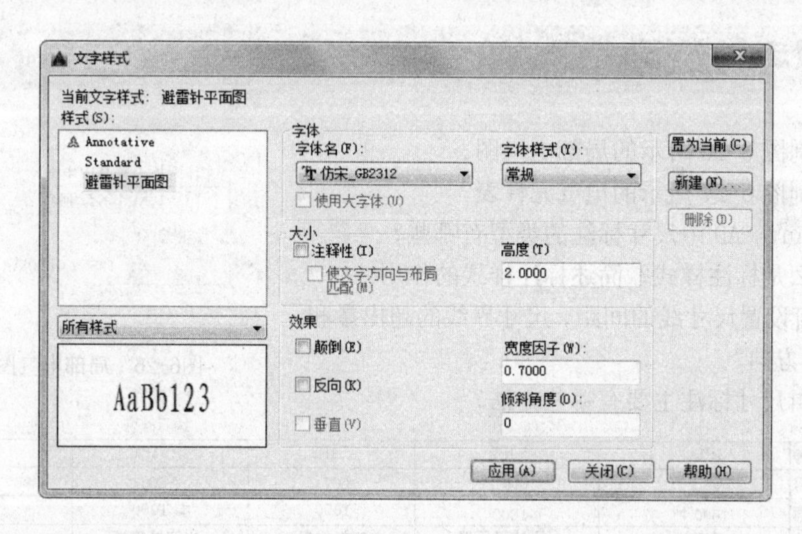

图6-24　“文字样式”对话框

❸使用文字编辑命令修改文字来得到需要的文字。

添加注释文字后，即完成了整张图样的绘制，如图6-16所示。

6.5 上机实验

实验　绘制如图6-25所示的电缆分支箱。

操作提示：

1）利用“图层”命令设置4个图层。

2）利用绘图命令和编辑命令绘制各部分。

3）利用“多行文字”命令和“尺寸标注”标注文字和尺寸。

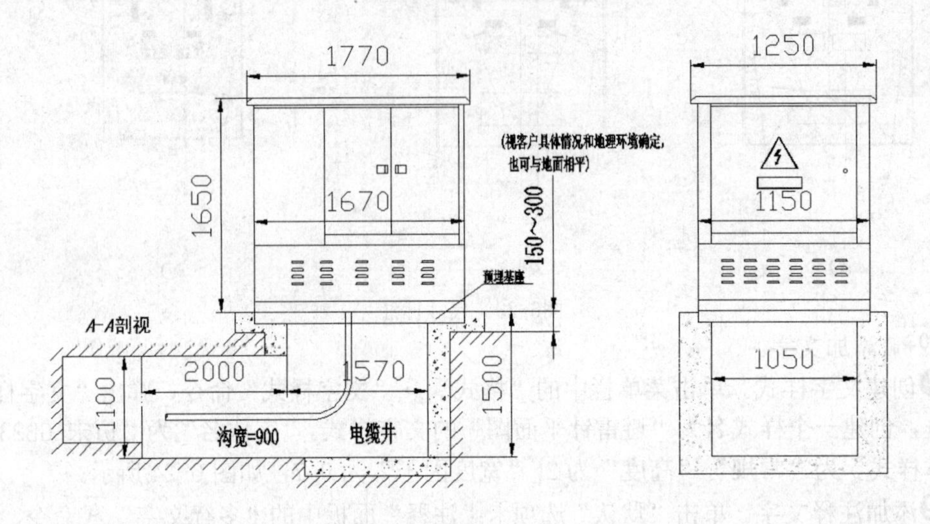

图6-25　电缆分支箱

6.6 思考与练习

1．绘制图 6-26 所示的局部电气图。

2．绘制图 6-27 所示的电气元件表。

3．在 AutoCAD 中尺寸标注的类型有哪些？

4．什么是标注样式？简述标注样式的作用。

5．如何设置尺寸线的间距、尺寸界线的超出量和尺寸文本的方向？

6．编辑尺寸标注主要有哪些方法？

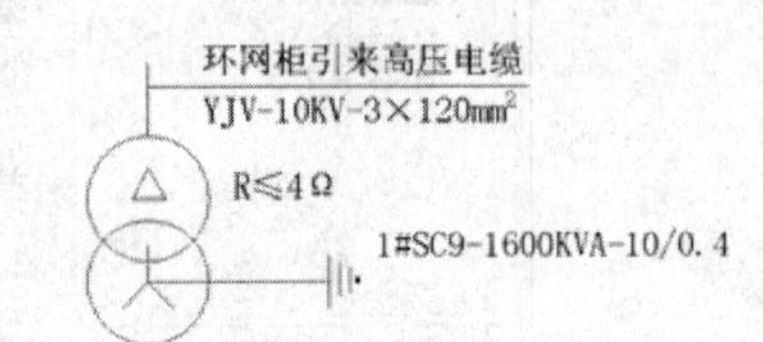

图6-26　局部电气图

	配电柜编号	1P1	1P2	1P3	1P4	1P5
	配电柜型号	GCK	GCK	GCJ	GCJ	GCK
	配电柜柜宽	1000	1800	1000	1000	1000
	配电柜用途	计量进线	干式稳压器	电容补偿柜	电容补偿柜	馈电柜
主	隔离开关			QSA-630/3	QSA-630/3	
要	断 路 器	AE-3200A/4P	AE-3200A/3P	CJ20-63/3	CJ20-63/3	AE-1600AX2
元	电流互感器	3×LMZ2-0.66-2500/5 4×LMZ2-0.66-3000/5	3×LMZ2-0.66-3000/5	3×LMZ2-0.66-500/5	3×LMZ2-0.66-500/5	6×LMZ2-0.66-1500/5
件	仪表规格	DTF-224 1级　6L2-A×3 DXF-226 2级　6L2-V×1	6L2-A×3	6L2-A×3 6L2-COSΦ	6L2-A×3	6L2-A
	负荷名称/容量	SC9-1600KVA	1600KVA	12X30=360KVAR	12X30=360KVAR	
	母线及进出线电缆	母线槽FCM-A-3150A		配十二步自动投切	与主柜联动	

图6-27　文本

第7章 辅助绘图工具

在设计绘图过程中经常会遇到一些重复出现的图形(如机械设计中的螺钉、螺母,建筑设计中的桌椅、门窗等)如果每次都重新绘制这些图形,不仅造成大量的重复工作,而且存储这些图形及其信息要占据相当大的磁盘空间。图块、外部参照和光栅图像,提出了模块化作图的模式,这样不仅避免了大量的重复工作,提高了绘图速度和工作效率,而且可大大节省磁盘空间。本章将介绍图块、外部参照和光栅图像等知识。

学习要点

- 图块操作
- 图块的属性
- 设计中心
- 工具选项板

7.1 图块操作

图块也叫块，它是由一组图形对象组成的集合，一组对象一旦被定义为图块，它们将成为一个整体，拾取图块中任意一个图形对象即可选中构成图块的所有对象。AutoCAD把一个图块作为一个对象进行编辑修改等操作，用户可根据绘图需要把图块插入到图中任意指定的位置，而且在插入时还可以指定不同的缩放比例和旋转角度。如果需要对组成图块的单个图形对象进行修改，还可以利用“分解”命令把图块炸开分解成若干个对象。图块还可以重新定义，一旦被重新定义，整个图中基于该块的对象都将随之改变。

7.1.1 定义图块

【执行方式】

命令行：BLOCK

菜单：插入→块→创建

工具栏：绘图→创建块

功能区：单击“默认”选项卡“块”面板中的“创建”按钮（如图 7-1 所示）或单击“插入”选项卡“块定义”面板中的“创建块”按钮（如图 7-2 所示）

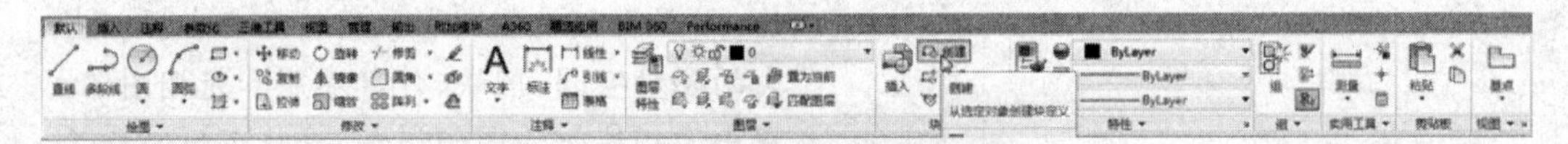

图7-1 “块”面板

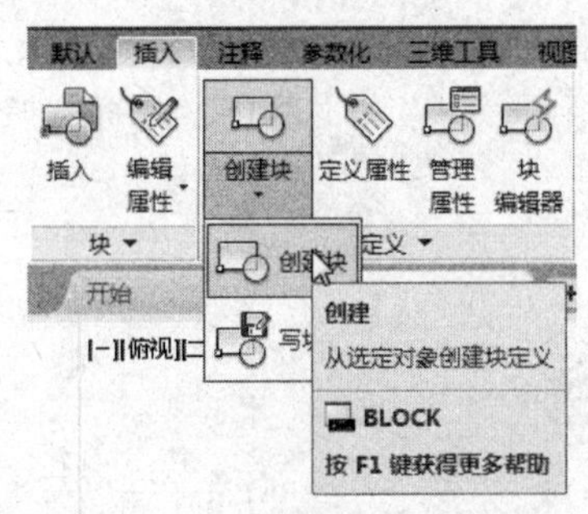

图7-2 “块定义”面板

【操作格式】

命令: BLOCK↙

选择相应的菜单命令或单击相应的工具栏图标，或在命令行输入“BLOCK”后按 Enter 键，AutoCAD 打开如图 7-3 所示的“块定义”对话框，利用该对话框可定义图块并为之命名。

【选项说明】

（1）“基点”选项组　确定图块的基点，默认值是（0,0,0）。也可以在下面的 X（Y、

Z）文本框中输入块的基点坐标值。单击“拾取点”按钮，AutoCAD临时切换到作图屏幕，用光标在图形中拾取一点后，返回“块定义”对话框，把所拾取的点作为图块的基点。

（2）“对象”选项组 用于选择制作图块的对象以及对象的相关属性。

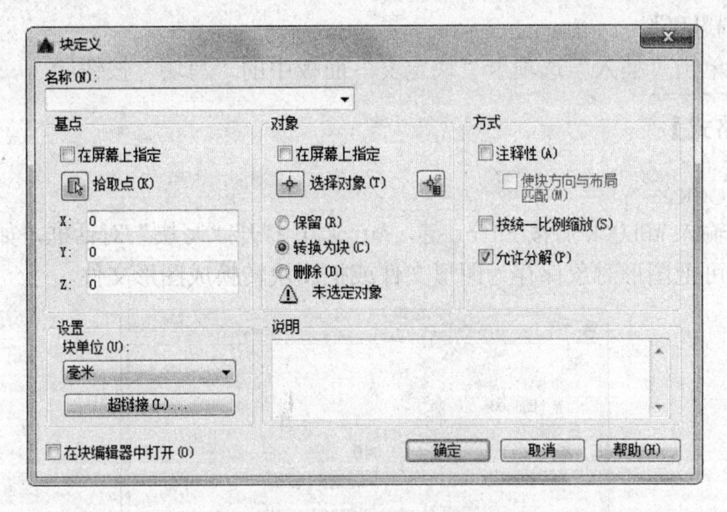

图7-3 “块定义”对话框

在图7-4中把图7-4a中的正五边形定义为图块，图7-4b所示为选中“删除”单选按钮的结果，图7-4c所示为选中“保留”单选按钮的结果。

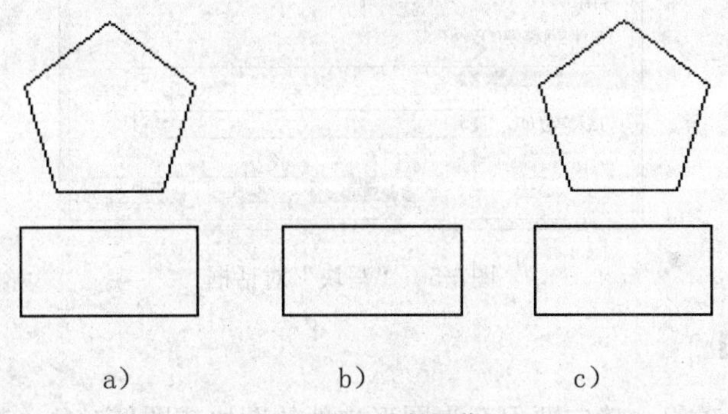

图7-4 图形对象操作

（3）“设置”选项组 指定从AutoCAD设计中心拖动图块时用于测量图块的单位，以及缩放、分解和超链接等设置。

（4）“在块编辑器中打开”复选框 选中此复选框，系统打开块编辑器，可以定义动态块，后面将详细讲述。

（5）“方式”选项组 指定块的行为。指定块为注释性，指定在图纸空间视口中的块参照的方向与布局的方向匹配，指定是否阻止块参照不按统一比例缩放，指定块参照是否可以被分解。

7.1.2 图块的存盘

用BLOCK命令定义的图块保存在其所属的图形当中，该图块只能在该图中插入，而不能插入到其他的图中，但是有些图块在许多图中要经常用到，这时可以用WBLOCK命令把图块以图形文件的形式（扩展名为.dwg）写入磁盘，图形文件可以在任意图形中用INSERT

命令插入。

【执行方式】

命令行：WBLOCK

功能区：单击“插入”选项卡“块定义”面板中的“写块”按钮

【操作格式】

命令: WBLOCK↙

在命令行输入 WBLOCK 后按 Enter 键，AutoCAD 打开“写块”对话框，如图 7-5 所示，利用此对话框可把图形对象保存为图形文件或把图块转换成图形文件。

图7-5 “写块”对话框

【选项说明】

（1）“源”选项组　确定要保存为图形文件的图块或图形对象。其中选中“块”单选按钮，单击右侧的向下箭头，在下拉列表框中选择一个图块，将其保存为图形文件。选中“整个图形”单选按钮，则把当前的整个图形保存为图形文件。选中“对象”单选按钮，则把不属于图块的图形对象保存为图形文件。对象的选取通过“对象”选项组来完成。

（2）“目标”选项组　用于指定图形文件的名字、保存路径和插入单位等。

7.1.3　实例——灯图块

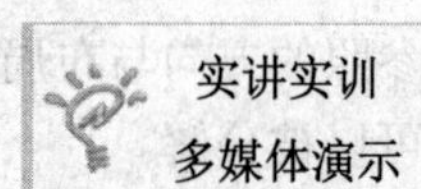

实讲实训
多媒体演示

多媒体演示参见配套光盘中的\\动画演示\第 7 章\7.1.3 灯图块.avi。

将如图 7-6 所示的灯图形定义为图块，取名为 deng 并保存。

01 单击“默认”选项卡“绘图”面板中的“圆”按钮和“直线”按钮，绘制灯图形。

02 单击“插入”选项卡“块定义”面板中的“创建块”按钮，打开“块定义”对话框。

03 在“名称”下拉列表框中输入 deng。

04 单击“拾取”按钮切换到作图屏幕，选择圆心为插入基点，返回“块定义”对话框。

05 单击“选择对象”按钮切换到作图屏幕，选择图 7-6 中的对象后，按 Enter 键返回“块定义”对话框。

06 确认并关闭对话框。

07 在命令行输入“WBLOCK”命令，系统打开“写块”对话框，在“源”选项组中选择“块”单选按钮，在后面的下拉列表框中选择 deng 块，并进行其他相关设置，确认退出。

7.1.4 图块的插入

在用 AutoCAD 绘图的过程当中，可根据需要随时把已经定义好的图块或图形文件插入到当前图形的任意位置，在插入的同时还可以改变图块的大小、旋转一定角度或把图块炸开等。插入图块的方法有多种，本节逐一介绍。

【执行方式】

命令行：INSERT

菜单：插入→块

工具栏：插入→插入块或 绘图→插入块

功能区：单击“默认”选项卡“块”面板中的“插入”按钮（或单击“插入”选项卡“块”面板中的“插入”按钮）

【操作格式】

命令: INSERT↙

AutoCAD 打开“插入”对话框，如图 7-7 所示，可以指定要插入的图块及插入位置。

图7-6 绘制图块

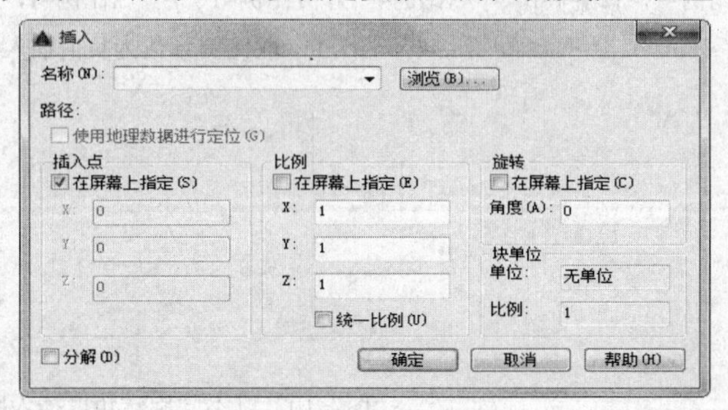

图7-7 “插入”对话框

【选项说明】

（1）“路径”文本框 指定图块的保存路径。

（2）“插入点”选项组 指定插入点，插入图块时该点与图块的基点重合。可以在屏幕上指定该点，也可以通过下面的文本框输入该点坐标值。

（3）“比例”选项组　确定插入图块时的缩放比例。图块被插入到当前图形中的时候，可以以任意比例放大或缩小，如图 7-8 所示，图 7-8a 所示为被插入的图块，图 7-8b 所示为取比例系数为 1.5 插入该图块的结果，图 7-8c 所示为取比例系数为 0.5 的结果，X 轴方向和 y 轴方向的比例系数也可以取不同，如图 7-8d 所示的 X 轴方向的比例系数为 1，Y 轴方向的比例系数为 1.5。另外，比例系数还可以是一个负数，当为负数时表示插入图块的镜像，结果如图 7-9 所示。

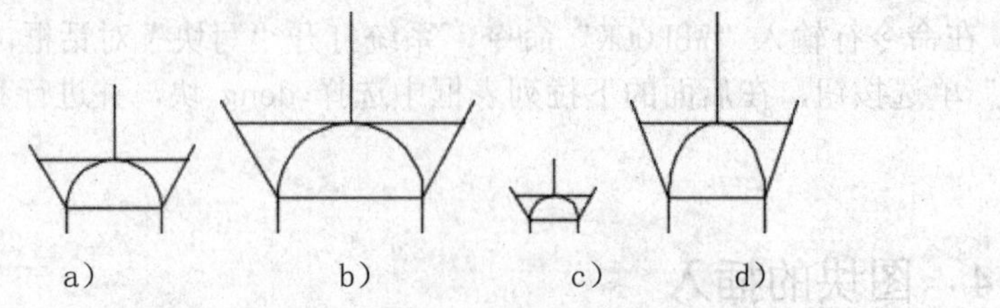

图7-8　取不同比例系数插入图块的结果

（4）“旋转”选项组　指定插入图块时的旋转角度。图块被插入到当前图形中的时候，可以绕其基点旋转一定的角度，角度可以是正数（表示沿逆时针方向旋转），也可以是负数（表示沿顺时针方向旋转）。如图 7-10b 是图 7-10a 所示的图块旋转 30° 插入的结果，图 7-10c 是旋转－30° 插入的结果。

如果选中“在屏幕上指定”复选框，系统切换到作图屏幕，在屏幕上拾取一点，AutoCAD 自动测量插入点与该点连线和 x 轴正方向之间的夹角，并把它作为块的旋转角。也可以在“角度”文本框直接输入插入图块时的旋转角度。

（5）“分解”复选框　选中此复选框，则在插入块的同时把其炸开，插入到图形中的组成块的对象不再是一个整体，可对每个对象单独进行编辑操作。

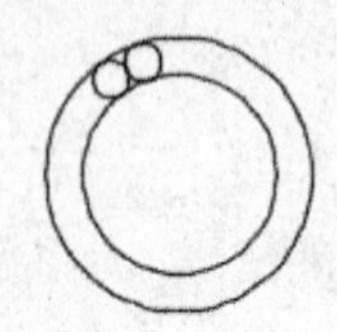

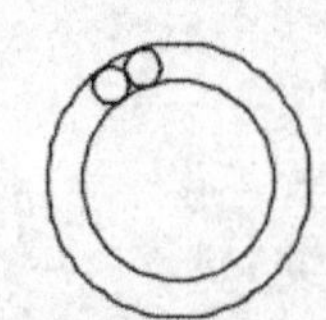

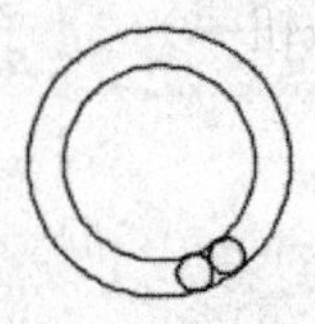

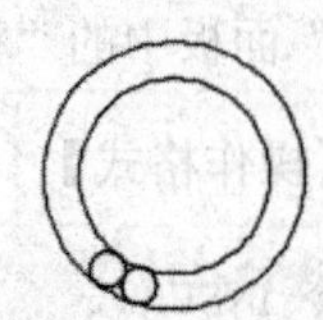

图7-9　取比例系数为负值插入图块的结果

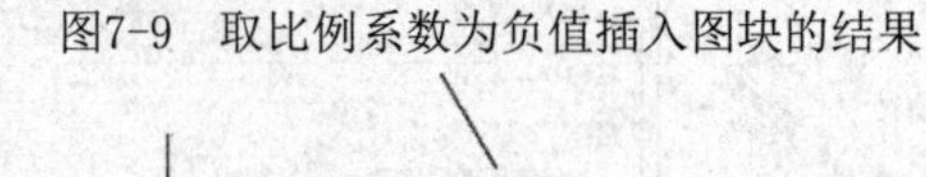

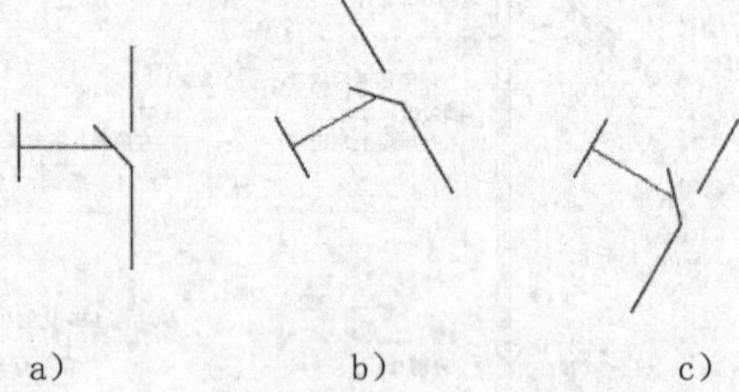

图7-10　以不同旋转角度插入图块的结果

7.1.5　动态块

利用动态块功能，用户在操作时可以轻松地更改图形中的动态块参照。可以通过自定义夹点或自定义特性来操作动态块参照中的几何图形，使用户可以根据需要在位调整块，而不用搜索另一个块以插入或重定义现有的块。

可以使用块编辑器创建动态块。块编辑器是一个专门的编写区域，用于添加能够使块成为动态块的元素。用户可以从头创建块，也可以向现有的块定义中添加动态行为。也可以像在绘图区域中一样创建几何图形。

【执行方式】

命令行：BEDIT

菜单：工具→块编辑器

工具栏：标准→块编辑器

快捷菜单：选择一个块参照。在绘图区域中单击鼠标右键，选择“块编辑器”项

功能区：单击“默认”选项卡“块”面板中的“编辑”按钮（或单击“插入”选项卡“块定义”面板中的“块编辑器”按钮）

【操作格式】

命令: BEDIT↙

系统打开“编辑块定义”对话框，如图 7-11 所示，在“要创建或编辑的块”文本框中输入块名或在列表框中选择已定义的块或当前图形。确认后系统打开块编写选项板和块编辑器工具栏，如图 7-12 所示。

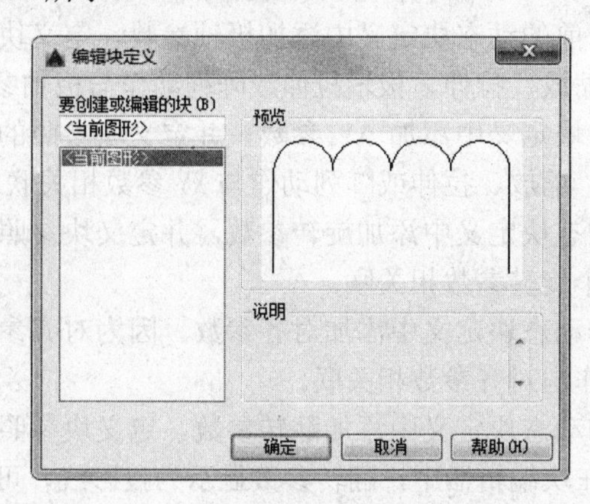

图7-11 “编辑块定义”对话框

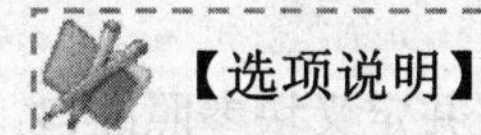

【选项说明】

1.“编写块选项板”选项卡

（1）“参数”选项卡　提供用于向块编辑器中的动态块定义中添加参数的工具。参数用于指定几何图形在块参照中的位置、距离和角度。将参数添加到动态块定义中时，该参数将定义块的一个或多个自定义特性。此选项卡也可以通过命令 BPARAMETER 来打开。

1）点参数：向当前动态块定义中添加点参数，并定义块参照的自定义 X 和 Y 特性。可以将移动或拉伸动作与点参数相关联。

2）线性：向当前动态块定义中添加线性参数，并定义块参照的自定义距离特性。可以将移动、缩放、拉伸或阵列动作与线性参数相关联。

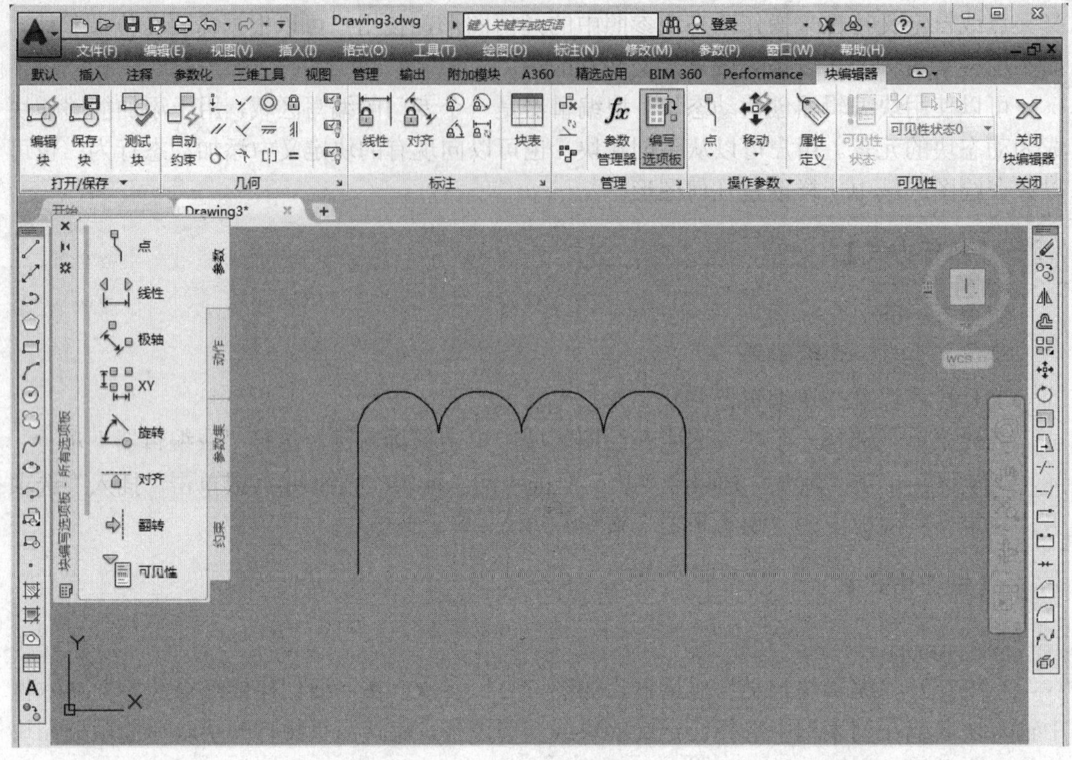

图7-12　块编辑器界面

3）极轴参数：向当前的动态块定义中添加极轴参数。定义块参照的自定义距离和角度特性。可以将移动、缩放、拉伸、极轴拉伸或阵列动作与极轴参数相关联。

4）XY：向当前动态块定义中添加 XY 参数，并定义块参照的自定义水平距离和垂直距离特性。可以将移动、缩放、拉伸或阵列动作与 XY 参数相关联。

5）旋转：向当前动态块定义中添加旋转参数，并定义块参照的自定义角度特性。只能将一个旋转动作与一个旋转参数相关联。

6）对齐：向当前的动态块定义中添加对齐参数。因为对齐参数影响整个块，所以不需要（或不可能）将动作与对齐参数相关联。

7）翻转：向当前的动态块定义中添加翻转参数。定义块参照的自定义翻转特性。翻转参数用于翻转对象。在块编辑器中，翻转参数显示为投影线，可以围绕这条投影线翻转对象。翻转参数将显示一个值，该值显示块参照是否已被翻转。可以将翻转动作与翻转参数相关联。

8）可见性参数：此操作将向动态块定义中添加一个可见性参数，并定义块参照的自定义可见性特性。可见性参数允许用户创建可见性状态并控制对象在块中的可见性。可见性参数总是应用于整个块，并且无需与任何动作相关联。在图形中单击夹点可以显示块参照中所有可见性状态的列表。在块编辑器中，可见性参数显示为带有关联夹点的文字。

9）查寻参数：此操作将向动态块定义中添加一个查寻参数，并定义块参照的自定义查寻特性。查寻参数用于定义自定义特性，用户可以指定或设置该特性，以便从定义的列表或表格中计算出某个值。该参数可以与单个查寻夹点相关联。在块参照中单击该夹点可以显示可用值的列表。在块编辑器中，查寻参数显示为文字。

10）基点参数：此操作将向动态块定义中添加一个基点参数。基点参数用于定义动态块参照相对于块中的几何图形的基点。基点参数无法与任何动作相关联，但可以属于某个动作的选择集。在块编辑器中，基点参数显示为带有十字光标的圆。

（2）“动作”选项卡　提供用于向块编辑器中的动态块定义中添加动作的工具。动作定义了在图形中操作块参照的自定义特性时，动态块参照的几何图形将如何移动或变化。应将动作与参数相关联。此选项卡也可以通过命令 BACTIONTOOL 来打开。

1）移动动作：此操作将在用户将移动动作与点参数、线性参数、极轴参数或 XY 参数关联时，将该动作添加到动态块定义中。移动动作类似于 MOVE 命令。在动态块参照中，移动动作将使对象移动指定的距离和角度。

2）查寻动作：此操作将向动态块定义中添加一个查寻动作。将查寻动作添加到动态块定义中并将其与查寻参数相关联时，它将创建一个查寻表，可以使用查寻表指定动态块的自定义特性和值。

其他动作与上面的各项类似，不再赘述。

（3）“参数集”选项卡　提供用于在块编辑器中向动态块定义中添加一个参数和至少一个动作的工具。将参数集添加到动态块中时，动作将自动与参数相关联。将参数集添加到动态块中后，双击黄色警示图标（或使用 BACTIONSET 命令），然后按照命令行上的提示将动作与几何图形选择集相关联。此选项卡也可以通过命令 BPARAMETER 来打开。

1）点移动：此操作将向动态块定义中添加一个点参数。系统会自动添加与该点参数相关联的移动动作。

2）线性移动：此操作将向动态块定义中添加一个线性参数。系统会自动添加与该线性参数的端点相关联的移动动作。

3）可见性集：此操作将向动态块定义中添加一个可见性参数并允许定义可见性状态。无需添加与可见性参数相关联的动作。

4）查寻集：此操作将向动态块定义中添加一个查寻参数。系统会自动添加与该查寻参数相关联的查寻动作。

其他参数集与上面各项类似，不再赘述。

（4）几何约束　可将几何对象关联在一起，或者指定固定的位置或角度。

1）水平：使直线或点对位于与当前坐标系的 X 轴平行的位置。默认选择类型为对象。

2）垂直：使直线或点对位于与当前坐标系的 Y 轴平行的位置。

3）垂足：使选定的直线位于彼此垂直的位置。垂直约束在两个对象之间应用。

4）平行：使选定的直线位于彼此平行的位置。平行约束在两个对象之间应用。

5）切向：将两条曲线约束为保持彼此相切或其延长线保持彼此相切。相切约束在两个对象之间应用。圆可以与直线相切，即使该圆与该直线不相交。

6）平滑：将样条曲线约束为连续，并与其他样条曲线、直线、圆弧或多段线保持 G2 连续性。

7）重合：约束两个点使其重合，或者约束一个点使其位于曲线（或曲线的延长线）上。可以使对象上的约束点与某个对象重合，也可以使其与另一对象上的约束点重合。

8）同心：将两个圆弧、圆或椭圆约束到同一个中心点，结果与将重合约束应用于曲线的中心点所产生的结果相同。

9）共线：使两条或多条直线段沿同一直线方向。

10）对称：使选定对象受对称约束，相对于选定直线对称。

11）等于：将选定圆弧和圆的尺寸重新调整为半径相同，或将选定直线的尺寸重新调整为长度相同。

12）修复：将点和曲线锁定在位。

2.“块编辑器”选项卡

该选项卡提供了在块编辑器中使用、创建动态块以及设置可见性状态的工具。

（1）编辑块 显示“编辑块定义”对话框。

（2）保存块 保存当前块定义。

（3）将块另存为 显示“将块另存为”对话框，可以在其中用一个新名称保存当前块定义的副本。

（4）测试块 运行 BTESTBLOCK 命令，可从块编辑器打开一个外部窗口以测试动态块。

（5）自动约束 运行 AUTOCONSTRAIN 命令，可根据对象相对于彼此的方向将几何约束应用于对象的选择集。

（6）显示/隐藏 运行 CONSTRAINTBAR 命令，可显示或隐藏对象上的可用几何约束。

（7）块表 运行 BTABLE 命令，可显示对话框以定义块的变量。

（8）参数管理器 参数管理器处于未激活状态时执行 PARAMETERS 命令。否则，将执行 PARAMETERSCLOSE 命令。

（9）编写选项板 编写选项板处于未激活状态时执行 BAUTHORPALETTE 命令。否则，将执行 BAUTHORPALETTECLOSE 命令。

（10）属性定义 显示“属性定义”对话框，从中可以定义模式、属性标记、提示、值、插入点和属性的文字选项。

（11）可见性模式 设置 BVMODE 系统变量，可以使当前可见性状态下不可见的对象变暗或隐藏。

（12）使可见 运行 BVSHOW 命令，可以使对象在当前可见性状态或所有可见性状态下均可见。

（13）使不可见 运行 BVHIDE 命令，可以使对象在当前可见性状态或所有可见性状态下均不可见。

（14）可见性状态 显示“可见性状态”对话框。从中可以创建、删除、重命名和设置当前可见性状态。在列表框中选择一种状态，右键单击，选择快捷菜单中“新状态”项，打开“新建可见性状态”对话框，可以设置可见性状态。

（15）关闭块编辑器 运行 BCLOSE 命令，可关闭块编辑器，并提示用户保存或放弃对当前块定义所做的任何更改。

在动态块中，由于属性的位置包括在动作的选择集中，因此必须将其锁定。

7.2 图块的属性

图块除了包含图形对象以外，还可以具有非图形信息，例如，把一个椅子的图形定义为图块后，还可把椅子的号码、材料、重量、价格以及说明等文本信息一并加入到图块当中。图块的这些非图形信息，叫作图块的属性，它是图块的一个组成部分，与图形对象一起构成一个整体，在插入图块时 AutoCAD 把图形对象连同属性一起插入到图形中。

7.2.1 定义图块属性

【执行方式】

命令行：ATTDEF

菜单：绘图→块→定义属性

功能区：单击“默认”选项卡“块”面板中的“定义属性”按钮（或单击“插入”选项卡“块定义”面板中的“定义属性”按钮）

【操作格式】

命令: ATTDEF↙

选取相应的菜单项或在命令行输入“ATTDEF”，之后按 Enter 键，打开“属性定义”对话框，如图 7-13 所示。

【选项说明】

（1）“模式”选项组　用于确定属性的模式。

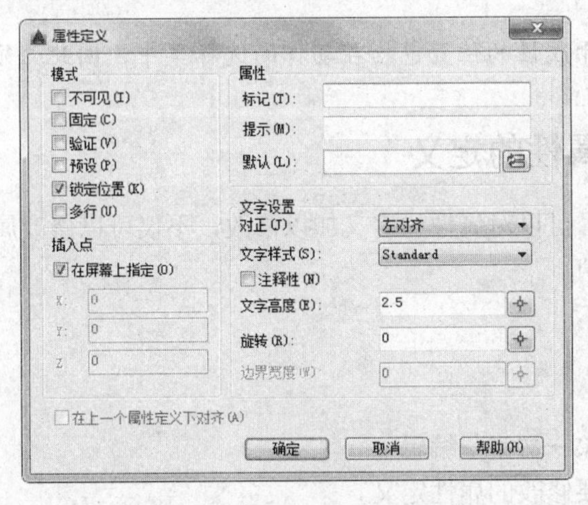

图7-13　“属性定义”对话框

1）“不可见”复选框：选中此复选框则属性为不可见显示方式，即插入图块并输入属性值后，属性值在图中并不显示出来。

2）“固定”复选框：选中此复选框则属性值为常量，即属性值在属性定义时给定，在插入图块时 AutoCAD 不再提示输入属性值。

3）“验证”复选框：选中此复选框，当插入图块时 AutoCAD 重新显示属性值让用户验证该值是否正确。

4）“预设”复选框：选中此复选框，当插入图块时 AutoCAD 自动把事先设置好的默认值赋予属性，而不再提示输入属性值。

5)“锁定位置”复选框：锁定块参照中属性的位置。解锁后，属性可以相对于使用夹点编辑的块的其他部分移动，并且可以调整多行文字属性的大小。

6)“多行”复选框：指定属性值可以包含多行文字。选定此选项后，可以指定属性的边界宽度。

(2)“属性”选项组　用于设置属性值。在每个文本框中 AutoCAD 允许输入不超过 256 个字符。

1)“标记”文本框：输入属性标签。属性标签可由除空格和感叹号以外的所有字符组成，AutoCAD 自动把小写字母改为大写字母。

2)“提示”文本框：输入属性提示。属性提示是插入图块时 AutoCAD 要求输入属性值的提示，如果不在此文本框内输入文本，则以属性标签作为提示。如果在“模式”选项组选中“固定”复选框，即设置属性为常量，则不需设置属性提示。

3)“默认”文本框：设置默认的属性值。可把使用次数较多的属性值作为默认值，也可不设默认值。

(3)“插入点”选项组　确定属性文本的位置。可以在插入时由用户在图形中确定属性文本的位置，也可在 X、Y、Z 文本框中直接输入属性文本的位置坐标。

(4)“文字设置”选项组　设置属性文本的对齐方式、文本样式、字高和倾斜角度。

(5)“在上一个属性定义下对齐”复选框　选中此复选框表示把属性标签直接放在前一个属性的下面，而且该属性继承前一个属性的文本样式、字高和倾斜角度等特性。

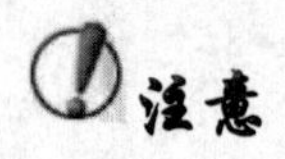

在动态块中，由于属性的位置包括在动作的选择集中，因此必须将其锁定。

7.2.2　修改属性的定义

在定义图块之前，可以对属性的定义加以修改，不仅可以修改属性标签，还可以修改属性提示和属性默认值。

【执行方式】

命令行：DDEDIT

菜单：修改→对象→文字→编辑

快捷方法：双击要修改的属性定义

【操作格式】

命令: DDEDIT↙

选择注释对象或 [放弃(U)]:

在此提示下选择要修改的属性定义，AutoCAD 打开“编辑属性定义”对话框，如图 7-14 所示，该对话框表示要修改的属性的标记为“文字”，提示为“数值”，无默认值，可在各文本框中对各项进行修改。

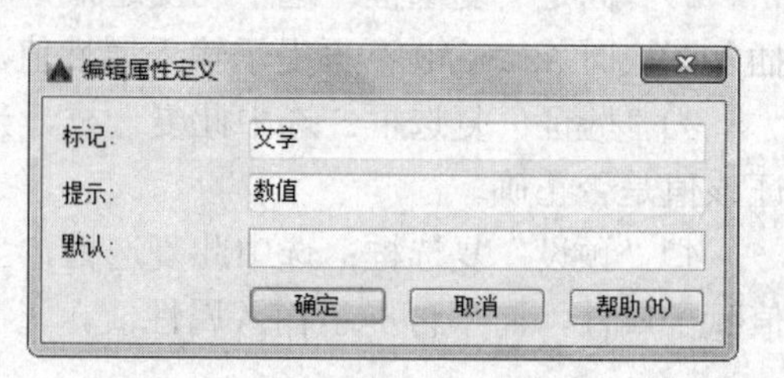

图7-14　“编辑属性定义”对话框

7.2.3 图块属性编辑

当属性被定义到图块当中，甚至图块被插入到图形当中之后，用户还可以对属性进行编辑。利用 ATTEDIT 命令可以通过对话框对指定图块的属性值进行修改，利用-ATTEDIT 命令不仅可以修改属性值，而且可以对属性的位置、文本等其他设置进行编辑。

【执行方式】

命令行：ATTEDIT

菜单：修改→对象→属性→单个

工具栏：修改 II→编辑属性

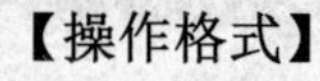

【操作格式】

命令: ATTEDIT↙

选择块参照:

同时光标变为拾取框，选择要修改属性的图块，则 AutoCAD 打开如图 7-15 所示的“编辑属性”对话框，对话框中显示出所选图块中包含的前 8 个属性的值，用户可对这些属性值进行修改。如果该图块中还有其他属性，可单击“上一个”和“下一个”按钮对它们进行观察和修改。

当用户通过菜单或工具栏执行上述命令时，系统打开“增强属性编辑器”对话框，如图 7-16 所示。该对话框不仅可以编辑属性值，还可以编辑属性的文字选项和图层、线型、颜色等特性值。

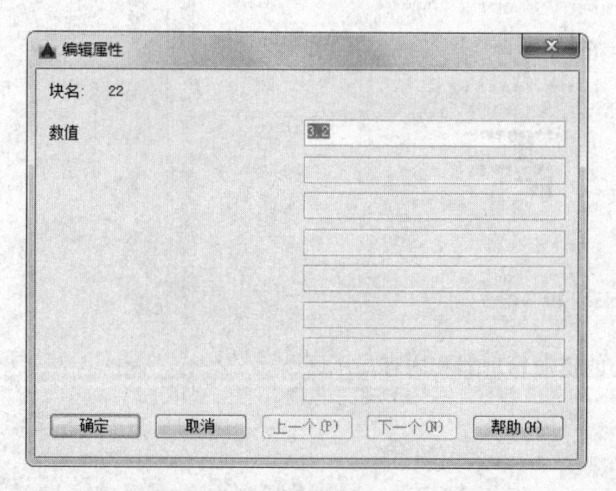

图7-15 “编辑属性”对话框

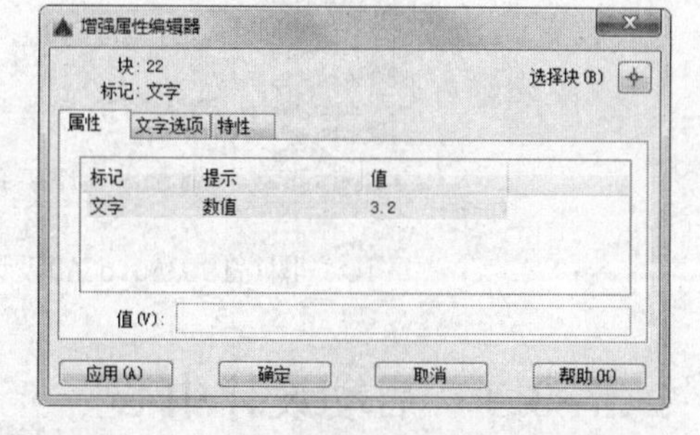

图7-16 “增强属性编辑器”对话框

另外还可以通过“块属性管理器”对话框来编辑属性，方法是工具栏：修改→对象→属性→块属性管理器，执行此命令后，系统打开“块属性管理器”对话框，如图 7-17 所示。单击“编辑”按钮，系统打开“编辑属性”对话框，如图 7-18 所示，通过该对话框编辑属性。

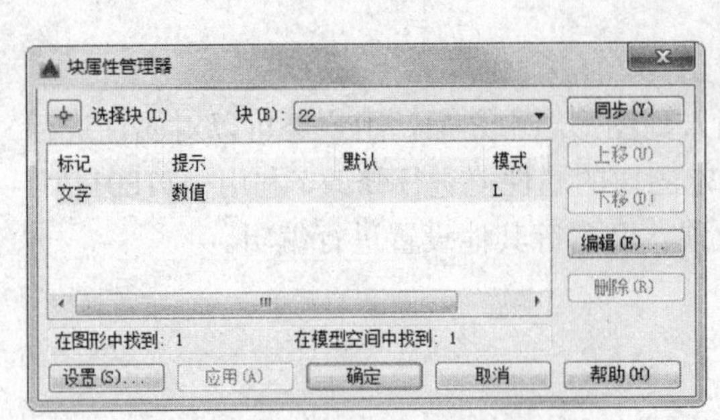

图7-17 “块属性管理器”对话框

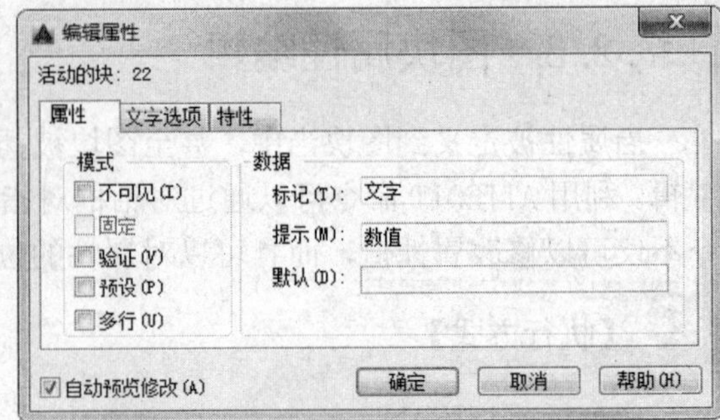

图7-18 “编辑属性”对话框

7.3 设计中心

使用 AutoCAD 设计中心可以很容易地组织设计内容，并把它们拖动到自己的图形中。使用 AutoCAD 设计中心窗口的内容显示框观察用 AutoCAD 设计中心的资源管理器所浏览资源的细目，如图 7-19 所示。左边方框为 AutoCAD 设计中心的资源管理器，右边方框为 AutoCAD 设计中心窗口的内容显示框，中上面窗口为文件显示框，中间窗口为图形预览显示框，下面窗口为说明文本显示框。

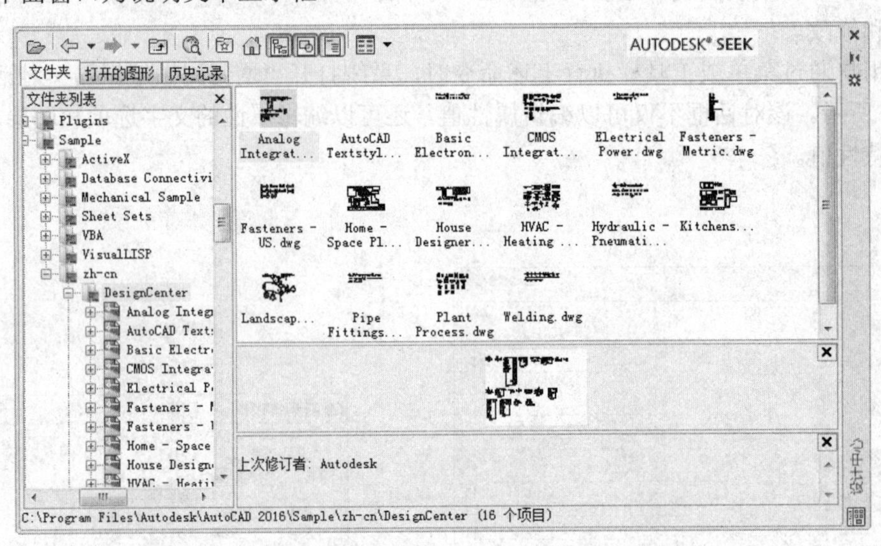

图7-19 AutoCAD设计中心的资源管理器和内容显示区

7.3.1 启动设计中心

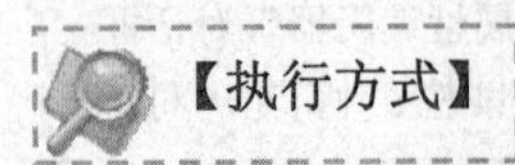

【执行方式】

命令行：ADCENTER

菜单：工具→选项板→设计中心

工具栏：单击“标准”工具栏中的“设计中心”按钮

快捷键：Ctrl+2

功能区：单击“视图”选项卡“选项板”面板中的“设计中心”按钮

【操作格式】

命令：ADCENTER↙

系统打开设计中心。第一次启动设计中心时，它默认打开的选项卡为“文件夹”。内容显示区采用大图标显示，左边的资源管理器采用 tree view 显示方式显示系统的树形结构，浏览资源的同时，在内容显示区显示所浏览资源的有关细目或内容。

可以靠鼠标拖动边框来改变 AutoCAD 设计中心资源管理器和内容显示区以及 AutoCAD 绘图区的大小，但内容显示区的最小尺寸应能显示两列大图标。

如果要改变 AutoCAD 设计中心的位置，可在设计中心工具条的上部用鼠标拖动它，松开鼠标后，AutoCAD 设计中心便处于当前位置，到新位置后，仍可以用鼠标改变改变各窗口的大小。也可以通过设计中心边框左边下方的“自动隐藏”按钮来自动隐藏设计中心。

7.3.2　插入图块

可以将图块插入到图形当中。当将一个图块插入到图形当中的时候，块定义就被复制到图形数据库当中。在一个图块被插入图形之后，如果原来的图块被修改，则插入到图形当中的图块也随之改变。

当其他命令正在执行时，不能插入图块到图形当中。例如，插入块时，在提示行正在执行一个命令，此时光标变成一个带斜线的圆，提示操作无效。另外一次只能插入一个图块。AutoCAD 设计中心提供了插入图块的两种方法，即“利用鼠标指定比例和旋转方式”和“精确指定坐标、比例和旋转角度方式”。

图7-20　快捷菜单

1. 利用鼠标指定比例和旋转方式插入图块

系统根据鼠标拉出的线段的长度与角度确定比例与旋转角度。插入图块的步骤如下：

1）从文件夹列表或查找结果列表选择要插入的图块，按住鼠标左键将其拖动到打开的图形中。

松开鼠标左键，此时被选择的对象被插入到当前被打开的图形当中。利用当前设置的捕捉方式，可以将对象插入到任何存在的图形当中。

2）按鼠标左键指定一点作为插入点，移动鼠标，鼠标位置点与插入点之间距离为缩放比例。按鼠标左键确定比例。使用同样方法移动鼠标，鼠标指定位置与插入点连线与水平线角度为旋转角度。被选择的对象就根据鼠标指定的比例和角度插入到图形当中。

2. 精确指定的坐标、比例和旋转角度插入图块

利用该方法可以设置插入图块的参数，具体方法如下：

1）从文件夹列表或查找结果列表框选择要插入的对象，拖动对象到打开的图形。

2）单击鼠标右键，从如图 7-20 所示的快捷菜单选择“比例”“旋转”等命令。

3）在相应的命令行提示下输入比例和旋转角度等数值。

将被选择的对象根据指定的参数插入到图形当中。

7.3.3 图形复制

1. 在图形之间复制图块

利用 AutoCAD 设计中心可以浏览和装载需要复制的图块，然后将图块复制到剪贴板，利用剪贴板将图块粘贴到图形当中。具体方法如下：

1）在控制板选择需要复制的图块，右击打开快捷菜单，选择“复制”命令。

2）将图块复制到剪贴板上，然后通过“粘贴”命令粘贴到当前图形上。

2. 在图形之间复制图层

利用 AutoCAD 设计中心可以从任何一个图形复制图层到其他图形。如果已经绘制了一个包括设计所需的所有图层的图形，在绘制另外的新的图形时，可以新建一个图形，并通过 AutoCAD 设计中心将已有的图层复制的新的图形当中，这样可以节省时间，并保证图形间的一致性。

（1）拖动图层到已打开的图形　确认要复制图层的目标图形文件被打开，并且是当前的图形文件。在控制板或查找结果列表框选择要复制的一个或多个图层。拖动图层到打开的图形文件。松开鼠标后被选择的图层被复制到打开的图形当中。

（2）复制或粘贴图层到打开的图形　确认要复制的图层的图形文件被打开，并且是当前的图形文件。在控制板或查找结果列表框选择要复制的一个或多个图层。右击打开的快捷菜单，在快捷菜单中选择“复制到粘贴板”命令。如果要粘贴图层，确认粘贴的目标图形文件被打开，并为当前文件。右击打开快捷菜单，在快捷菜单选择“粘贴”命令。

7.4 工具选项板

该选项板是“工具选项板”窗口中选项卡形式的区域，提供组织、共享和放置块及填充图案的有效方法。工具选项板还可以包含由第三方开发人员提供的自定义工具。

7.4.1 打开工具选项板

【执行方式】

命令行：TOOLPALETTES

菜单：工具→选项板→工具选项板

工具栏：标准→工具选项板窗口

快捷键：Crtl+3

功能区：单击“视图”选项卡“选项板”面板中的“工具选项板”按钮

【操作格式】

命令：TOOLPALETTES↙

系统自动打开工具选项板窗口，如图 7-21 所示。

【选项说明】

在工具选项板中，系统设置了一些常用的图形选项卡，

这些常用图形可以方便用户绘图。

在绘图中还可以将常用命令添加到工具选项板。“自定义”对话框打开后，就可以将工具从工具栏拖到工具选项板上，或者将工具从“自定义用户界面”(CUI) 编辑器拖到工具选项板上。

图7-21　工具选项板窗口

7.4.2　新建工具选项板

用户可以建立新工具板，这样有利于个性化作图也能够满足特殊作图需要。

【执行方式】

命令行：CUSTOMIZE

菜单：工具→自定义→工具选项板

快捷菜单：在任意工具选项板上单击鼠标右键，然后选择“自定义选项板”

工具选项板：“特性”按钮→自定义选项板（或新建选项板）

【操作格式】

命令：CUSTOMIZE↙

系统打开“自定义”对话框，如图 7-22 所示。在“选项板”列表框中单击鼠标右键，打开快捷菜单，如图 7-23 所示，选择“新建选项板”项，在对话框可以为新建的工具选项板命名。确定后工具选项板中就增加了一个新的选项卡，如图 7-24 所示。

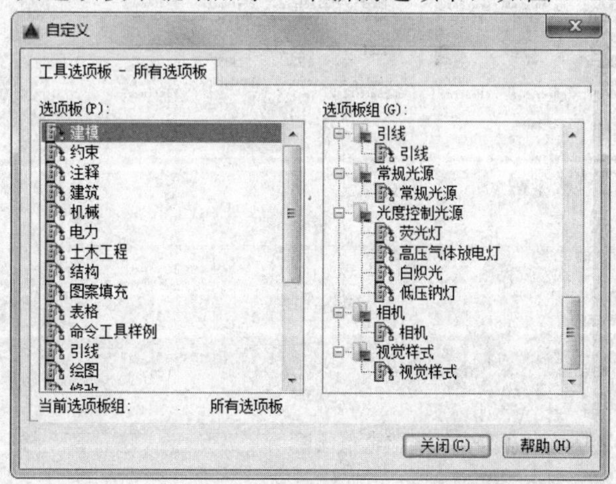

图7-22　“自定义”对话框

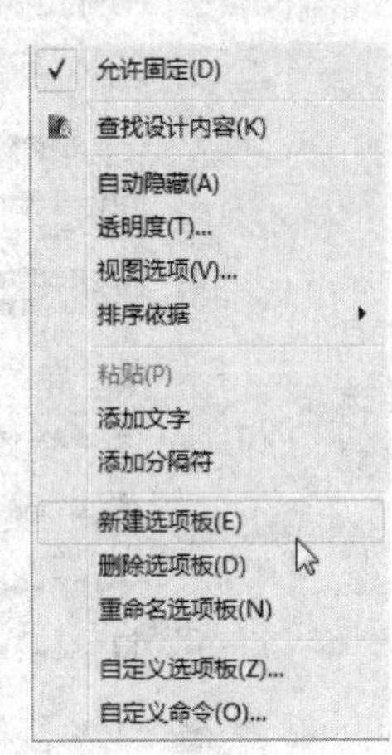

图7-23　“新建工具选项板”对话框

图7-24　新增选项卡

7.4.3　向工具选项板添加内容

1）将图形、块和图案填充从设计中心拖动到工具选项板上。在 Designcenter 文件夹上右击鼠标，系统打开右键快捷菜单，从中选择“创建块的工具选项板”命令，如图 7-25a 所示，设计中心中储存的图元就出现在工具选项板中新建的 Designcenter 选项卡上，如图 7-25b 所示。这样就可以将设计中心与工具选项板结合起来，建立一个快捷方便的工具选项板。将工具选项板中的图形拖动到另一个图形中时，图形将作为块插入。

2）使用“剪切”“复制”和“粘贴”将一个工具选项板中的工具移动或复制到另一个工具选项板中。

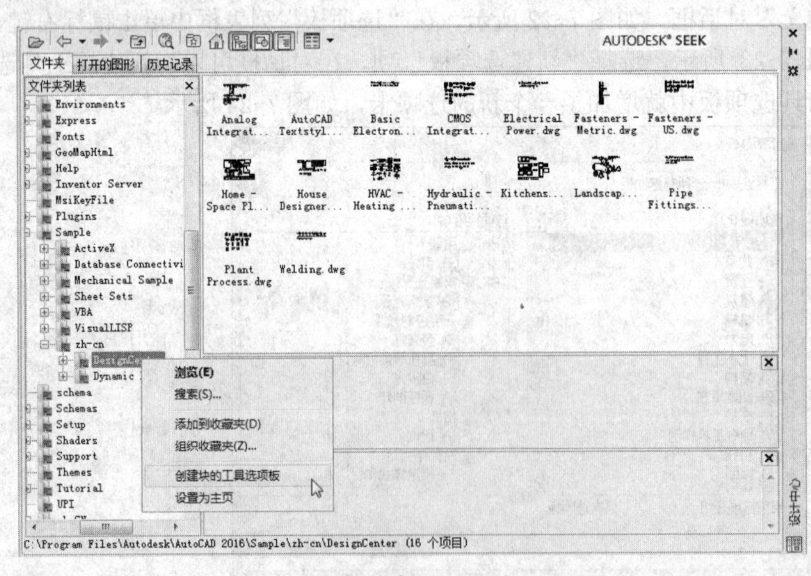

a) 设计中心

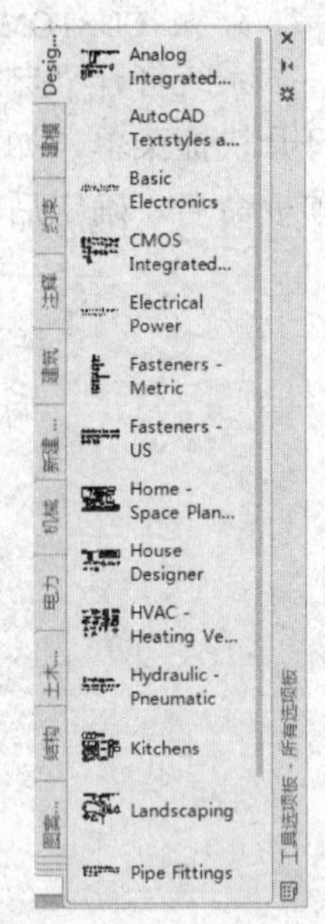

b) 工具选项板

图7-25　将储存图元创建成“设计中心”工具选项板

7.5 实例——变电工程原理图

本例对比讲解利用图块和设计中心及工具选项板辅助快速绘制电气图的一般方法，如图 7-26 所示为变电工程原理图，其基本原理是当起动电动机时，按下按钮开关 SB2，电动机串联电阻起动，待电动机转速达到额定转速时，再按下 SB3，电动机电源改为全压供电，使电动机正常运行。

实讲实训
多媒体演示

多媒体演示参见配套光盘中的\\动画演示\第 7 章\7.5 变电工程原理图.avi。

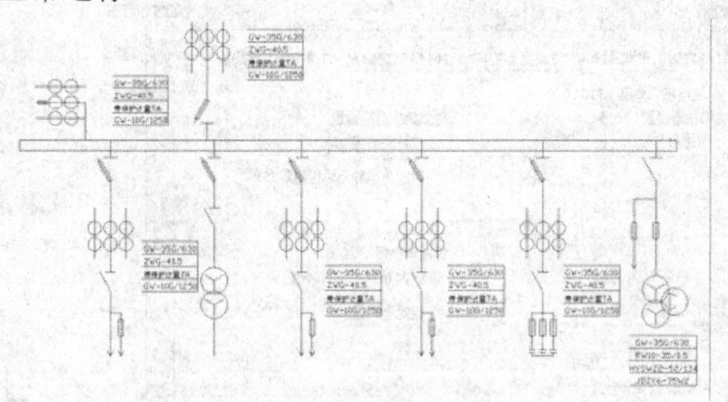

图7-26　变电工程原理图

7.5.1　图块辅助绘制方法

绘制变电所的电气原理图有两种方法:一是绘制简单的系统图，表明变电所的工作的大致原理；另一种是绘制详细阐述电气原理的接线图。本例先绘系统图，再绘制电器主接线。

01 配置绘图环境。

❶打开 AutoCAD 2016 应用程序，选择菜单栏中的“文件”→“新建”命令，以“无样板打开-公制”创建一个新文件，并将其另存为“变电工程原理图”。

❷单击状态栏中的“栅格”按钮，或者使用快捷键 F7，在绘图窗口中显示栅格，命令行中会提示“命令：<栅格 开>”。若想关闭栅格，可以再次单击状态栏中的“栅格”按钮，或者使用快捷键 F7。

02 绘制图形符号。

❶绘制开关。

1）单击“默认”选项卡“绘图”面板中的“直线”按钮，在正交方式下绘制一条竖线，命令行操作如下：

```
命令: _line
指定第一个点: 400,400
指定下一点或 [放弃(U)]:  <正交 开> 50（向下）
指定下一点或 [放弃(U)]:
```

结果如图 7-27 所示。

2）单击“工具”菜单中的“绘图设置”命令，在出现的“草图设置”对话框中，启用极轴追踪，增量角设置为 30°，如图 7-28 所示。

3）单击“绘图”工具栏中的“直线”按钮，命令行提示与操作如下：

命令: _line
指定第一个点: 400,370
指定下一点或 [放弃(U)]: <极轴 开> 20
指定下一点或 [放弃(U)]: per 到 （捕捉竖线上的垂足）
指定下一点或 [闭合(C)/放弃(U)]:

结果如图 7-29 所示。

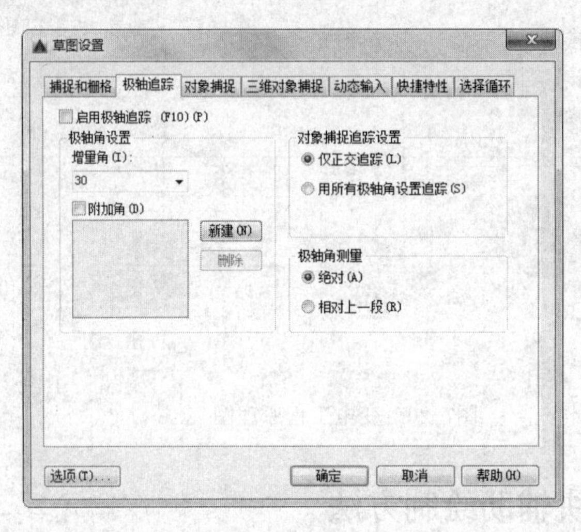

图7-27　画直线　　图7-28　“草图设置”对话框　　图7-29　画折线

4）单击“默认”选项卡“修改”面板中的“移动”按钮，将上步绘制的直线向右移动。命令行提示与操作如下：

命令: _move
选择对象: 找到 1 个
指定基点或 [位移(D)] <位移>: D
指定位移 <0.0000, 0.0000, 0.0000>: @5,0

结果如图 7-30 所示。

5）单击“默认”选项卡“修改”面板中的“修剪”按钮，对图 7-30 进行修剪，结果如图 7-31 所示。

图7-30　平移线段　　图7-31　剪切线段

6）单击“默认”选项卡“绘图”面板中的“直线”按钮，命令行提示与操作如下：

命令: _line
指定第一个点: (选取竖直线的下端点)
指定下一点或 [放弃(U)]: <正交 开>10

指定下一点或 [放弃(U)]: <正交 开>40
指定下一点或 [放弃(U)]: （按 Enter 键）

结果如图 7-32 所示。

7）单击“默认”选项卡“绘图”面板中的“直线”按钮，命令行提示与操作如下：

命令: _line
指定第一个点:（选取竖直线的下端点）
指定下一点或 [放弃(U)]: <极轴 开>5
指定下一点或 [放弃(U)]: （按 Enter 键）

结果如图 7-33 所示。

8）单击“默认”选项卡“修改”面板中的“镜像”按钮，将绘制的线段以竖线为轴进行镜像处理，结果如图 7-34 所示。

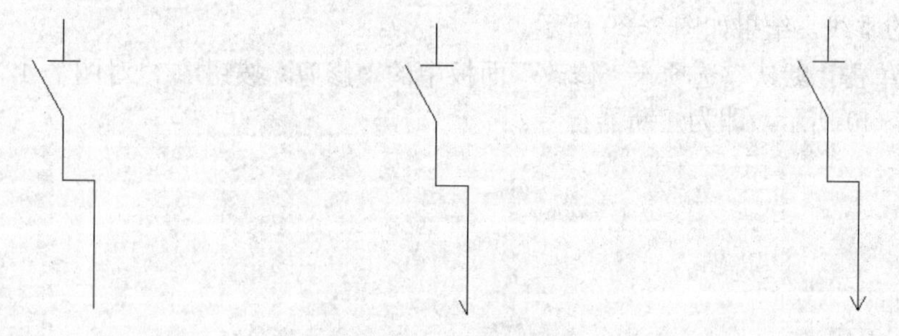

图7-32 绘制直线　　图7-33 绘制直线　　图7-34 镜像复制线段

9）单击“默认”选项卡“修改”面板中的“复制”按钮，在正交方式下将图 7-34 中“↓”形向左方复制，结果如图 7-35 所示。

10）单击“默认”选项卡“绘图”面板中的“直线”按钮，绘制矩形，结果如图 7-36 所示。

❷绘制跌落式熔断器符号。

1）复制绘制开关时的图形，结果如图 7-37 所示。

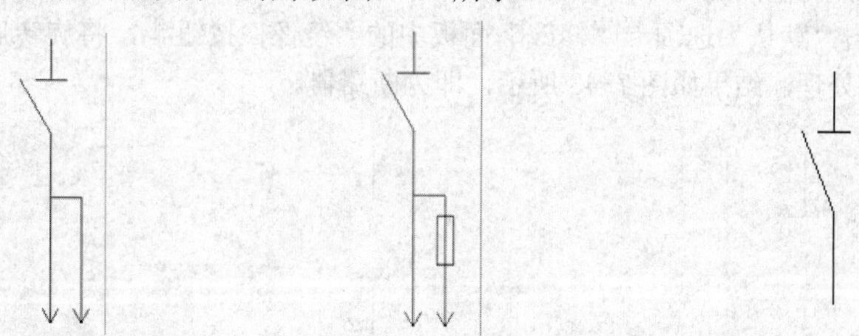

图7-35 复制后的结果　　图7-36 绘制矩形　　图7-37 绘制图形

2）单击“默认”选项卡“修改”面板中的“偏移 ”按钮，命令行提示与操作如下：

命令: _offset
当前设置: 删除源=否　图层=源　OFFSETGAPTYPE=0
指定偏移距离或 [通过(T)/删除(E)/图层(L)] <通过>:（指定斜线上一点）
指定第二点:（指定适当距离的另一点）
选择要偏移的对象，或 [退出(E)/放弃(U)] <退出>:（选择斜线）

```
指定要偏移的那一侧上的点，或 [退出(E)/多个(M)/放弃(U)] <退出>:（指定一侧点）
选择要偏移的对象，或 [退出(E)/放弃(U)] <退出>:（选择斜线）
指定要偏移的那一侧上的点，或 [退出(E)/多个(M)/放弃(U)] <退出>:（指定另一侧点）
选择要偏移的对象，或 [退出(E)/放弃(U)] <退出>:（按 Enter 键）
```

结果如图 7-38 所示。

3）单击“默认”选项卡“绘图”面板中的“直线”按钮，命令行提示与操作如下：

```
命令: _line
指定第一个点:（指定偏移斜线下端点）
指定下一点或 [放弃(U)]:（指定另一偏移斜线下端点）
指定下一点或 [放弃(U)]:（按 Enter 键）
```

使用同样方法，指定偏移斜线上一点为起点，捕捉另一偏移斜线上的垂足为终点，绘制斜线的垂线，结果如图 7-39 所示。

4）单击“默认”选项卡“修改”面板中的“修剪”按钮，对图 7-42 进行修剪，结果如图 7-40 所示，即为熔断器符号。

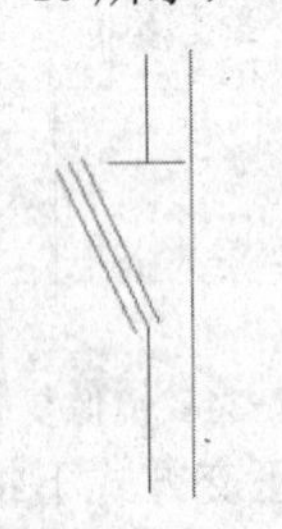

图7-38　偏移斜线

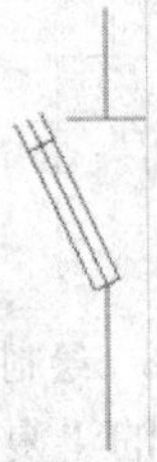

图7-39　绘制垂线

图7-40　跌落式熔断器

❸绘制断路器符号。

1）复制绘制开关时的图形，结果如图 7-41 所示。

2）单击“默认”选项卡“修改”面板中的“旋转”按钮，将图 7-41 中的水平线以其与竖线交点为基点旋转 45°，如图 7-42 所示。

3）单击“默认”选项卡“修改”面板中的“镜像”按钮，将旋转后的线以竖线为轴进行镜像处理，结果如图 7-43 所示，即为断路器。

图7-41　绘制图形

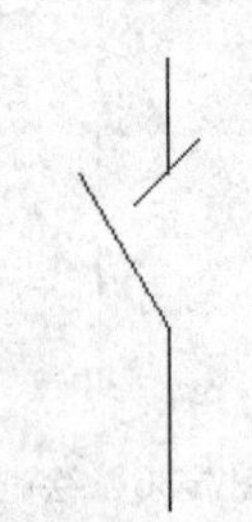

图7-42　旋转线段

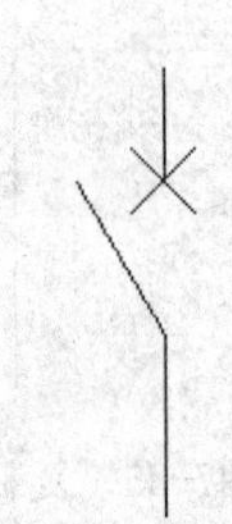

图7-43　镜像复制线段

❹绘制站用变压器符号。

1）单击“默认”选项卡“绘图”面板中的“圆”按钮，命令行提示与操作如下：

```
命令: _circle
指定圆的圆心或 [三点(3P)/两点(2P)/切点、切点、半径(T)]: 200,200
```

```
指定圆的半径或 [直径(D)]: 10
命令: _copy
选择对象: （选择圆）<正交 开> 找到 1 个
选择对象:
指定基点或 [位移(D)] <位移>: 200,200
指定第二个点或 <使用第一个点作为位移>: 18
指定第二个点或 [退出(E)/放弃(U)] <退出>:
```

结果如图 7-44 所示。

2）单击“默认”选项卡“绘图”面板中的“直线”按钮，命令行提示与操作如下：

```
命令: _line
指定第一个点: 200,200
指定下一点或 [放弃(U)]: 8
指定下一点或 [放弃(U)]:
```

3）单击“默认”选项卡“修改”面板中的“环形阵列”按钮，命令行提示与操作如下：

```
命令: _arraypolar
选择对象: 找到 1 个
选择对象:
类型 = 极轴 关联 = 是
指定阵列的中心点或 [基点(B)/旋转轴(A)]:
输入项目数或 [项目间角度(A)/表达式(E)] <4>: 3
指定填充角度(+=逆时针、-=顺时针)或 [表达式(EX)] <360>:
按 Enter 键接受或 [关联(AS)/基点(B)/项目(I)/项目间角度(A)/填充角度(F)/行(ROW)/层(L)/旋转项目(ROT)/退出(X)] <退出>:
```

结果如图 7-45 所示图形。

4）单击“默认”选项卡“修改”面板中的“复制”按钮，在正交方式下将图 7-45 中“Y”形向下方复制，结果如图 7-46 所示。

5）单击“插入”选项卡“块定义”面板中的“创建块”按钮，将如图 7-46 所示的图形创建为块。

6）在命令行输入 WBLOCK 命令，系统打开“写块”对话框，在“源”选项组中选择“块”单选按钮，在后面的下拉列表框中选择站用变压器块，将其保存并确认退出。

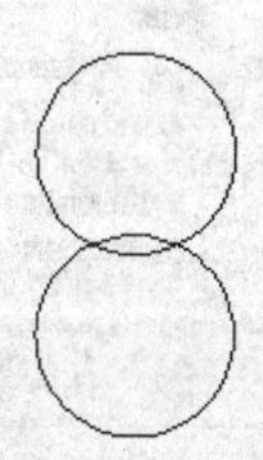
图7-44 绘制圆

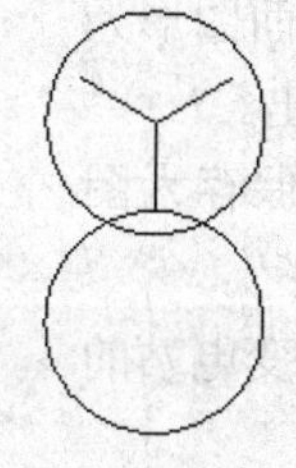
图7-45 绘制Y图形

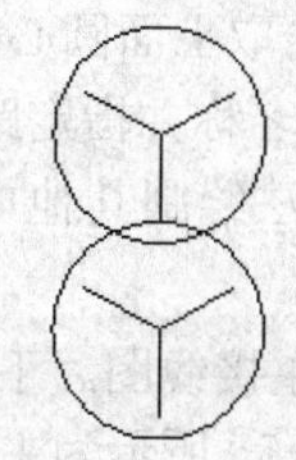
图7-46 移动后的结果

❺绘制电压互感器符号。

1）单击“默认”选项卡“绘图”面板中的“圆”按钮，绘制直径为 20 的圆。

2）单击“默认”选项卡“绘图”面板中的“多边形”按钮，在所绘的圆中选择一点绘制一三角形。

3）单击“默认”选项卡“绘图”面板中的“直线”按钮，在“正交”方式下绘制一直线，如图 7-47 所示。

4）单击“默认”选项卡“修改”面板中的“修剪”按钮，修改图形，然后调用“删除”命令删除直线，结果如图 7-48 所示。

5）单击“插入”选项卡“块”面板中的“插入块”按钮，在绘图界面插入已绘制生成的站用变压器图形，调用图块能够大大缩短工作时间提高效率，在实际工程中有很大用处，一般设计人员都有一个自己专门的设计图库，结果如图 7-49 所示。

6）单击“默认”选项卡“修改”面板中的“移动”按钮，选中站用变压器图块，打开“对象捕捉”和“对象追踪”按钮，将图 7-48 与图 7-49 结合起来，结果如图 7-50 所示。

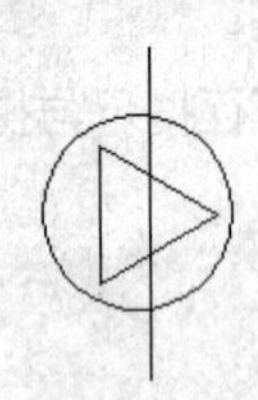

图7-47 画直线

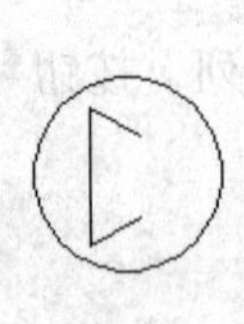

图7-48 修剪后的结果

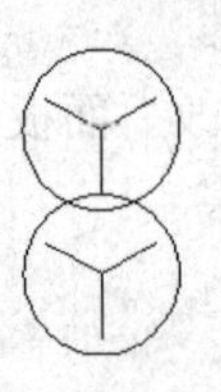

图7-49 插入站用变压器

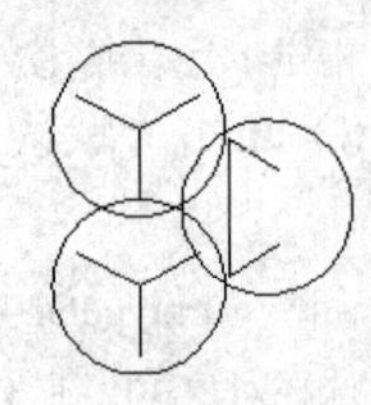

图7-50 结合后的结果

❻绘制电容器和无极性电容器符号。

1）单击“默认”选项卡“绘图”面板中的“圆”按钮，绘一个圆，如图 7-51 所示，再选择直线命令，开启“极轴追踪”和“对象捕捉”，在正交方式下绘一直线经过圆心，如图 7-52 所示。

2）绘制如图 7-53 所示的无极性电容器的方法与前面绘制极性电容器图的方法类似，在这里不再重复了。

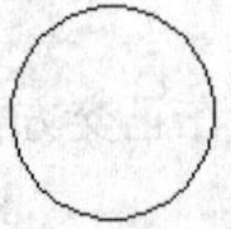

图7-51 画圆

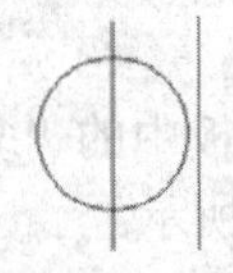

图7-52 画直线

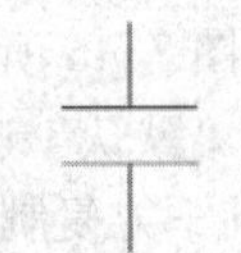

图7-53 插入电容器

3）单击“插入”选项卡“块定义”面板中的“创建块”按钮，将如图 7-52 所示图形创建为块。

4）利用 WBLOCK 命令打开“写块”对话框，如图 7-54 所示。拾取上面圆心为基点，以上面图形为对象，输入图块名称并指定路径，确认退出。

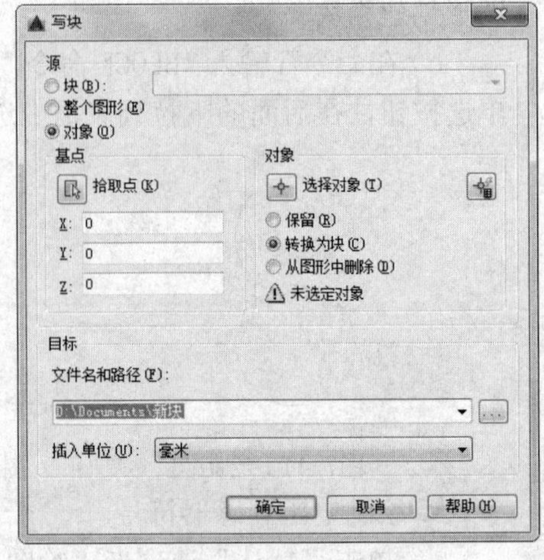

图7-54 “写块”对话框

使用同样方法绘制其他电气符号，并保存为图块。

03 电气主接线图。下面绘制 10kV 变电站的主接线图，图 7-55 所示为主接线图。

先画出 10kV 母线，单击“默认”选项卡“绘图”面板中的“直线”按钮，绘制一条长 1000mm 的直线，然后调用 “偏移” 命令，在正交方式下将刚才画的直线向下平移 15mm，再次调用“直线”命令，将直线两头连接并将线宽设为 0.7mm，如图 7-56 所示。

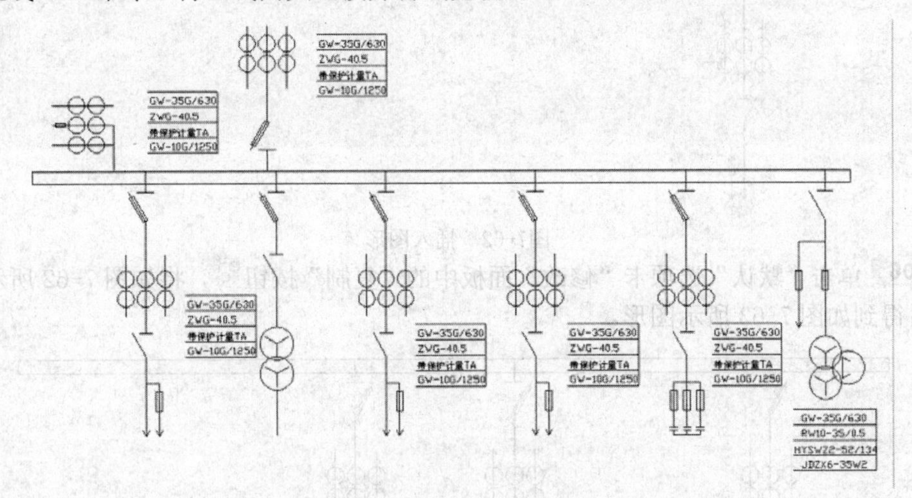

图7-55　某10kv变电站主接线图

图7-56　绘制母线

04 在母线上画出一主变压器及其两侧的器件设备。

❶单击“默认”选项卡“绘图”面板中的“圆”按钮，绘一半径为 10mm 的圆，如图 7-57 所示。

❷单击“默认”选项卡“绘图”面板中的“直线”按钮，开启“极轴追踪”和“对象捕捉”方式，在正交方式下划一直线,如图 7-58 所示。

❸单击“默认”选项卡“修改”面板中的“复制”按钮，在正交方式下，在已得到的圆的下方将圆复制一个，如图 7-59 所示。

❹单击“默认”选项卡“修改”面板中的“复制”按钮，在正交方式下，拖动鼠标将如图 7-59 所示的图形在左边复制一个，如图 7-60 所示。

❺单击“默认”选项卡“修改”面板中的“镜像”按钮，开启“极轴追踪”和“对象捕捉”方式，以原图直线端点为一点，以直线的另一端点为另一点，将左边的图复制到右边，如图 7-61 所示。

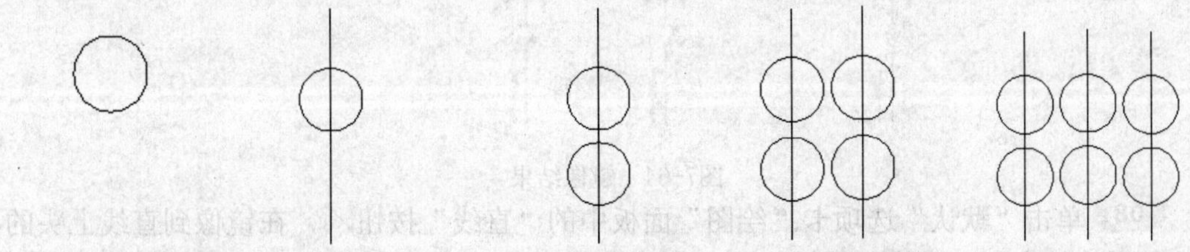

图7-57　画圆　　图7-58　画直线　　图7-59　复制圆　图7-60　复制结果　　图7-61　镜像结果

❻将画好的图保存。

05 单击“插入”选项卡“块”面板中的“插入块”按钮，在当前绘图空间依次插入已经创建的“跌落式熔断器”和“开关”块，在当前绘图窗口上用鼠标左键点取图块放置点，并调整图形缩放比例，结果如图 7-62 所示。调用已有的图块能够大大地节省绘图工作量，提高绘图效率。

图7-62　插入图形

06 单击“默认”选项卡“修改”面板中的“复制”按钮，将如图 7-62 所示图形复制后得到如图 7-63 所示图形。

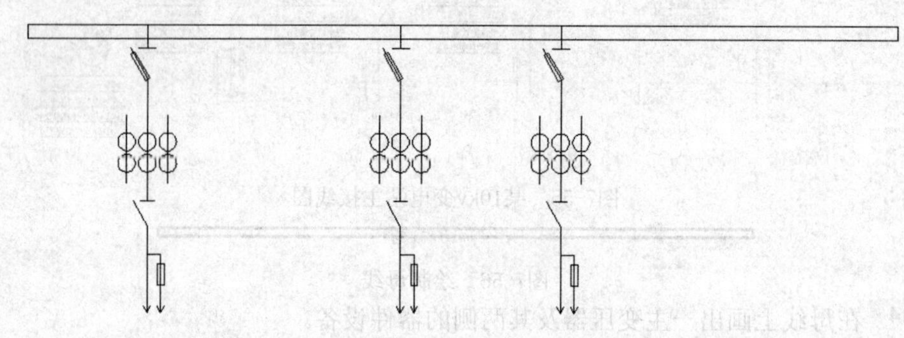

图7-63　复制结果

07 用类似的方法画出 10kV 母线上方的器件。单击“默认”选项卡“修改”面板中的“镜像”按钮，将最左边的部分向上镜像，结果如图 7-64 所示。

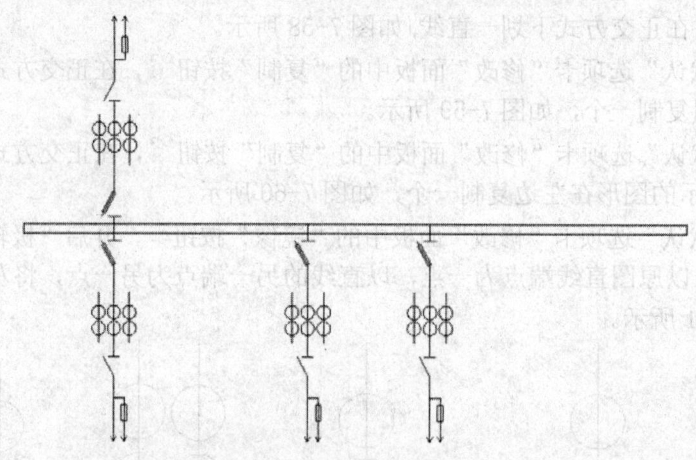

图7-64　镜像结果

08 单击“默认”选项卡“绘图”面板中的“直线”按钮，在镜像到直线上头的图形的适当地方画一直线，结果如图 7-65 所示。

09 单击“默认”选项卡“修改”面板中的“修剪”按钮，将直线上方多余的部分去掉，然后再调用 “删除”命令，将刚才画的直线去掉，结果如图 7-66 所示。

10 单击“默认”选项卡“修改”面板中的“移动 ”按钮，将如图 7-66 所示的图形在直线上面的部分向右平移，结果如图 7-67 所示。

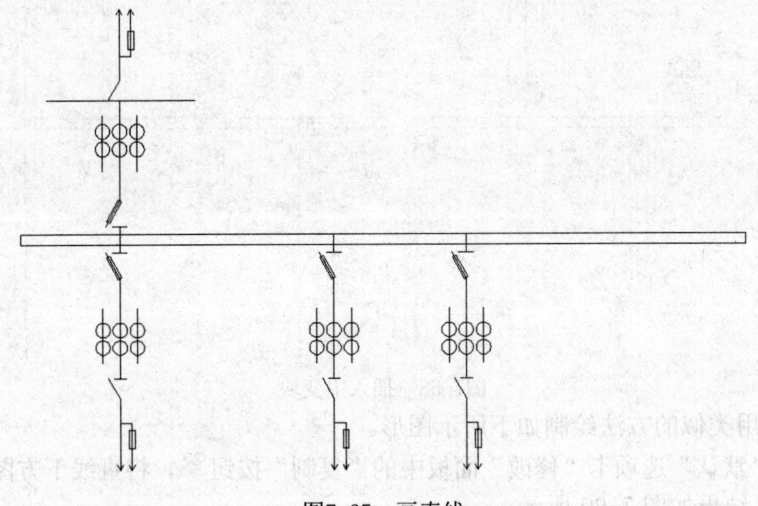

图7-65 画直线

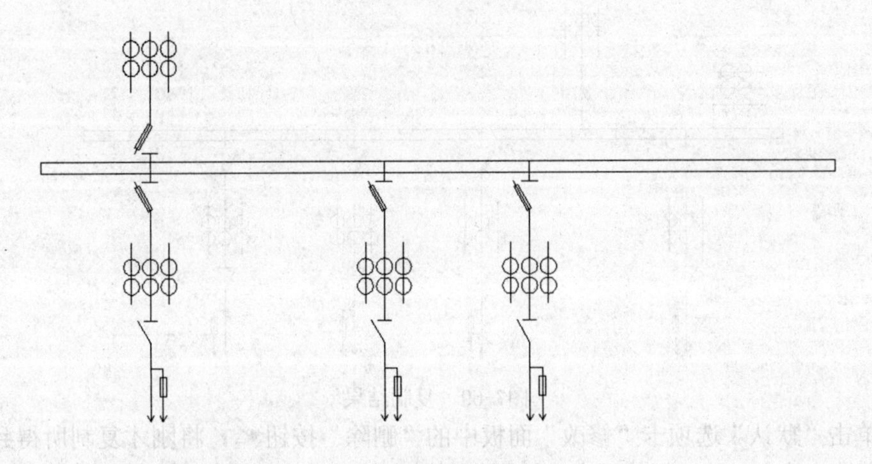

图7-66 剪切结果

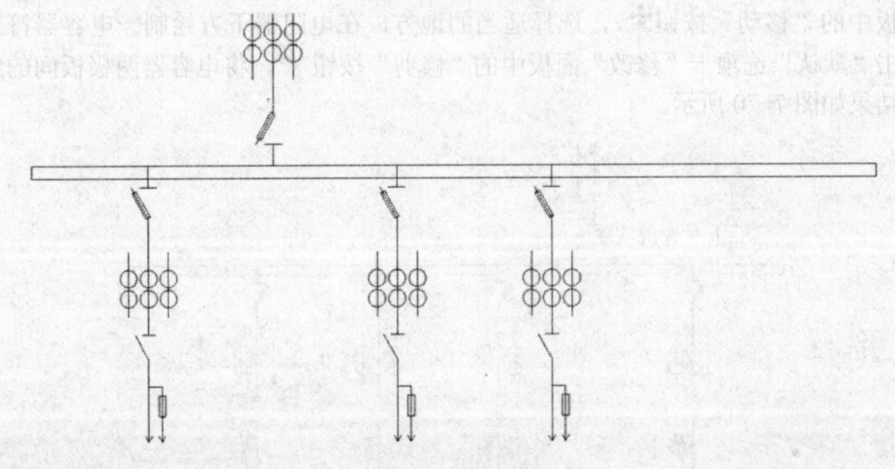

图7-67 平移结果

11 单击“插入”选项卡“块”面板中的“插入块”按钮，在当前绘图空间插入在前面已经创建的“主变”块，用鼠标左键点取图块放置点并改变方向，绘制一矩形并将其放到直线适当位置上，结果如图 7-68 所示。

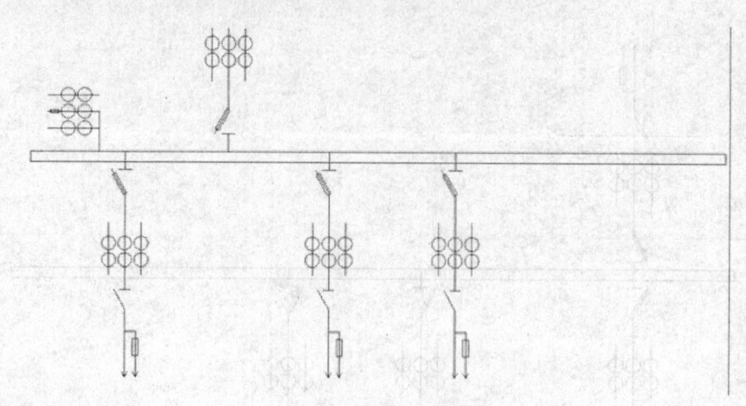

图7-68　插入主变块

(12) 调用类似的方法绘制如下所示图形。

❶单击“默认”选项卡“修改”面板中的“复制”按钮，将直线下方图形复制一个到最右边处，结果如图 7-69 所示。

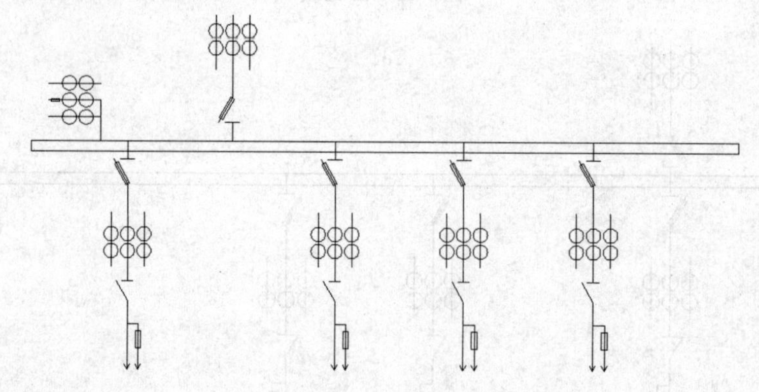

图7-69　复制结果

❷单击“默认”选项卡“修改”面板中的“删除”按钮，将刚才复制所得到的图形的箭头去掉，单击“默认”选项卡“绘图”面板中的“直线”按钮和“默认”选项卡“绘图”面板中的“移动”按钮，，选择适当的地方，在电阻器下方绘制一电容器符号，然后再单击“默认”选项卡“修改”面板中的“修剪”按钮，将电容器两极板间的线段修剪掉，结果如图 7-70 所示。

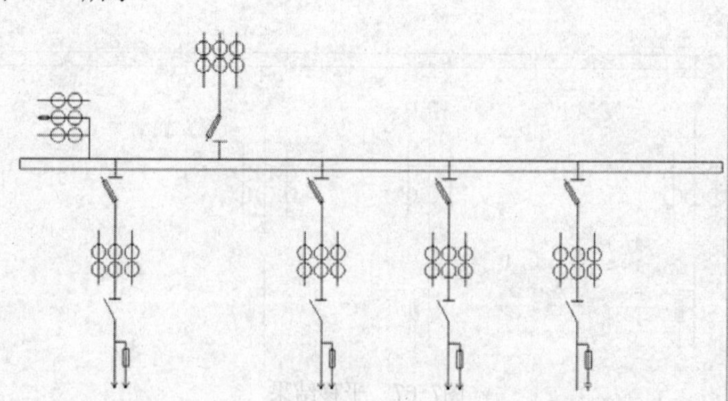

图7-70　去掉箭头

❸单击“默认”选项卡“修改”面板中的“复制”按钮，开启“草图设置”→“对象捕捉”下的中点，在正交方式下，将电阻符号和电容器符号放置到中间直线上，如图 7-71

所示。

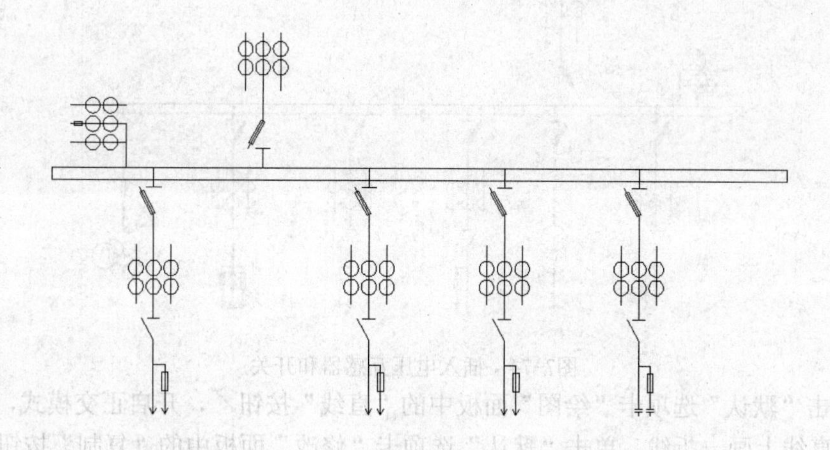

图7-71　复制电阻电容

❹单击“默认”选项卡“修改”面板中的“镜像”按钮，将中线右边部分复制到中线左边，并绘制连线，如图7-72所示。

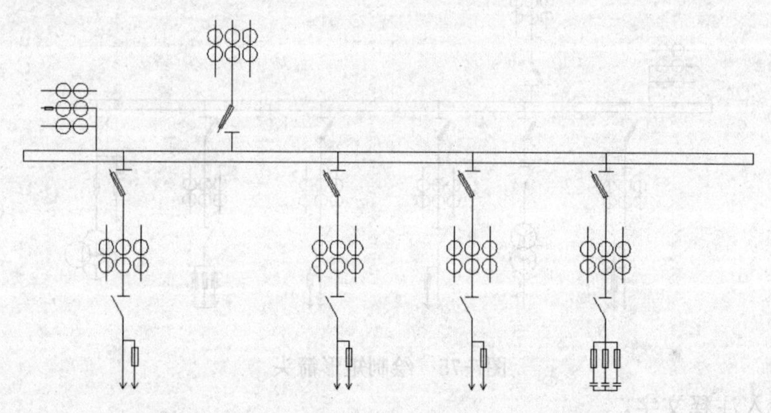

图7-72　镜像复制连接

❺单击“插入”选项卡“块”面板中的“插入块”按钮，在当前绘图空间插入在前面已经创建的“站用变压器”和“开关”块，并将其插入图中，结果如图7-73所示。

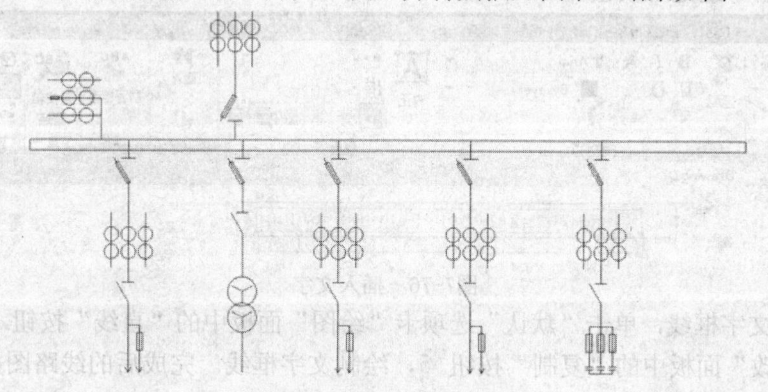

图7-73　插入站用变压器

❻单击“插入”选项卡“块”面板中的“插入块”按钮，在当前绘图空间插入在前面已经创建的“电压互感器”和“开关”块，并将其插入图中，结果如图7-74所示。

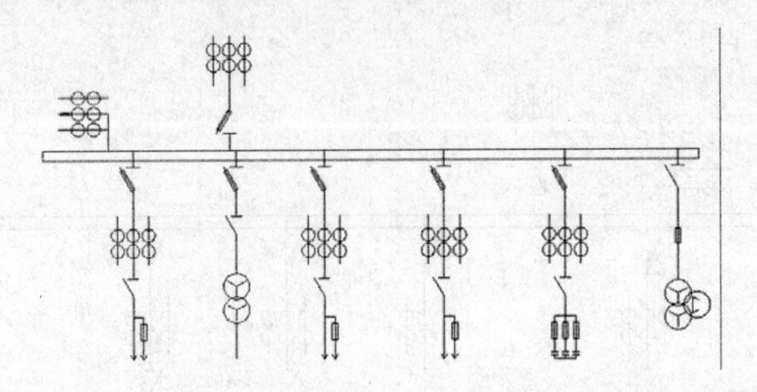

图7-74　插入电压互感器和开关

❼单击“默认”选项卡“绘图”面板中的“直线”按钮，开启正交模式，在电压互感器所在直线上画一折线，单击“默认”选项卡“修改”面板中的“复制”按钮，将右侧的矩形复制到折线上，并将其他位置处的箭头复制到折线下端点处，结果如图 7-75 所示。

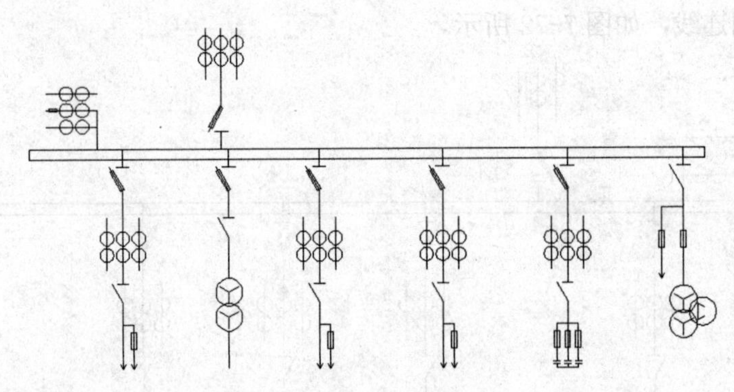

图7-75　绘制矩形箭头

13 输入注释文字。

❶单击“默认”选项卡“注释”面板中的“多行文字”按钮A，在需要注释的地方画出一个区域，弹出如图 7-76 所示的对话框，插入文字。在弹出的文字对话框中标注需要的信息，单击“确定”按钮即可。

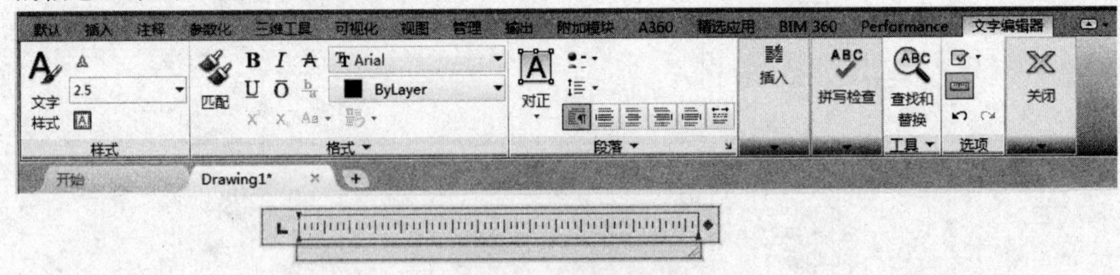

图7-76　插入文字

❷绘制文字框线，单击“默认”选项卡“绘图”面板中的“直线”按钮和“默认”选项卡“修改”面板中的“复制”按钮，绘制文字框线。完成后的线路图如图 7-77、图 7-78 所示。

全部完成的线路图如图 7-26 所示。

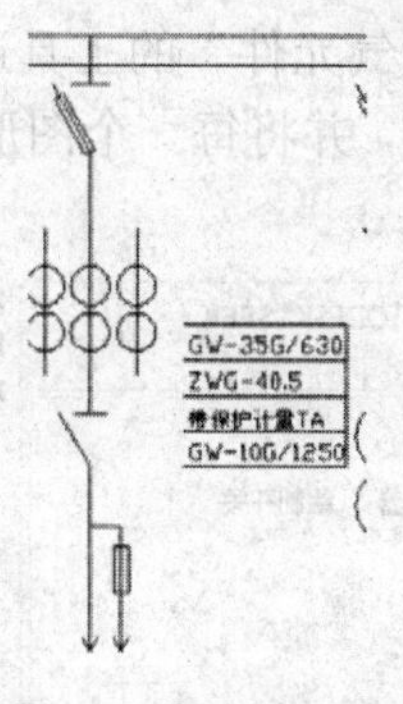

图7-77　添加注释

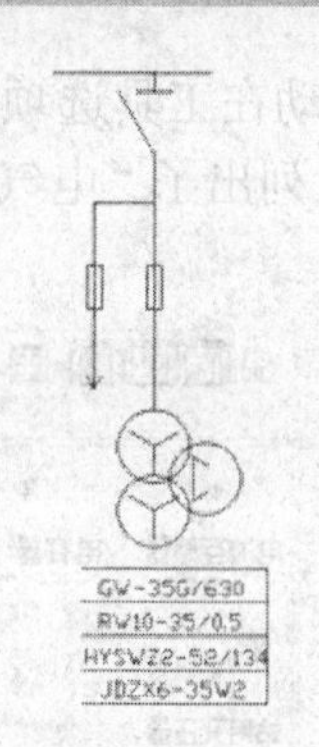

图7-78　添加注释

7.5.2　设计中心及工具选项板辅助绘制方法

01 将本例中用的电气元件图形分别复制到新建文件中，如图 7-79 所示，并按图 7-79 所示代号分别保存到“电气元件”文件夹中。

02 单击“视图”选项卡“选项板”面板中的“设计中心”按钮，打开设计中心对话框，如图 7-80 所示。

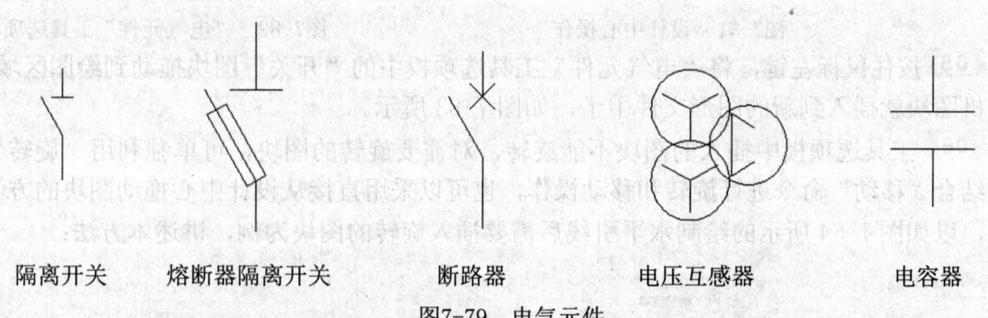

图7-79　电气元件

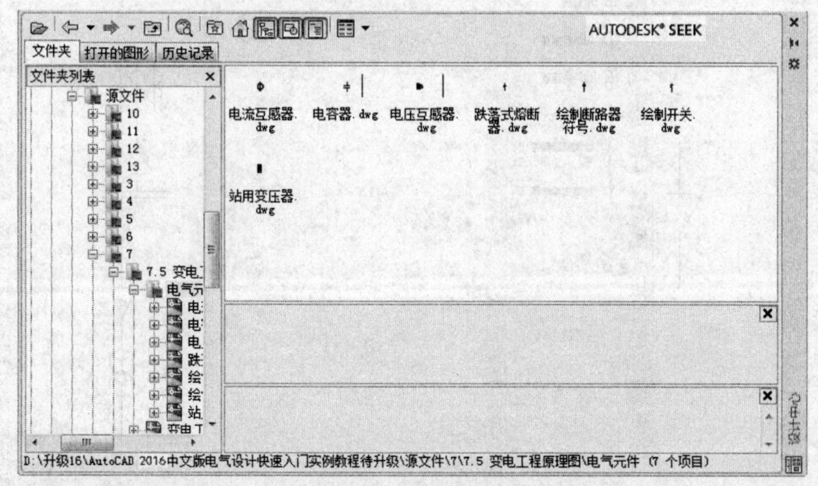

图7-80　设计中心

03 在设计中心的“文件夹”选项卡下找到刚才绘制的电器元件保存的“电气元件”文件夹，在该文件夹上单击鼠标右键，打开快捷菜单，选择“创建块的工具选项板”命令，如图 7-81 所示。

04 系统自动在工具选项板上创建一个名为“电气元件”的工具选项板，如图 7-82 所示，该选项板上列出了“电气元件”文件夹中各图形，并将每一个图形自动转换成图块。

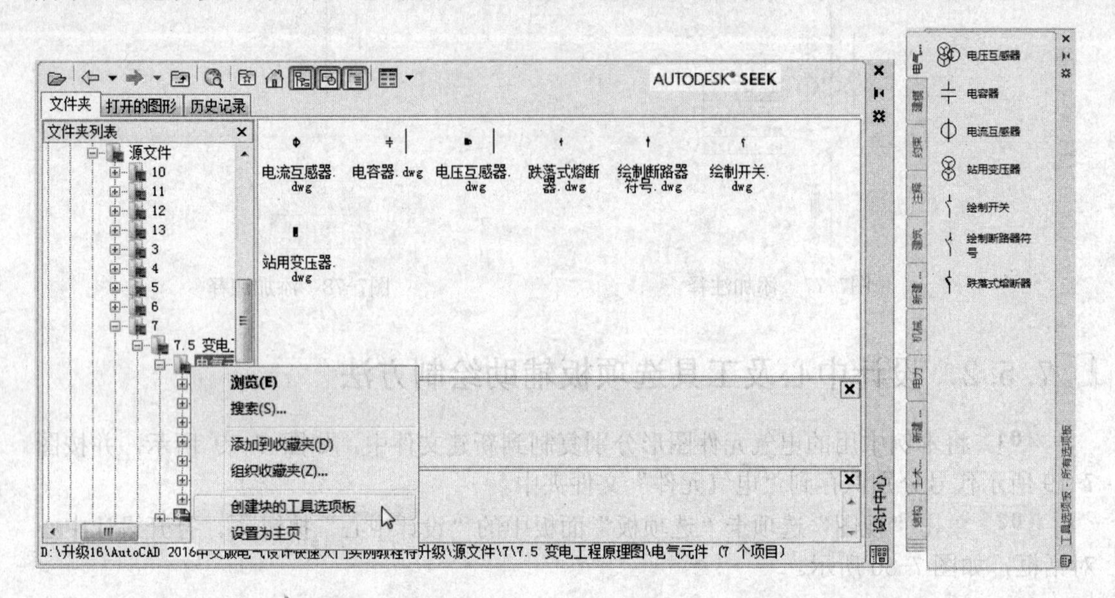

图7-81 设计中心操作 图7-82 “电气元件”工具选项板

05 按住鼠标左键，将“电气元件”工具选项板中的“开关”图块拖动到绘图区域，电动机图块就插入到新的图形文件中了，如图 7-83 所示。

06 工具选项板中插入的图块不能旋转，对需要旋转的图块，可单独利用“旋转”命令结合“移动”命令进行旋转和移动操作，也可以采用直接从设计中心拖动图块的方法实现，以如图 7-84 所示的绘制水平引线后需要插入旋转的图块为例，讲述本方法：

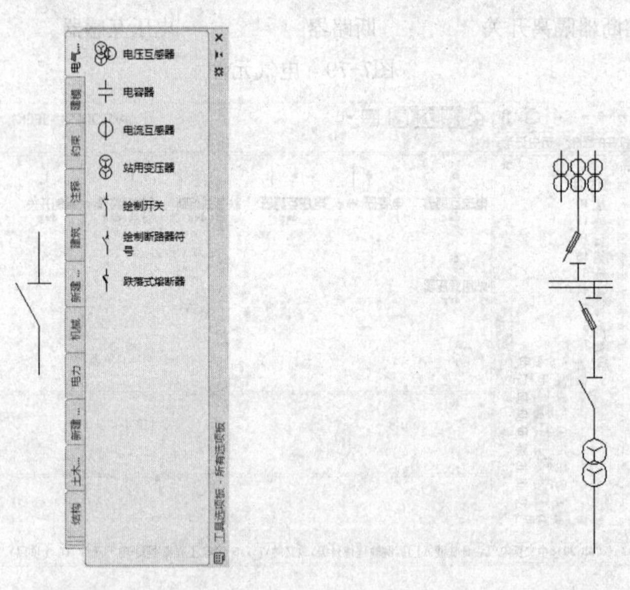

图7-83 插入开关图块 图7-84 绘制水平引线

❶打开设计中心，找到“电气元件”文件夹，选择该文件夹，设计中心右边的显示框列表显示该文件夹中的各图形文件，如图 7-85 所示。

❷选择其中的文件，按住鼠标左键拖动到当前绘制图形中，系统提示与操作如下：

```
命令: _-INSERT
输入块名或 [?]:"FU.dwg"
单位: 毫米    转换: 0.0394
指定插入点或 [基点(B)/比例(S)/X/Y/Z/旋转(R)]: (捕捉图 7-88 中的 1 点)
输入 X 比例因子，指定对角点，或 [角点(C)/XYZ(XYZ)] <1>: 1↙
输入 Y 比例因子或 <使用 X 比例因子>:↙
指定旋转角度 <0>: -90↙
```

插入结果如图 7-86 所示。

❸利用工具选项板和设计中心插入各图块，最终结果如图 7-86 所示。

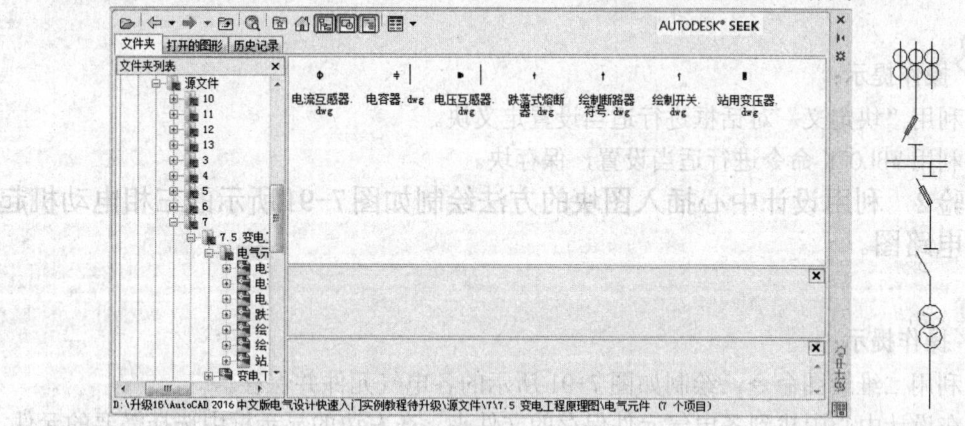

图7-85 设计中心

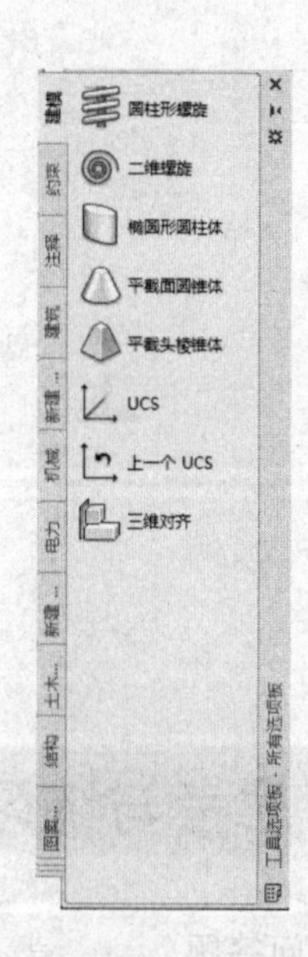

图7-86 插入结果

07 如果不想保存“电气元件”工具选项板，可以在“电气元件”工具选项板上单击鼠标右键，打开快捷菜单，选择“删除选项板”命令，如图 7-87 所示。系统打开提示框，如图 7-88 所示，选择“确定”，系统自动将“电气元件”工具选项板删除。

删除后的工具选项板如图 7-89 所示。

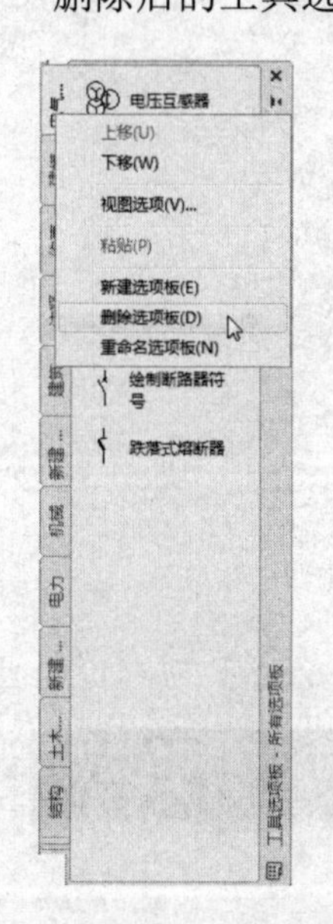

图7-87 快捷菜单

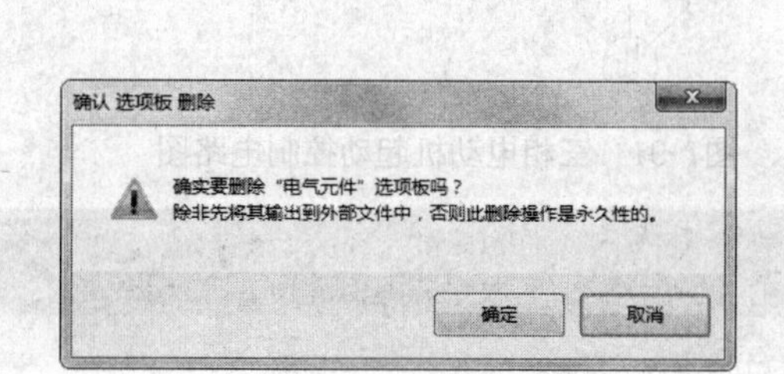

图7-88 提示框

图7-89 删除后的工具选项板

7.6 上机实验

实验 1　将如图 7-90 所示的可变电阻 R1 定义为图块，取名为“滑动电位器”。

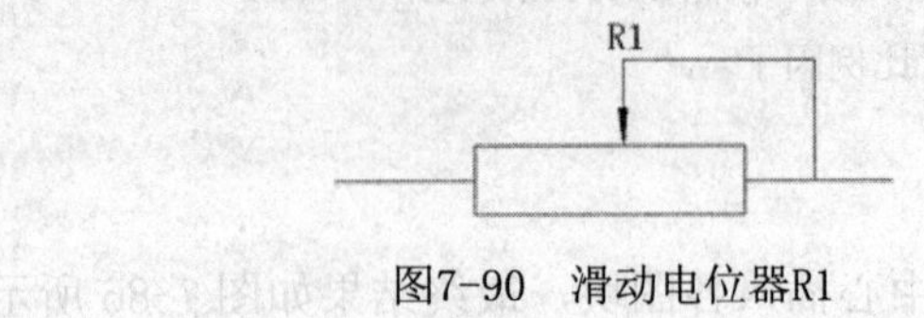

图7-90　滑动电位器R1

操作提示：

1）利用“块定义”对话框进行适当设置定义块。

2）利用 WBLOCK 命令进行适当设置，保存块。

实验 2　利用设计中心插入图块的方法绘制如图 7-91 所示的三相电动机起动控制电路图。

操作提示：

1）利用二维绘图命令，绘制如图 7-91 所示的各电气元件并保存。

2）在设计中心中找到各电气元件保存的文件夹，在右边的显示框中选择需要的元件，拖动到所绘制的图形中，并制定其缩放比例和旋转角度。

3）标注文字。

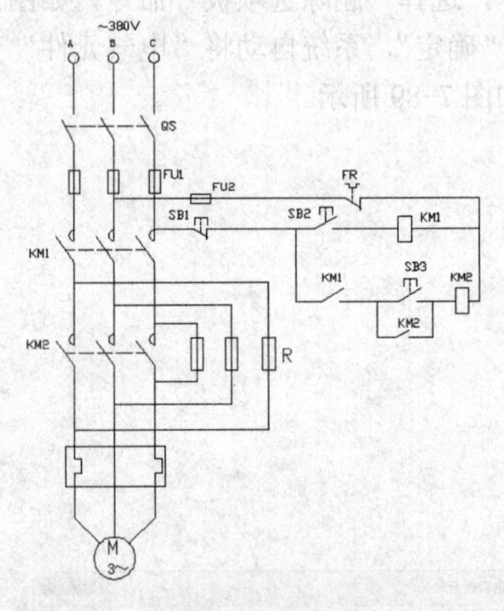

图7-91　三相电动机起动控制电路图

7.7 思考与练习

1. 问答题

（1）图块的定义是什么？图块有何特点？

（2）动态图块有什么优点？

（3）什么是图块的属性？如何定义图块属性？

（4）什么是设计中心？设计中心有什么功能？

（5）什么是工具选项板？怎样利用工具选项板进行绘图？

（6）设计中心以及工具选项板中的图形与普通图形有什么区别？与图块又有什么区别？

2．操作题

（1）将如图 7-92 所示的极性电容器定义成图块并存盘。

（2）利用图块功能绘制如图 7-93 所示的钻床控制电路局部图。

（3）利用设计中心和工具选项板绘制如图 7-93 所示的钻床控制电路局部图。

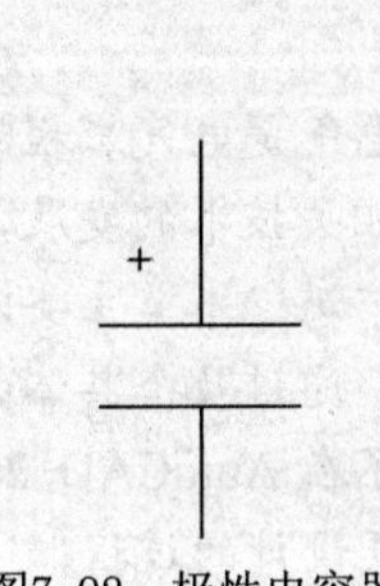

图7-92　极性电容器

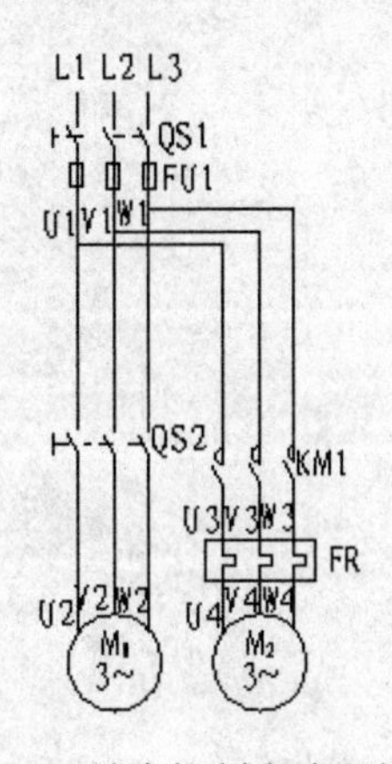

图7-93　钻床控制电路局部图

机械电气设计

机械电气是电气工程的重要组成部分。随着相关技术的发展，机械电气的使用日益广泛。本章主要着眼于机械电气的设计，通过几个具体的实例由浅入深地讲述了在AutoCAD 2016环境下进行机械电气设计的过程。

- 机械电气简介
- 钻床电气设计
- 某发动机点火装置电路图

8.1 机械电气简介

机械电气是一类比较特殊的电气，主要指应用在机床上的电气系统，故也可称为机床电气，包括应用在车床、磨床、钻床、铣床及镗床上的电气，也包括机床的电气控制系统、伺服驱动系统和计算机控制系统等。随着数控系统的发展，机床电气也成为了电气工程的一个重要组成部分。

机床电气系统的组成如下：

（1）电力拖动系统　以电动机为动力驱动控制对象（工作机构）做机械运动。

1）直流拖动与交流拖动：

直流电动机：具有良好的起动、制动性能和调速性能，可以方便地在很宽的范围内平滑调速，尺寸大，价格高，运行可靠性差。

交流电动机：具有单机容量大、转速高、体积小、价钱便宜、工作可靠和维修方便等优点，但调速困难。

2）单电动机拖动和多电动机拖动：

单电动机拖动：每台机床上安装一台电动机，再通过机械传动机构装置将机械能传递到机床的各运动部件。

多电动机拖动：一台机床上安装多台电动机，分别拖动各运动部件。

（2）电气控制系统　对各拖动电动机进行控制，使它们按规定的状态、程序运动，并使机床各运动部件的运动得到合乎要求的静、动态特性。

1）继电器-接触器控制系统由按钮开关、行程开关、继电器、接触器等电气元件组成，控制方法简单直接，价格低。

2）计算机控制系统由数字计算机控制，高柔性，高精度，高效率，高成本。

3）可编程控制器控制系统克服了继电器-接触器控制系统的缺点，又具有计算机的优点，并且编程方便，可靠性高，价格便宜。

8.2 钻床电气设计

本例绘制 Z35 型摇臂钻床电气原理图，如图 8-1 所示。

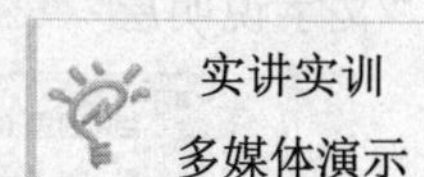

多媒体演示参见配套光盘中的\\动画演示\第 8 章\8.2 钻床电气设计.avi。

摇臂钻床是一种立式钻床，在钻床中具有一定的典型性，其运动形式分为主运动、进给运动和辅助运动。其中主运动为主轴的旋转运动；进给运动为主轴的纵向移动；辅助运动有摇臂沿外立柱的垂直移动、主轴箱沿摇臂的径向移动、摇臂与外立柱一起相对于内立柱的回转运动。摇臂钻床的工艺范围广，因而调速范围大、运动多。

摇臂钻床的主轴旋转运动和进给运动由一台交流异步电动机拖动，主轴的正反转旋转运动是通过机械转换实现的，故主电动机只有一个旋转方向。

摇臂钻床除了主轴的旋转和进给运动外，还有摇臂的上升、下降及立柱的夹紧和放松。摇臂的上升、下降由一台交流异步电动机拖动，立柱的夹紧和放松由另一台交流电动机拖动。Z35 摇臂钻床在钻床中具有代表型，下面以 Z35 摇臂钻床为例讨论钻床电气设计过程。

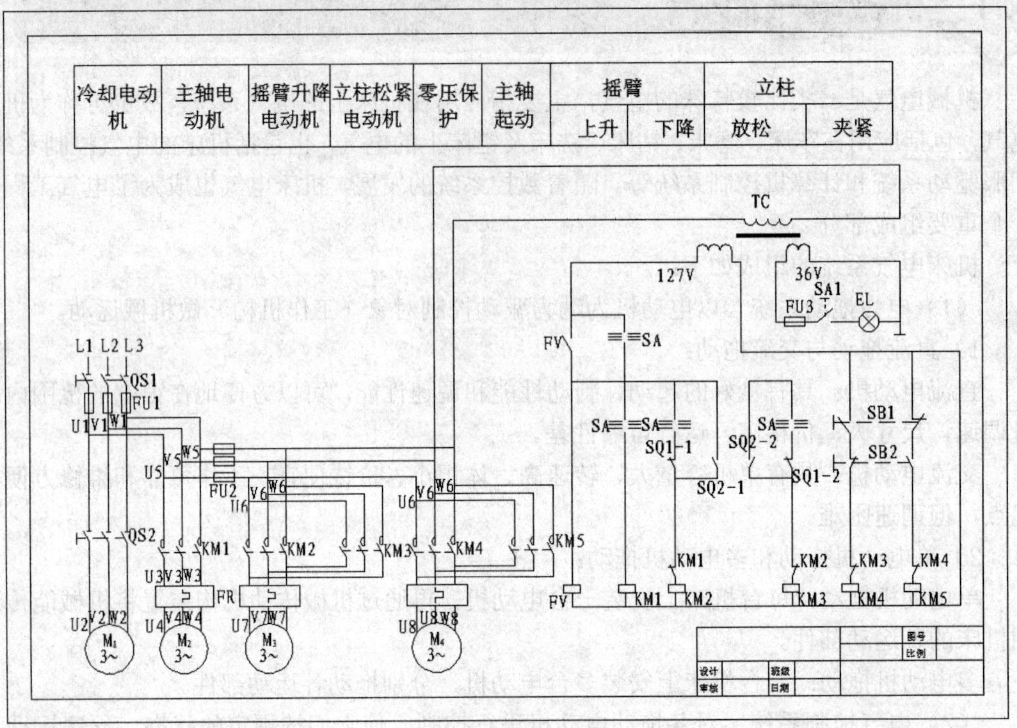

冷却电动机	主轴电动机	摇臂升降电动机	立柱松紧电动机	零压保护	主轴起动	摇臂		立柱	
						上升	下降	放松	夹紧

图8-1　Z35型摇臂钻床电气原理图

8.2.1　主动回路设计

主动回路包括 4 台三相交流异步电动机，冷却泵电动机 M1、主轴电动机 M2、摇臂升降电动机 M3、立柱电动机 M4。其中 M3 和 M4 要求能够正反向起动。

01 进入 AutoCAD 2016 绘图环境，打开随书光盘“源文件”文件夹中的的“A3 样板图 ”样板，将文件另存为“Z35 电气设计.dwg”。

02 选择菜单栏中的“格式”→“图层”命令，新建“主回路层”“控制回路层”和“文字说明层”三个图层。各层设置如图 8-2 所示。

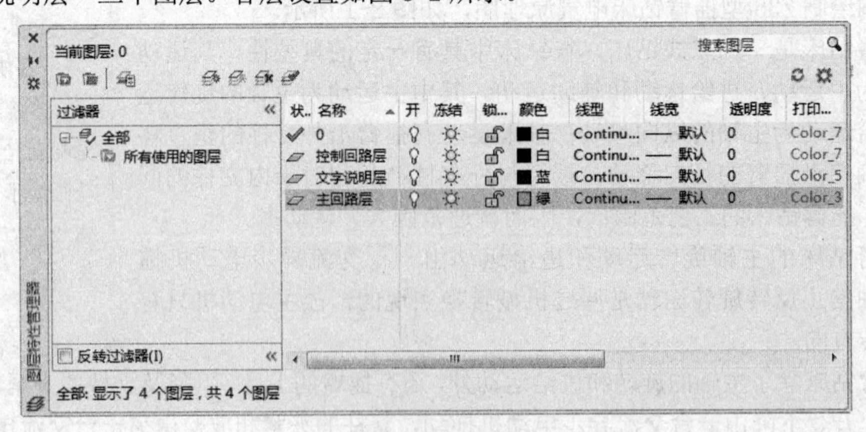

图8-2　图层设置

03 主动回路和控制回路由三相交流总电源供电，通断由总开关控制，各相电流设熔断器防止短路，保证电路安全，如图 8-3 所示。

04 冷却泵电动机 M1 为手动起动，手动多极按钮开关 QS2 控制其运行或者停止，如图 8-4 所示。

05 主轴电动机 M2 的起动和停止由 KM1 的主触点控制，主轴如果过载，相电流会增大，FR 熔断，起到保护作用，如图 8-5 所示。

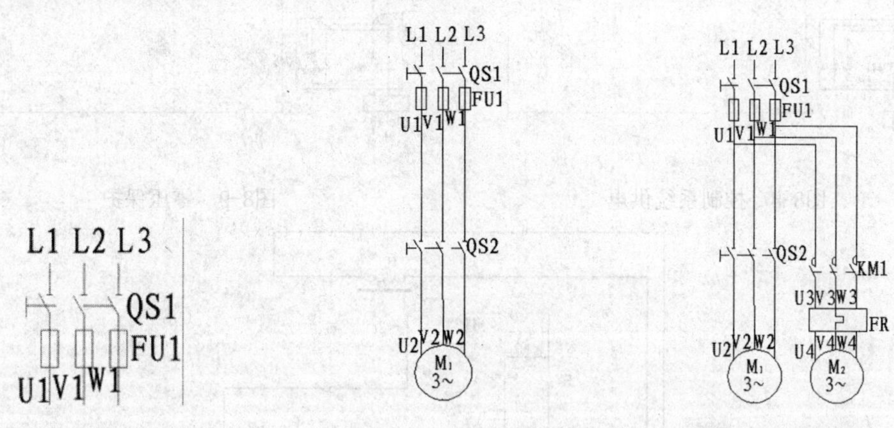

图8-3　总电源　　图8-4　冷却泵电动机　　图8-5　主轴电动机

06 摇臂升降电动机 M3 要求可以正反向起动及过载保护，回路必须串联正反转继电器主触点和熔断器，如图 8-6 所示。

07 立柱夹紧电动机 M4 要求可以正反向起动，过载保护，回路必须串联正反转继电器主触点和熔断器，如图 8-7 所示。

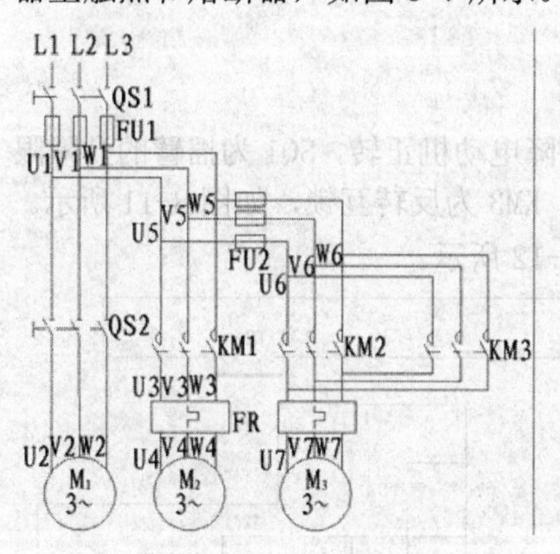

图8-6　摇臂升降电动机

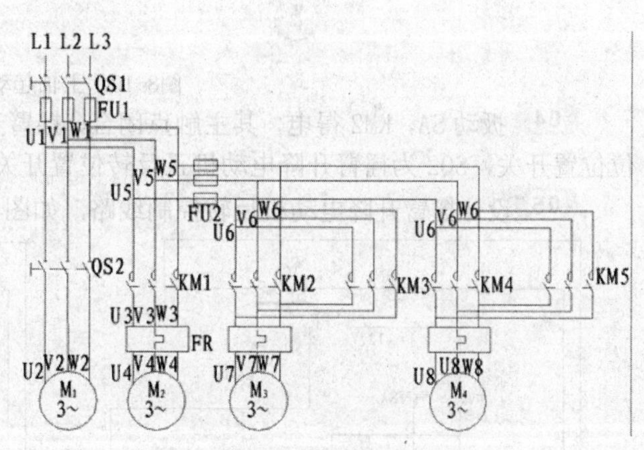

图8-7　立柱松紧电动机

8.2.2　控制回路设计

01 从主回路中为控制回路抽取两根电源线，绘制线圈、铁心和导线符号，供电系统通过变压器为控制系统供电，如图 8-8 所示。

02 零压保护是通过鼓形开关 SA 和接触器 FV 实现的，如图 8-9 所示。在电路原理说明一节中会有详细的零压保护原理说明。

03 SA 扳动，KM1 得电，KM1 主触点闭合，主轴起动，如图 8-10 所示。

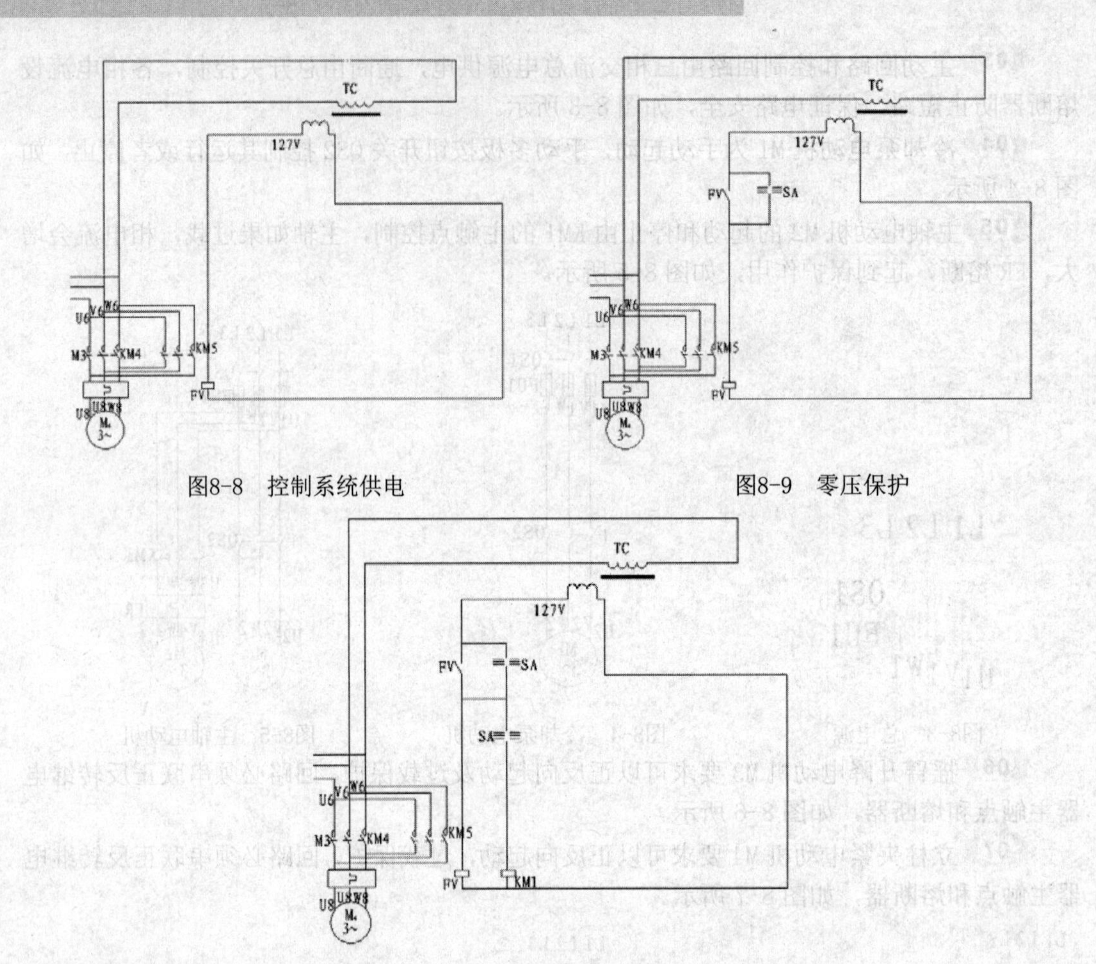

图8-8 控制系统供电

图8-9 零压保护

图8-10 主轴起动

04 扳动 SA，KM2 得电，其主触点闭合，摇臂升降电动机正转，SQ1 为摇臂的升降限位位置开关，SQ2 为摇臂升降电动机正反转位置开关，KM3 为反转互锁，如图 8-11 所示。

05 设计摇臂升降电动机反转控制线路，如图 8-12 所示。

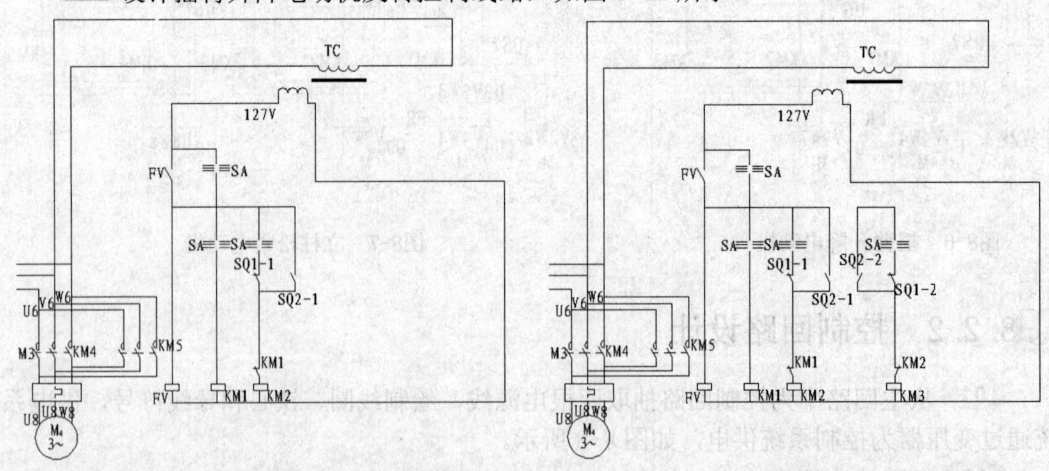

图8-11 摇臂升降电动机正转

图8-12 摇臂升降电动机反转

06 立柱夹紧电动机正反转通过开关实现互锁控制，如图 8-13 所示。当 SB1 按下，KM4 得电，SB2 闭合，KM5 辅助触点闭合，M4 正转；同理，当 SB2 按下，M4 反转。

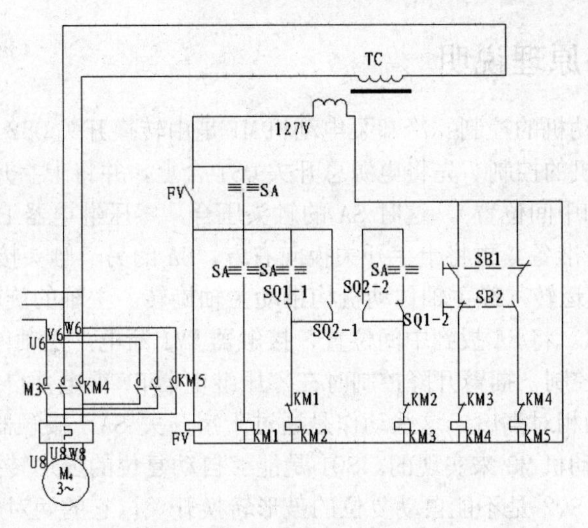

图8-13　立柱松紧电动机正反转

8.2.3　照明指示回路设计

01 将“主回路层”设置为当前图层。

02 绘制线圈、铁心和导线，供电系统通过变压器为照明回路供电，如图 8-14 所示。

03 在已绘制的导线端点右侧，插入手动开关、保险丝和照明灯图块，用导线连接，设计完成的照明回路，如图 8-15 所示。

04 添加文字说明。

❶将“文字说明层”设置为当前图层，在各个功能块正上方绘制矩形区域，如图 8-16 所示。

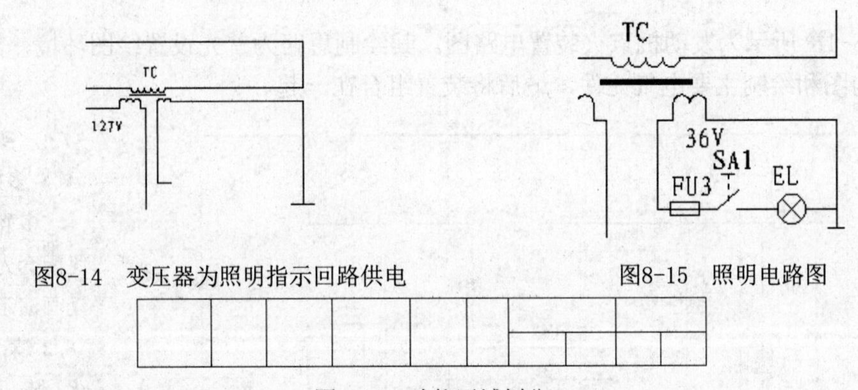

图8-14　变压器为照明指示回路供电　　图8-15　照明电路图

图8-16　功能区域划分

❷调用文字编辑功能，在矩形区域填上功能说明，如图 8-17 所示。

冷却电动机	主轴电动机	摇臂升降电动机	立柱松紧电动机	零压保护	主轴起动	摇臂		立柱	
						上升	下降	放松	夹紧

图8-17　功能说明

至此，Z35 型摇臂钻床电气原理图的所有部分已经设计完毕，把各部分整理放置整齐后得到总图，如图 8-1 所示。

8.2.4 电路原理说明

（1）冷却泵电动机的控制　冷却泵电动机 M1 是由转换开关 QS2 直接控制的。

（2）主轴电动机的控制　先将电源总开关 QS1 合上，并将十字开关 SA 扳向左方（共有左、右、上、下和中间位置），这时 SA 的触头压合，零压继电器 FV 吸合并自锁，为其他控制电路接通做好准备。再将十字开关扳向右方，SA 的另一触头接通，KM1 得电吸合，主轴电动机 M2 起动运转，经主轴传动机构带动主轴旋转。主轴的旋转方向由主轴箱上的摩擦离合器手柄操纵。将 SA 扳到中间位置，接触器 KM1 断电，主轴停车。

（3）摇臂升降控制　摇臂升降控制时在零压继电器 FV 得电并自锁的前提下进行，用来调整工件与钻头的相对高度。这些动作是通过十字开关 SA，接触器 KM2、KM3、位置开关 SQ1、SQ2 控制电动机 M3 来实现的。SQ1 是能够自动复位的鼓形转换开关，其两对触点都调整在常闭状态。SQ2 是不能自动复位的鼓形转换开关，它的两对触点常开，由机械装置来带动其通断。

为了使摇臂上升或下降时不致超过允许的极限位置，在摇臂上升和下降的控制电路中，分别串入位置开关 SQ1-1、SQ1-2 的常闭触点。当摇臂上升或下降到极限位置时，挡块将相应的位置开关压下，使电动机停转，从而避免事故发生。

（4）立柱夹紧与松开的控制　立柱的夹紧与放松是通过接触器 KM4 和 KM5 控制电动机 M4 的正反来实现的。当需要摇臂和外立柱绕内立柱移动时，应先按下按钮 SB1，接触器 KM4 得电吸合，电动机 M4 正转，通过齿式离合器驱动齿轮式油泵送出高压油，经一定油路系统合传动机构将内外立柱松开。

8.3 某发动机点火装置电路图

图 8-18 所示为发动机点火装置电路图。其绘制思路为首先设置绘图环境，然后绘制线路结构图和绘制主要电气元件，最后将装置组合在一起。

实讲实训
多媒体演示

多媒体演示参见配套光盘中的\\动画演示\第 8 章\8.3 某发动机点火装置电路图.avi。

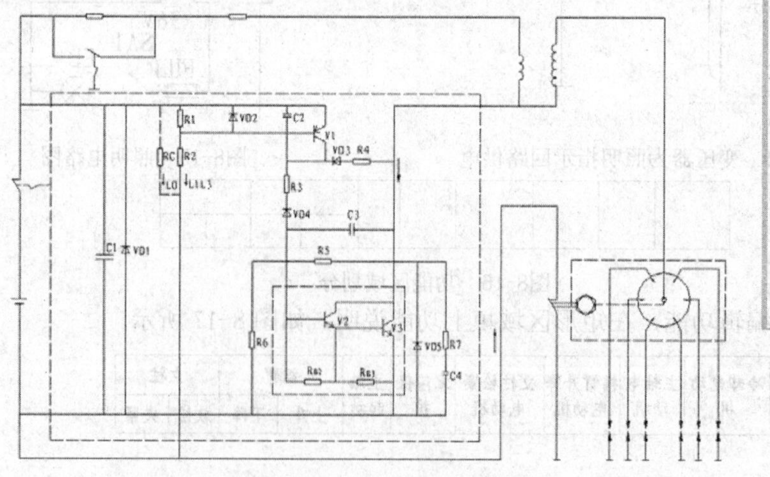

图8-18　发动机点火装置电路图

8.3.1 设置绘图环境

01 建立新文件。打开 AutoCAD 2016 应用程序，选择随书光盘中的“源文件/第 8 章/A3title.dwt”样板文件为模板，建立新文件，将新文件命名为“发动机点火装置电气原理图.dwg”。

02 设置图层。单击“默认”选项卡“图层”面板中的“图层特性”按钮，在弹出的“图层特性管理器”对话框中新建“连接线层”“实体符号层”和“虚线层”三个图层，根据需要设置各图层的颜色、线型、线宽等参数，并将“连接线层”设置为当前图层。

8.3.2 绘制线路结构图

单击“默认”选项卡“绘图”面板中的“直线”按钮，在“正交”绘图方式下，连续绘制直线，得到如图 8-19 所示的线路结构图。图中各直线段尺寸如下：AB=280mm，BC=80mm，AD=40mm，CE=500mm，EF=100mm，FG=225mm，AN=BM=80mm，NQ=MP=20mm，PS=QT=50mm，RS=100mm，TW=40mm，TJ=200mm，LJ=30mm，RZ=OL=250mm，WV=300mm，UV=230mm，UK=50mm，OH=150mm，EH=80mm，ZL=100mm。

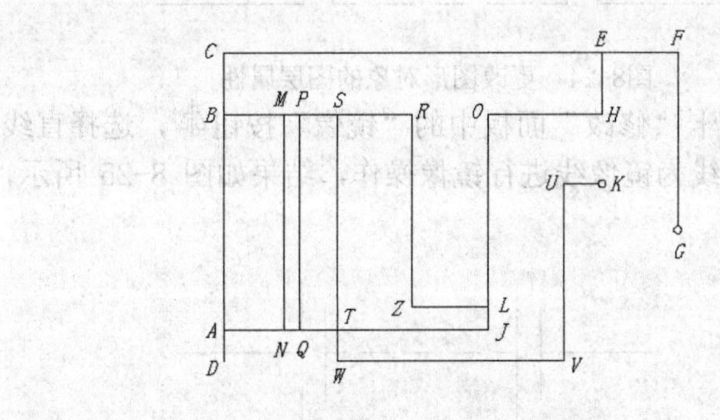

图8-19 线路结构图

8.3.3 绘制主要电气元件

01 绘制蓄电池。

❶“默认”选项卡“绘图”面板中的“直线”按钮，以坐标点{(100,0)、(200,0)}绘制水平直线，如图 8-20 所示。

图8-20 绘制水平直线

❷选择菜单栏中的“视图”→“缩放”→“全部”命令，将视图调整到易于观察的程度。

❸单击“默认”选项卡“绘图”面板中的“直线”按钮，绘制竖直直线{(125,0)、(125,10)}。

❹单击“默认”选项卡“修改”面板中的“偏移”按钮，将直线 1 依次向右偏移 5mm、45mm 和 50mm 得到直线 2、直线 3 和直线 4，如图 8-21 所示。

❺选择菜单栏中的“修改”→“拉长”命令，将直线 2 和直线 4 分别向上拉长 5mm，

如图 8-22 所示。

❻“默认”选项卡“修改”面板中的“修剪”按钮，以 4 条竖直直线作为剪切边，对水平直线进行修剪，结果如图 8-23 所示。

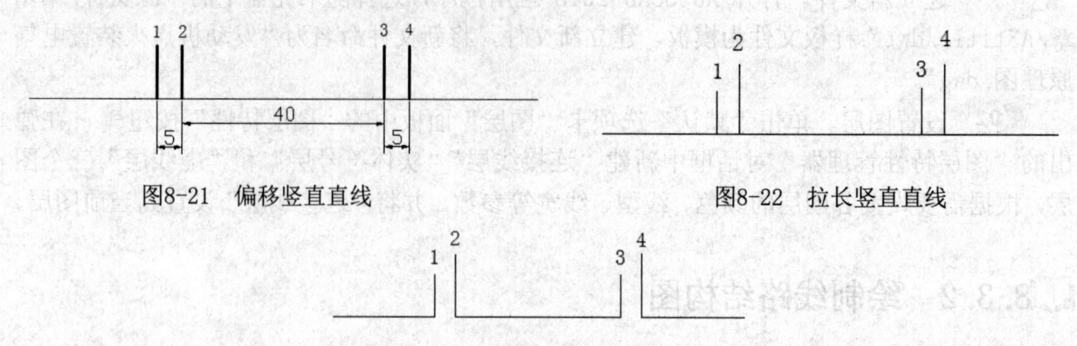

图8-21　偏移竖直直线　　图8-22　拉长竖直直线

图8-23　修剪水平直线

❼选择水平直线的中间部分，在“图层”工具栏的“图层控制”下拉列表中选择“虚线层”选项，将该直线移至“虚线层”，如图 8-24 所示。

图8-24　更改图形对象的图层属性

❽单击“默认”选项卡“修改”面板中的“镜像”按钮，选择直线 1、2、3 和 4 作为镜像对象，以水平直线为镜像线进行镜像操作，结果如图 8-25 所示，完成蓄电池的绘制。

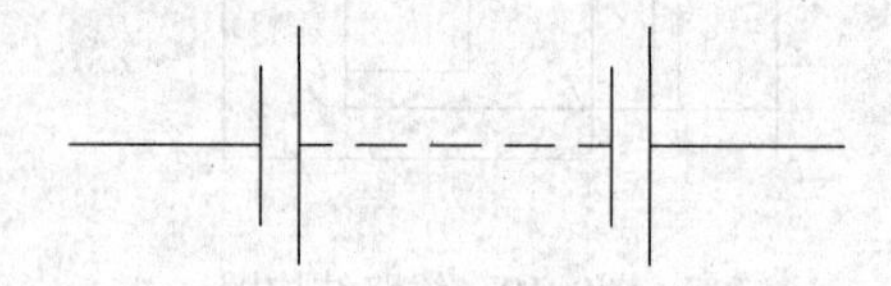

图8-25　镜像图形

02 绘制二极管。

❶单击“默认”选项卡“绘图”面板中的“直线”按钮，以坐标点{(100, 50)、(115, 50)}绘制水平直线，如图 8-26 所示。

❷单击“默认”选项卡“修改”面板中的“旋转”按钮，选择“复制”模式，将上步绘制的水平直线绕直线的左端点旋转 60°。重复“旋转”命令，将水平直线绕右端点旋转-60°，得到一个边长为 15 的等边三角形，如图 8-27 所示。

❸单击“默认”选项卡“绘图”面板中的“直线”按钮，在“正交”和“对象捕捉”绘图方式下，捕捉等边三角形最上面的顶点 A 为起点，向上绘制一条长度为 15 的竖直直线，如图 8-28 所示。

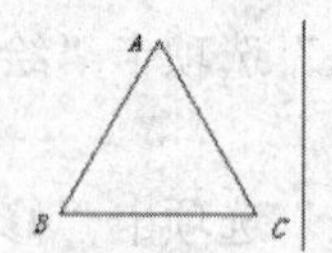

图8-26　绘制水平直线　　图8-27　绘制等边三角形

❹选择菜单栏中的“修改”→“拉长”命令，将上步绘制的直线向下拉长 27mm，如

图 8-29 所示。

❺单击“默认”选项卡“绘图”面板中的“直线”按钮，在“正交”和“对象捕捉”绘图方式下，捕捉点 A 为起点，向左绘制一条长度为 8mm 的水平直线。

❻单击“默认”选项卡“修改”面板中的“镜像”按钮，选择上步绘制的水平直线为镜像对象，以竖直直线为镜像线进行镜像操作，结果如图 8-30 所示，完成二极管的绘制。

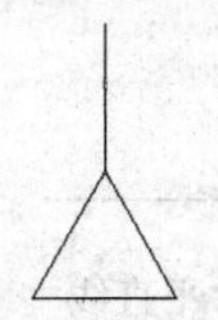

图8-28 绘制竖直直线

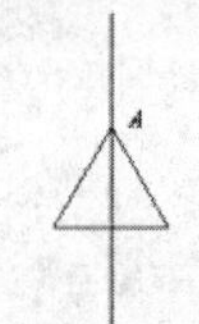

图8-29 拉长直线

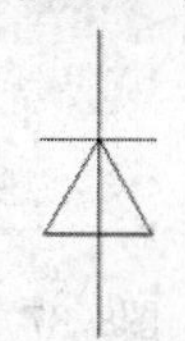

图8-30 绘制并镜像水平直线

03 绘制晶体管。

❶单击“默认”选项卡“修改”面板中的“复制”按钮，将步骤 02 中绘制的二极管中的三角形复制过来，如图 8-31 所示。

❷单击“默认”选项卡“修改”面板中的“旋转”按钮，将三角形绕其端点 C 逆时针旋转 90°，如图 8-32 所示。

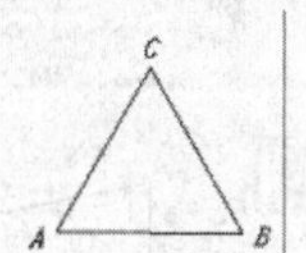

图8-31 复制三角形

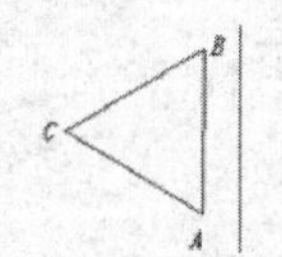

图8-32 旋转三角形

❸单击“默认”选项卡“修改”面板中的“偏移 ”按钮，将竖直边 AB 向左偏移 10mm，如图 8-33 所示。

❹单击“默认”选项卡“绘图”面板中的“直线”按钮，在“对象捕捉”和“正交”绘图方式下，捕捉 C 点为起点，向左绘制长度为 12mm 的水平直线。

❺选择菜单栏中的“修改”→“拉长”命令，将上步绘制的水平直线向右拉长 15mm，如图 8-34 所示。

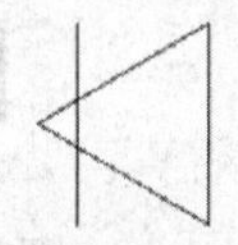

图8-33 偏移直线

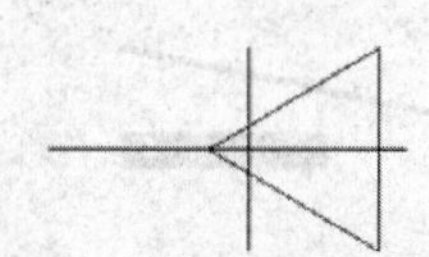

图8-34 绘制并拉长水平直线

❻单击“默认”选项卡“修改”面板中的“修剪”按钮，对图形进行剪切，结果如图 8-35 所示。

❼单击“默认”选项卡“绘图”面板中的“直线”按钮，绘制两条斜线，如图 8-36 所示，完成晶体管的绘制。

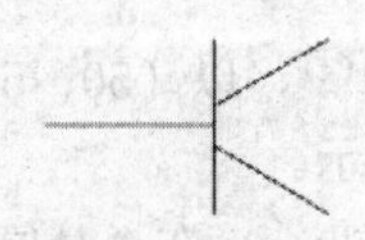

图8-35 修剪图形

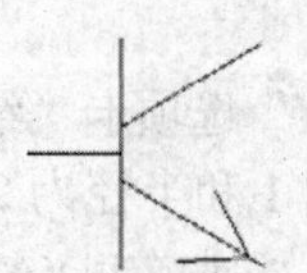

图8-36 绘制箭头

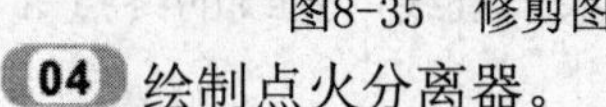

04 绘制点火分离器。

❶单击“默认”选项卡“绘图”面板中的“直线”按钮，在空白处绘制长度为 0.5mm 的竖直直线 1，如图 8-37 所示。

❷单击“默认”选项卡“绘图”面板中的“直线”按钮，在“对象捕捉”和“正交”绘图方式下，捕捉直线 1 的下端点为起点，向右绘制长度为 3mm 的水平直线 2，如图 8-38 所示。

图8-37　绘制竖直直线 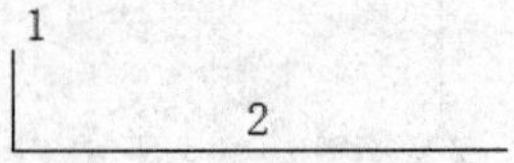　　图8-38　绘制水平直线

❸选择菜单栏中的“修改”→“拉长”命令，将直线 1 向下拉长 0.5mm，如图 8-39 所示。

❹关闭“正交”绘图方式。单击“默认”选项卡“绘图”面板中的“直线”按钮，分别捕捉直线 1 的上端点和直线 2 的右端点，绘制直线 3，然后捕捉直线 1 的下端点和直线 2 的右端点，绘制直线 4，如图 8-40 所示。

❺单击“默认”选项卡“修改”面板中的“删除”按钮，选择直线 2 并将其删除，结果如图 8-41 所示。

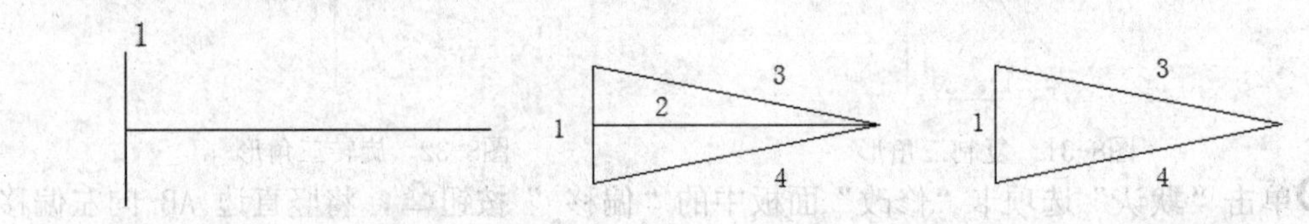

图8-39　拉长竖直直线　　图8-40　绘制斜线　　图8-41　删除直线

❻单击“默认”选项卡“绘图”面板中的“图案填充”按钮，在弹出的“图案填充创建”选项卡中，选择“SOLID”图案，选择三角形的三条边作为填充边界，如图 8-42 所示，填充结果如图 8-43 所示。

图8-42　拾取填充区域 　　图8-43　图案填充

❼单击“默认”选项卡“绘图”面板中的“直线”按钮，在箭头左侧绘制长度为 2mm 的水平直线，其尺寸如图 8-44 所示。

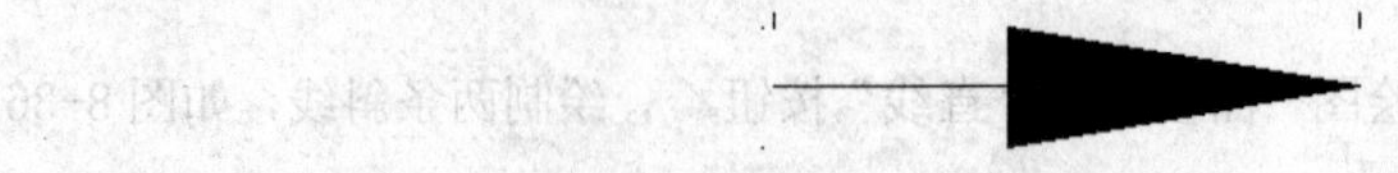

图8-44　绘制箭头

❽单击“默认”选项卡“绘图”面板中的“圆”按钮，以（50，50）为圆心，绘制半径为 1.5mm 的圆 1 和半径为 20mm 的圆 2，如图 8-45 所示。

❾单击“默认”选项卡“绘图”面板中的“直线”按钮，在“对象捕捉”和“正交”绘图方式下，捕捉圆心为起点，向右绘制一条长为 20mm 的水平直线，直线的终点 A 刚好落在圆 2 上，如图 8-46 所示。

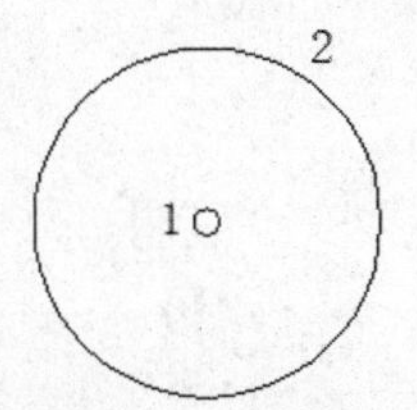

图8-45 绘制圆

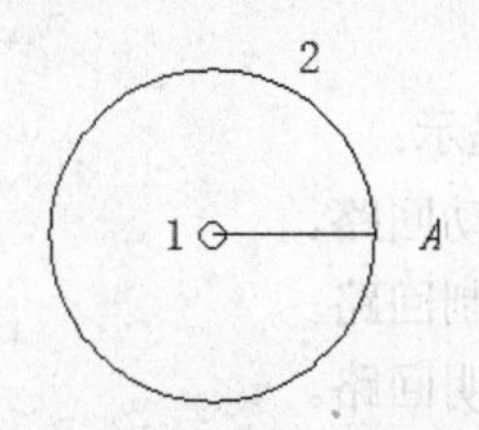

图8-46 绘制水平直线

❿单击“默认”选项卡“修改”面板中的“移动”按钮，捕捉箭头直线的右端点为基点，将箭头平移到圆 2 以内，目标点为点 A。

⓫选择菜单栏中的“修改”→“拉长”命令，将箭头直线向右拉长 7mm，如图 8-47 所示。

⓬单击“默认”选项卡“修改”面板中的“删除”按钮，删除步骤❾中绘制的水平直线，如图 8-48 所示。

⓭单击“默认”选项卡“修改”面板中的“环形阵列”按钮，将箭头及其连接线绕圆心进行环形阵列，“项目总数”为 6，“填充角度”为 360，结果如图 8-49 所示。

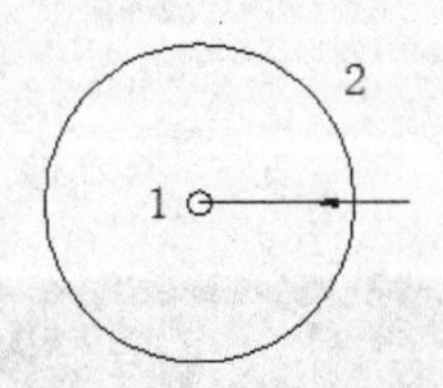

图8-47 拉长直线

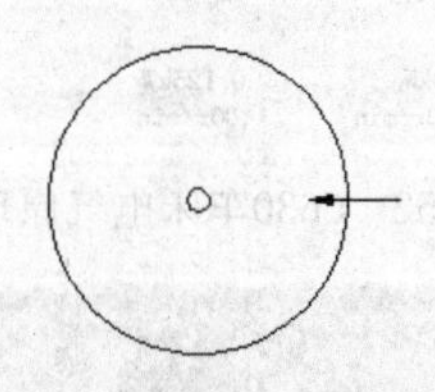

图8-48 删除直线

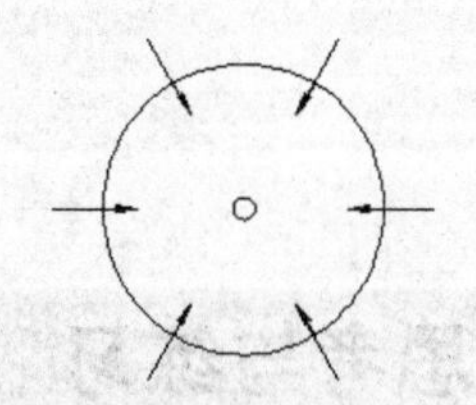

图8-49 阵列箭头

8.3.4 图形各装置的组合

单击“默认”选项卡“修改”面板中的“移动”按钮，在“对象追踪”和“正交”绘图方式下，将断路器、火花塞、点火分电器、启动自举开关等电气元器件组合在一起，形成启动装置，如图 8-50 所示。同理，将其他元件进行组合，形成开关装置，分别如图 8-51 所示。最后将这两个装置组合在一起，就形成如图 8-18 所示的结果。

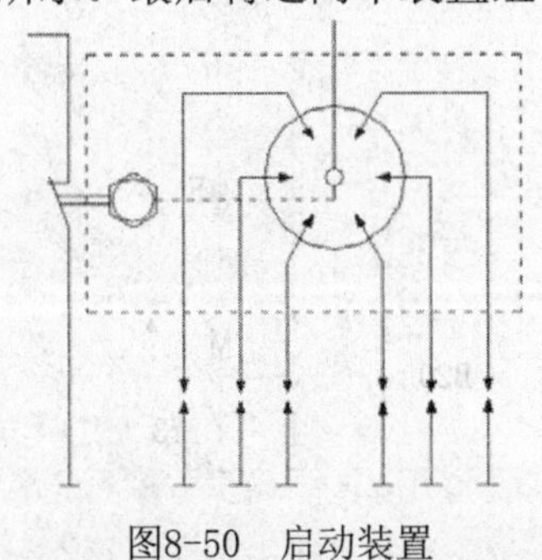

图8-50 启动装置

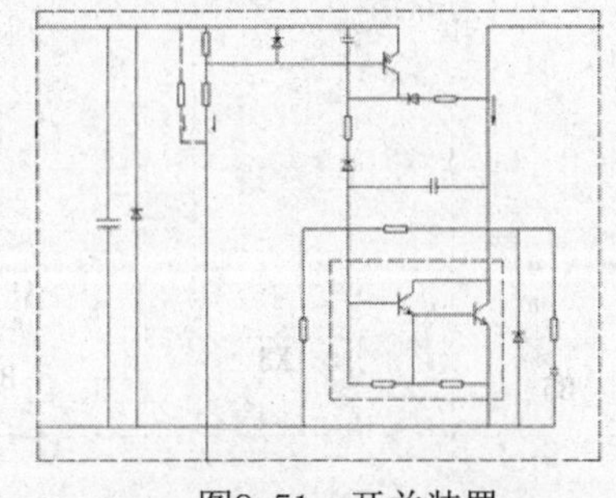

图8-51 开关装置

8.4 上机实验

实验 绘制如图 8-52 所示的 C630 车床电气原理图。

操作提示：

1）绘制主动回路。
2）绘制控制回路。
3）绘制照明回路。
4）添加文字说明。

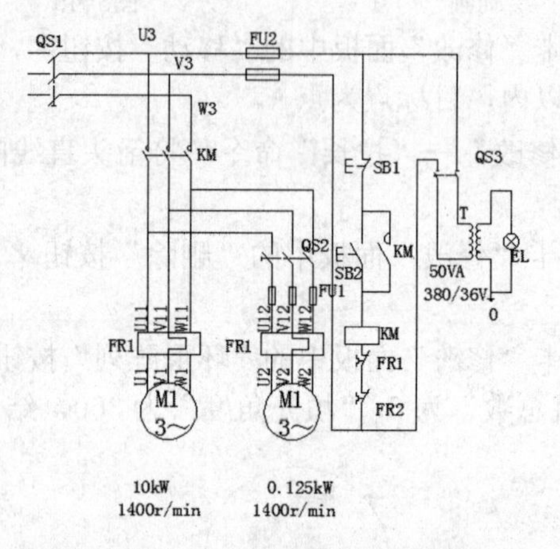

图8-52　C630车床电气原理图

8.5 思考与练习

绘制如图 8-53 所示的汽车电气电路图。

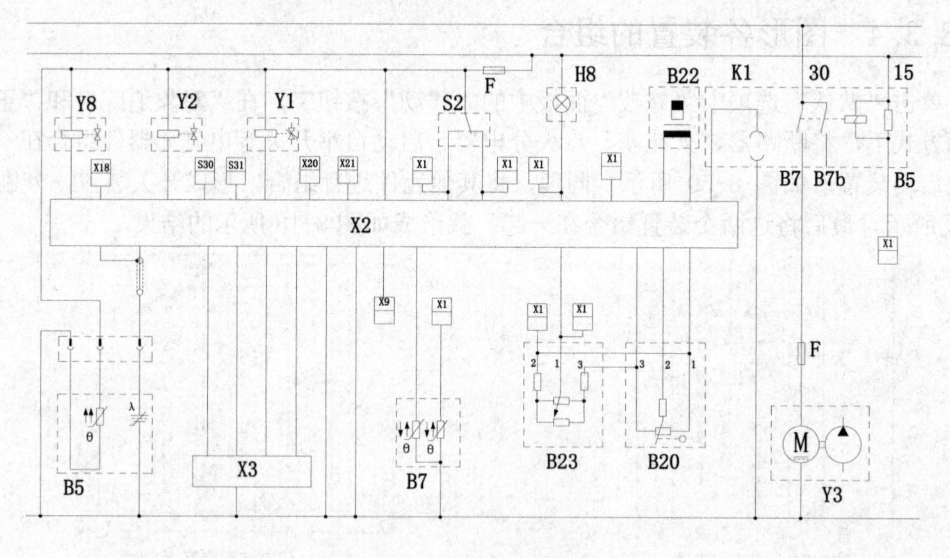

图8-53　汽车电气电路图

第9章 电路图设计

随着电子技术的高速发展，电子技术和电子产品已经深入到生产、生活和社会活动的各个领域。正确、熟练地识读、绘制电子电路图，是对从事电气工程技术人员的基本要求。

- 调频器电路图
- 数字电压表线路图

9.1 电子电路简介

9.1.1 基本概念

电子电路一般是由电压较低的直流电源供电，通过电路中的电子元件（如电阻、电容、电感等），电子器件（如二极管、晶体管、集成电路等）的工作，实现一定功能的电路。电子电路在各种电气设备和家用电器中得到了广泛应用。

9.1.2 电子电路图分类

电子电路图按不同的分类方法有以下三种。

电子电路根据使用元器件形式不同，可分为分立元件电路图、集成电路图、分立元件和集成电路混合构成的电路图。早期的电子设备由分立元件构成，所以电路图也按分立元件绘制，这使得电路复杂，造成设备调试、检修不便。随着各种功能、不同规模的集成电路的产生、发展，各种单元电路得以集成化，大大简化了电路，提高了工作的可靠性，减少了设备体积，成为电子电路的主流。目前较多的还是由分立元件和集成电路混合构成的电子电路，这种电子电路图在家用电器、计算机、仪器仪表等设备中最为常见。

电子电路按电路处理的信号不同，可分为模拟和数字两种。处理模拟信号的电路称为模拟电路，处理数字信号的电路称为数字电路，由它们构成的电路图亦可称为模拟电路图和数字电路图。当然这不是绝对的，有些较复杂的电路中既有模拟电路又有数字电路，它们是一种混合电路。

电子电路功能很多，但按其基本功能可分为基本放大电路、信号产生电路、功率放大电路、组合逻辑电路、时序逻辑电路、整流电路等。因此对应不同功能的电路会有不同的电路图，如固定偏置电路图、LC 振荡电路图、桥式整流电路图等。

9.2 调频器电路图

调频器是一类应用十分广泛的电子设备，图 9-1 所示为某调频器的电路原理图。绘制本图的基本思路是先根据元器件的相对位置关系绘制线路结构图，然后分别绘制各个元器件的图形符号，将各个图形符号“安装”到线路结构图的相应位置上，最后添加注释文字，完成绘图。

> **实讲实训 多媒体演示**
>
> 多媒体演示参见配套光盘中的\\动画演示\第 9 章\9.2 调频器电路图.avi。

9.2.1 设置绘图环境

01 建立新文件。打开 AutoCAD 2016 应用程序，选择随书光盘中的“源文件/第 9 章/A3 样板图.dwt”样板文件为模板建立新文件，将文件另存为“调频器电路图”。

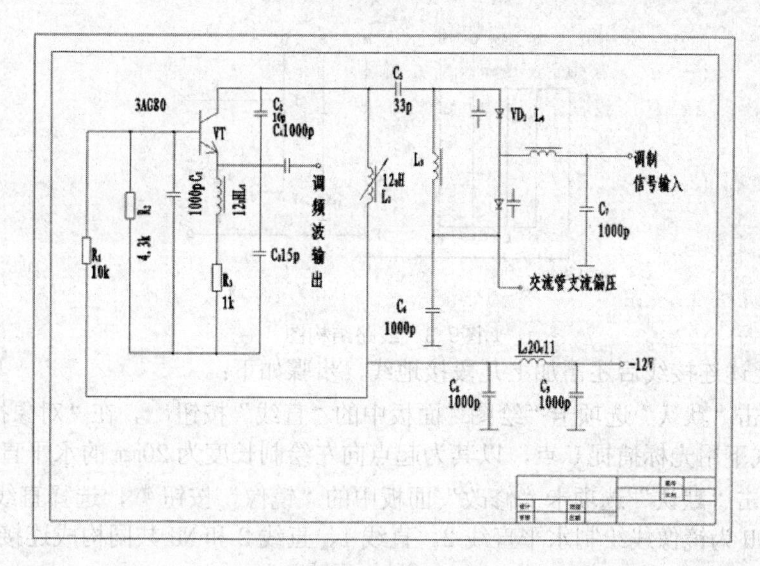

图9-1 调频器电路图

02 设置图层。选择菜单栏中的“格式”→“图层”命令，新建“连接线层”和“实体符号层”一共两个图层，各图层的颜色、线型、线宽及其它属性状态设置分别如图 9-2 所示。将“连接线层”设置为当前图层。

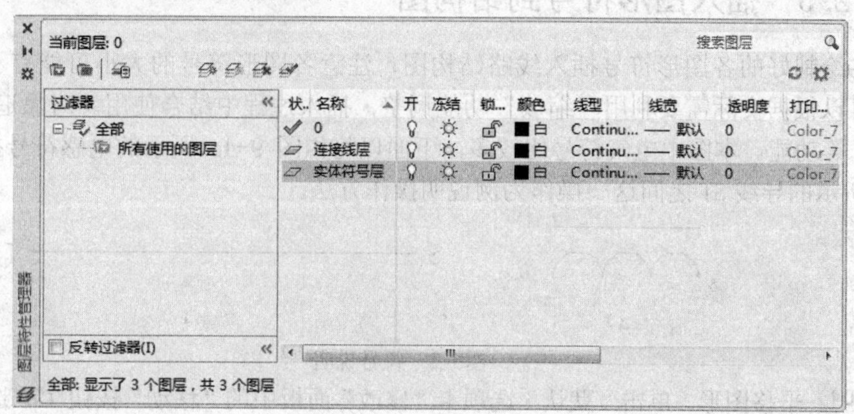

图9-2 设置图层

9.2.2 绘制线路结构图

观察图 9-3 可以知道，此图中所有的元器件之间都可以用直线表示的导线连接，因此线路结构图的绘制方法如下。

将连接线层设置为当前层，单击“默认”选项卡“绘图”面板中的“直线”按钮，绘制一系列的水平和竖直直线，得到调频线路图的连接线。

图 9-3 所示的结构图中，各连接直线的长度如下：AB=600m， AD= 100mm，DK=500 mm，DE= 100mm， EF=100 mm， EL= 500mm， FG= 100mm，FJ= 500mm， GH= 100mm，HR=600 mm，HM= 250mm，MP= 620mm，MN= 150mm， NU= 580mm， NO= 150mm， OJ= 150mm， JR= 200mm，JY= 300mm，RZ=250 mm， BC=650 mm， PC= 80mm，PS= 280mm，SV= 150mm，ST=200 mm，TW=150 mm， TQ= 80mm（按 1：5 的比例绘制结构图）。

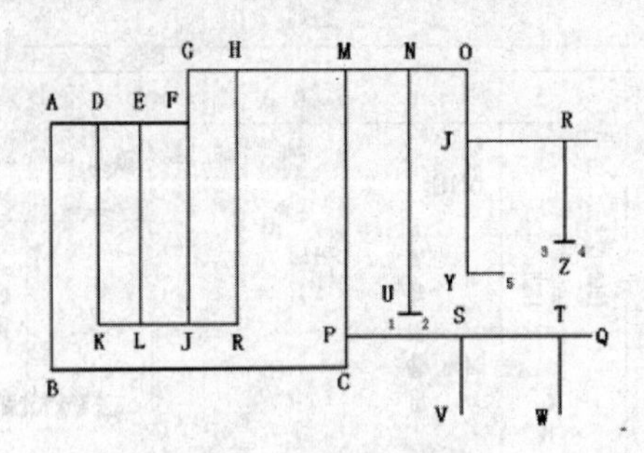

图9-3　线路结构图

绘制完上述连接线后还需加上几段接地线，步骤如下：

01 单击“默认”选项卡“绘图”面板中的“直线”按钮，在“对象捕捉”和“正交”绘图方式下用光标捕捉 U 点，以其为起点向左绘制长度为 20mm 的水平直线 1。

02 单击“默认”选项卡“修改”面板中的“镜像”按钮，选择直线 1 为镜像对象，以直线 NU 为镜像线绘制水平直线 2。直线 1、直线 2 和 NU 共同构成连接线。

03 重复 **01** 和 **02** 的操作，绘制直线 3 和直线 4，它们和直线 RZ 构成另一条接地线。

04 用和前述类似的方法绘制长度为 50mm 的水平直线 5，构成导线 JY 的接地线。

9.2.3　插入图形符号到结构图

将绘制好的各图形符号插入线路结构图，注意各图形符号的大小可能有不协调的情况，可以根据实际需要利用“缩放”功能调整，插入过程中结合使用“对象追踪”“对象捕捉”等功能。本图中电气符号比较多，下面以将如图 9-4a 所示的电感符号插入到如图 9-4b 所示的导线 ST 之间这一操作为例说明操作方法。

图9-4　符号说明

01 平移图形。单击“默认”选项卡“修改”面板中的“移动”按钮，选择图 9-5a 中的电感符号为平移对象，用光标捕捉电感符号中的 A 点为平移基点、S 点为目标点，平移结果如图 9-5a 所示。

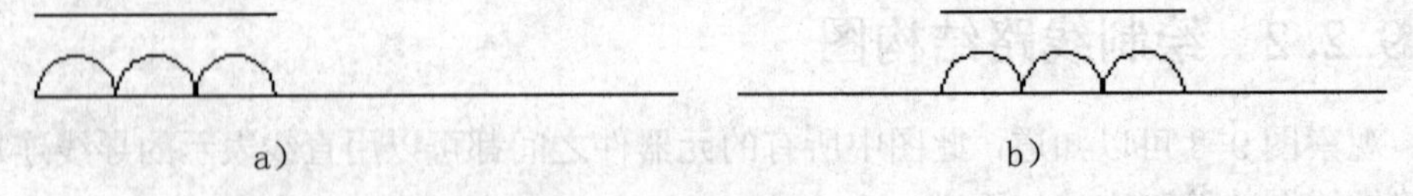

图9-5　平移图形

02 平移图形。单击“默认”选项卡“修改”面板中的“移动”按钮，选择图 9-5a 中的电感符号为平移对象，将其向右平移 70mm，　结果如图 9-5b 所示。

03 修剪图形。

❶单击“默认”选项卡“修改”面板中的“修剪”按钮，以三段半圆弧为剪切边，对水平直线 ST 进行修剪，修剪结果如图 9-6 所示，即插入结果。

❷用同样的方法将其他前面已经绘制好的电气符号插入到线路结构图中，结果如图 9-7 所示。

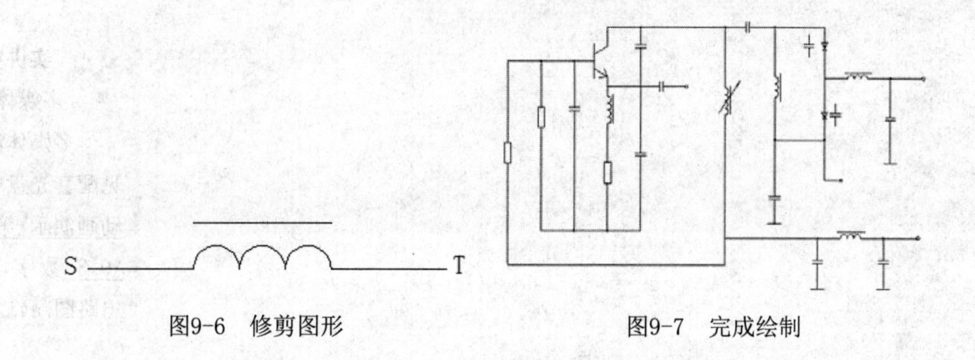

图9-6　修剪图形　　　　图9-7　完成绘制

9.2.4　添加文字和注释

01 选择菜单栏中的“格式”→“文字样式”命令，打开“文字样式”对话框。

02 在“文字样式”对话框中单击“新建”按钮，输入样式名“工程字”并单击“确定“按钮。

03 在“字体”名下拉列表选择“仿宋_GB2313”。

04 “高度”选择默认值为 0。

05 “宽度比例”输入值为 0.7，“倾斜角度”默认值为 0。

06 检查预览区文字外观，如果合适，单击“应用”和“关闭”按钮。

07 选择菜单栏中的“绘图”→“文字”→”多行文字”命令或者在命令行输入“MTEXT”命令，在图中相应位置添加文字。

最后可以得到如图 9-8 所示的图形，即完成本图的绘制。

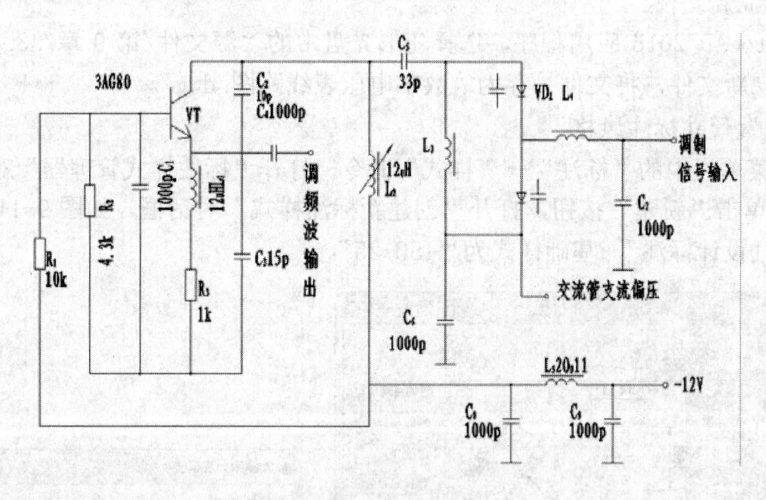

图9-8　调频器电路图

9.3　数字电压表线路图

本例绘制数字电压表线路图（如图 9-9 所示）。该图是由 BCD 七段显示器 CC14511、LED 显示器、驱动晶体管、转换器和位选开关等构成，下面将通过线路图的组成分块介绍数字电压表线路图的绘制过程。

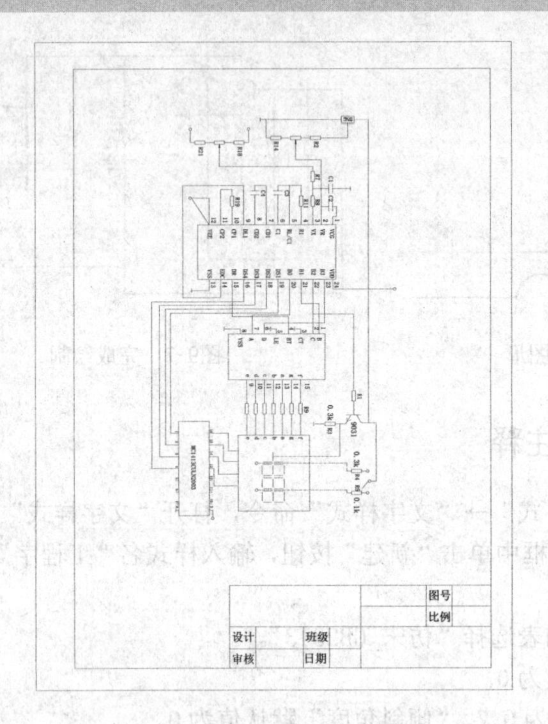

图9-9　直流数字电压表线路图

实讲实训
多媒体演示

多媒体演示参见配套光盘中的\\动画演示\第 9 章\9.3 数字电压表电路图.avi。

9.3.1　配置绘图环境

01 建立新文件。

打开 AutoCAD 2016 应用程序，选择随书光盘中的“源文件/第 9 章/A3.dwt”样板文件为模板建立新文件，将文件另存为“数字电压表线路图.dwg”。

02 设置尺寸标注风格。

❶选择菜单栏中的“标注”→“样式”命令，打开“标注样式管理器”对话框，如图 9-10 所示。单击“新建”按钮，打开“创建新标注样式”对话框，如图 9-11 所示。样式名称为“电气设计标注”，基础样式为“ISO-25”。

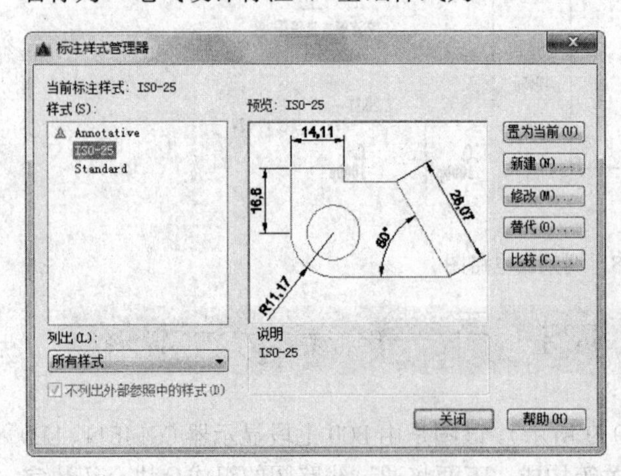

图9-10　“标注样式管理器”对话框

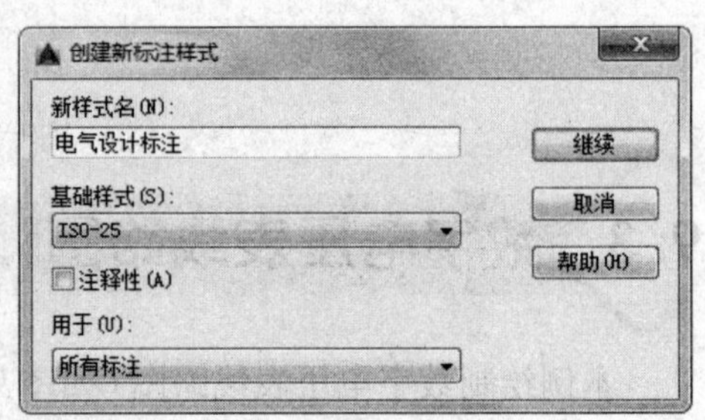

图9-11　“创建新标注样式”对话框

❷单击“继续”按钮，打开“新建标注样式”对话框，其中有 7 个选项卡，可对新建的“电气设计标注”样式的风格进行设置。“线”选项卡设置如图 9-12 所示。“基线间距”设置为 3.75，“超出尺寸线”设置为 2.5。

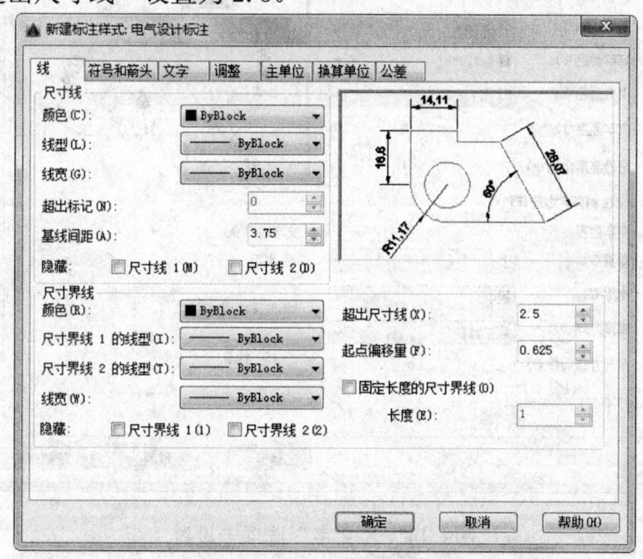

图9-12　“线”选项卡设置

❸“符号和箭头”选项卡中将“箭头大小”设为 5，如图 9-13 所示。

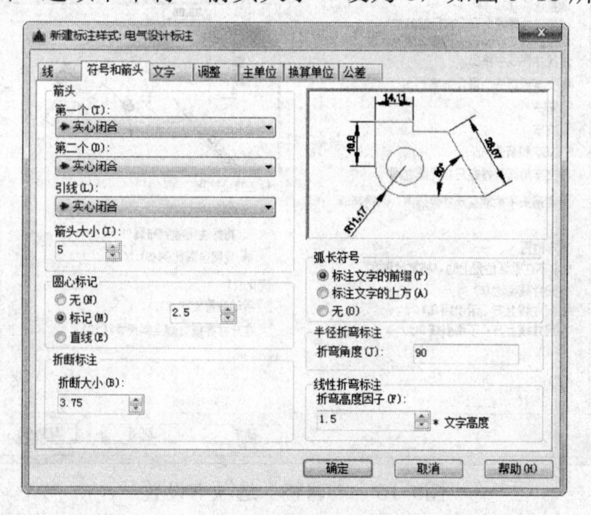

图9-13　“符号和箭头”选项卡设置

❹“文字”选项卡设置如图 9-14 所示。“文字样式”采用标准样式，“文字颜色”中可以设置标注文字的颜色，在这里我们采用默认设置，“文字高度”设置为 6，“从尺寸线偏移”设置为 0.5，“文字位置”也采用默认形式，“文字对齐”采用 ISO 标准。

❺“调整”选项卡设置如图 9-15 所示。“文字位置”选项组中选择“尺寸线上方，带引线”，其他设置采用默认形式。

❻“主单位”选项卡设置如图 9-16 所示。小数分隔符为“句点”，“舍入”设置为 0，其他都采用默认设置。

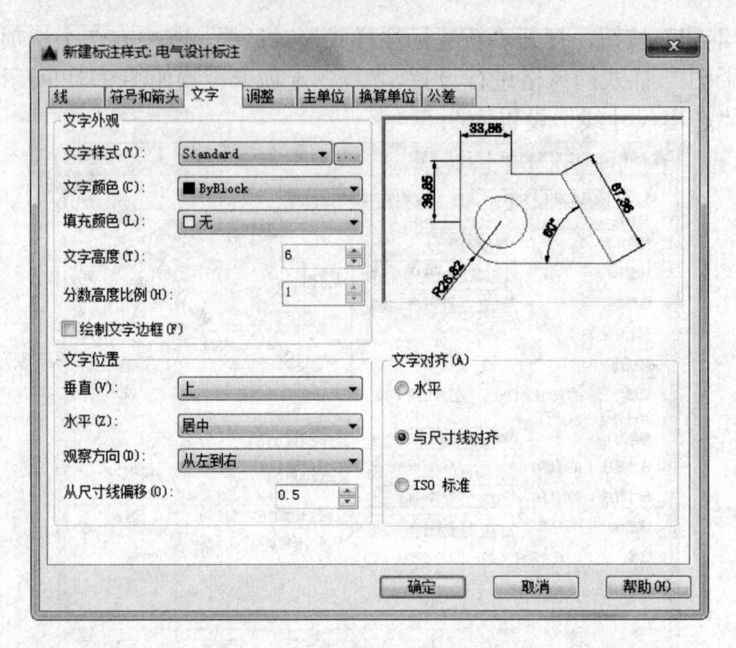

图9-14　“文字”选项卡设置

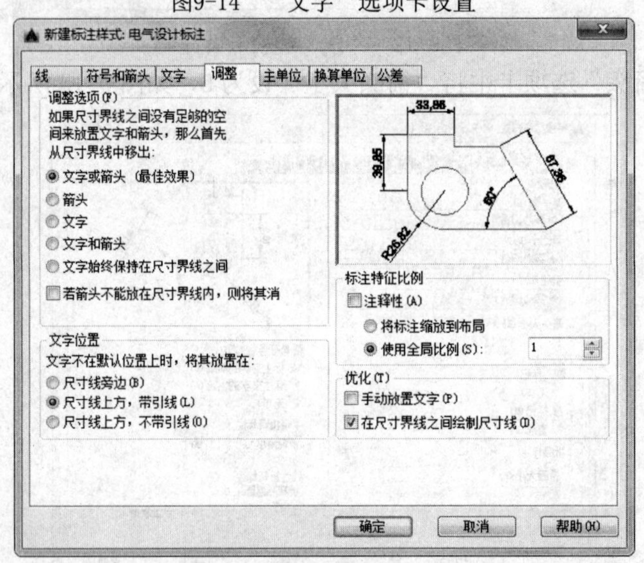

图9-15　“调整”选项卡设置

❼设置完毕后单击“确定”按钮返回到“标注样式管理器”对话框，如图 9-17 所示。单击“标注样式管理器”中的“置为当前”按钮，将新建的“电气设计标注”样式设置为当前使用的标注样式，然后单击“关闭”退出“标注样式管理器”对话框设置。

注意

普通尺寸标注中不需要设置公差，只有在需要标注尺寸公差时，才进行设置；若一开始就设置了公差，则所有尺寸标注都将带有公差。在后面需要使用公差标注时，再根据实际需要设置公差选项。

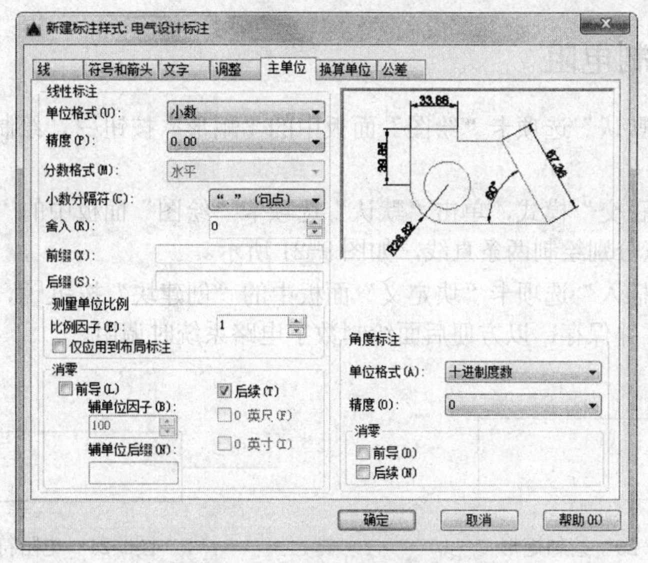

图9-16　“主单位”选项卡设置

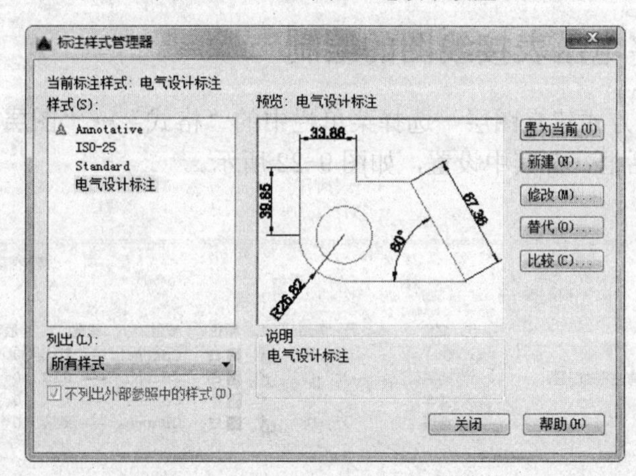

图9-17　“标注样式管理器”对话框

9.3.2　绘制晶体管

01 单击“默认”选项卡“绘图”面板中的“直线”按钮，绘制多条直线，如图 9-18 所示。

02 单击“默认”选项卡“绘图”面板中的“直线”按钮，画两条斜向线段，如图 9-19 所示。

03 单击“插入”选项卡“块定义”面板中的“创建块”按钮，将以上绘制的晶体管符号生成图块并保存，以方便后面绘制数字电路系统时调用。

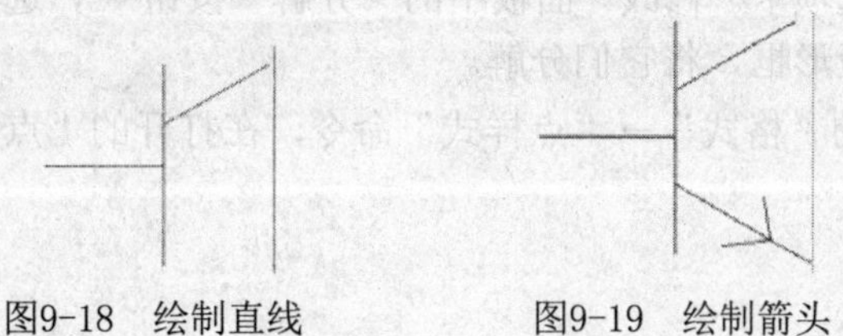

图9-18　绘制直线　　图9-19　绘制箭头

9.3.3 绘制电阻

01 单击“默认”选项卡“绘图”面板中的“矩形”按钮，绘制一个矩形，如图 9-20 所示。

02 开启“正交”模式，单击“默认”选项卡“绘图”面板中的“直线”按钮，捕捉矩形短边中点分别绘制两条直线，如图 9-21 所示。

03 单击“插入”选项卡“块定义”面板中的“创建块”按钮，将以上绘制的电阻符号生成图块，并保存，以方便后面绘制数字电路系统时调用。

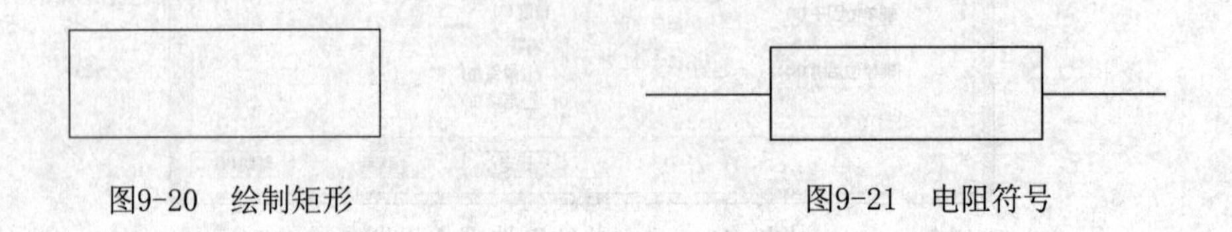

图9-20 绘制矩形　　图9-21 电阻符号

9.3.4 数字电压表接线图的绘制

01 按照如下方式建立图层 选择菜单栏中的“格式”→“图层”命令，打开“图层特性管理器”对话框，在其中设置，如图 9-22 所示。

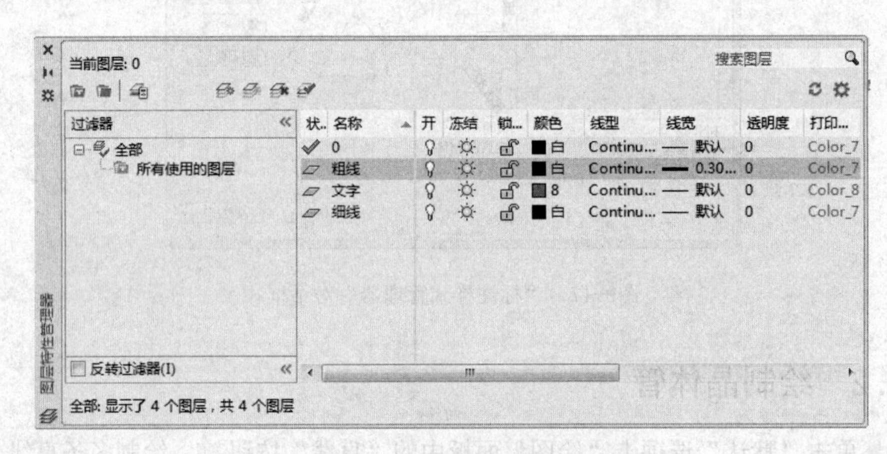

图9-22 图层特性管理器

02 新建“粗线”图层，并将其设置为当前层，单击“默认”选项卡“绘图”面板中的“矩形”按钮，绘制 A/D 转换器、位选开关、基准电源、译码器及显示器的 5 个矩形框，按如图 9-23 所示的位置摆放。

03 画 A/D 转换器、位选开关、译码器、LED 七段显示器的管脚线。

❶单击“默认”选项卡“修改”面板中的“分解”按钮，选择 A/D 转换器，位选开关、译码器和显示器矩形框，将它们分解。

❷选择菜单栏中的“格式”→“点样式”命令，在打开的“点样式”对话框选择如图 9-24 所示。

图9-23 5个矩形框

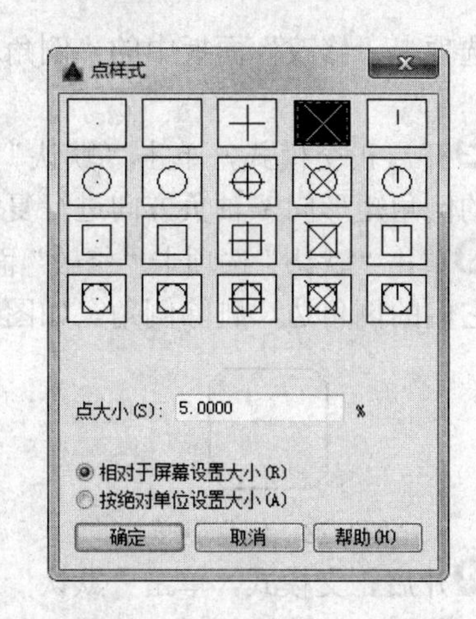

图9-24 “点样式”对话框

❸将“实线”设置为当前图层。选择菜单栏中的“绘图”→“点”→“定数等分”命令，分别等分 A/D 转换器、位选开关、译码器的相应的边。

等分点绘制后的结果如图 9-25 所示。

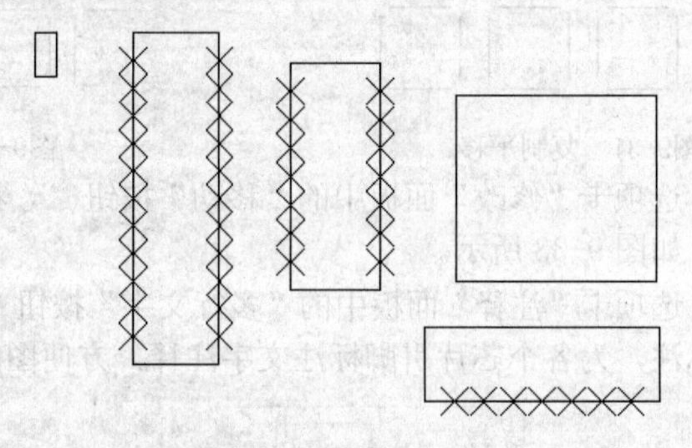
图9-25 等分点

04 单击“插入”选项卡“块”面板中的“插入块”按钮，插入晶体管、电阻、电容图块，按图 9-26 所示的位置布局。

05 单击“默认”选项卡“绘图”面板中的“直线”按钮，按各个元件之间的逻辑关系连接各个元件的引脚，连线后的结果如图 9-27 所示。

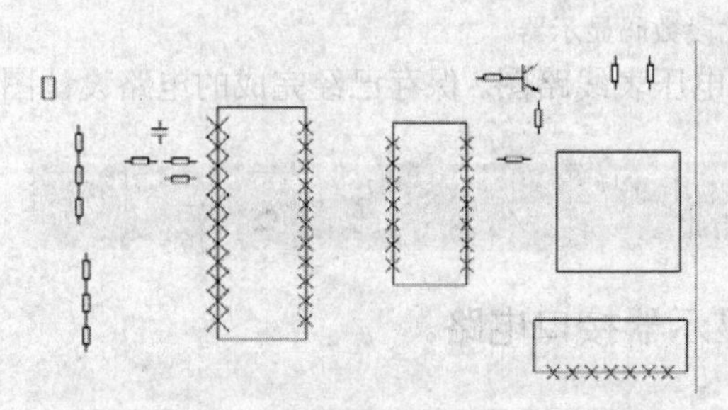
图 9-26 插入晶体管、电阻、电容图块

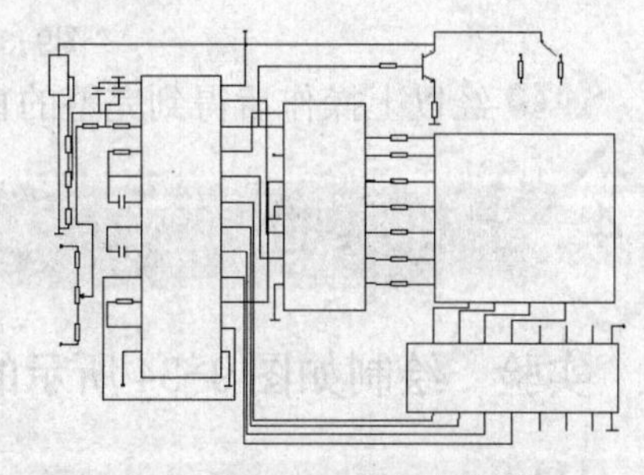
图 9-27 连线结果

06 完成以上步骤后，还有 LED 七段数码显示器没有绘制，下面详细介绍 LED 七段数码显示器的画法。

❶单击“默认”选项卡“绘图”面板中的“矩形”按钮，绘制一个矩形。单击“默

认”选项卡“修改”面板中的“倒角”按钮，将矩形四角进行倒角处理，如图 9-28 所示。

❷开启正交模式，单击“默认”选项卡“修改”面板中的“复制”按钮，将❶中绘制的倒角矩形向 Y 轴负方向进行复制，如图 9-29 所示。

❸单击“默认”选项卡“修改”面板中的“分解”按钮，将以上两个倒角矩形分解，选中它们的倒角边，删除倒角。如图 9-30 所示。

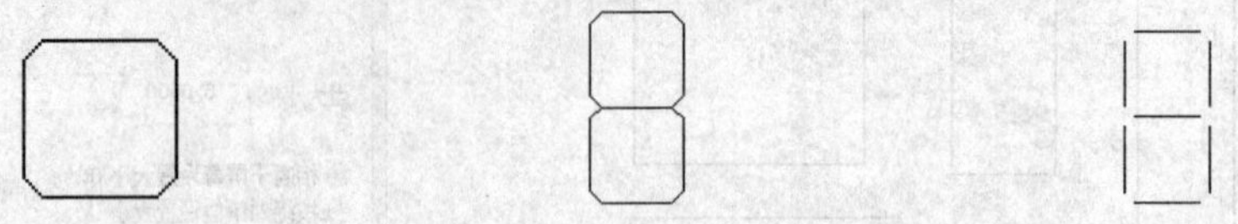

图9-28 倒角矩形　　图9-29 复制倒角矩形　　图9-30 删除倒角

❹开启正交模式，单击“默认”选项卡“修改”面板中的“复制”按钮，将倒角矩形向 X 轴正方向进行复制，如图 9-31 所示。

❺对第一个图形不要的边作修剪，结果如图 9-32 所示，完成数码管符号的绘制。

图9-31 复制平移　　图9-32 码管符号

❻单击“默认”选项卡“修改”面板中的“移动”按钮，将 LED 七段数码显示器插入到线路图并连接，如图 9-33 所示。

❼单击“默认”选项卡“注释”面板中的“多行文字”按钮A，按如图 9-9 所示的位置插入数字和文字标注，为各个芯片引脚标注文字注释，方便图的审核和阅读。

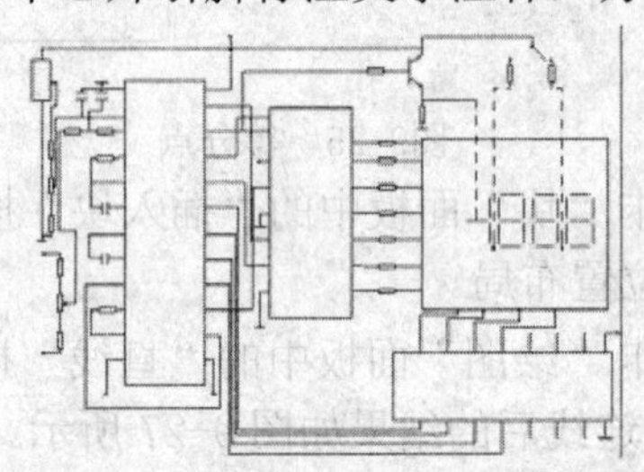

图9-33 插入七段数码显示器

07 经以上操作后得到完整的直流数字电压表线路图。保存已经完成的电路设计图。

9.4 上机实验

实验　绘制如图 9-34 所示的键盘显示器接口电路。

操作提示：

1）设置新图层。

2）绘制连接线。

3）绘制各个元器件。

4）连接各个元器件。

5）添加注释文字。

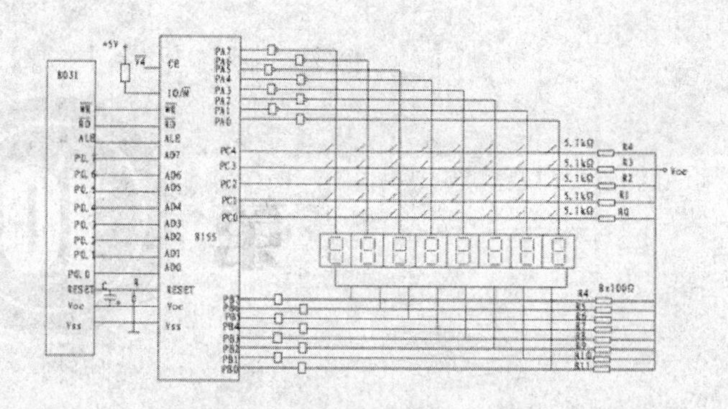

图9-34 键盘显示器接口电路

9.5 思考与练习

绘制如图 9-35 所示的单片机采样线路图。

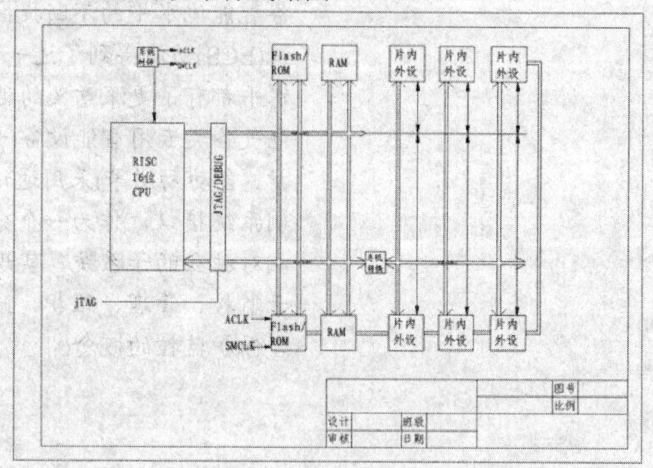

图9-35 单片机采样线路图

控制电气工程图设计

随着电厂生产管理的要求及电气设备智能化水平的不断提高，电气控制系统(ECS)功能得到了进一步扩展，理念和水平都有了更深意义的延伸。将ECS及电气各类专用智能设备(如同期、微机保护、自动励磁等)采用通讯方式与分散控制系统接口，作为一个分散控制系统中相对独立的子系统，实现同一平台，便于监控、管理、维护，此即厂级电气综合保护监控的概念。

- 恒温烘房电气控制图
- 数控机床控制系统图设计

10.1 控制电气简介

10.1.1 控制电路简介

从研究电路的角度来看，一个实验电路一般可分为电源、控制电路和测量电路三部分。测量电路是事先根据实验方法确定好的，可以把它抽象地用一个电阻 R 来代替称为负载。根据负载所要求的电压 U 和电流 I，就可选定电源。一般电学实验对电源并不苛求，只要选择电源的电动势 E 略大于 U，电源的额定电流大于工作电流即可。负载和电源都确定后，就可以安排控制电路，使负载能获得所需要的各个不同的电压和电流。一般来说，控制电路中电压或电流的变化，都可用滑线式可变电阻来实现。控制电路有制流和分压两种最基本接法，两种接法的性能和特点由调节范围、特性曲线、细调程度来表征。

一般在安排控制电路时，并不一定要求设计出一个最佳方案。只要根据现有的设备设计出既安全又省电且能满足实验要求的电路就可以了。设计方法一般也不必做复杂的计算，可以边实验边改进。先根据负载的电阻 R 要求调节的范围，确定电源电压 E，然后综合比较一下采用分压还是制流，确定了 R0 后，估计一下细调程度是否足够，然后做一些初步试验，看看在整个范围内细调是否满足要求，如果不能满足，则可以加接变阻器，分段逐级细调。

控制电路主要分为开环（自动）控制系统和闭环（自动）控制系统（也称为反馈控制系统）。其中开环(自动)控制系统包括前向控制、程控(数控)、智能化控制等，如录音机的开、关机，自动录放，程序工作等。闭环(自动)控制系统则是反馈控制，将受控物理量自动调整到预定值。

其中反馈控制是最常用的一种控制电路。下面介绍三种常用的反馈控制方式。

（1）自动增益控制 AGC（AVC） 反馈控制量为增益(或电平)，以控制放大器系统中某级(或几级)的增益大小。

（2）自动频率控制 AFC 反馈控制量为频率，以稳定频率。

（3）自动相位控制 APC（PLL） 反馈控制量为相位。

PLL 可实现调频、鉴频、混频、解调、频率合成等。

图 10-1 所示为一种常见的反馈自动控制系统的模式。

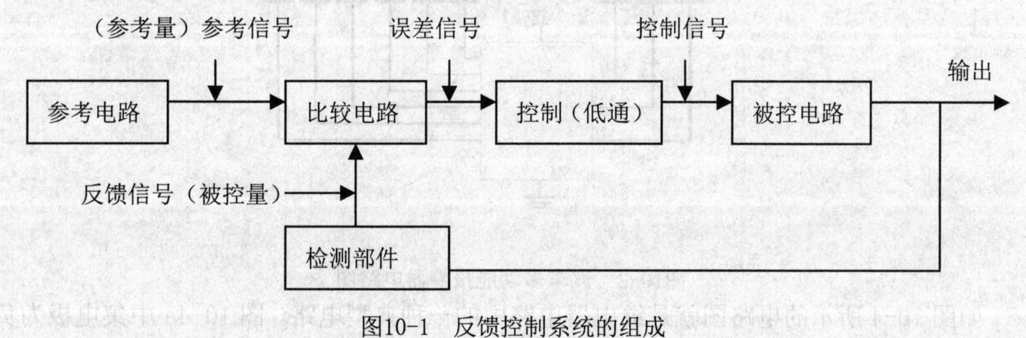

图10-1 反馈控制系统的组成

10.1.2 控制电路图简介

控制电路大致可以包括下面几种类型的电路，即自动控制电路、报警控制电路、开关电路、灯光控制电路、定时控制电路、温控电路、保护电路、继电器控制、晶闸管控制电路、电动机控制电路、电梯控制电路等。下面对其中几种控制电路的典型电路图进行举例。

如图 10-2 所示的电路图是报警控制电路中的一种典型电路，即汽车多功能报警器电路图。

它的功能要求为当系统检测到汽车出现各种故障时进行语音提示报警。语音：左前轮、右前轮、左后轮、右后轮、胎压过低、胎压过高、请换电池、叮咚；控制方式：并口模式；语音对应地址（在每个语音组合中加入 200 毫妙的静音）：00H“叮咚”＋左前轮＋胎压过高；01H“叮咚”＋右前轮＋胎压过高；02H“叮咚”＋左后轮＋胎压过高；03H“叮咚”＋右后轮＋胎压过高；04H“叮咚”＋左前轮＋胎压过低；05H“叮咚”＋右前轮＋胎压过低；06H“叮咚”＋左后轮＋胎压过低；07H“叮咚”＋右后轮＋胎压过低；08H“叮咚”＋左前轮＋请换电池；09H“叮咚”＋右前轮＋请换电池；0AH“叮咚”＋左后轮＋请换电池；0BH“叮咚”＋右后轮+请换电池。

如图 10-3 所示的电路是温控电路中的一种典型电路。该电路是由双 D 触发器 CD4013 中的一个 D 触发器组成，电路结构简单，具有上、下限温度控制功能。控制温度可通过电位器预置，当超过预置温度后自动断电，可用于电热加工的工业设备。电路中将 D 触发器连接成一个 RS 触发器，以工业控制用的热敏电阻 MF51 作温度传感器。

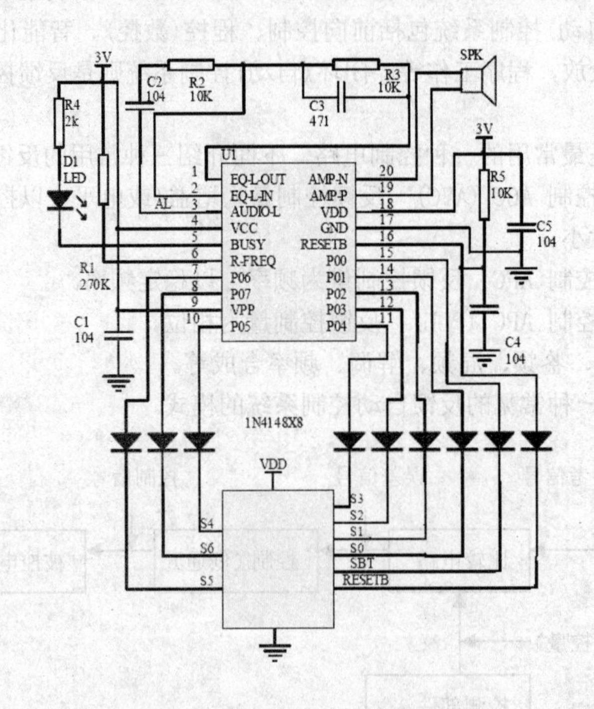

图10-2　汽车多功能报警器电路图

如图 10-4 所示的电路图就是继电器电路中的一种典型电路。图 10-4a 中集电极为负，发射极为正，对于 PNP 型管而言，这种极性的电源是正常的工作电压；图 10-4b 中集电极为正，发射极为负，对于 NPN 型管而言，这种极性的电源是正常的工作电压。

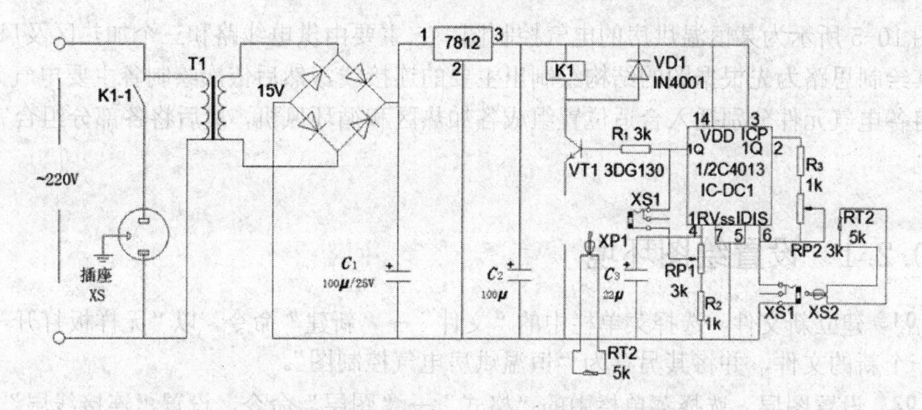

图10-3　高低温双限控制器(CD4013)电路图

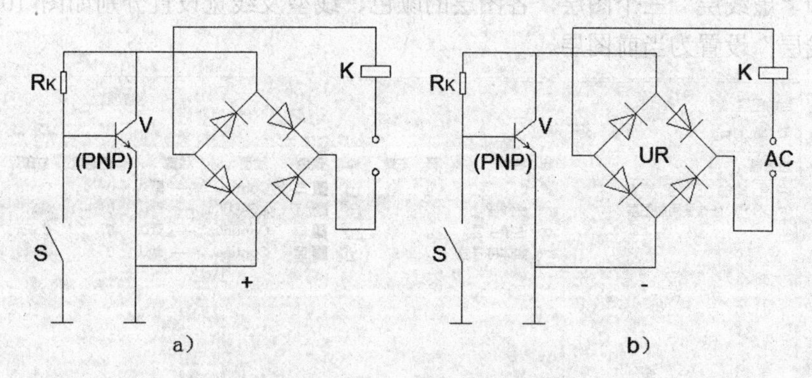

图10-4　交流电子继电器电路图

10.2 恒温烘房电气控制图

本例绘制恒温烘房电气控制图，如图 10-5 所示。

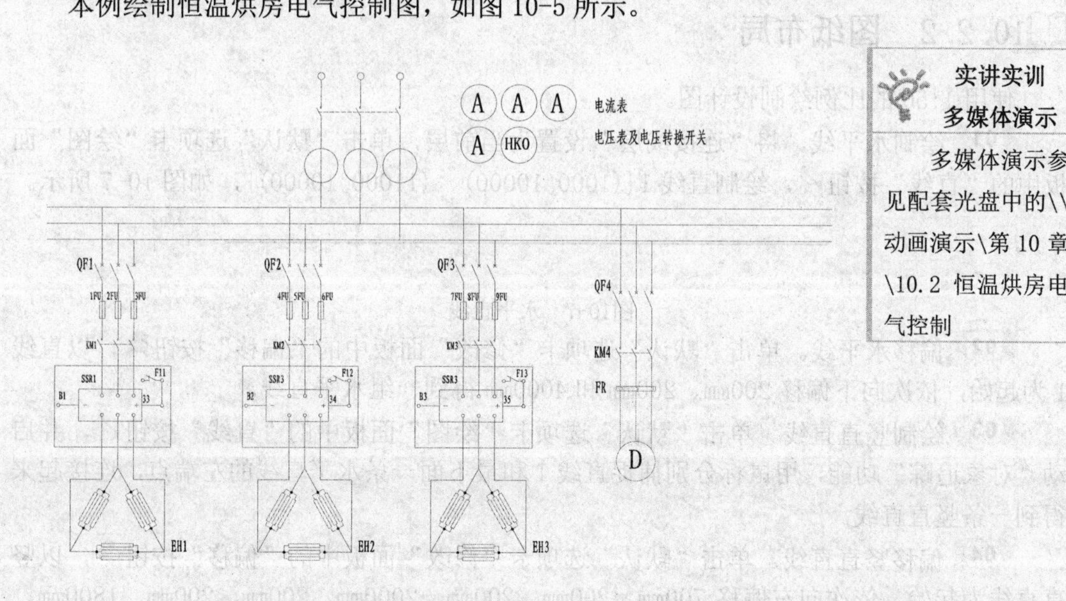

图10-5　恒温烘房电气控制图

> 实讲实训
> 多媒体演示
>
> 多媒体演示参见配套光盘中的\\动画演示\第 10 章\10.2 恒温烘房电气控制

图 10-5 所示为某恒温烘房的电气控制图，它主要由供电线路和三个加热区及风机组成。其绘制思路为先根据图的结构绘制出主要的连接线，然后依次绘制各主要电气元件，之后将各电气元件分别插入合适位置组成各加热区和循环风机，最后将各部分组合完成图样绘制。

10.2.1 设置绘图环境

01 建立新文件。选择菜单栏中的“文件”→“新建”命令，以“无样板打开-公制”创建一个新的文件，并将其另存为“恒温烘房电气控制图”。

02 设置图层。选择菜单栏中的“格式”→“图层”命令，设置“连接线层”“实体符号层”和“虚线层”三个图层，各图层的颜色、线型及线宽设置分别如图 10-6 所示。将“连接线层”设置为当前图层。

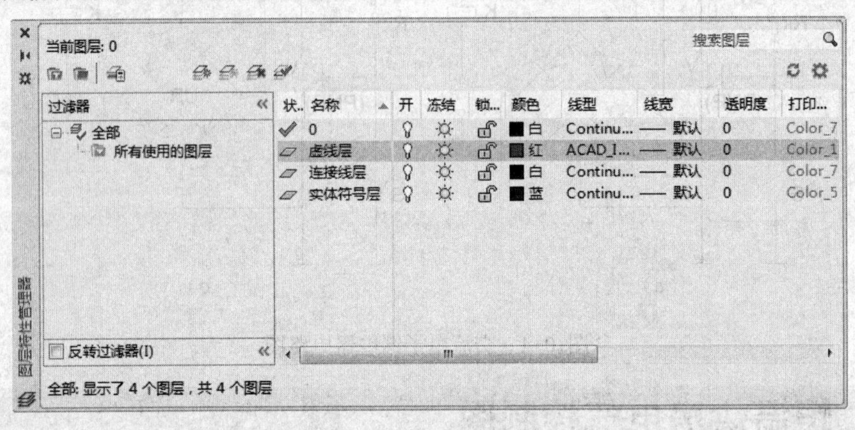

图10-6 新建图层

10.2.2 图纸布局

使用 1:50 的比例绘制设计图。

01 绘制水平线。将“连接线层”设置为当前层，单击“默认”选项卡“绘图”面板中的“直线”按钮，绘制直线 1{(1000,10000)、(11000,10000)}，如图 10-7 所示。

图10-7 水平直线

02 偏移水平线。单击“默认”选项卡“修改”面板中的“偏移”按钮，以直线 1 为起始，依次向下偏移 200mm、200mm 和 4000mm 得到一组水平直线。

03 绘制竖直直线。单击“默认”选项卡“绘图”面板中的“直线”按钮，并启动“对象追踪”功能，用鼠标分别捕捉直线 1 和最下面一条水平直线的左端点，连接起来得到一条竖直直线。

04 偏移竖直直线。单击“默认”选项卡“修改”面板中的“偏移”按钮，以竖直直线为起始，依次向右偏移 700mm、200mm、200mm、2000mm、200mm、200mm、1800mm、200mm、200mm、1600mm、200mm 和 200mm，得到一组竖直直线。然后单击“默认”选项卡

“修改”面板中的“删除”按钮，删除初始竖直直线。前述绘制的水平直线和竖直直线构成了如图10-8所示的图形。

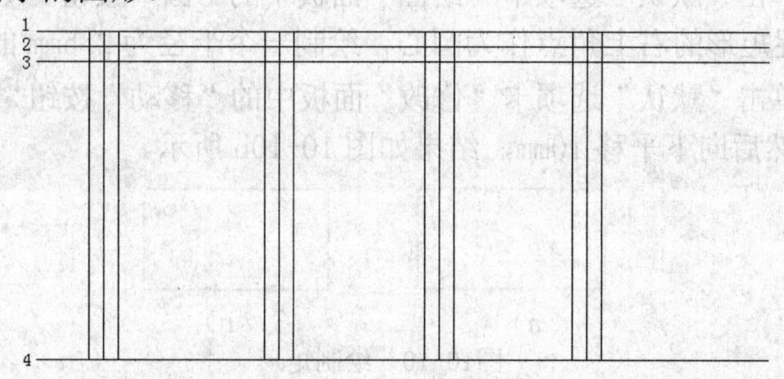

图10-8　添加连接线

05 绘制竖直直线。单击“默认”选项卡“绘图”面板中的“直线”按钮，并启动“对象追踪”功能，用光标捕捉直线3的左端点，向上绘制一条长度为2000mm的竖直直线5。

06 平移直线。单击“默认”选项卡“修改”面板中的“移动”按钮，将上步绘制的直线5向右平移3500mm。

07 偏移直线。单击“默认”选项卡“修改”面板中的“偏移”按钮，将直线5向右分别偏移500mm、500mm，得到直线6和直线7。

08 绘制水平直线。单击“默认”选项卡“绘图”面板中的“直线”按钮，并启动“对象追踪”功能，用光标分别捕捉直线5和直线7的上端点，绘制水平直线。

09 偏移直线4。单击“默认”选项卡“修改”面板中的“偏移”按钮，将直线4向上偏移1000mm。

10 修剪图形。单击“默认”选项卡“修改”面板中的“修剪”按钮和“删除”按钮，修剪水平和竖直直线并删除多余的直线，得到如图10-9所示的图形，即绘制完成的图纸布局。

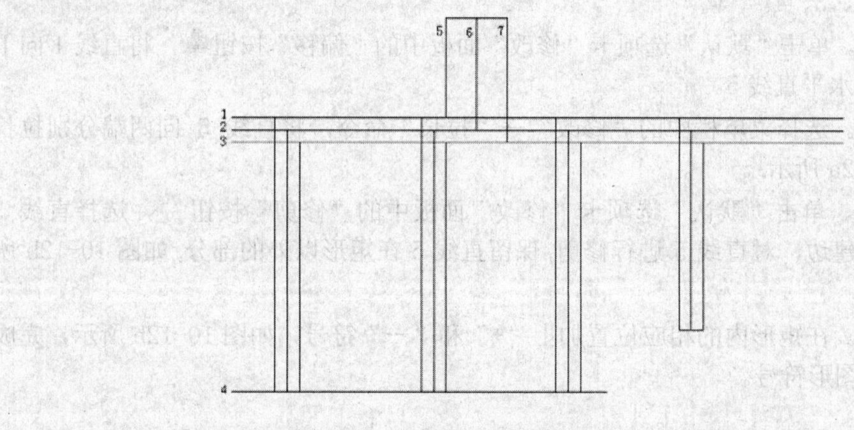

图10-9　图纸布局

10.2.3　绘制各电气元件

01 绘制固态继电器。

❶绘制矩形。将“实体符号层”设置为当前层，单击“绘图”工具栏中的“矩形”按

钮，绘制一个长为100mm、宽为50mm的矩形，如图10-10a所示。

❷绘制圆。单击“默认”选项卡“绘图”面板中的“圆”按钮，在“对象追踪”方式下，用鼠标捕捉矩形的右上角点作为圆心，绘制一个半径为2.5mm的圆。

❸平移圆。单击“默认”选项卡“修改”面板中的“移动”按钮，将上步绘制的圆向左平移13mm，然后向下平移10mm，结果如图10-10b所示。

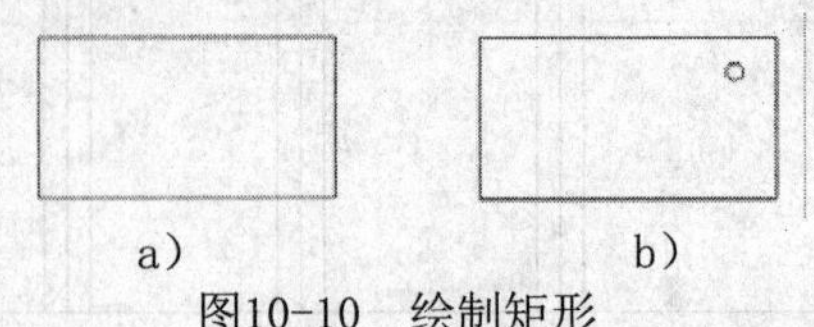

图10-10　绘制矩形

❹阵列圆。单击“默认”选项卡“修改”面板中的“矩形阵列”按钮，选择圆为阵列对象，用光标捕捉圆心为基点，“行数”设置为2，“列数”设置为3。“行间距”设置为-30，“列间距”设置为-25，结果如图10-11a所示。

❺绘制竖直直线。单击“默认”选项卡“绘图”面板中的“直线”按钮，并启动“对象追踪”功能，用鼠标捕捉在竖直方向的两个圆的圆心绘制竖直直线。用同样的方法绘制另外两条竖直直线。

❻拉长直线。选择菜单栏中的“修改”→“拉长”命令，将三条竖直直线向上和向下分别拉长40mm，结果如图10-11b所示。

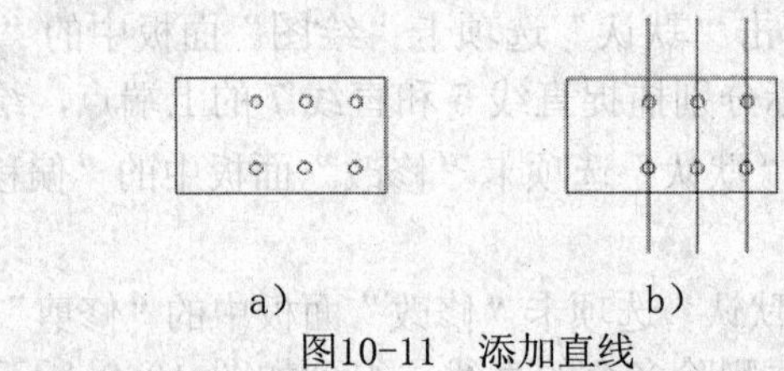

图10-11　添加直线

❼分解矩形。单击“默认”选项卡“修改”面板中的“分解”按钮，将绘制的矩形分解为直线1、2、3、4。

❽偏移直线。单击“默认”选项卡“修改”面板中的“偏移”按钮，将直线1向下偏移25mm，得到水平直线5。

❾拉长直线。选择菜单栏中的“修改”→“拉长”命令，将直线5向两端分别拉长30mm，如图10-12a所示.。

❿修剪直线。单击“默认”选项卡“修改”面板中的“修剪”按钮，选择直线3和直线4作为修建边，对直线5进行修剪，保留直线5在矩形以外的部分，如图10-12b所示。

⓫完成绘制。在矩形内的相应位置加上“+”和“－”符号，如图10-12b所示，完成绘制固态继电器图形符号。

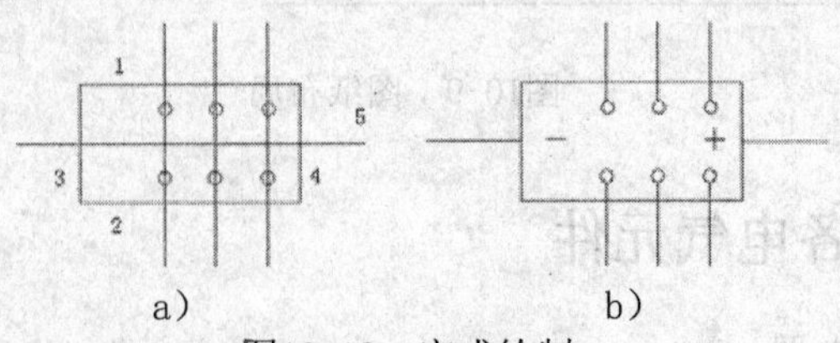

图10-12　完成绘制

02 绘制加热器。

❶绘制矩形。单击“默认”选项卡“绘图”面板中的“矩形”按钮，绘制一个长为 500mm，宽为 55mm 的矩形 1，如图 10-13a 所示。

❷复制矩形。单击“默认”选项卡“修改”面板中的“复制”按钮，将上步绘制的矩形复制两份，并分别向下平移 100mm 和 200mm，得到矩形 2 和矩形 3，结果如图 10-13b 所示。

❸分解矩形。单击“默认”选项卡“修改”面板中的“分解”按钮，将矩形 1 分解为 4 条直线。

❹偏移直线。单击“默认”选项卡“修改”面板中的“偏移”按钮，以矩形的 1 的上边为起始向下偏移一条水平直线 L1，偏移量为 27.5mm。

❺拉长直线。选择菜单栏中的“修改”→“拉长”命令，将直线 L1 向两端分别拉长 75mm，如图 10-13c 所示。

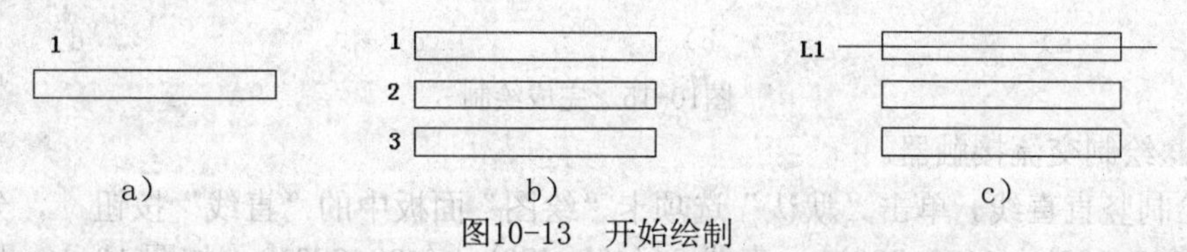

图10-13　开始绘制

❻偏移直线 L1。单击“默认”选项卡“修改”面板中的“偏移”按钮，以直线 L1 为起始向下分别绘制两条水平直线 L2 和 L3，偏移量分别为 100mm 和 100mm，如图 10-14a 所示。

❼绘制竖直连接线。单击“默认”选项卡“绘图”面板中的“直线”按钮，在“对象捕捉”绘图方式下，用光标分别捕捉直线 L1、L2 和 L3 的左右端点依次连接为直线，如图 10-14b 所示。

❽修剪图形。单击“默认”选项卡“修改”面板中的“修剪”按钮，以矩形的各边为剪切边，对直线 L1、L2 和 L3 进行剪切，结果如图 10-14c 所示。

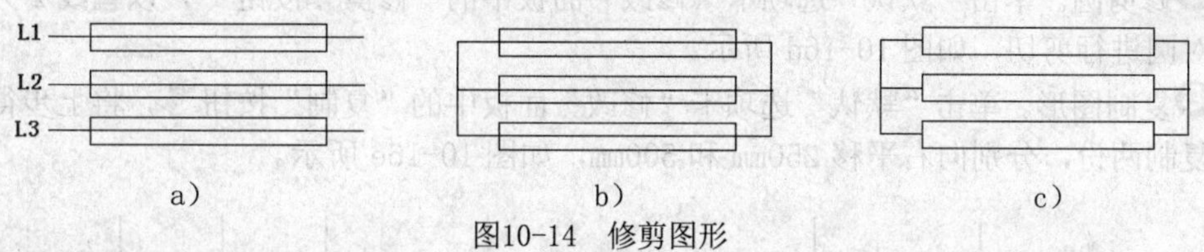

图10-14　修剪图形

❾存储为图块。在命令行输入“WBLOCK”命令，打开“写块”对话框。在“源”下面选择“对象”。单击“拾取点”按钮，暂时回到绘图屏幕进行选择，用鼠标捕捉直线 L2 的左端点作为基点。单击“选择对象”按钮，暂时回到绘图屏幕进行选择，用鼠标选择图中的图形作为对象。在“目标”下面选择或者输入路径，文件名为“加热模块”。“插入单位”选择毫米，单击“确定”按钮，上面绘制的图形被存储为图块。

❿绘制水平直线。单击“默认”选项卡“绘图”面板中的“直线”按钮，绘制直线{(1000,500)、(1150,500)}，如图 10-15a 所示。

⓫复制直线。单击“默认”选项卡“修改”面板中的“旋转”按钮，选择“复制”模式，将上步绘制的水平直线绕直线的左端点旋转 60°。用同样的方法将水平直线绕直线右端点旋转－60°，得到一个边长为 150mm 的等边三角形，如图 10-15b 所示。

⓬完成图形。选择菜单“插入”→“插入块”命令，将“加热模块”图块插入到图

10-15b 的等边三角形中。插入点分别为等边三角形三条边的中点，缩放比例全部为 0.1。左右两个“加热模块”在插入时分别需要旋转 60° 和－60°。

⓭修剪图形。单击“默认”选项卡“修改”面板中的“修剪”按钮和“删除”按钮，修剪掉图中多余的图形，得到如图 10-15c 所示的结果。

⓮绘制电路导线。交点选择菜单栏中的“绘图”→“圆环”命令，在导线交点处放置外圆半径为 30mm 的实心圆环，如图 10-15d 所示，即为绘制完成的加热器的图形符号。

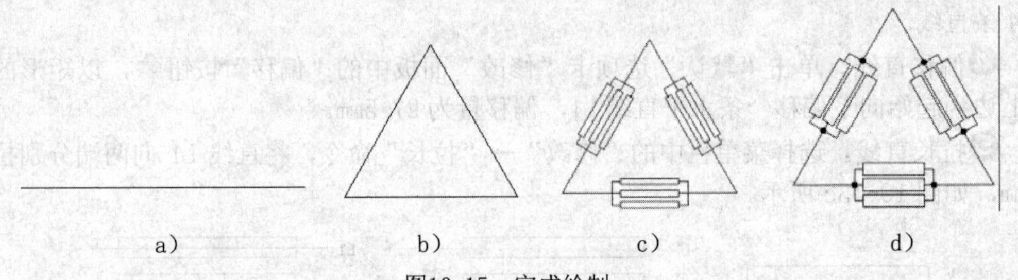

图10-15　完成绘制

03 绘制交流接触器。

❶绘制竖直直线。单击“默认”选项卡“绘图”面板中的“直线”按钮，分别绘制直线 1{(400,100)、(400,300)}、直线 2{(400,420)、(400,680)}，如图 10-16a 所示。

❷绘制倾斜直线。单击“默认”选项卡“绘图”面板中的“直线”按钮，在“对象捕捉”和“极轴”绘图方式下，用光标捕捉直线 1 的上端点，以其为起点，绘制一条与水平方向成 120°，长度为 150mm 的直线，如图 10-16b 所示。

❸绘制圆。单击“默认”选项卡“绘图”面板中的“圆”按钮，用鼠标捕捉直线 1 的下端点，以其为圆心，绘制一个半径为 15mm 的圆。

❹平移圆。单击“默认”选项卡“修改”面板中的“移动”按钮，将上步绘制的圆向上平移 15mm，如图 10-16c 所示。

❺修剪圆。单击“默认”选项卡“修改”面板中的“修剪”按钮，以直线 2 为剪切边，对圆进行剪切，如图 10-16d 所示。

❻复制图形。单击“默认”选项卡“修改”面板中的“复制”按钮，将上步得到的图形复制两份，分别向右平移 250mm 和 500mm，如图 10-16e 所示。

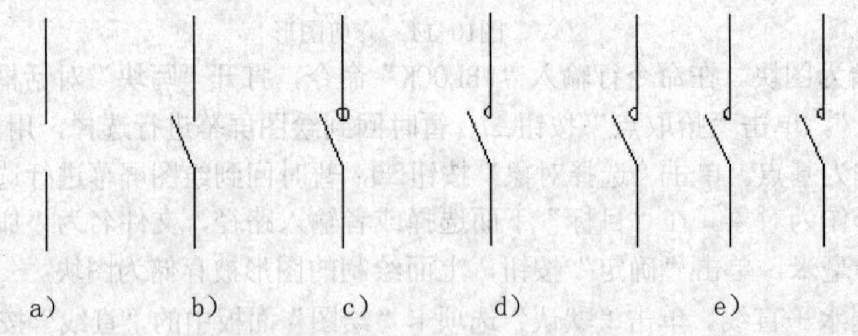

图10-16　绘制交流接触器

❼绘制水平直线。单击“默认”选项卡“绘图”面板中的“直线”按钮，用鼠标分别捕捉直线和直线的上端点绘制水平直线并转换为虚线层，如图 10-17a 所示。

❽平移直线。单击“默认”选项卡“修改”面板中的“移动”按钮，将上步绘制的水平直线分别向上和向左平移 60mm 和 30mm，得到如图 10-17b 所示的图形，就是绘制完成的交流接触器的图形符号。

04 绘制热继电器。

❶绘制矩形。单击“默认”选项卡“绘图”面板中的“矩形”按钮，绘制一个长600mm，宽为70mm的矩形，如图10-18a所示。

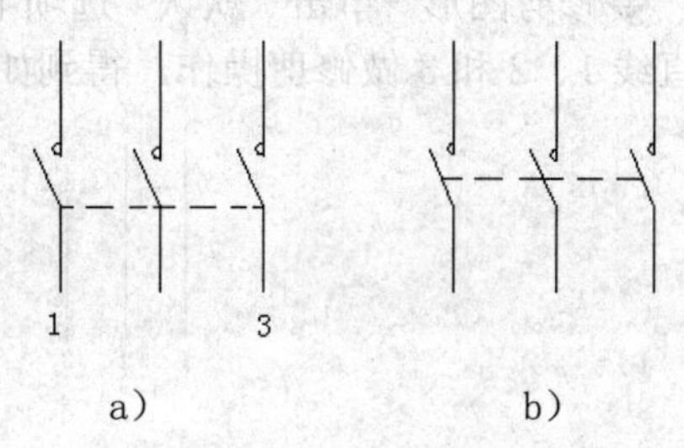

图10-17 完成绘制

❷分解矩形。单击“默认”选项卡“修改”面板中的“分解”按钮，将绘制的矩形分解为直线1、2、3、4。

❸偏移直线。单击“默认”选项卡“修改”面板中的“偏移”按钮，以直线1为起始，绘制两条水平直线，偏移量分别为18mm和34mm；以直线4为起始绘制两条竖直直线，偏移量分别为270mm和300mm，如图10-18b所示。

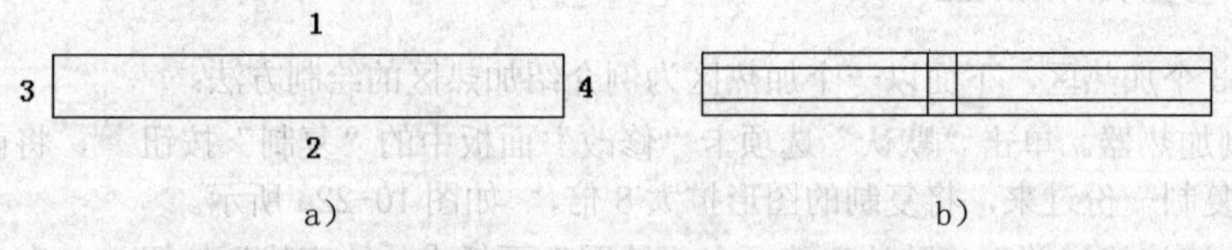

图10-18 绘制、分解矩形

❹修剪图形。单击“默认”选项卡“修改”面板中的“修剪”按钮和“删除”按钮，修剪图形并删除多余的直线，得到图10-19a所示的结果。

❺拉长直线。选择菜单栏中的“修改”→“拉长”命令，将直线5分别向上和向下拉长250mm，如图10-19b所示。

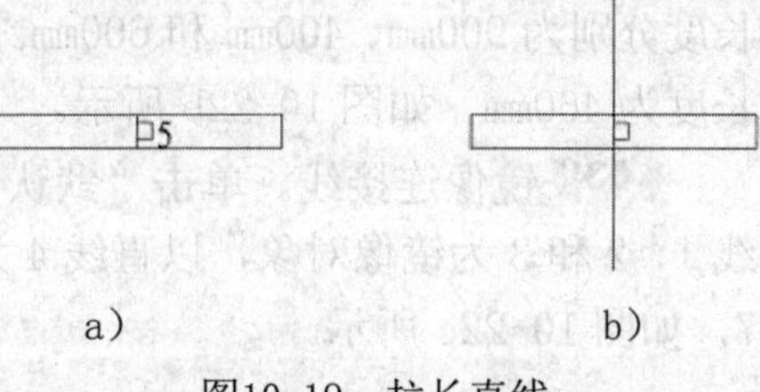

图10-19 拉长直线

❻偏移直线。单击“默认”选项卡“修改”面板中的“偏移”按钮，以直线5为起始，分别向左和向右绘制两条竖直直线6和7，偏移量均为240mm，如图10-20a所示。

❼复制修剪图形。单击“默认”选项卡“修改”面板中的“复制”按钮和“修剪”按钮，对图10-20a进行修改，得到如图10-20b所示的结果，完成热继电器图形符号绘制。

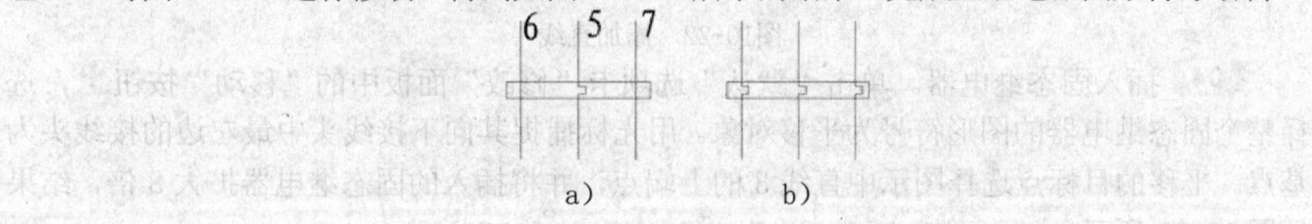

图10-20 完成绘制

05 绘制风机。

❶绘制竖直直线。单击“默认”选项卡“绘图”面板中的“直线”按钮，绘制竖直直线1{(1000,100)、(1000,900)}。

❷偏移直线。单击“默认”选项卡“修改”面板中的“偏移”按钮，以直线1为起始向右分别绘制直线2和直线3，偏移量分别为240mm和240mm，结果如图10-21a所示。

❸绘制圆。单击“默认”选项卡“绘图”面板中的“圆”按钮，用光标捕捉直线2的下端点，以其作为圆心绘制一个半径为300mm的圆，如图10-21b所示。

❹修剪图形。单击“默认”选项卡“修改”面板中的“修剪”按钮，以圆为剪切边，对直线 1、2 和 3 做修剪操作，得到如图 10-21c 所示的结果。

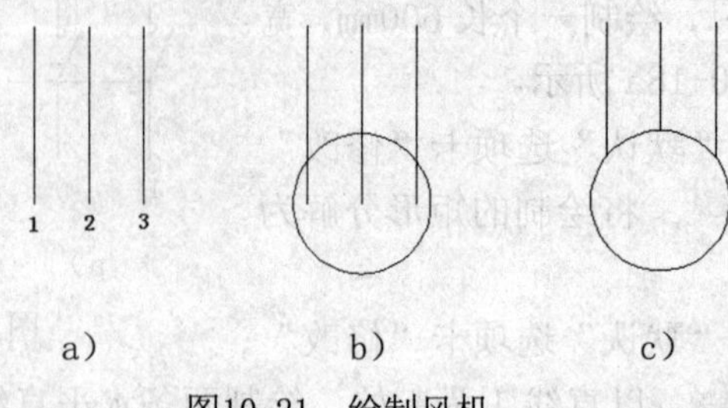

图10-21 绘制风机

10.2.4 完成加热区

本图共有 3 个加热区，下面以一个加热区为例介绍加热区的绘制方法：

01 复制加热器。单击“默认”选项卡“修改”面板中的“复制”按钮，将前面绘制的加热器复制一份过来，将复制的图形扩大 8 倍， 如图 10-22a 所示。

02 添加连接线。单击“默认”选项卡“绘图”面板中的“直线”按钮，在“对象捕捉”和“正交”绘图方式下，用光标捕捉 A 点，以其为起点分别绘制直线 1、2 和 3，长度分别为 900mm、400mm 和 600mm。同样用光标捕捉 C 点，以其为起点，绘制竖直直线 4，长度为 460mm，如图 10-22b 所示。

03 镜像连接线。单击“默认”选项卡“修改”面板中的“镜像”按钮，选择直线 1、2 和 3 为镜像对象，以直线 4 为镜像线，做镜像操作。通过镜像得到连接线 5、6 和 7，如图 10-22c 所示。

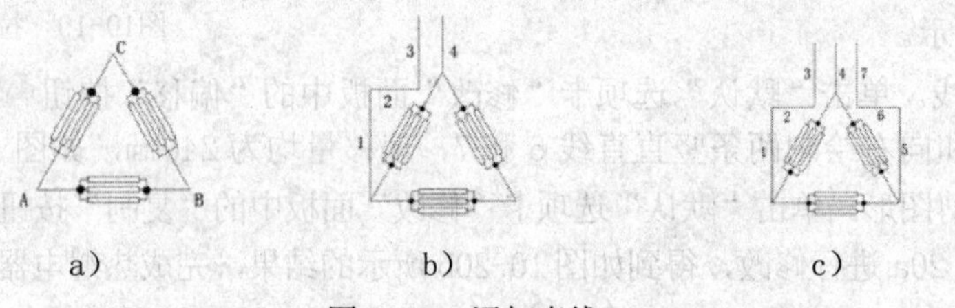

图10-22 添加直线

04 插入固态继电器。单击“默认”选项卡“修改”面板中的“移动”按钮，选择整个固态继电器的图形符号为平移对象。用光标捕捉其向下接线头中最左边的接线头为基点。平移的目标点选择图示中直线 3 的上端点，并将插入的固态继电器扩大 8 倍，结果如图 10-23 所示。

05 完成加热区。用和 **04** 中同样的方法分别插入交流接触器、保险丝和电源开关，调整缩放比例，结果如图 10-24 所示。

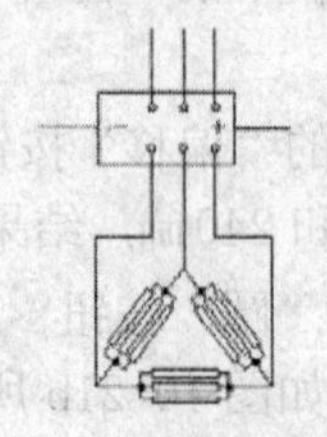

图10-23 插入固态继电器

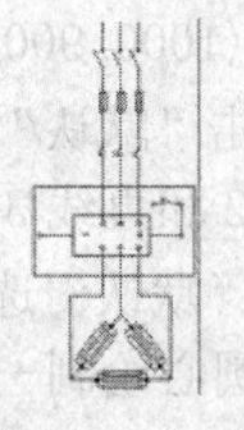

图10-24 完成绘制

10.2.5 完成循环风机

01 连接风机和热继电器。将热继电器和风机的对应线头连接起来，方法如下：单击“默认”选项卡“修改”面板中的“移动”按钮，选择热继电器符号为对象，用鼠标捕捉其下面最左边的接线头，即图 10-25 中的点 O 为基点，选择风机连接线最左边的接线头，即图 10-25 中的 P 点为目标点，将热继电器平移过去，结果如图 10-25c 所示。

02 使用同样的方法依次在上面的接线头插入交流接触器和电源开关，并调整缩放比例，结果如图 10-26 所示，完成循环风机模块绘制。

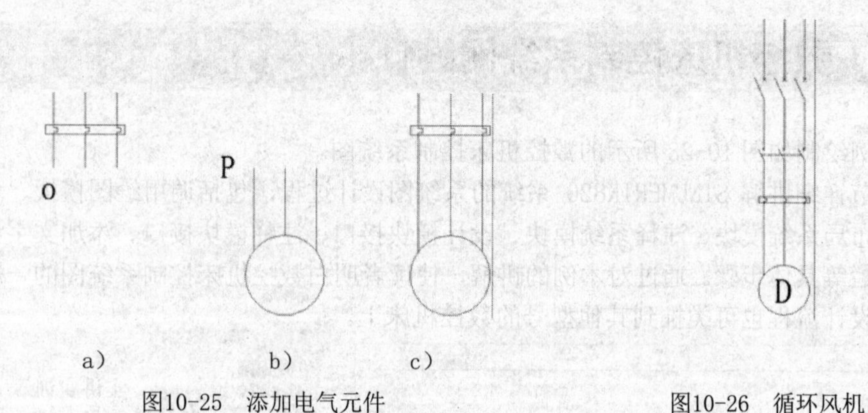

图10-25 添加电气元件

图10-26 循环风机

10.2.6 添加到结构图

前面已经分别完成了图纸布局、各个加热模块以及循环风机的绘制，按照规定的尺寸将上述各个图形组合起来就是完整的烘房电气控制图。

在组合过程中，可以单击“修改”工具栏中的“移动”按钮，将绘制的各部件图形符号插入到结构图中的对应位置，然后单击“默认”选项卡“修改”面板中的“修剪”按钮和“删除”按钮，删除掉多余的图形。在插入图形符号时，根据需要可以单击“默认”选项卡“修改”面板中的“缩放”按钮，调整图形符号的大小以保持整个图形的美观整齐。结果如图 10-27 所示。

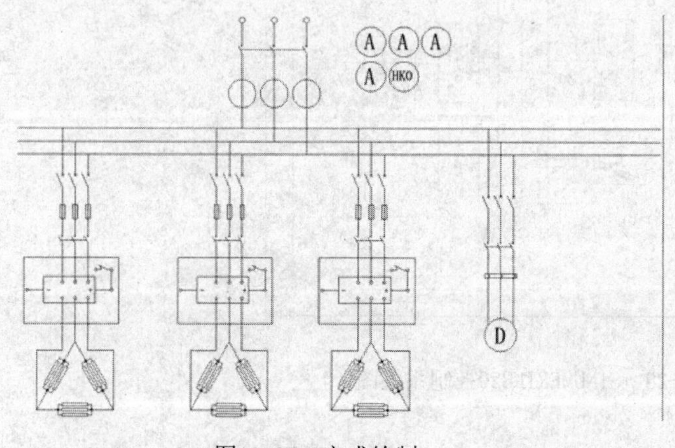

图10-27 完成绘制

10.2.7 添加注释

01 创建文字样式。选择菜单命令“格式”→“文字样式”命令，弹出“文字样式”对话框，创建一个样式名为“标注”的文字样式，参数设置“字体名”为“仿宋 GB_2312”，“字体样式”为“常规”，“高度”为 100，“宽度比例”为 0.7 。

02 添加注释文字。单击“默认”选项卡“注释”面板中的“多行文字”按钮A，一次输入几行文字然后再调整其位置对齐文字。调整位置的时候，结合使用正交命令，结果如图 10-5 所示。

10.3 数控机床控制系统图设计

本例绘制如图 10-28 所示的数控机床控制系统图。

本节详细讲解 SINUMERIK820 系统的系统图设计过程，包括调用绘图模板、设置文件图层、布局系统模块、注释系统模块、设计模块接口、注释模块接口、添加文字说明和填写标题栏等具体步骤。通过对本例的讲解，使读者明白数控机床控制系统图的一般设计过程，该设计流程也可类推到其他型号的数控机床上。

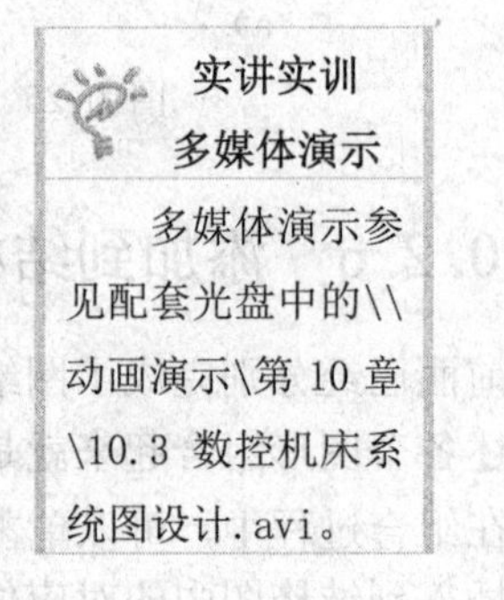

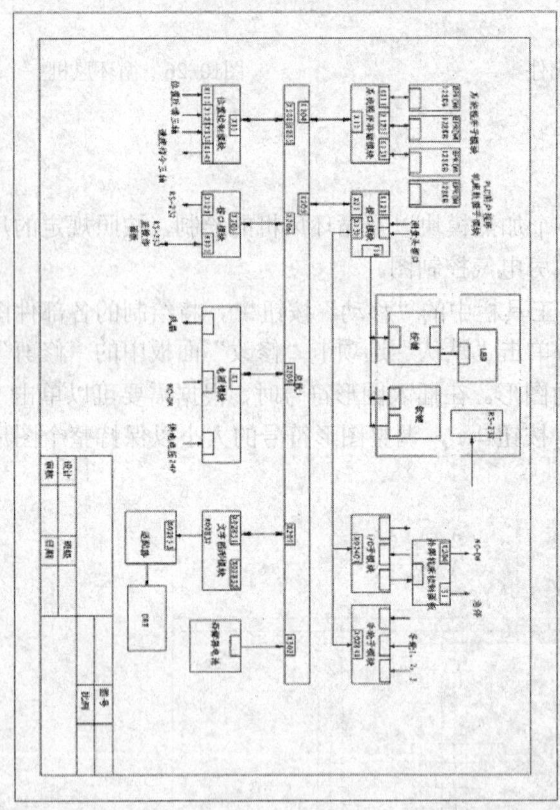

图10-28　SINUMERIK820控制系统图

📖10.3.1　配置绘图环境

01 建立新文件。打开 AutoCAD 2016 应用程序，选择随书光盘中的“源文件/样板图/A2 样板图.dwt”样板文件为模板建立新文件，将新文件命名为“SINUMERIK 820.dwg”，设置保存路径并保存。

02 开启栅格。单击状态栏中的“栅格显示”按钮▦，或者使用快捷键 F7，在绘图区中显示栅格，命令行中会提示“命令:<栅格 开>”。若想关闭栅格，可以再次单击状态栏中的“栅格显示”按钮▦，或者使用快捷键 F7。

📖10.3.2　绘制及注释模块

01 绘制模块。

❶为了方便图层的管理和操作，本设计项目创建三个图层，即模块层、标注层和连线层，各图层的属性设置如图 10-29 所示。

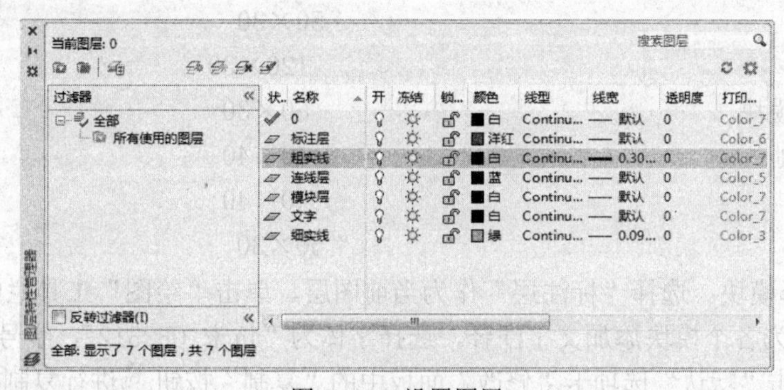

图10-29　设置图层

❷在该类控制图中，各个功能模块通常以矩形代替，同类模块的大小相同，各个模块按逻辑功能布局。在布局模块的过程中，可重复调用“矩形”命令绘制各类模块，再调用“复制”命令复制生成同类模块，避免多次绘制矩形带来的不便。

1）选择“模块层”作为当前图层。单击“默认”选项卡“绘图”面板中的“矩形”按钮□，绘制各类模块，结果如图 10-30 所示。

2）单击“默认”选项卡“修改”面板中的“复制”按钮和“镜像”按钮，完成模块的绘制，如图 10-31 所示。

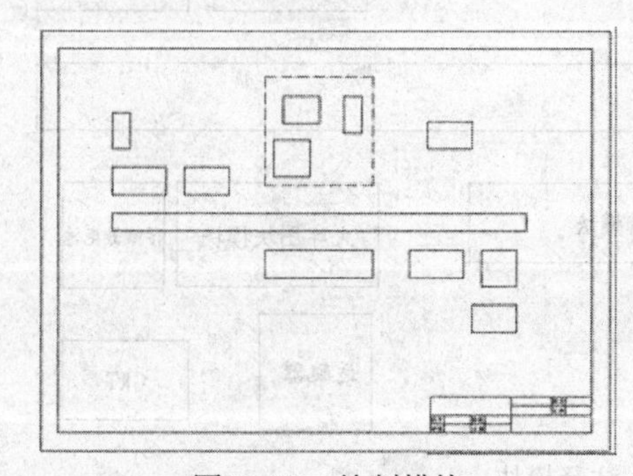

图10-30　绘制模块

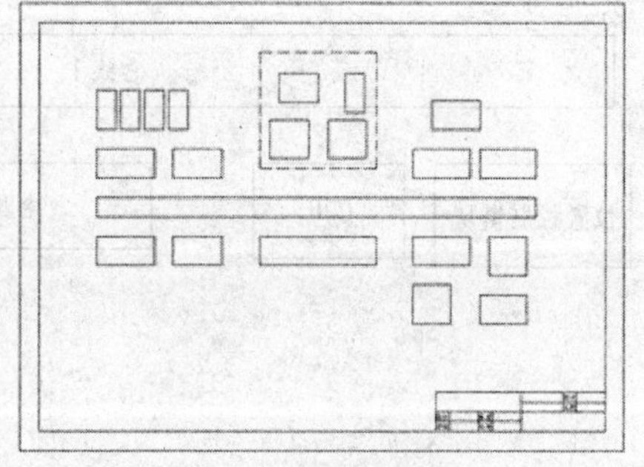

图10-31　全部模块

其中各个模块的大小（单位：mm）为：

EPROM 模块	20×40
RAM 模块	20×40
LED 模块	40×30
RS-232 模块	20×40
外部机床控制面板	50×30
系统程序存储模块	60×30
接口模块	50×30
按键	40×40
软键	40×40
I/O 子模块	60×30
手轮子模块	60×30
总线	460×20
位置控制模块	60×30
CPU	50×30
电源模块	120×30
文字图形模块	60×30
存储器电池	40×40
适配器	40×40
CRT	50×30

02 注释模块。选择“标注层”作为当前图层，单击“绘图”工具栏中的“多行文字”按钮A，为各个模块添加文字注释，选择字体为“仿宋_GB2312”，字号为 5。相同的文字注释宜单击“默认”选项卡“修改”面板中的“复制”按钮进行复制，以减少设置文字格式的工作量。为模块添加完文字注释后的结果如图 10-32 所示。

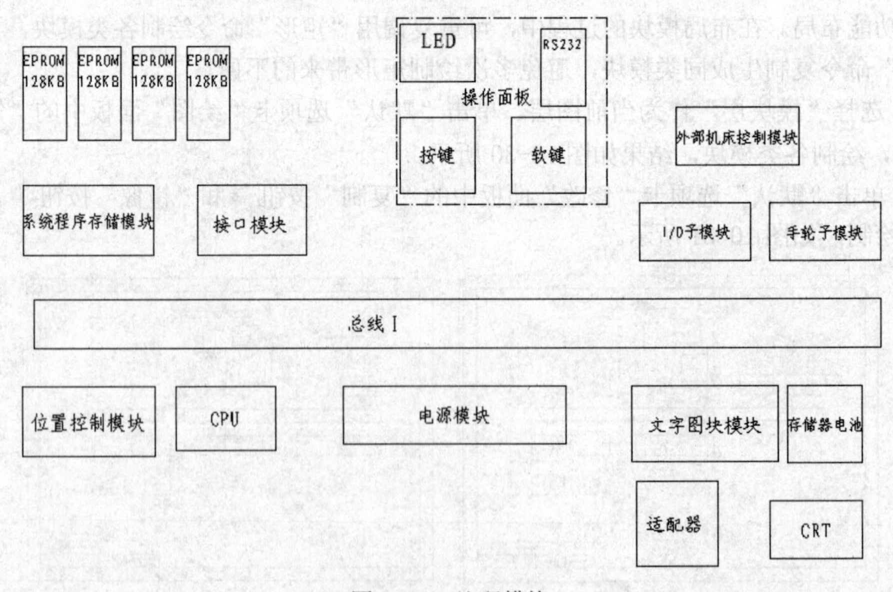

图10-32　注释模块

10.3.3　连接模块

01 绘制及注释模块接口。

❶单击“默认”选项卡“绘图”面板中的“矩形”按钮，绘制各个模块的接口，绘制后的结果如图 10-33 所示。

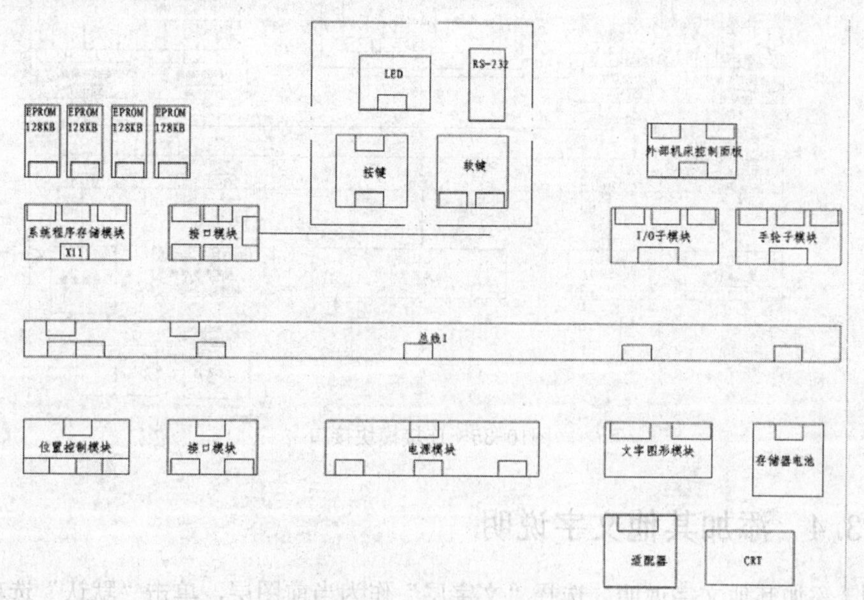

图10-33　绘制模块接口

❷选择“标注层”作为当前图层，单击“默认”选项卡“注释”面板中的“多行文字”按钮A，字体选择“仿宋_GB2312”，字号为 5，为各个模块接口添加注释，添加注释后的结果如图 10-34 所示。

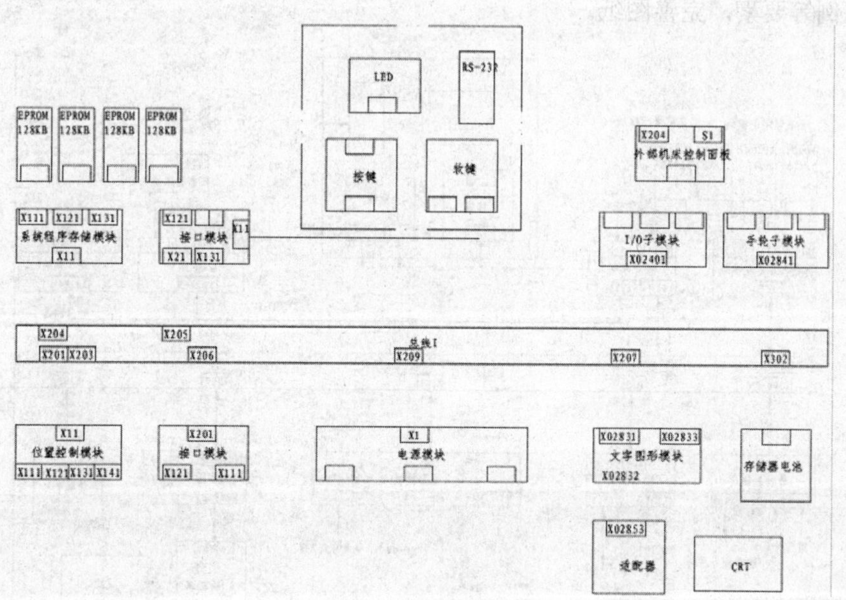

图10-34　添加接口注释

02 连接模块。选择“连线层”作为当前图层，单击“默认”选项卡“绘图”面板中的“多段线”按钮，绘制箭头，从模块接口引出到达模块接口，按逻辑关系连接各个模块，连接后的结果如图 10-35 所示。

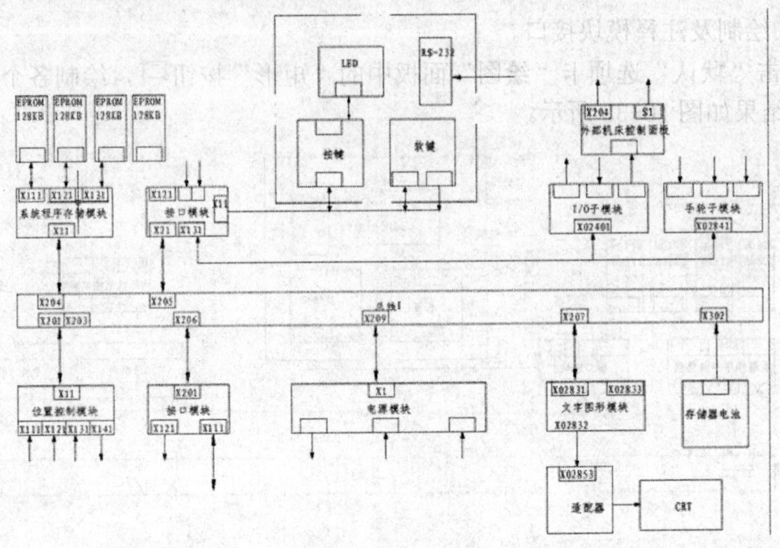

图10-35　连接模块接口

10. 3. 4　添加其他文字说明

01 添加其他文字说明。选择“文字层”作为当前图层，单击“默认”选项卡“注释”面板中的“多行文字”按钮 A，字体选择“仿宋_GB2312”，字号选为 5，为控制系统图的其他地方添加注释，以便于图纸的阅读，添加注释后的结果如图 10-36 所示。

02 填写标题栏。在图纸的标题栏中填写设计者姓名、设计项目名称、设计时间、图号和比例等要素，完善图纸。

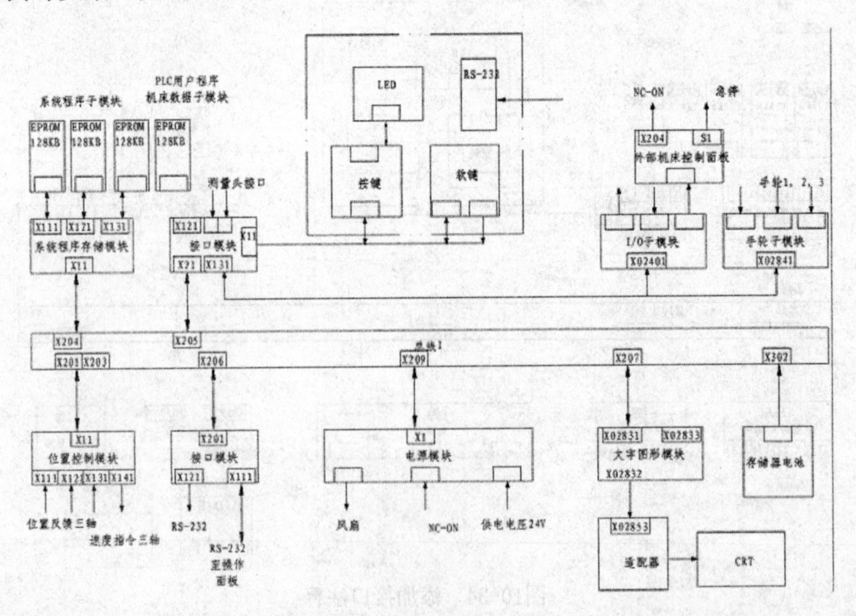

图10-36　添加其他文字说明

10.4 上机实验

实验 绘制如图10-37所示的多指灵巧手控制电路设计。

操作提示：

1）绘制多指灵巧手控制系统图。

2）绘制低压电气图。

3）绘制主控系统图。

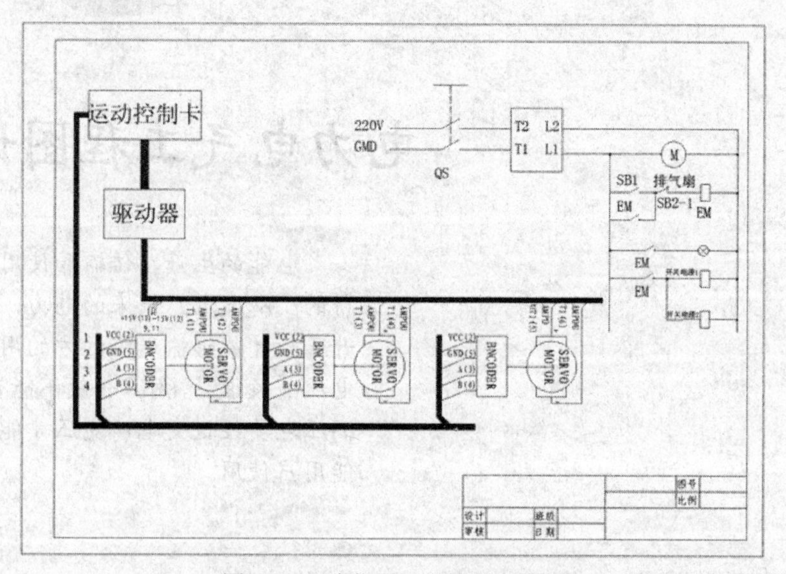

图10-37 多指灵巧手控制电路图

10.5 思考与练习

绘制如图10-38所示的液位自动控制器电路原理图。

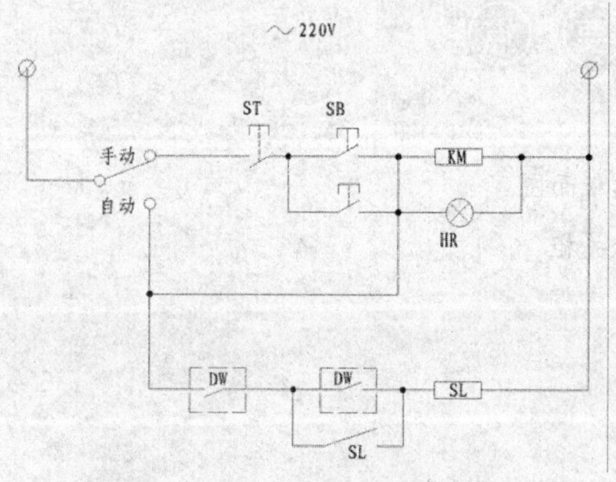

图10-38 液位自动控制器电路原理图

电力电气工程图设计

电能的生产、传输和使用是同时进行的。从发电厂出来的电力，需要经过升压后才能够输送给远方的用户。输电电压一般很高，用户一般不能直接使用，高压电要经过变电所变压才能分配给电能用户使用。

- 变电站断面图
- 高压开关柜

11.1 电力电气工程图简介

电能的生产、传输和使用是同时进行的。发电厂生产的电能，除一小部分供给本厂和附近用户使用，其余绝大部分要经过升压变电站将电压升高，由高压输电线路输送至距离很远的负荷中心，再经过降压变电站将电压降低到用户所需要的电压等级，分配给电能用户使用。由此可知，电能从生产到应用一般需要五个环节来完成，即发电→输电→变电→配电→用电，其中配电又根据电压等级不同分为高压配电和低压配电。

由各种电压等级的电力线路将各种类型的发电厂、变电站和电力用户联系起来的一个发电、输电、变电、配电和用电的整体，称为电力系统。电力系统由发电厂、变电所、线路和用户组成。变电所和输电线路是联系发电厂和用户的中间环节，起着变换和分配电能的作用。

11.1.1 变电工程

为了更好地了解变电工程图，下面先对变电工程的重要组成部分——变电所做简要介绍。

系统中的变电所通常按其在系统中的地位和供电范围，分为以下几类：

1）枢纽变电所是电力系统的枢纽点。连接电力系统高压和中压的几个部分，汇集多个电源，电压为330~500kV的变电所称为枢纽变电所，其停电将引起系统解列甚至出现瘫痪。

2）中间变电所则以交换潮流为主，起系统交换功率的作用，或使长距离输电线路分段，一般汇集2～3个电源，电压为220~330kV，同时又降压供给当地用电。这样的变电所主要起中间环节的作用，所以叫作中间变电所。全所停电后，将引起区域网络解列。

3）地区变电所高压侧电压一般为110~220kV，是对地区用户供电为主的变电所。全所停电后，仅使该地区中断供电。

4）终端变电所在输电线路的终端接近负荷点，高压侧电压多为110kV。经降压后直接向用户供电的变电所即为终端变电所。全所停电后，只是用户受到损失。

11.1.2 变电工程图

为了能够准确清晰地表达电力变电工程的各种设计意图，就必须采用变电工程图。简单来说变电工程图也就是对变电站，输电线路各种接线形式、各种具体情况的描述。它的意义就在于用统一直观的标准来表达变电工程的各个方面。

变电工程图的种类很多，包括主接线图、二次接线图、变电所平面布置图、变电所断面图、高压开关柜原理图及布置图等多种，每种情况又各不相同。

11.1.3 输电工程及输电工程图

输电线路任务：发电厂、输电线路、升降压变电站以及配电设备和用电设备构成电力系统。为了减少系统备用容量，错开高峰负荷，实现跨区域跨流域调节，增强系统的稳定性，提高抗冲击负荷的能力，在电力系统之间采用高压输电线路进行联网。电力系统联网既提高了系统的安全性，可靠性和稳定性，又可实现经济调度，使各种能源得到充分利用。起系统联络作用的输电线路，可进行电能的双向输送，实现系统间的电能交换和调节。

因此，输电线路的任务就是输送电能，并联络各发电厂、变电所使之并列运行，实现电力系统联网。高压输电线路是电力系统的重要组成部分。

输电线路的分类：输送电能的线路通称为电力线路。电力线路有输电线路和配电线路之分。由发电厂向电力负荷中心输送电能的线路以及电力系统之间的联络线路称为输电线路。由电力负荷中心向各个电力用户分配电能的线路称为配电线路。电力线路按电压等级分为低压、高压、超高压和特高压线路。一般地，输送电能容量越大，线路采用的电压等级就越高。输电线路按结构特点分为架空线路和电缆线路。架空线路由于结构简单、施工简便、建设费用低、施工周期短、检修维护方便、技术要求较低等优点，得到了广泛的应用。电缆线路受外界环境因素的影响小，但需用特殊加工的电力电缆，费用高，施工及运行检修的技术要求高。

目前我国电力系统广泛采用的是架空输电线路，架空输电线路一般由导线、避雷线、绝缘子、金具、杆塔、杆塔基础、接地装置和拉线几部分组成。

1）导线是固定在杆塔上输送电流用的金属线，目前在输电线路设计中一般采用钢芯铝绞线，局部地区采用铝合金线。

2）避雷线作用是防止雷电直接击于导线上并把雷电流引入大地。避雷线常用镀锌钢绞线，也有采用铝包钢绞线的。目前国内外采用了绝缘避雷线。

3）绝缘子主要有针式绝缘子、悬式绝缘子、瓷横担等。

4）通常把输电线路使用的金属部件总称为金具，它的类型繁多，主要有连接金具、连续金具、固定金具、防震锤、间隔棒、均压屏蔽环等几种类型。

5）杆塔是支撑导线和避雷线的。按照杆塔材料的不同分为木杆、铁杆、钢筋混凝杆，国外还采用了铝合金塔。杆塔可分为直线型和耐张型两类。

6）杆塔基础是用来支撑杆塔的，分为钢筋混凝土杆塔基础和铁塔基础两类。

7）接地装置是埋设在基础土壤中的圆钢、扁钢、角钢、钢管或其组合式结构。它与避雷线或杆塔直接相连，当雷击杆塔或避雷线时能将雷电引入大地，可防止雷电击穿绝缘子串的事故发生。

8）拉线是为了节省杆塔钢材，国内外广泛使用了带拉线杆塔。拉线材料一般用镀锌钢绞线。

11.2 变电站断面图

本例绘制断面图如图 11-1 所示。

变电站断面图结构比较简单，但是各部分之间的位置关系必须严格按规定尺寸来布置。绘图思路如下：首先设计图纸布局，确定各主要部件在图中的位置；然后分别绘制各杆塔。通过杆塔的位置大致定出整个图样的结构，之后分别绘制各主要电气设备，把绘制好的电气设备符号安装到对应的杆塔上。最后添加注释和尺寸标注，完成整张图的绘制。

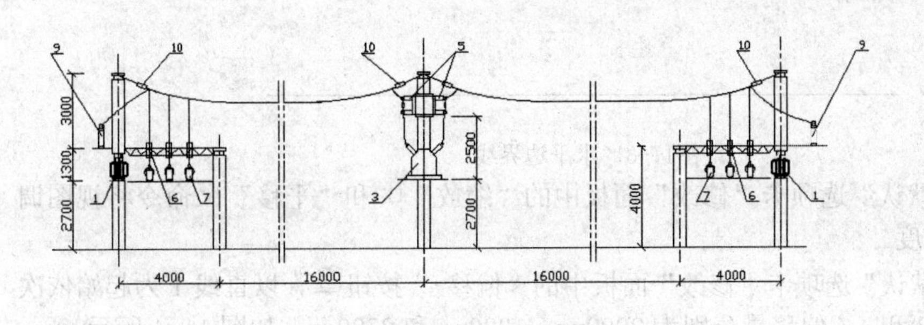

图11-1　变电站断面图

> **实讲实训**
> **多媒体演示**
> 多媒体演示参见配套光盘中的\\动画演示\第11章\11.2 变电站断面图.avi。

11.2.1　设置绘图环境

01 选择菜单栏中的“文件”→“新建”命令，以“无样板打开-公制”创建一个新的文件，并将其另存为“变电站断面图”。

02 单击菜单栏中“格式”→“图形界限”命令，分别设置图形界限的两个角点坐标，左下角点为（0，0），右上角点为（50000，90000），命令行提示与操作如下：

```
命令: limits↙
重新设置模型空间界限:
指定左下角点或 [开(ON)/关(OFF)] <0.0000,0.0000>:↙
指定右上角点 <210.0000,297.0000>:50000，90000↙
```

03 选择菜单栏中“格式”→“图层”命令，打开“图层特性管理器”，设置“轮廓线层”“实体符号层”“连接导线层”和“中心线层”一共四个图层，各图层的颜色、线型及线宽分别如图11-2所示。将“轮廓线层”设置为当前图层。

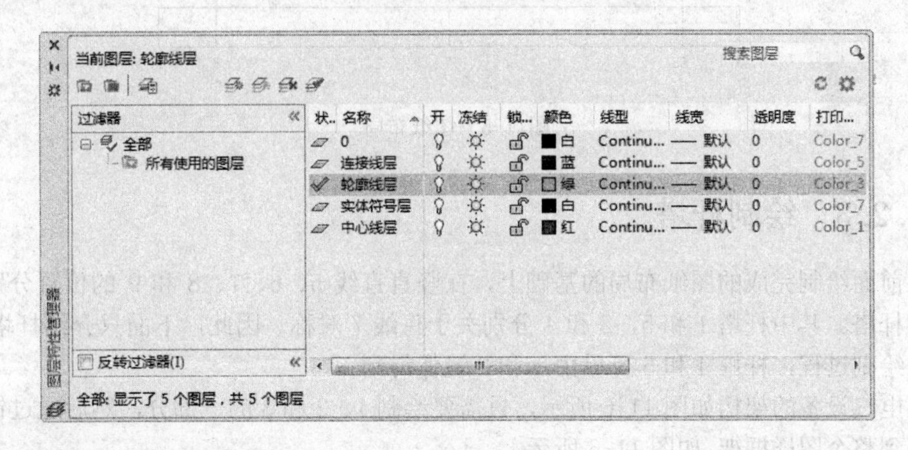

图11-2　图层设置

11.2.2　图纸布局

01 单击“默认”选项卡“绘图”面板中的“直线”按钮，绘制直线{(5000、1000)，(45000、1000)}，如图11-3所示。

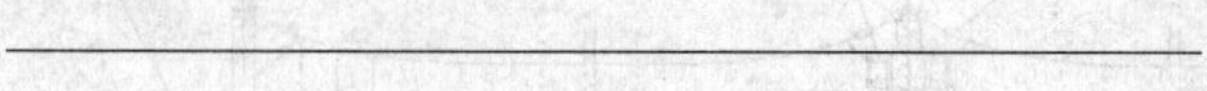

图11-3　水平边界线

02 单击“默认”选项卡“修改”面板中的“缩放”和“平移”命令将视图调整到易于观察的程度。

03 单击“默认”选项卡“修改”面板中的“偏移 ”按钮，以直线1为起始依次向下绘制直线2、3和4，偏移量分别为3000mm、1300mm和2700mm，如图11-4所示。

图11-4　水平轮廓线

04 将“中心线层”设置为当前图层。

05 单击“默认”选项卡“绘图”面板中的“直线”按钮，并启动“对象捕捉”功能，用光标分别捕捉直线1和直线4的左端点，绘制直线5。

06 单击“默认”选项卡“修改”面板中的“偏移 ”按钮，以直线5为起始依次向右绘制直线6、直线7、直线8和直线9，偏移量分别为4000mm、16000mm、16000mm和4000mm，结果如图11-5所示。

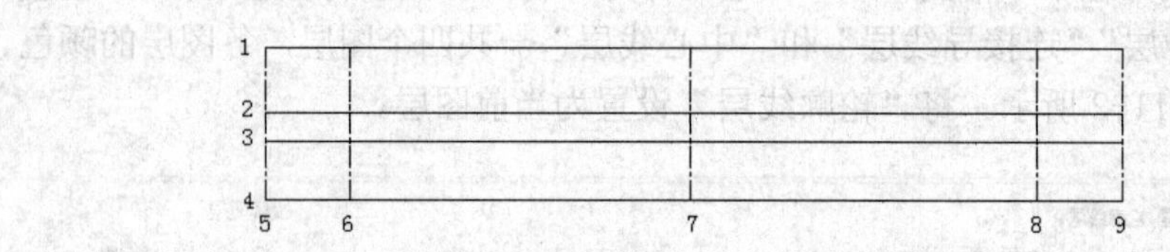

图11-5　图纸布局

11.2.3　绘制杆塔

在前面绘制完成的图纸布局的基础上，在竖直直线5、6、7、8和9的位置分别绘制对应的杆塔。其中杆塔1和5，2和4分别关于直线7对称。因此，下面只介绍杆塔1、2和3的绘制过程，杆塔4和5可以由1和2镜像得到。

各电气设备的架构如图11-6所示，只需要绘制1、2和3的一部分，然后通过镜像就可以得到整个图样框架,如图11-6所示。

01 使用多线命令绘制杆塔1，过程如下：

❶将“实体符号层”设置为当前图层。

❷选择菜单栏中“绘图”→“多线”命令，绘制两条竖直线，命令行提示与操作如下：

```
命令: _mline
当前设置: 对正 = 上，比例 = 20.00，样式 = STANDARD
指定起点或 [对正(J)/比例(S)/样式(ST)]: S↙
```

输入多线比例 <20.00>: 500↙
当前设置: 对正 = 上，比例 = 500.00，样式 = STANDARD
指定起点或 [对正(J)/比例(S)/样式(ST)]: J↙
输入对正类型 [上(T)/无(Z)/下(B)] <上>: Z↙
当前设置: 对正 = 无，比例 = 500.00，样式 = STANDARD
指定起点或 [对正(J)/比例(S)/样式(ST)]:

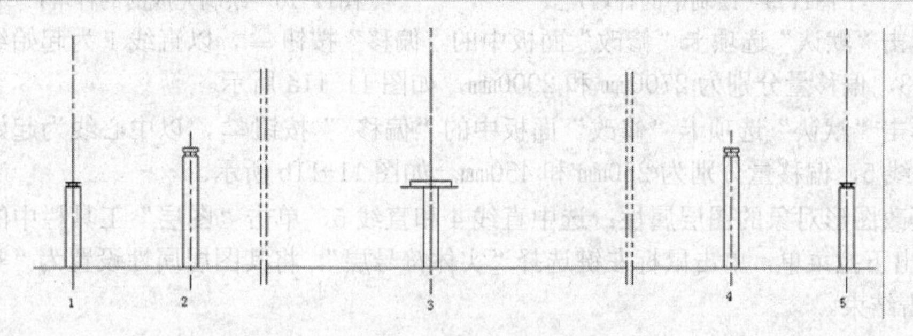

图11-6 图纸架构

调用“对象捕捉”功能获得多线的起点，移动光标使直线保持竖直，在屏幕上出现如图 11-7 所示的情形，跟随光标的提示在“指定下一点”右面的方格中输入下一点，距离起点的距离 2700mm，然后按 Enter 键，绘制结果如图 11-8 所示。

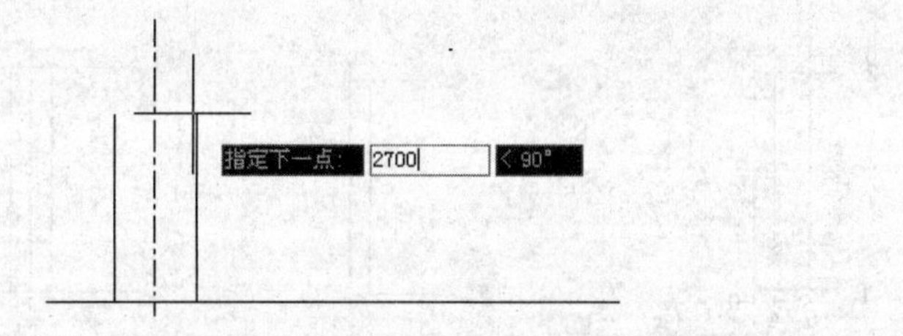

图11-7 多线绘制

1 2

图11-8 多线绘制结果

❸在“对象追踪”绘图方式下，单击“默认”选项卡“绘图”面板中的“直线”按钮，用鼠标分别捕捉直线 1 和直线 2 的上端点绘制一条水平线，单击“默认”选项卡“修改”面板中的“偏移”按钮，以此水平线为起始并向上偏移 3 次，偏移量分别为 40mm、70mm 和 35mm，得到 3 条水平直线，如图 11-9 所示。

❹单击“默认”选项卡“修改”面板中的“偏移 ”按钮，将中心线分别向左右偏移，偏移量为 120mm，得到两条竖直直线。

❺单击“默认”选项卡“修改”面板中的“修剪”按钮，修剪掉多余线段，并将对应直线的端点连接起来，结果如图 11-10 所示，即为绘制完成的杆塔 1。

02 绘制杆塔 2。绘制方法同绘制杆塔 1 类似，只是第❷步中多线的中点距起点的距离是 3700mm，其他步骤同绘制杆塔 1 完全相同，在此不再赘述。

03 绘制杆塔 3。

❶利用“对象捕捉”功能，用光标捕捉到基点，单击“默认”选项卡“绘图”面板中的“直线”按钮，以基点为起点向左绘制一条长度为 1000mm 的水平直线 1。

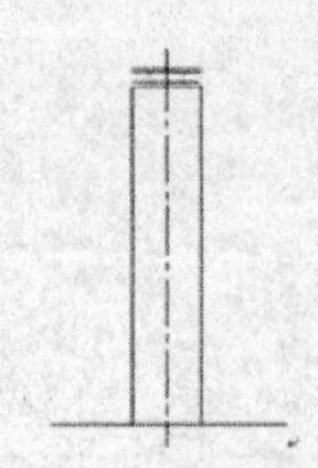

图11-9　绘制中的杆塔1

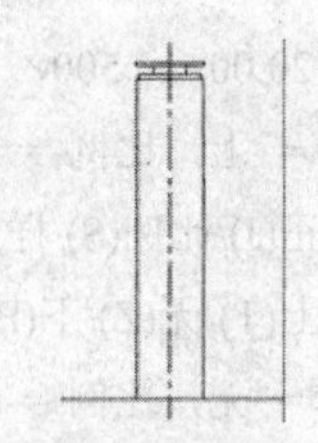

图11-10　绘制完成的的杆塔1

❷单击“默认”选项卡“修改”面板中的“偏移”按钮，以直线1为起始绘制直线2和直线3，偏移量分别为2700mm和2900mm，如图11-11a所示。

❸单击“默认”选项卡“修改”面板中的“偏移 ”按钮，以中心线为起始绘制直线4和直线5，偏移量分别为250mm和450mm，如图11-11b所示。

❹更改图形对象的图层属性：选中直线4和直线5，单击“图层”工具栏中的下拉按钮，弹出下拉菜单，单击鼠标左键选择“实体符号层”，将其图层属性设置为“实体符号层”，单击结束。

❺单击“默认”选项卡“修改”面板中的“修剪”按钮，修剪掉多余的直线，得到的结果如图11-11c所示。

❻单击“默认”选项卡“修改”面板中的“镜像”按钮，选择图11-11c中的所有图形，以中心线为镜像线，镜像得到如图11-11d所示的结果，完成绘制杆塔3的图形符号。

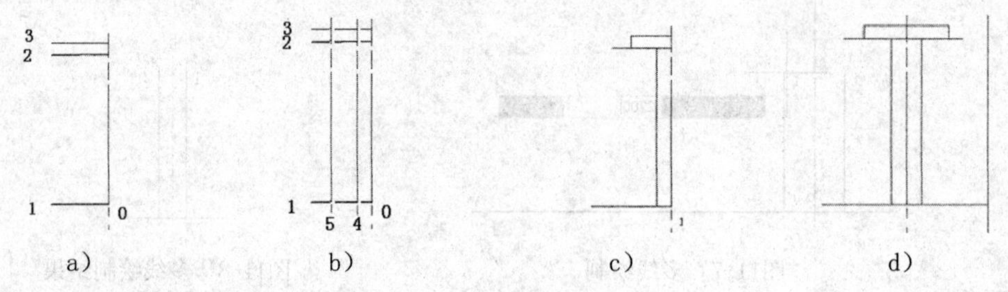

图11-11　绘制杆塔

04 绘制杆塔4和杆塔5。单击“默认”选项卡“修改”面板中的“镜像”按钮，以杆塔1和杆塔2为对象，以杆塔3的中心线为镜像线，镜像得到杆塔4和杆塔5。

11.2.4　绘制各电气设备

01 绘制绝缘子。

❶单击“默认”选项卡“绘图”面板中的“矩形”按钮，绘制一个长160mm，宽340mm的矩形，如图11-12a所示。

❷单击“默认”选项卡“修改”面板中的“分解”按钮，将绘制的矩形分解为直线1、2、3、4。

❸单击“默认”选项卡“修改”面板中的“偏移 ”按钮，将直线2向右偏移80mm，得到直线L。

❹单击“修改”菜单栏中“拉长”命令，将直线L向上拉长60mm，拉长后直线的上端点为0，结果如图11-12b所示。

❺单击“默认”选项卡“绘图”面板中的“圆”按钮，在“对象捕捉”绘图方式下，用鼠标捕捉 O 点，绘制一个半径为 60mm 的圆，结果如图 11-12c 所示，此圆和前面绘制得矩形的一边刚好相切，然后删除掉直线 L，隔离开关结果如图 11-12d 所示。

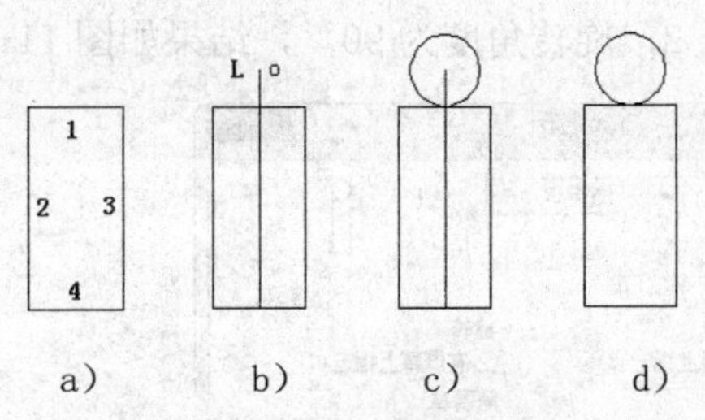

图11-12　绘制隔离开关

❻单击“插入”选项卡“块定义”面板中的“创建块”按钮，弹出“块定义”对话框，如图 11-13 所示。在“名称”下面的空格输入“绝缘子”，在屏幕上用光标捕捉矩形的左下角作为基点，如图 11-14 所示。“对象”选择整个绝缘子，“块单位”设置为“毫米”，选择“按统一比例缩放”，然后单击“确定”按钮。

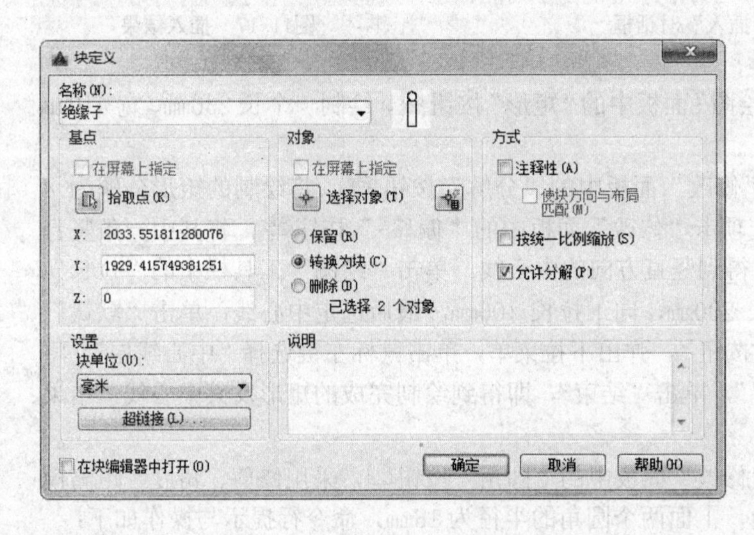

图11-13　“定义块”对话框

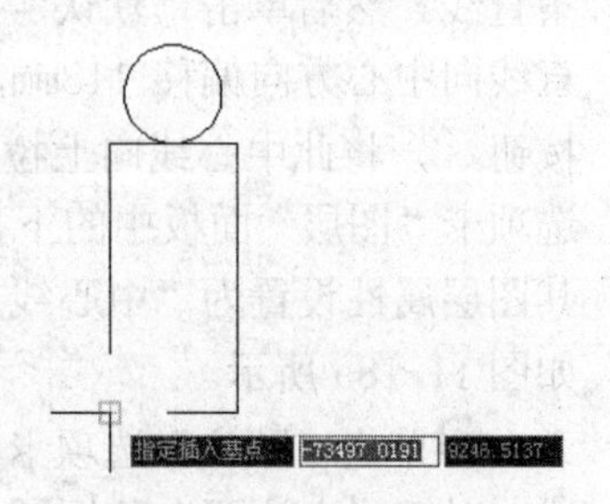

图11-14　选择块对象

❼单击“默认”选项卡“绘图”面板中的“矩形”按钮，绘制一个长 900mm，宽 730mm 的矩形，单击“默认”选项卡“修改”面板中的“分解”按钮，将绘制的矩形分解为直线 1、2、3、4。

❽单击“默认”选项卡“修改”面板中的“偏移”按钮，将直线 1 向右偏移 95mm，得到直线 5；将直线 2 向左偏移 95mm，得到直线 6，如图 11-15 所示。

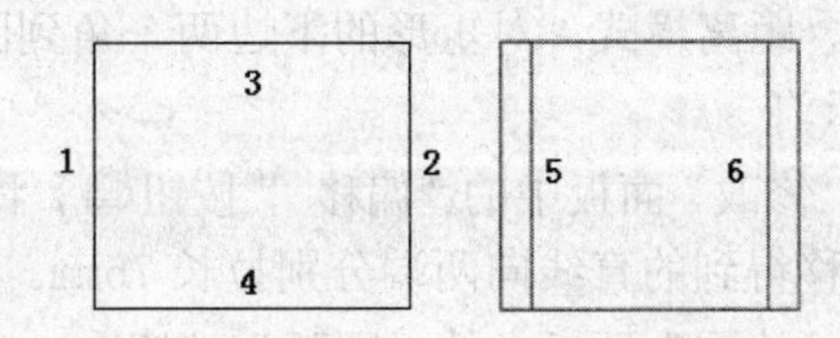

图11-15　偏移直线

❾单击“插入”选项卡“块”面板中的“插入”按钮，弹出“插入”对话框，如图

11-16 所示。在“名称”下拉列表中选择“绝缘子”,“插入点”选择“在屏幕上指定”,“缩放比例”选择“在屏幕上指定”和“统一比例”，旋转角度根据情况不同输入不同的值，一共要插入 4 次。分别选择矩形的 4 个角点作为插入点，对于绝缘子 1 和绝缘子 3，旋转角度为 270°，对于绝缘子 2，旋转角度为 90°，结果如图 11-17 所示。

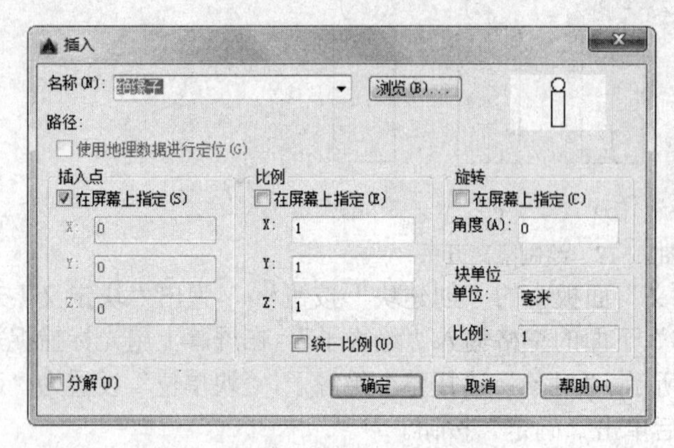

图11-16 “插入”对话框

图11-17 插入结果

02 绘制高压互感器。

❶单击“默认”选项卡“绘图”面板中的“矩形”按钮，绘制一个长 236mm、宽 410mm 的矩形。

❷单击“默认”选项卡“修改”面板中的“分解”按钮，将绘制的矩形分解为 4 条直线。然后单击“默认”选项卡“修改”面板中的“偏移 ”按钮，将其中一条竖直直线向中心方向偏移 118mm，得到竖直方向的中心线。单击“绘图”工具栏中的“拉长”按钮，将此中心线向上拉长 200mm，向下拉长 100mm。最后选定中心线，单击“默认”选项卡“图层”面板中的下拉按钮，弹出下拉菜单，单击鼠标左键选择“中心线层”，将其图层属性设置为“中心线层”，单击“结束”，即得到绘制完成的矩形及其中心线，结果如图 11-18a 所示。

❸单击“默认”选项卡“修改”面板中的“圆角”按钮，采用修剪、角度、距离模式，对矩形上边两个角倒圆角，上面两个圆角的半径为 18mm，命令行提示与操作如下：

```
命令: _fillet
当前设置: 模式 = 修剪，半径 = 0.0000
选择第一个对象或 [放弃(U)/多段线(P)/半径(R)/修剪(T)/多个(M)]: R
指定圆角半径 <0.0000>: 18
选择第一个对象或 [放弃(U)/多段线(P)/半径(R)/修剪(T)/多个(M)]:
选择第二个对象，或按住 Shift 键选择对象以应用角点或 [半径(R)]:（选择矩形的上边和左边直线）
```

同上，采用修剪、角度、距离模式，对矩形的下边两个角到圆角，两个圆角的半径为 60mm，结果如图 11-18b 所示。

❹单击“默认”选项卡“修改”面板中的“偏移 ”按钮，将直线 AC 向下偏移 40mm，并调用“拉长”命令，将偏移得到的直线向两端分别拉长 75mm。结果如图 11-18c 所示。

❺单击“默认”选项卡“绘图”面板中的“圆弧”按钮，绘制圆弧。命令行提示与操作如下：

```
命令: _arc ↙
```

指定圆弧的起点或 [圆心(C)]:（捕捉 A 点）
指定圆弧的第二个点或 [圆心(C)/端点(E)]: e↙
指定圆弧的端点:（捕捉 B 点）
指定圆弧的圆心或 [角度(A)/方向(D)/半径(R)]: r↙
指定圆弧的半径：80↙

同上绘制第二段圆弧，起点和端点分别为 C 和 D，半径也为 80mm，如图 11-18d 所示。

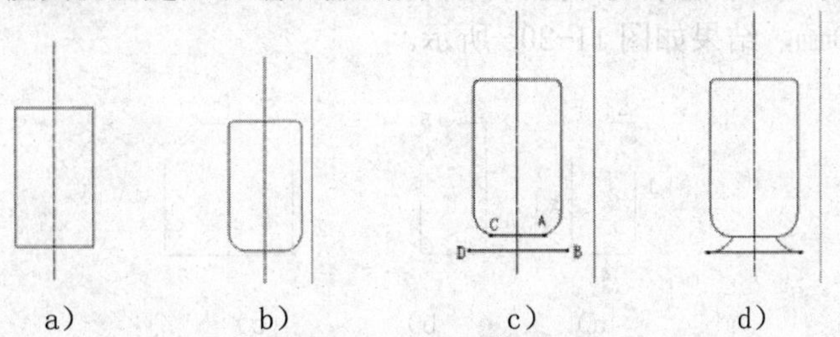

a） b） c） d）

图11-18 绘制高压互感器

❻单击“默认”选项卡“绘图”面板中的“直线”按钮，绘制一条长为 200mm 的竖直直线。以此直线为中心线，单击“默认”选项卡“绘图”面板中的“矩形”按钮，分别绘制 3 个矩形，三个矩形的长和宽分别为：矩形 A，长为 22mm，宽为 20mm；矩形 B 长为 90mm，宽为 100mm；矩形 C，长为 264mm、宽为 64mm，如图 11-19a 所示。

❼中心线与矩形 C 下边的交点为 M，中心线与圆角矩形的上边的交点为 N，单击“默认”选项卡“修改”面板中的“移动”按钮，以点 M 和点 N 重合的原则平移矩形 A、B 和 C，平移结果如图 11-19b 所示。

❽单击“默认”选项卡“修改”面板中的“偏移 ”按钮，将直线 BD 向上偏移 210mm，与圆角矩形的交点分别为点 M 和点 N。

❾单击“默认”选项卡“绘图”面板中的“圆弧”按钮，采用“起点、端点、半径”模式，绘制圆弧，圆弧的起点和端点分别为 M 点和 N 点，角度为-270°，结果如图 11-19c 所示，完成绘制高压互感器的图形符号。

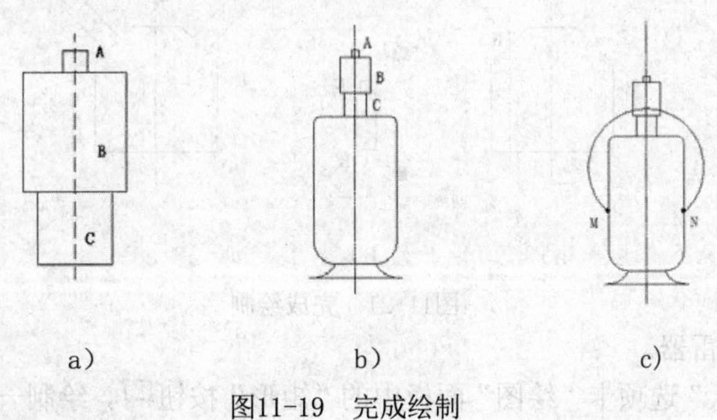

a） b） c）

图11-19 完成绘制

03 绘制真空断路器。

❶将“中心线层”设置为当前图层。单击“默认”选项卡“绘图”面板中的“直线”按钮，绘直线 1，长度为 1000mm。

❷将当前图层由“中心线层”切换为“实体符号层”。

❸启动“正交”和“对象捕捉”绘图方式，单击“默认”选项卡“绘图”面板中的“直线”按钮，分别绘制直线 2、3 和 4，长度分别为 200mm、700mm 和 500mm，如图 11-20a

所示。

❹关闭“正交”绘图方式，单击“默认”选项卡“绘图”面板中的“直线”按钮，用光标分别捕捉直线 2 的右端点和直线 3 的上端点，得到直线 5，如图 11-20b 所示。

❺单击“默认”选项卡“修改”面板中的“镜像”按钮，选择直线 2、3、4 和 5 为镜像对象，选择直线 1 为镜像线做镜像操作。

❻单击“修改”菜单栏中的“拉长”命令，选择直线 1 为拉长对象，将直线 1 分别向上和向下拉长 200mm，结果如图 11-20c 所示。

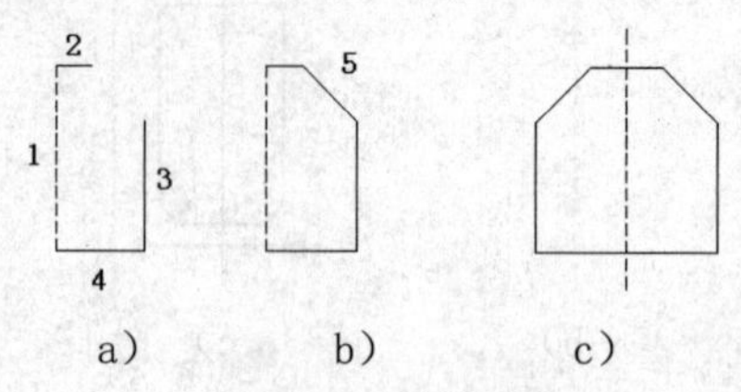

图11-20　绘制草图

❼单击“默认”选项卡“修改”面板中的“偏移”按钮，将中心线向右偏移，偏移量为 350mm，与五边形的倾斜边的交点为 N，如图 11-21a 所示。

❽单击“默认”选项卡“绘图”面板中的“直线”按钮，绘制一竖直直线，长度为 800mm，并将此直线图层属性设置为“中心线层”。单击“绘图”工具栏中的“矩形”按钮，绘制两个关于中心线对称的矩形 A 和 B，矩形 A 的长和宽分别为 90mm、95mm，矩形 B 的长和宽分别为 160mm、450mm，中心线和矩形 B 的底边的交点为 M，如图 11-21b 所示。

❾单击“默认”选项卡“修改”面板中的“移动”按钮，以点 M 和点 N 重合的原则，用光标捕捉 M 点作为平移的基点，用光标捕捉点 N 作为移动的终点。然后，单击“默认”选项卡“修改”面板中的“旋转”按钮，将矩形以 N 点为基点旋转－45°。

❿单击“默认”选项卡“修改”面板中的“镜像”按钮，以矩形为镜像对象，以图形的中心镜像线为镜像线，做镜像操作，得到的结果如图 11-21c 所示。

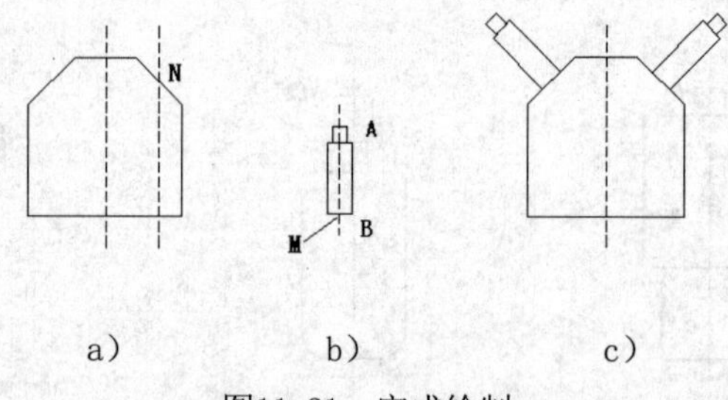

图11-21　完成绘制

04 绘制避雷器。

❶单击“默认”选项卡“绘图”面板中的“矩形”按钮，绘制一长 220mm，宽 800mm 的矩形，如图 11-22a 所示。

❷单击“默认”选项卡“修改”面板中的“分解”按钮，将绘制的矩形分解为四条直线。

❸单击“默认”选项卡“修改”面板中的“偏移 ”按钮，将矩形的上、下两边分别向下和向上偏移 90mm，结果如图 11-22b 所示。

❹单击“默认”选项卡“修改”面板中的“偏移 ”按钮，将矩形的左边向右偏移

110mm，得到矩形的中心线。

❺单击“修改”菜单栏中的“拉长 ”命令，选择中心线为拉长对象，将中心线向上拉长85mm，如图11-22c所示。

❻单击“默认”选项卡“绘图”面板中的“圆”按钮，在“对象捕捉”绘图方式下，用光标捕捉点O为圆心，绘制一个半径为85mm的圆，如图11-22d所示。

❼用光标选择中心线，单击“默认”选项卡“修改”面板中的“删除”按钮，或者直接单击Delete键，删除中心线，如图11-22d所示，完成绘制避雷器的图形符号。

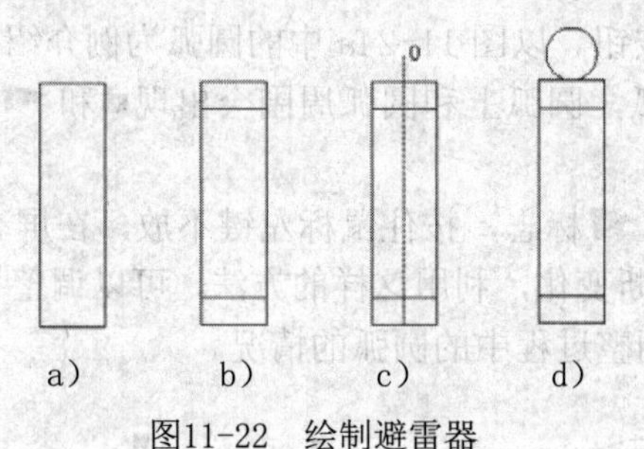

图11-22 绘制避雷器

11.2.5 插入电气设备

前面已经分别完成了架构图和各主要电气设备的符号图，这节将绘制完成的各主要电气设备的符号插入到架构图的相应位置，基本完成草图的绘制。

注意

1）尽量使用“对象捕捉”命令，使得电器符号能够准确定位到合适的位置。

2）注意调用“缩放”命令，调整各图形符号到合适的尺寸，保证图样的整齐和美观。

完成后的结果如图11-23所示。

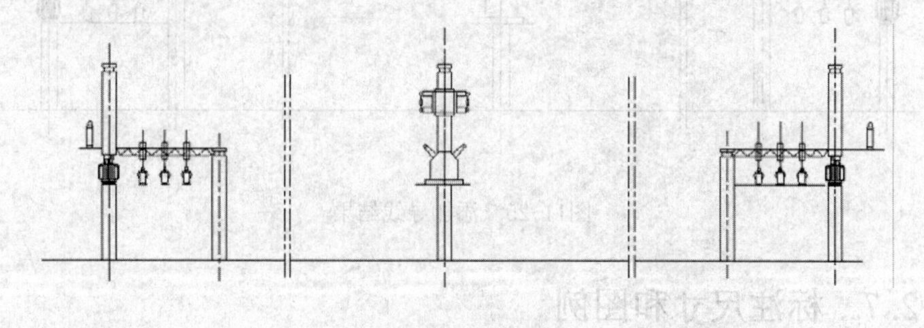

图11-23 插入结果

11.2.6 绘制连接导线

01 将当前图层从“实体符号层”切换为“连接线层”。

02 单击“默认”选项卡“绘图”面板中的“直线”按钮和“圆弧”按钮。绘制连接导线。在绘制过程中，可使用“对象捕捉”，捕捉导线的连接点。

注意

绘制连接导线的过程直到可以使用夹点编辑命令调整圆弧的方向和半径，直到导线的方向和角度达到最佳的程度。

打开夹点的步骤如下：

01 在“工具”菜单中单击“选项”。

02 在“选项”对话框的“选择”选项卡中选择“启用夹点”。

03 单击“确定”按钮。以图 11-24a 中的圆弧为例介绍夹点编辑的方法。

04 用光标拾取圆弧，圆弧上和圆弧周围会出现■和◀这样的标志，如图 11-24b 所示。

05 用光标拾取■和◀标志，按住鼠标左键不放，在屏幕上移动鼠标，就会发现，被选取的图形的形状会不断变化，利用这样的方法，可以调整导线中圆弧的方向、角度和半径。图 11-24c 所示为调整过程中的圆弧的情况。

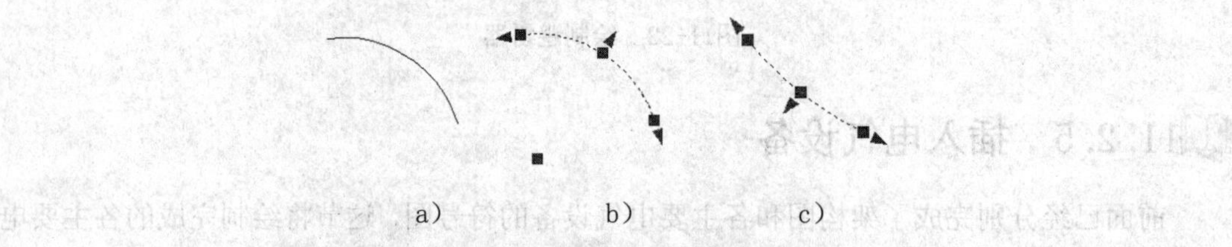

图11-24　夹点编辑命令

图 11-25 所示为绘制完导线的变电站断面图。

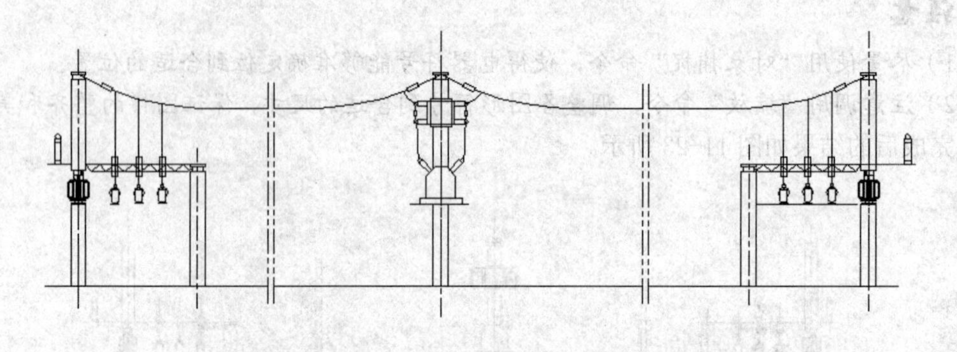

图11-25　添加导线结果

11.2.7　标注尺寸和图例

01 标注尺寸。

❶选择菜单栏中“格式”→“标注样式”命令，弹出“标注样式管理器”对话框，单击“新建”按钮，弹出“创建新标注样式”对话框。样式名称为“变电站断面图标注样式”，设置超出尺寸线为 50，起点偏移量为 50，箭头为倾斜，箭头大小为 100，文字高度为 300，精度设置为 0。

❷单击“默认”选项卡“注释”面板中的“线性”按钮和连续”按钮，为图形标注尺寸，结果如图 11-26 所示。

02 标注电气图形符号。

❶选择菜单栏中“格式”→“文字样式”命令或者在命令行输入“STYLE”命令，弹出“文字样式”对话框。

❷在文字样式对话框单击“新建”按钮，然后输入样式名“工程字”，并单击“确定”按钮。设置如图 11-27 所示。

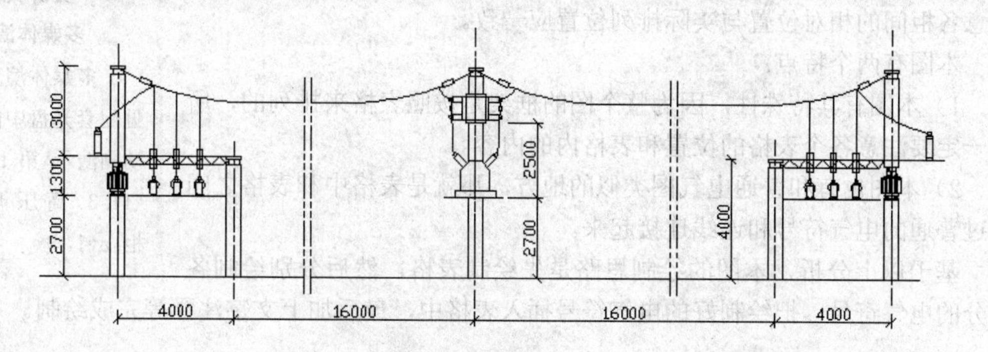

图11-26　添加标注

❸在字体名下拉列表选择“仿宋_GB2312”。

❹高度选择默认值为 400。

❺宽度比例输入值为 0.7，倾斜角度默认值为 0。

❻检查预览区文字外观，如果合适单击“应用”按钮。

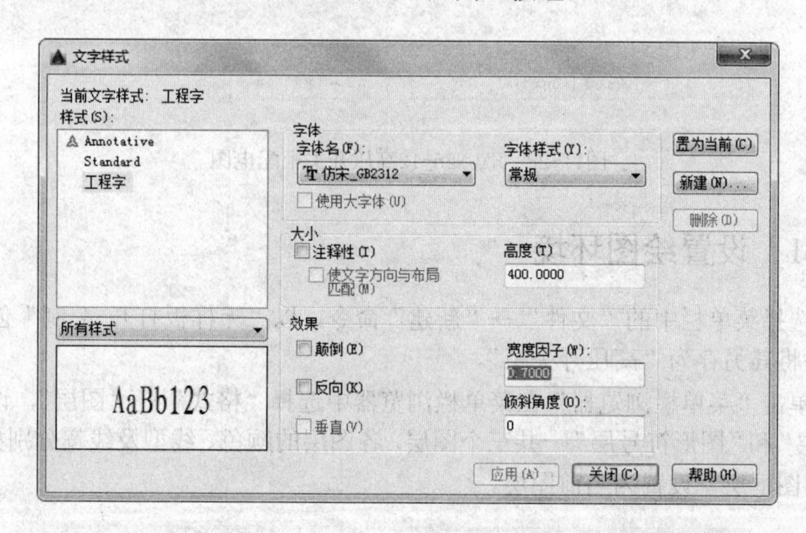

图11-27　“文字样式”对话框

❼选择菜单栏中“绘图”→“文字”→“多行文字”命令或者在命令行输入 MTEXT 命令。

❽调用对象捕捉功能捕捉“核定”两字所在单元格的左上角点为第一角点，右下角点为对角点，在弹出的“文字格式”对话框中，选择文字样式为“工程字”，对齐方式选择中央对齐。

❾输入需要输入的文字，单击“确定”按钮。

❿用同样的方法，输入其他文字。

图 11-1 所示为绘制完成的变电站断面图。

11.3 高压开关柜

图 11-28 所示为 HXGN26-12 高压开关柜配电图，在绘制过程中要注意各柜间的相对位置与实际排列位置应一致。

本图有两个特点：

1）本图有其特殊性，因为整个图的框架是按照表格来排列的，所以一定要注意各个表格的位置和表格内的内容。

2）本图也有和普通电气图类似的地方，那就是表格中和表格之间通过普通的电气符号和连线连接起来。

基于以上分析，本图的绘制思路是先绘制表格，然后分别绘制各部分的电气符号，把绘制好的电气符号插入表格中，最后加上文字注释等完成绘制。

> **实讲实训 多媒体演示**
>
> 多媒体演示参见配套光盘中的\\动画演示\第 11 章\11.3 高压开关柜.avi。

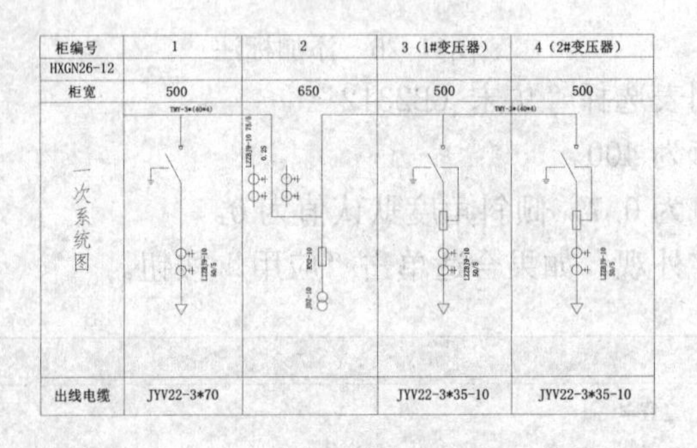

图11-28　HXGN26-12高压开关柜配电图

11.3.1　设置绘图环境

01 选择菜单栏中的“文件”→“新建”命令，以“无样板打开-公制”创建一个新的文件，并将其另存为“高压开关柜”。

02 单击“菜单栏浏览器”在菜单栏浏览器中选择“格式”→“图层”，设置“标注层”“图框层”和“图形符号层”一共三个图层，各图层的颜色、线型及线宽分别如图 11-29 所示。将“图框层”设置为当前图层。

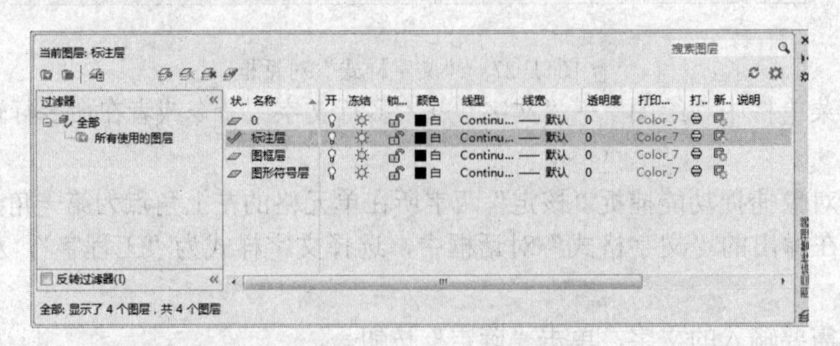

图11-29　设置图层

11.3.2 图纸布局

01 将图形符号层设置为当前层，单击“默认”选项卡“绘图”面板中的“直线”按钮，绘制直线 1{(100,100)、 (465,100)}，如图 11-30 所示。

图11-30 水平直线

02 单击“默认”选项卡“修改”面板中的“缩放”按钮，将视图调整到易于观察的程度。

03 单击“默认”选项卡“修改”面板中的“偏移”按钮，以直线 1 为起始，依次向下偏移 13mm、13mm、13mm、160mm 和 22mm 得到一组水平直线。

04 单击“默认”选项卡“绘图”面板中的“直线”按钮，并启动“对象追踪”功能，用光标分别捕捉直线 1 和最下面一条水平直线的左端点，连接起来得到一条竖直直线。

05 单击“默认”选项卡“修改”面板中的“偏移”按钮，以竖直直线为起始，依次向右偏移 50mm、70mm、80mm、80mm 和 85mm，得到一组竖直直线。已绘制的水平直线和竖直直线构成了如图 11-31 所示的表格，即为高压开关柜配电图的布局。

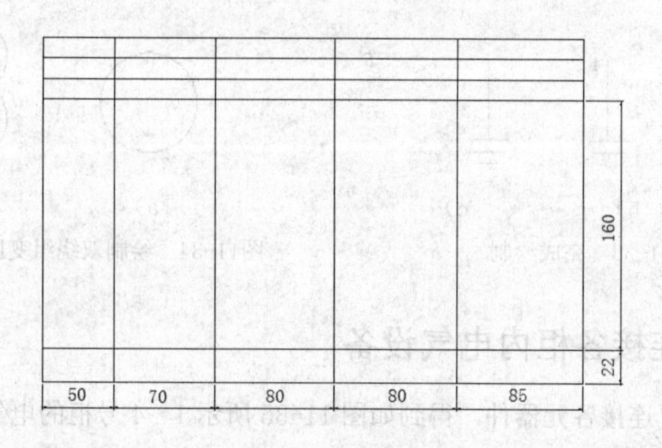

图11-31 图纸布局

11.3.3 绘制电气符号

01 绘制接地线。

❶单击“默认”选项卡“绘图”面板中的“直线”按钮，绘制直线 1{(20,20)、(22,20)}，如图 11-32a 所示。

❷单击“默认”选项卡“修改”面板中的“偏移”按钮，以直线 1 为起始依次向上绘制直线 2 和直线 3，偏移量均为 1mm，如图 11-32b 所示。

❸将直线 2 向左右两端分别拉长 0.5mm，将直线 3 分别向两端拉长 1mm，结果如图 11-32c 所示。

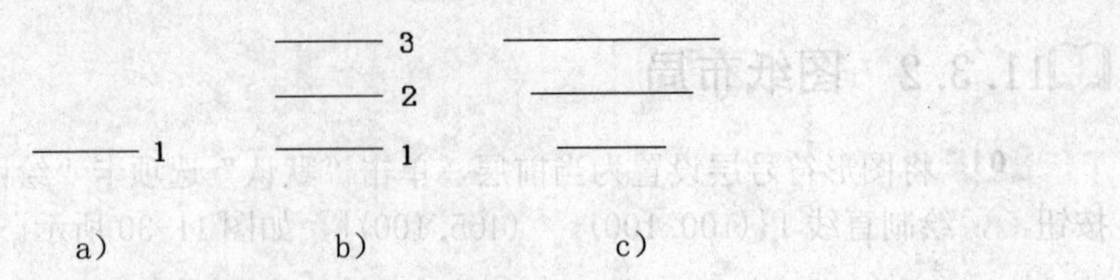

图11-32　绘制水平线

❹单击“默认”选项卡“绘图”面板中的“直线”按钮，在“对象捕捉”和“正交“绘图方式下，用光标捕捉直线 3 的左端点，以其为起点绘制长度为 7mm 的竖直直线 4，如图 11-33a 所示。

❺单击“默认”选项卡“修改”面板中的“移动”按钮，将直线 4 向右平移 2mm，得到图 11-33b 所示的结果。

❻单击“默认”选项卡“绘图”面板中的“直线”按钮，在“对象捕捉”和“正交”绘图方式下，用光标捕捉直线 4 的上端点，以其为起点向右绘制长度为 11mm 的水平直线 5，如图 11-33c 所示，绘制完成接地线的图形符号。

02 绘制双绕组变压器。

❶单击“默认”选项卡“绘图”面板中的“圆”按钮，绘制一个半径为 3mm 的圆 0，如图 11-34a 所示。

❷单击“默认”选项卡“修改”面板中的“复制”按钮，复制圆 0，并以圆 0 的圆心为基点将复制后的圆向上平移 5mm，结果如图 11-34b 所示。

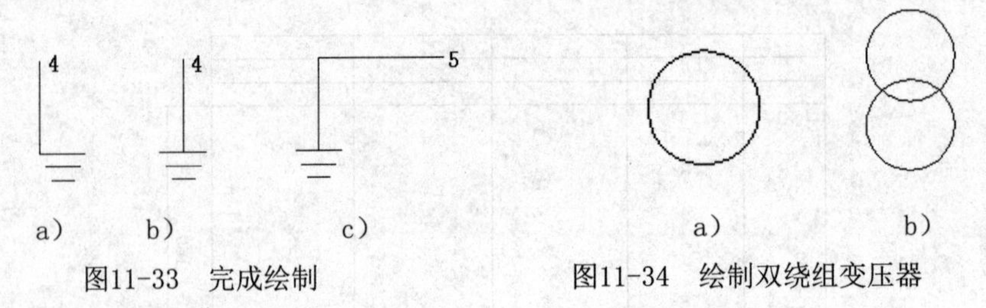

图11-33　完成绘制　　　　图11-34　绘制双绕组变压器

11.3.4　连接各柜内电气设备

根据设备情况连接各元器件，得到如图 11-35 所示 1～4 号柜的电气图。

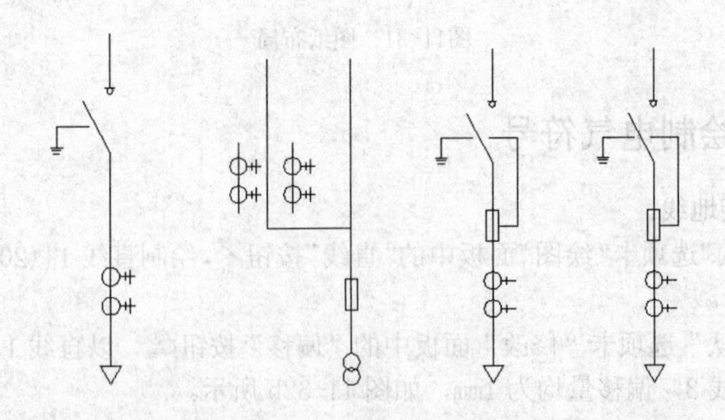

图11-35　1~4号柜的电气图

连接 1~4 号柜的连线。连线的时候要注意尺寸的分配，以保证每个柜对应的元器件刚好在对应的方格内。

11.3.5　添加注释及文字

01 添加注释。

❶将标注层设置为当前层，创建一个文字样式，样式名为“注释文字”，字体为“宋体”，高度为 3，宽度比例为 1，倾斜角度为 0。

❷使用多行文字命令输入文字，然后将文字旋转 90°，移动到合适的位置，如图 11-36 所示。

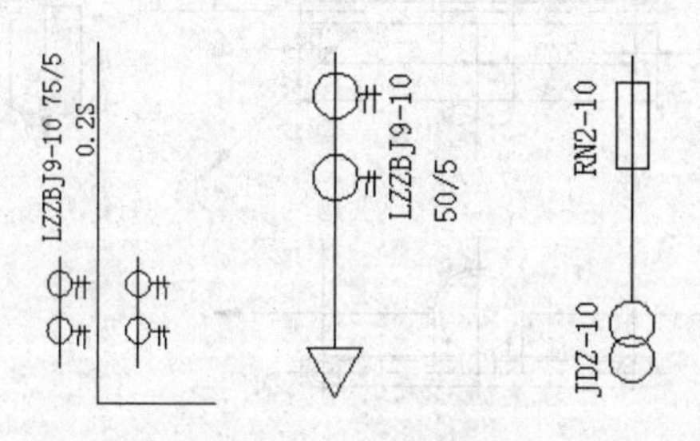

图11-36　添加注释

02 添加文字。

❶创建一个文字样式，样式名为“表格文字”，字体为“宋体”，高度为 6，宽度比为 1，倾斜角度为 0°。

❷在各表格内添加文字，除了“一次系统图”之外，其他文字都为水平。

❸创建一个文字样式，样式名为“竖直文字”，在“效果”标签下选“垂直”，字体为“txt.shx”，并勾选“使用大字体”，设置大字体为“hztxt.shx”，高度为 10，宽度比为 1，倾斜角度为 0°。在“竖直文字”样式下，在左边第四格输入“一次系统图”。

注意

所有的文字都位于表格中央，即所有文字的文字格式都选“居中”，设置方法如下：

键入文字后选定文字，双击鼠标左键，跳出“文字格式”工具条，在左下角单击，待该按钮变白即可。

11.4　上机实验

实验　绘制如图 11-37 所示的电杆安装图。

操作提示：

1）绘制杆塔。

2）绘制各电气元件。

3）插入电气元件。

4）标注尺寸。

11.5 思考与练习

绘制如图 11-38 所示的耐张线夹装配图。

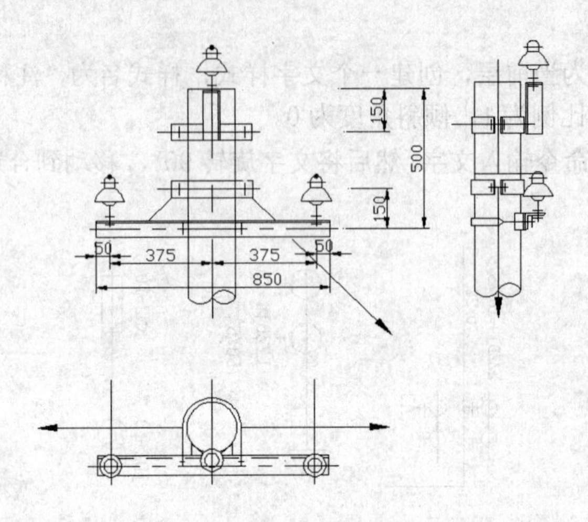

图11-37　电杆安装的三视图

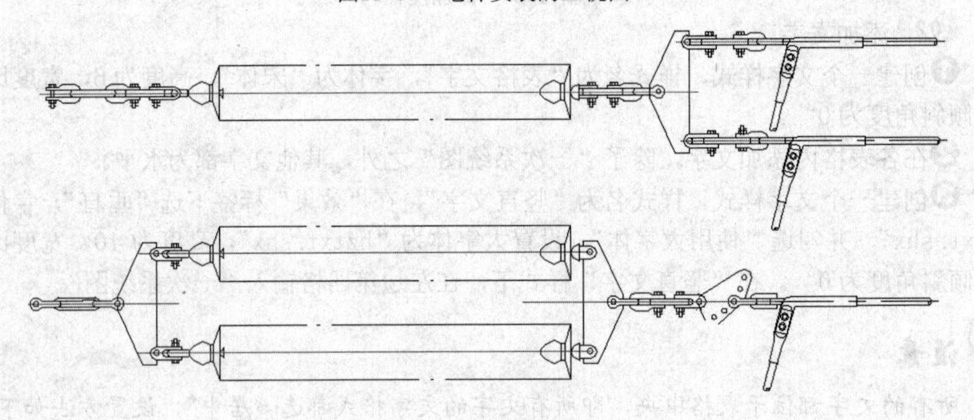

图11-38　耐张线夹装配图

通信工程图设计

通信工程是一类比较特殊的电气图，与传统的电气图不同，通信工程图是最近发展起来的一类电气图，主要应用于通信领域。本章将介绍通信系统的相关基础知识，并通过几个通信工程的实例学习绘制通信工程图的一般方法。

- 天线馈线系统图
- 数字交换机系统图

12.1 通信工程图简介

通信就是信息的传递与交流。

通信系统是传递信息所需要的一切技术设备和传输媒介，其过程如图 12-1 所示。

图12-1 通信原理

工作过程如图 12-2 所示。

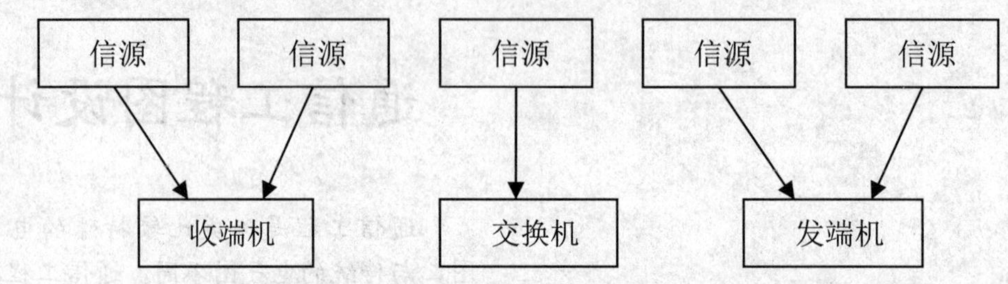

图12-2 通信系统工作流程

通信工程主要分为移动通信和固定通信，但无论是移动通信还是固定通信，它们在通信原理上都是相同的。通信的核心是交换机，在通信过程中，数据通过传输设备传输到交换机上，在交换机上进行交换选择目的地，这就是通信的基本过程。

12.2 天线馈线系统图

本例绘制天线馈线系统图，如图 12-3 所示。

> **实讲实训 多媒体演示**
>
> 多媒体演示参见配套光盘中的\\动画演示\第 12 章\12.2 天线馈线系统图.avi。

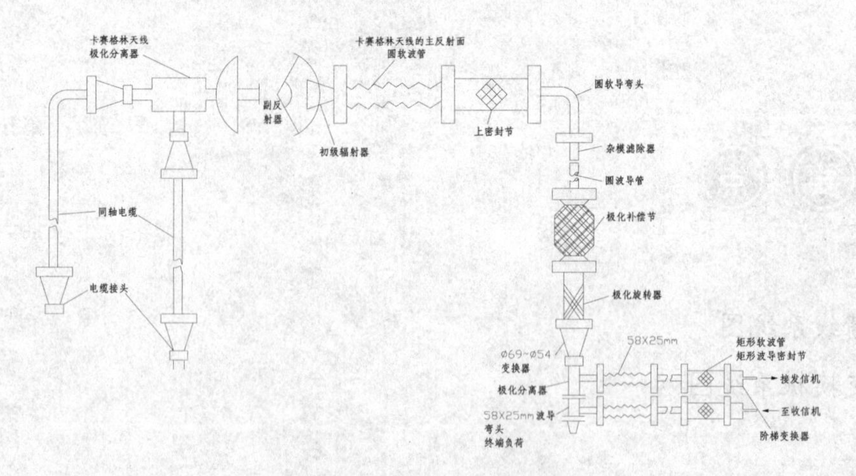

图12-3 天线馈线系统图

图 12-3 由两部分组成，一部分为同轴电缆天线馈线系统，另一部分为圆波导天线馈线系统。按照顺序依次绘制两部分图，和前面的一些电气工程图不同，本图没有导线，所

以可以严格按照电缆的顺序来绘制。

12.2.1 设置绘图环境

01 建立新文件。

❶打开 AutoCAD 2016 应用程序，在命令行输入“NEW”命令或单击菜单栏中“文件”→“新建”命令，AutoCAD 弹出“选择样板”对话框，在该对话框中选择需要的样板图。

❷在“创建新图形”对话框中选择已经绘制好的样板图后，然后单击“打开”按钮，返回绘图区域。同时选择的样板图也会出现在绘图区域内，其中样板图左下端点坐标为（0,0）。本例选用 A3 样板图。

02 单击“默认”选项卡“图层”面板中的“图层特性”按钮，设置“实体符号层”和“中心线层”一共两个图层，各图层的颜色，线型及线宽分别如图 12-4 所示。将“中心线层”设置为当前图层，如图 12-4 所示。

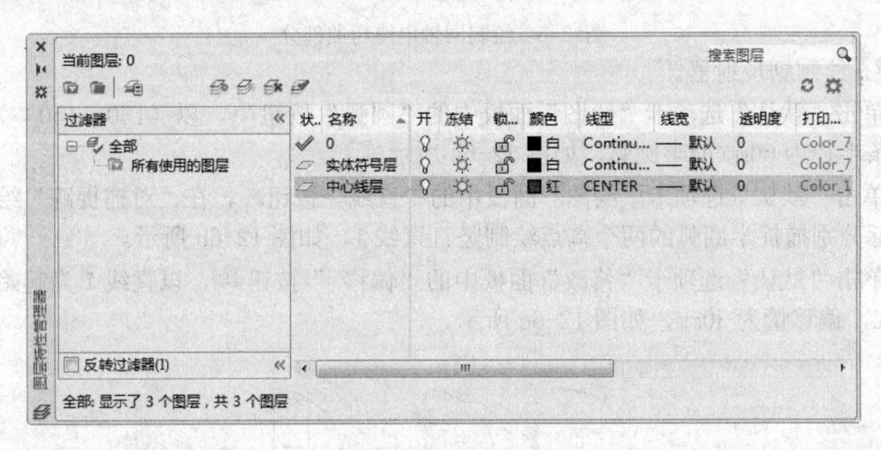

图12-4 设置图层

12.2.2 （a）部分图的绘制

01 绘制同轴电缆弯曲部分。

❶单击“默认”选项卡“绘图”面板中的“直线”按钮，在“正交”绘图方式下，分别绘制水平直线 1 和竖直直线 2，长度分别为 40mm 和 50mm，如图 12-5a 所示。

❷单击“默认”选项卡“修改”面板中的“倒角”按钮，对两直线相交的角点倒圆角，圆角的半径为 12mm，命令行提示与操作如下：

```
命令: _fillet
当前设置: 模式 = 修剪，半径 = 12.0000↙
选择第一个对象或 [放弃(U)/多段线(P)/半径(R)/修剪(T)/多个(M)]: R↙
指定圆角半径 <12.0000>: 12↙
选择第一个对象或 [放弃(U)/多段线(P)/半径(R)/修剪(T)/多个(M)](用鼠标拾取直 线 1)
选择第二个对象，或按住 Shift 键选择对象以应用角点或 [半径(R)]: (用鼠标拾取直 线 2)
```

结果如图 12-5b 所示。

❸单击“默认”选项卡“修改”面板中的“偏移”按钮，将圆弧向外偏移 12mm，然后将直线 1 和直线 2 分别向左和向上偏移 12mm，偏移结果如图 12-5c 所示。

注意

在进行❸的时候，偏移方向只能是向外，如果偏移方向是向圆弧圆心方向，将得不到需要的结果。读者可以实际操作验证一下，思考一下为什么会这样。

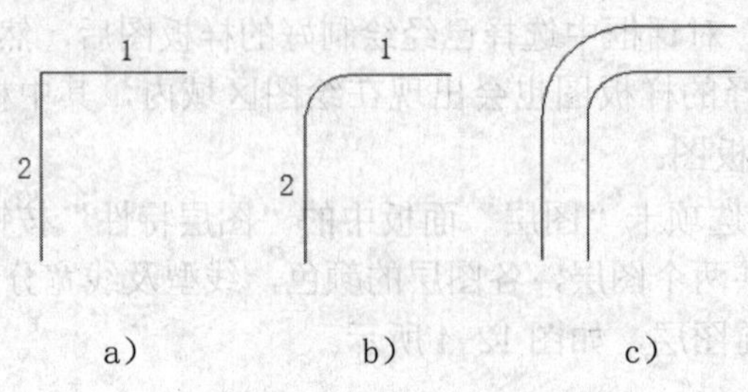

图12-5　绘制同轴电缆弯曲部分

02 绘制副反射器。

❶单击“默认”选项卡“绘图”面板中的“圆弧”按钮，以（150，150）为圆心，绘制一条半径为 60mm 的半圆弧，如图 12-6a 所示。

❷单击“默认”选项卡“绘图”面板中的“直线”按钮，在“对捕捉踪”绘图方式下用光标分别捕捉半圆弧的两个端点绘制竖直直线 1，如图 12-6b 所示。

❸单击“默认”选项卡“修改”面板中的“偏移 ”按钮，以直线 1 为起始向左绘制直线 2，偏移量为 30mm，如图 12-6c 所示。

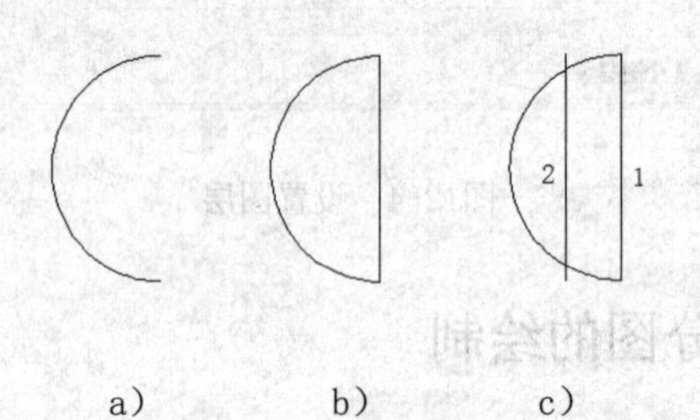

图12-6　绘制半圆弧

❹单击“默认”选项卡“绘图”面板中的“直线”按钮，在“对捕捉踪”和“正交”绘图方式下用光标捕捉圆弧圆心。以其为起点向左绘制一条长度为 60mm 的水平直线 3，终点刚好落在圆弧上，如图 12-7a 所示。

❺单击“默认”选项卡“修改”面板中的“偏移 ”按钮，将直线 3 分别向上和向下偏移 7.5mm，得到直线 4 和直线 5，如图 12-7b 所示。

❻单击“默认”选项卡“修改”面板中的“删除”按钮，删除直线 3，如图 12-7c 所示。

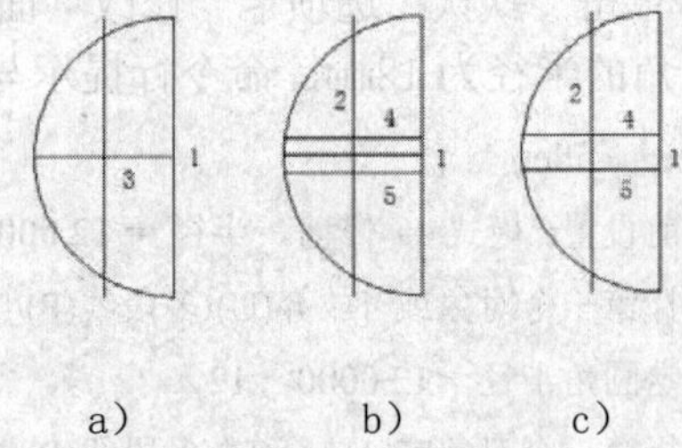

图12-7　添加直线

❼单击“默认”选项卡“修改”面板中的“删除”按钮和“修剪”按钮，得到

如图 12-8 所示的图形，即绘制完成副反射器的图形符号。

03 绘制极化分离器。

❶单击“默认”选项卡“绘图”面板中的“矩形”按钮，绘制一个长为 75mm，宽为 45mm 的矩形，命令行序提示与操作如下：

```
命令: _rectang
指定第一个角点或 [倒角(C)/标高(E)/圆角(F)/厚度(T)/宽度(W)](在屏幕空白处单击鼠标)
指定另一个角点或 [面积(A)/尺寸(D)/旋转(R)]: D
指定矩形的长度 <0.0000>:75↙
指定矩形的宽度 <0.0000>:45↙
指定另一个角点或 [面积(A)/尺寸(D)/旋转(R)]: (在屏幕空白处合适位置单击鼠标)
```

绘制的矩形如图 12-9a 所示。

❷单击“默认”选项卡“修改”面板中的“分解”按钮，将绘制的矩形分解为直线 1、2、3、4。

❸单击“默认”选项卡“修改”面板中的“偏移”按钮，以直线 1 为起始，分别向下绘制直线 5 和直线 6，偏移量分别为 15mm 和 15mm；以直线 3 为起始分别向右绘制直线 7 和直线 8，偏移量分别为 30mm 和 15mm，偏移结果如图 12-9b 所示。

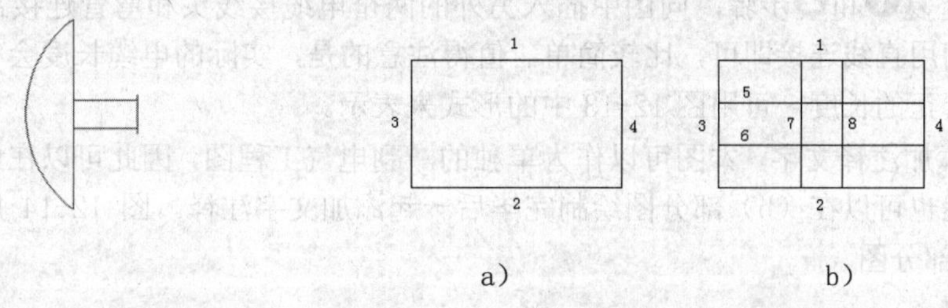

图12-8 副反射器　　图12-9 绘制、分解矩形

❹单击“默认”选项卡“修改”面板中的“拉长”按钮，将直线 5、6 分别向两端拉长 15mm，将直线 7、8 分别向下拉长 15mm，拉长结果如图 12-10a 所示。

❺单击“默认”选项卡“修改”面板中的“删除”按钮和“修剪”按钮，对图形进行修剪操作，并删除多余直线段，得到如图 12-10b 所示结果，即绘制完成极化分离器的图形符号。

04 连接成天线馈线系统。将绘制好的各部件连接起来加上注释。连接过程中需要调用平移命令，并结合使用“对象追踪”等功能，下面介绍连接方法：

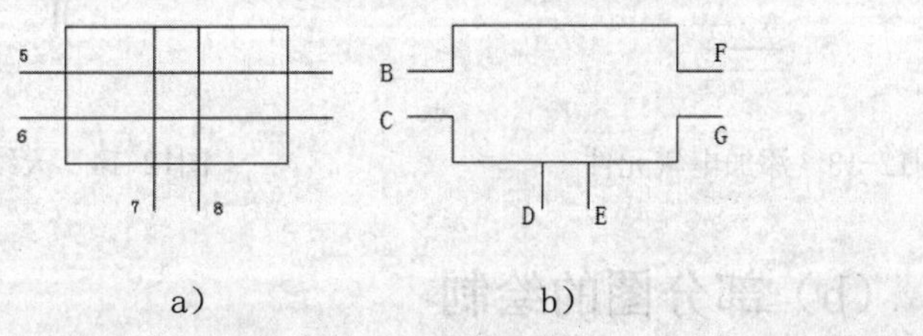

图12-10 绘制、分解矩形

❶由于与极化分离器相连的电器元件最多，所以将其作为整个连接操作的中心。首先，单击“插入”选项卡“块”面板中的“插入”按钮，弹出如图 12-11 所示的“插入”块对话框。“插入点”选择“在屏幕上指定”，“比例”选择“统一比例”，在“X”后面的空

格内输入 1.5 作为缩放比例，“旋转”角度为 90°。

将“电缆接线头”块插入到图形中，并使用“对象捕捉”功能捕捉图 12-10b 中的点 C，使得图 12-10 中的 A 点刚好与之重合，结果如图 12-12 所示。

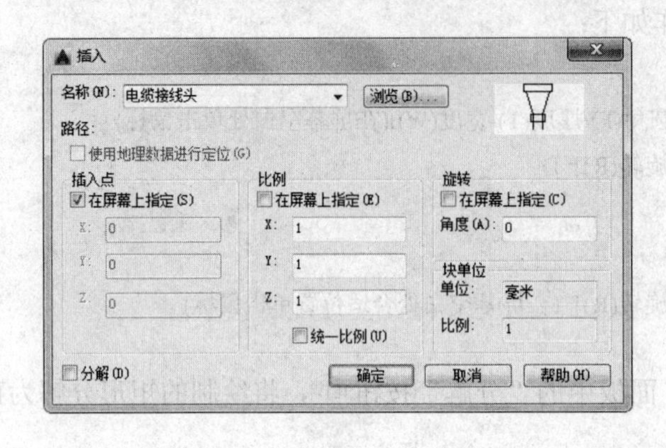

图12-11 “插入”块对话框

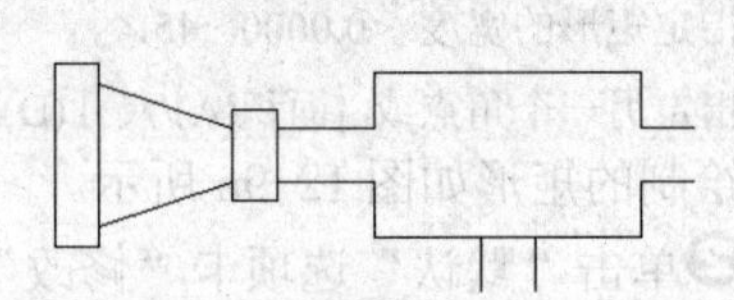

图12-12 连接“电缆接线头”与“极化分离器”

❷采用类似的方法插入另一个电缆接线头，并移入副反射器符号，结果如图 12-13 所示。

❸重复❶和❷步骤，向图中插入另外的两个电缆接线头和弯管连接部分。这些电器元件之间用直线连接即可，比较简单。值得注意的是，实际的电缆长度会很长，在此不必绘制其真正的长度，可用图 12-13 中的形式来表示。

❹添加注释文字。本图可以作为单独的一副电气工程图，因此可以在此步添加文字注释，当然也可以在（b）部分图绘制完毕后一起添加文字注释。图 12-14 所示为最后完成的（a）部分图。

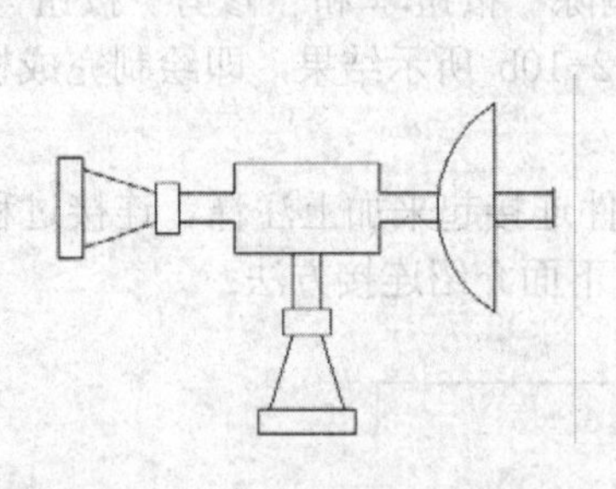

图12-13 添加电气元件

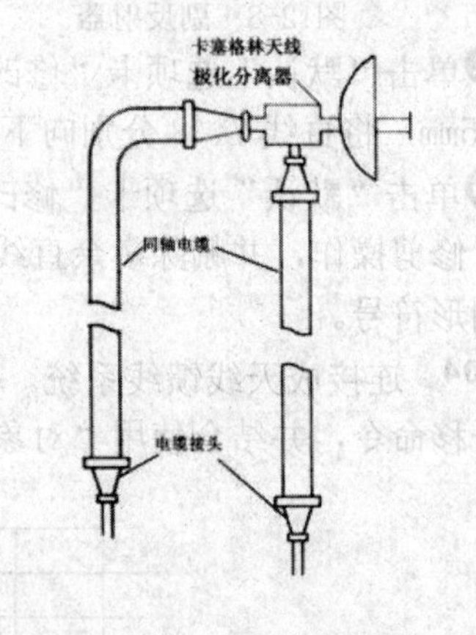

图12-14 天线馈线系统图(a)图

12.2.3 （b）部分图的绘制

01 天线反射面的绘制。

❶单击“默认”选项卡“绘图”面板中的“圆弧”按钮，绘制两个同心半圆弧，两圆弧半径分别为 60mm 和 20mm，如图 12-15a 所示。

❷单击“默认”选项卡“绘图”面板中的“直线”按钮，在“对象捕捉”和“极轴”绘图方式下，用光标捕捉圆心点。以其为起点分别绘制 5 条沿半径方向的直线段，这些直线段分别与竖直方向成 15°、30°、90°，长度均为 60mm，如图 12-15b 所示。

❸单击“默认”选项卡“修改”面板中的“修剪”按钮和“删除”按钮，对整个图形进行修剪，并删除多余的直线或者圆弧，得到如图 12-15c 所示的结果，绘制完成天线反射面的图形符号。

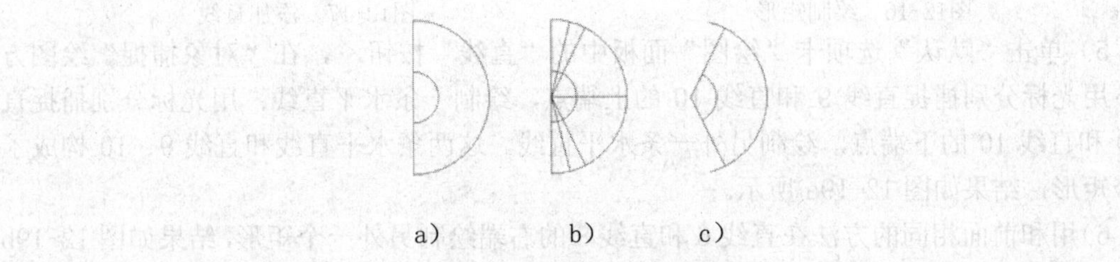

图12-15　绘制天线反射面

02 绘制密封节。

❶单击“默认”选项卡“绘图”面板中的“矩形”按钮，绘制一个长和宽均为 60mm 的矩形，如图 12-16a 所示。

❷单击“默认”选项卡“修改”面板中的“分解”按钮，将绘制的矩形分解为四段直线。

❸单击“默认”选项卡“修改”面板中的“偏移 ”按钮，以直线 1 为起始向下绘制两条水平直线，偏移量均为 20mm；以直线 3 为起始向右绘制两条竖直直线，偏移量均为 20mm，如图 12-16b 所示。

❹单击“默认”选项卡“修改”面板中的“旋转”按钮，将如图 12-16b 所示的图形旋转 45°，旋转过程中命令行提示与操作如下：

```
命令: _rotate
UCS 当前的正角方向:  ANGDIR=逆时针  ANGBASE=0
选择对象: 指定对角点: 找到 8 个（用鼠标框选如图 12-16b 所示的图形）
选择对象: ↙
指定基点:（在图形内任意点单击鼠标）
指定旋转角度，或 [复制(C)/参照(R)] <270>:  45↙
```

旋转结果如图 12-16c 所示。

❺添加矩形。

1）单击“默认”选项卡“绘图”面板中的“直线”按钮，在“对象捕捉”方式下用光标捕捉 A 点，以其为起点分别向左和向右绘制长度均为 100mm 的水平直线 5 和直线 6；用光标捕捉 B 点，以其为起点分别向左和向右绘制长度均为 100mm 的水平直线 7 和直线 8，结果如图 12-17a 所示。

2）单击“默认”选项卡“绘图”面板中的“直线”按钮，在“对象捕捉”方式下，用光标分别捕捉直线 5 和直线 7 的左端点，绘制竖直直线 9，如图 12-17b 所示。

3）选择菜单栏中的“修改”→“拉长”命令，将直线 9 分别向上和向下拉长 35mm，如图 12-18a 所示。

4）单击“默认”选项卡“修改”面板中的“偏移 ”按钮，以直线 9 为起始向左绘制竖直直线 10，偏移量为 35mm，如图 12-18b 所示。

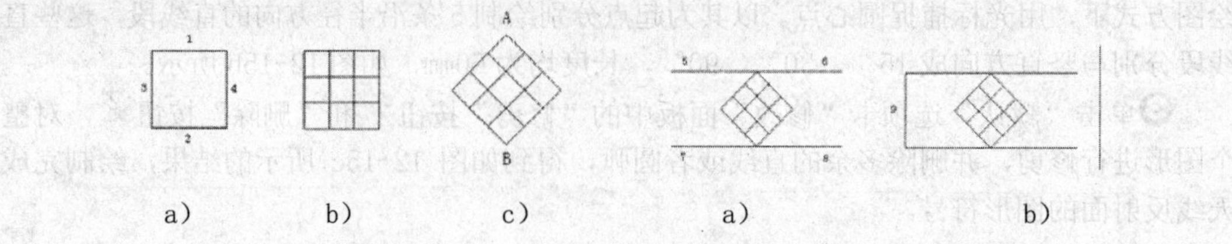

图12-16　绘制矩形　　　　图12-17　添加直线

5）单击“默认”选项卡“绘图”面板中的“直线”按钮，在“对象捕捉”绘图方式下用光标分别捕捉直线 9 和直线 10 的上端点，绘制一条水平直线；用光标分别捕捉直线 9 和直线 10 的下端点，绘制另外一条水平直线。这两条水平直线和直线 9、10 构成了一个矩形，结果如图 12-19a 所示。

6)用和前面相同的方法在直线 6 和直线 8 的右端绘制另外一个矩形，结果如图 12-19b 所示，即为绘制完成的密封节的图形符号。

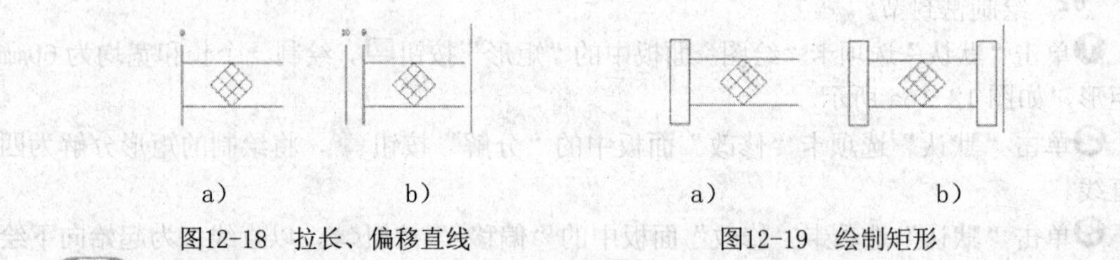

图12-18　拉长、偏移直线　　　　图12-19　绘制矩形

03 绘制极化补偿节。

❶单击“默认”选项卡“绘图”面板中的“矩形”按钮，绘制一个长为 120mm，宽为 30mm 的矩形，如图 12-20a 所示。

❷单击“默认”选项卡“绘图”面板中的“直线”按钮，在“对象捕捉”和“极轴”绘图方式下，用光标捕捉 A 点。以其为起点绘制一条与水平方向成-45°，长度为 20mm 的直线 1，如图 12-20b 所示。

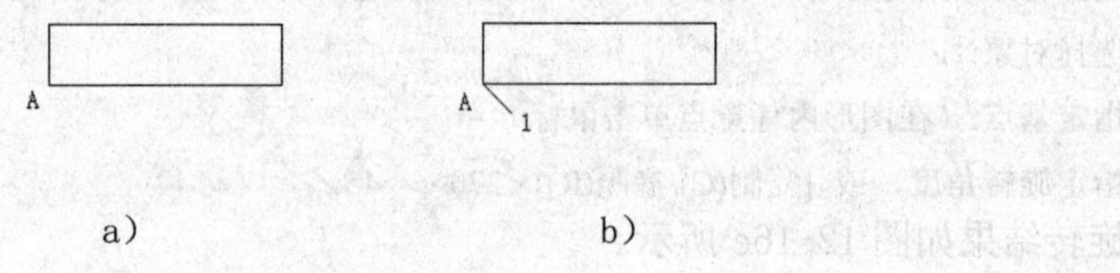

图12-20　绘制矩形和直线

❸单击“默认”选项卡“修改”面板中的“移动”按钮，将直线 1 向右平移 20mm，如图 12-20a 所示。

❹用同样的方法绘制直线 2，如图 12-21b 所示。

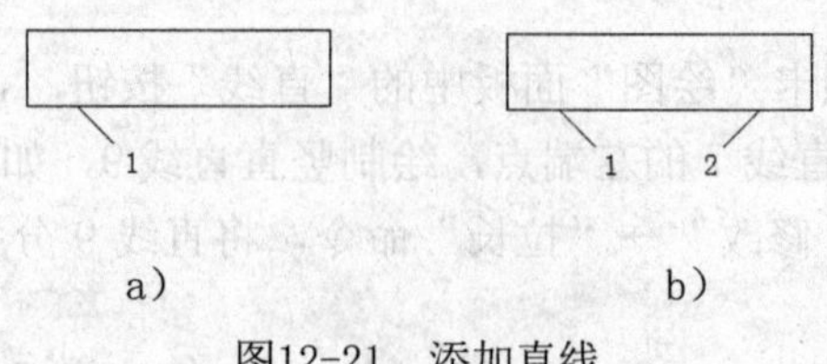

图12-21　添加直线

❺单击“默认”选项卡“绘图”面板中的“直线”按钮，在“对象捕捉”和“极轴”绘图方式下，用鼠标捕捉直线1的下端点。以其为起点绘制一条与水平方向成-135°、长度为40mm的直线；用同样的方法，以直线2的下端点为起点绘制一条与水平方向成-45°，长度为40mm的直线，结果如图12-22a所示。

❻单击“默认”选项卡“绘图”面板中的“直线”按钮，关闭“极轴”绘图方式，激活“正交”功能，用光标捕捉E点为起点，向下绘制长度为40mm的竖直直线；用光标捕捉F点为起点，向下绘制长度为40mm的竖直直线，结果如图12-22b所示。

❼单击“默认”选项卡“修改”面板中的“镜像”按钮，对图形做镜像操作，镜像过程中命令行提示与操作如下：

```
命令: _mirror
选择对象: 指定对角点: 找到 8 个（用光标框选整个图形）
选择对象: ↙
指定镜像线的第一点: （用光标选择 M 点）
指定镜像线的第二点: （用光标选择 N 点）
要删除源对象吗？[是(Y)/否(N)] <N>:↙
```

镜像结果如图12-23所示。

❽单击“默认”选项卡“绘图”面板中的“图案填充”按钮，弹出“图案填充创建”选项卡，设置“图案填充图案”为“ANSI37”图案，“图案填充角度”设置为0，“填充图案比例”设置为5，其他为默认值，在图12-24中拾取填充区域内一点，按Enter键，完成填充，填充结果如图12-25所示。

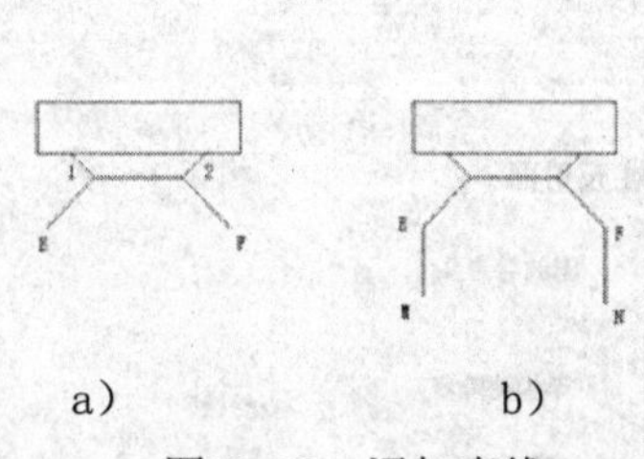

a） b）

图12-22 添加直线

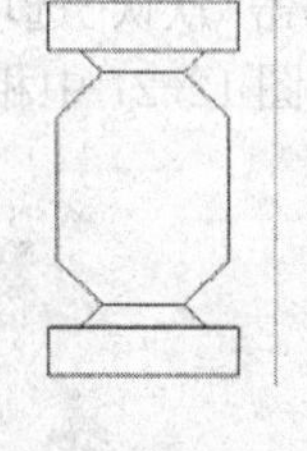

图12-23 镜像结果

04 连接成圆波导天线馈线系统。将上面绘制的各电气元件连接起来，就构成了本图的主题，具体操作方法参考（a）部分图的方法，基本是一致的。

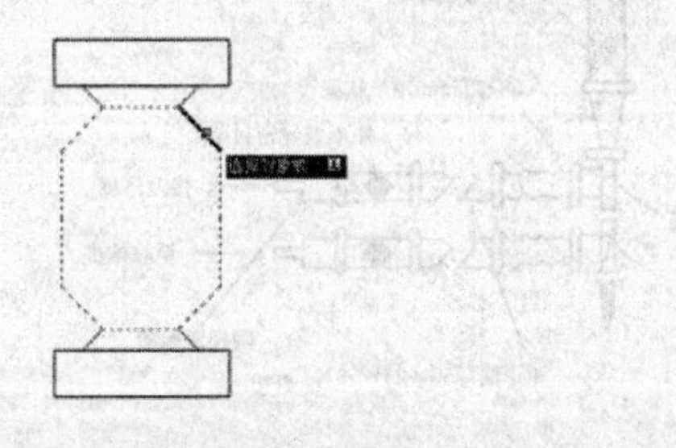

图12-24 选择填充对象

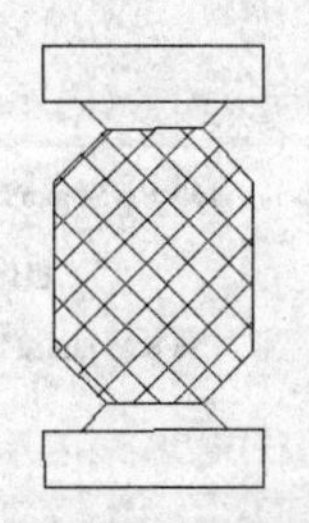

图12-25 填充结果

05 添加文字和注释。

❶选择菜单栏中“格式”→“文字样式”命令或者在命令行输入“STYLE”命令，弹出“文字样式”对话框如图12-26所示。

❷在文字样式对话框单击“新建”按钮，然后输入样式名“工程字”，并单击“确定”按钮。

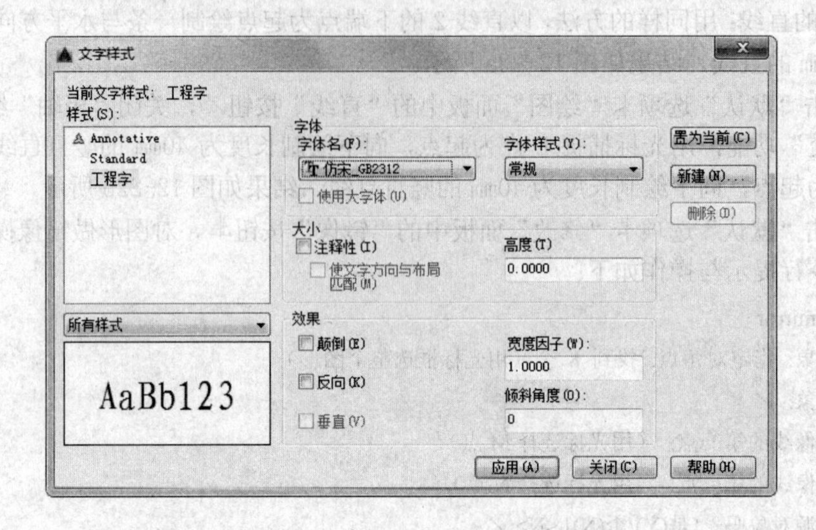

图12-26　“文字样式“对话框

❸字体名下拉列表选择“仿宋_GB2312”。

❹高度选择默认值为15。

❺宽度比例输入值为0.7，倾斜角度默认值为0。

❻检查预览区文字外观，如果合适，单击“应用”和“关闭”按钮。

❼单击“默认”选项卡“注释”面板中的“多行文字”按钮A，或者在命令行输入“MTEXT”命令，在图12-27中相应位置添加文字。

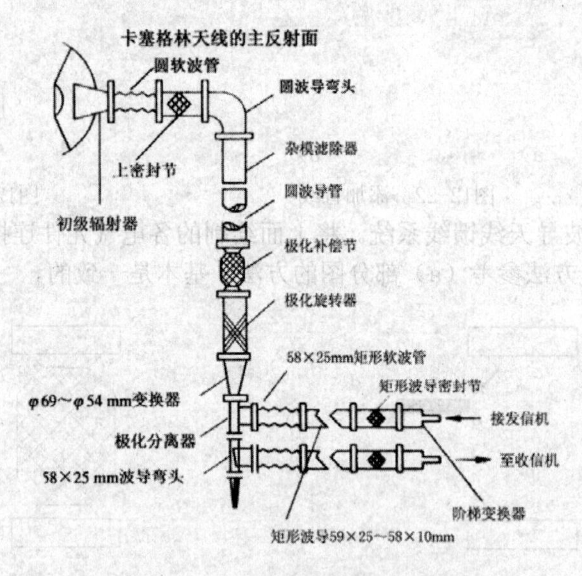

图12-27　天线馈线系统图(b)部分图

如果觉得文字的位置不理想，可以选定文字，将文字移动到需要的位置。移动文字的

方法比较多，下面推荐一种比较方便的方法：

首先选定需要移动的文字，单击菜单栏中“修改”→“移动”命令，此时命令行出现提示：

```
指定基点或 [位移(D)] <位移>:
```

把光标移动到被移动文字的附近（不是屏幕任意位置，一定不能是离被移动文字比较远的位置），单击鼠标左键，此时，移动鼠标就会发现被选定的文字会随着鼠标移动并实时显示出来，把光标移动到需要的位置，再单击鼠标左键，选定文字就被移动到了合适的位置，利用此方法可以将文字调整到任意的位置。

12.3 数字交换机系统图

本例绘制的数字交换机系统图如图12-28所示。本图比较简单，是由一些比较简单的几何图形由不同类型的直线连接而成。绘制思路为先根据需要绘制一些梯形和矩形，然后将这些梯形和矩形按照图示的位置关系摆放好用导线连接起来，最后添加文字和注释。

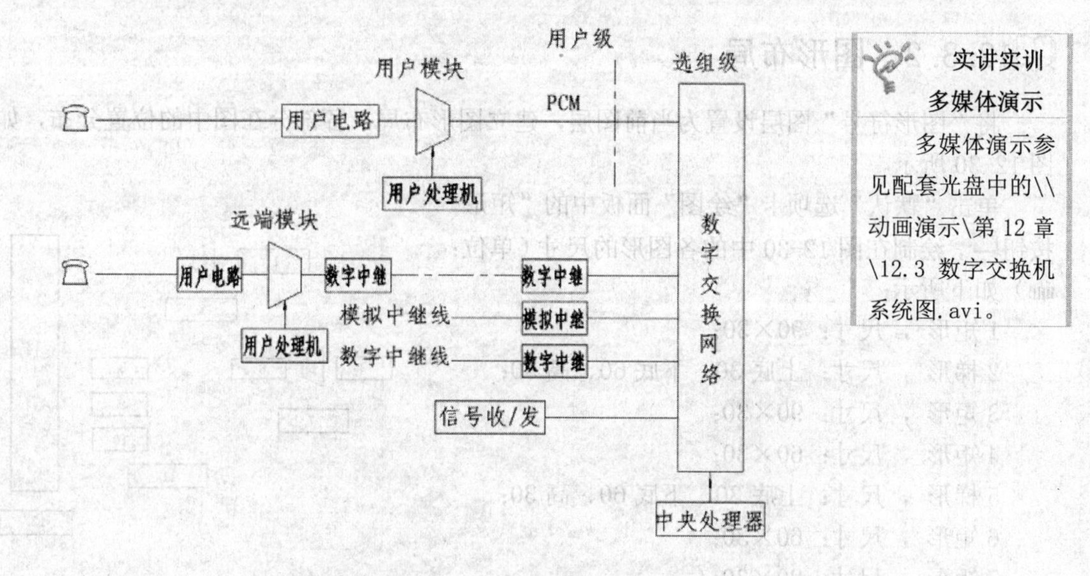

多媒体演示参见配套光盘中的\\动画演示\第12章\12.3 数字交换机系统图.avi。

图12-28 数字交换机系统结构图

12.3.1 设置绘图环境

01 建立新文件。

❶打开AutoCAD 2016应用程序，单击“自定义快速访问工具栏”中的“新建”按钮，AutoCAD弹出“选择样板”对话框，在该对话框中选择需要的样板图。

❷在“创建新图形”对话框中选择已经绘制好的样板图，单击“打开”按钮，返回绘图区域。同时选择的样板图也会出现在绘图区域内，其中样板图左下端点坐标为（0,0）。本例选择随书光盘中的“源文件/样板图/A3title.dwt”样板文件为模板。将新文件命名为“数字交换机系统结构图.dwg”。

02 设置图层。单击“默认”选项卡“图层”面板中的“图层特性”按钮，弹出

“图层特性管理器”对话框，一共设置三个图层，各图层的颜色、线型及线宽分别如图 12-29 所示。

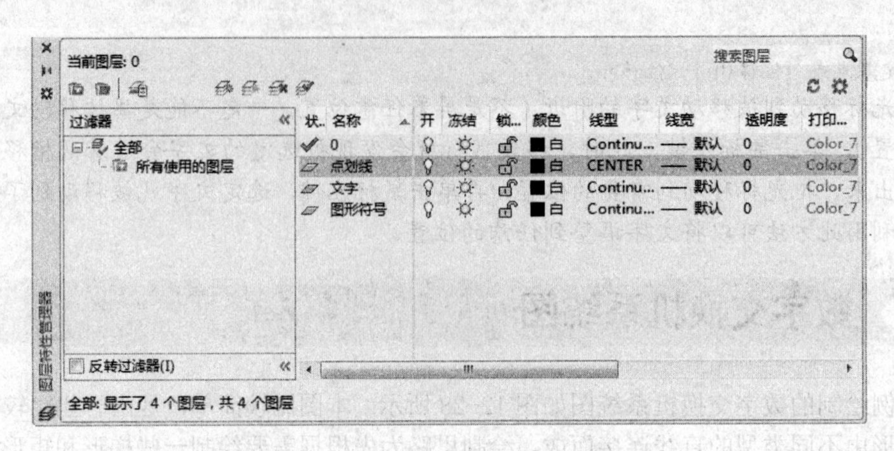

图12-29　设置图层

12.3.2　图形布局

将“图形符号”图层设置为当前图层，建立图形布局，各部分在图中的位置分布，如图 12-30 所示。

单击“默认”选项卡“绘图”面板中的“矩形”按钮，绘制在图 12-30 中的各图形的尺寸（单位：mm）如下所示：

1 矩形 ，尺寸：90×30；

2 梯形 ，尺寸：上底 30、下底 60、高 30；

3 矩形 ，尺寸：90×30；

4 矩形 ，尺寸：60×30；

5 梯形 ，尺寸：上底 30、下底 60、高 30；

6 矩形 ，尺寸：60×30；

7 矩形 ，尺寸：80×30；

8 矩形 ，尺寸：60×30；

9 矩形 ，尺寸：60×30；

10 矩形 ，尺寸：60×30；

11 矩形 ，尺寸：100×30；

12 矩形 ，尺寸：60×350；

13 矩形 ，尺寸：100×30。

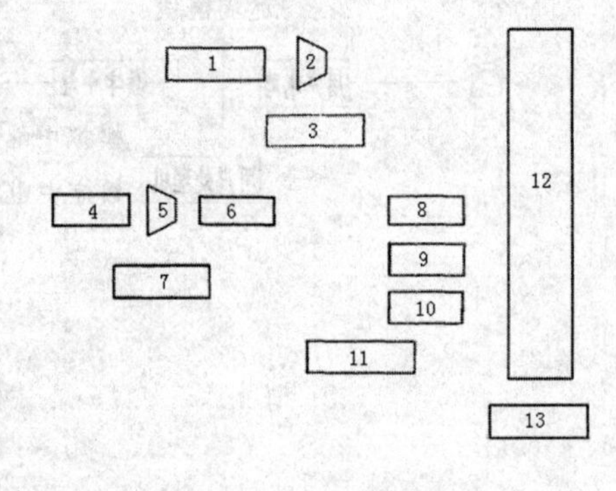

图12-30　图形布局

12.3.3　添加连接线

添加连接线实际上就是用导线将图中相应的模块连接起来，只需要执行简单的图层切换、画线操作和平移操作即可。以连接图中的 6 和 8 为例。

01 切换图层。将当前图层由“图形符号”切换为“点画线”。

02 绘制连接线。单击“默认”选项卡“绘图”面板中的“直线”按钮，在“对象捕捉”绘图方式下用鼠标左键分别捕捉矩形 6 的右上端点和矩形 8 的左上端点，绘制一条水平点画线，如图 12-31 所示。

03 移动连接线。单击“默认”选项卡“绘图”面板中的“移动”按钮，将步骤 **02** 中绘制的导线向下平移 15mm，如图 12-32 所示。

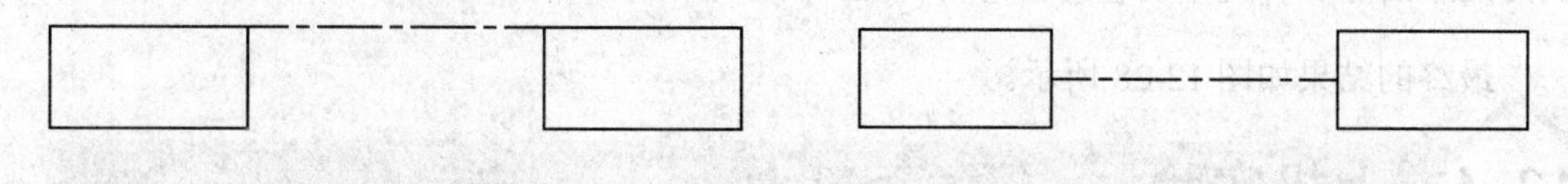

图12-31 绘制连接线　　图12-32 平移连接线

12.3.4 添加各部件的文字

将“文字”图层设置为当前图层，在布局图中对矩形或者梯形的中间加入文字，加入文字的方法如下。

单击“默认”选项卡“注释”面板中的“多行文字”按钮 A，进入添加文字状态。命令行提示与操作如下：

```
命令: _mtext
当前文字样式: "工程字" 文字高度: 20 注释性: 否
指定第一角点:（把光标移动到屏幕上合适位置，按住左键不放，一直移动到另一个点然后放开）
指定对角点或 [高度(H)/对正(J)/行距(L)/旋转(R)/样式(S)/宽度(W)/栏(C)]:
```

此时屏幕上将会跳出一个多行文字的选项卡如图 12-33 所示，并在绘图区出现添加文字的空白格。在“文字格式工具条”内，可以设置字体、文字大小、文字风格、文字排列样式等。读者可以根据自己的需要在工具条中设置好合适的文字样式，将光标移动到下面的空白格，在空白格内添加需要的文字内容，最后单击“确定”按钮。

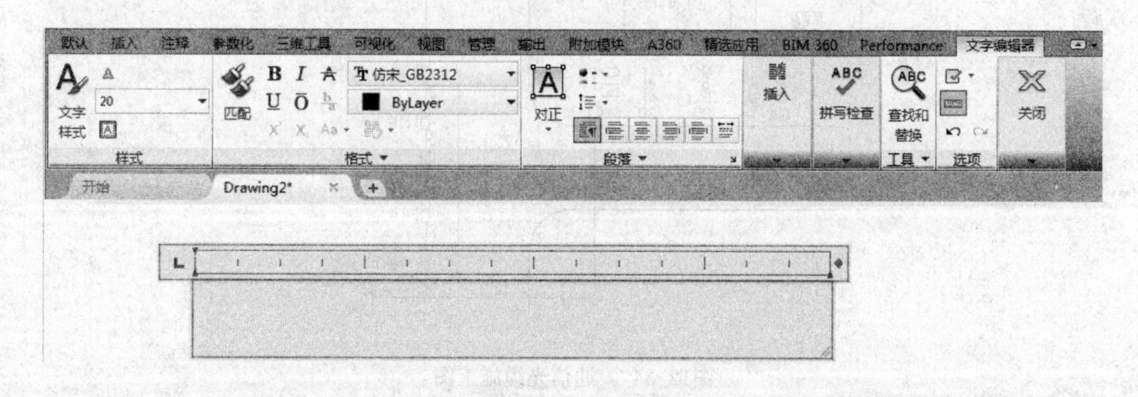

图12-33 添加文字

注意

如果觉得文字的位置不理想，可以选定文字，将文字移动到需要的位置。移动文字的方法比较多，下面推荐一种比较方便的方法：

首先选定需要移动的文字，启动菜单命令"修改"→"移动"，此时命令行出现提示：

```
指定基点或 [位移(D)] <位移>:
```

把光标移动到被移动文字的附近（不是屏幕任意位置，一定不能是离被移动文字比较远的位置），单击鼠标左键。此时，移动鼠标就会发现被选定的文字会随之移动并实时显示出来，把光标移动到需要的位置，再单击鼠标左键，选定文字就被移动到了合适的位置，利用此方法可以将文字调整到任意的位置。

最终的结果如图 12-28 所示。

12.4 上机实验

绘制如图 12-34 所示的通信光缆施工图。

操作提示：

1）绘制各个单元符号图形。

2）将各个单元放置到一起并移动连接。

3）标注文字。

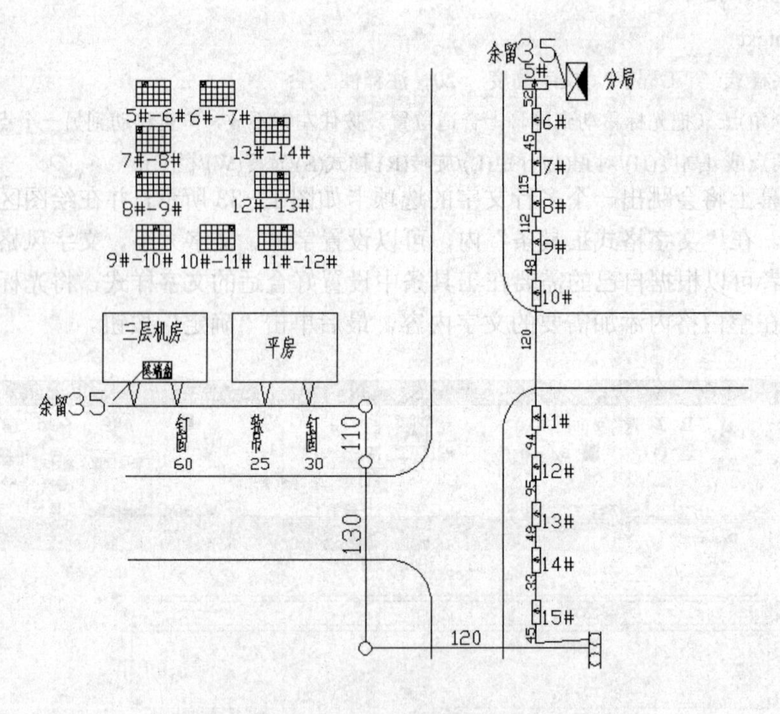

图12-34　通信光缆施工图

12.5 思考与练习

绘制如图 12-35 所示的程控交换系统图。

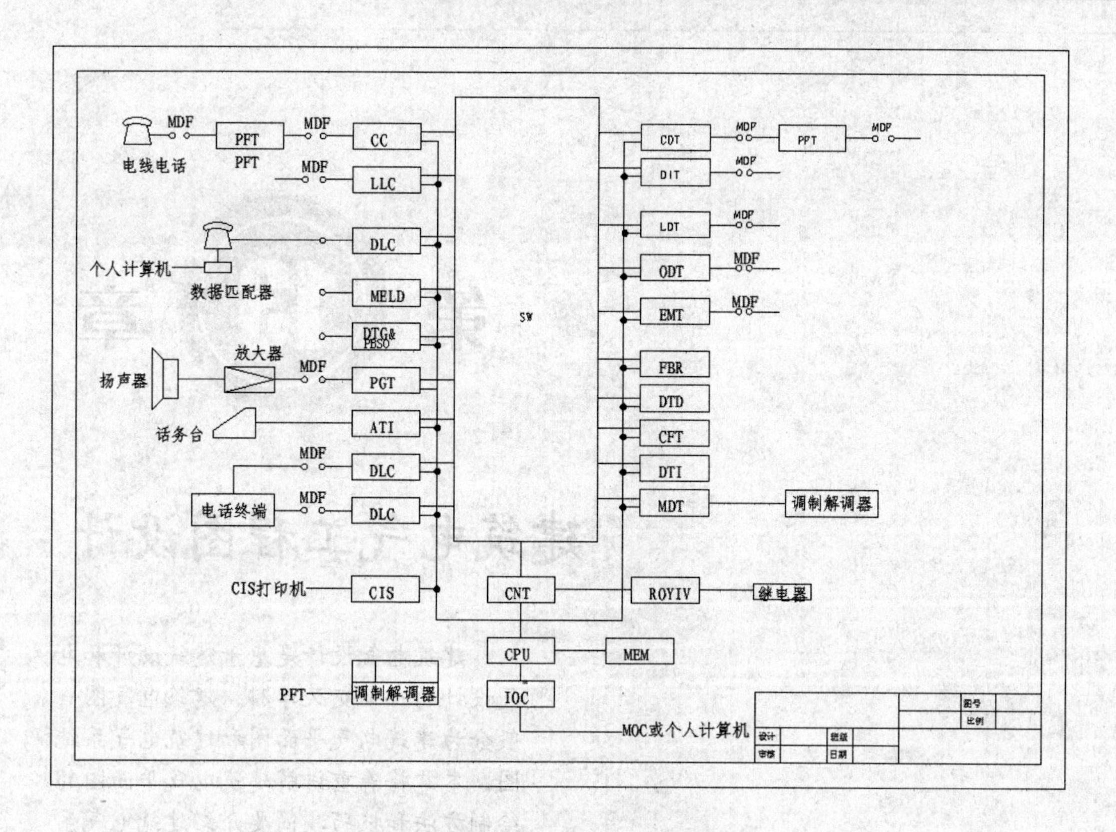

图12-35　程控交换机系统图

第13章 建筑电气工程图设计

建筑电气设计是基于建筑设计和电气设计的一个交叉学科。建筑电气图一般分为建筑电气平面图和建筑电气系统图。本章将着重讲解建筑电气平面图的绘制方法和技巧，简要介绍建筑电气系统图的绘制方法。

学习要点

- 办公楼配电平面图设计
- 多媒体工作间综合布线系统图

13.1 建筑电气工程图简介

建筑系统电气图是电气工程的重要图样，是建筑工程的重要组成部分。它提供了建筑内电气设备的安装位置、安装接线、安装方法以及设备的有关参数。建筑物的功能不同电气图也不相同，它主要包括建筑电气安装平面图，电梯控制系统电气图，照明系统电气图，中央空调控制系统电气图，消防安全系统电气图，防盗保安系统电气图以及建筑物的通信、电视系统、防雷接地系统的电气平面图等。

建筑电气工程图是应用非常广泛的电气图之一。建筑电气工程图可以表明建筑电气工程的构成规模和功能，详细描述电气装置的工作原理，提供安装技术数据和使用维护方法。随着建筑物的规模和要求不同，建筑电气工程图的种类和数量也不同，常用的建筑电气工程图主要有以下几类。

（1）说明性文件

1）图样目录：内容有序号、图样名称、图样编号、图样张数等。

2）设计说明（施工说明）：主要阐述电气工程设计依据、工程的要求和施工原则、建筑特点、电气安装标准、安装方法、工程等级、工艺要求及有关设计的补充说明等。

3）图例：即图形符号和文字代号，通常只列出本套图样中涉及的一些图形符号和文字代号所代表的意义。

4）设备材料明细表（零件表）：列出该项电气工程所需要的设备和材料的名称、型号、规格和数量，供设计概算、施工预算及设备订货时参考。

（2）系统图　是表现电气工程的供电方式、电力输送、分配、控制和设备运行情况的图样。从系统图中可以粗略地看出工程的概貌。系统图可以反映不同级别的电气信息，如变配电系统图、动力系统图、照明系统图、弱电系统图等。

（3）平面图　电气平面图是表示电气设备、装置与线路平面布置的图样，是进行电气安装的主要依据。电气平面图是以建筑平面图为依据，在图上绘出电气设备、装置及线路的安装位置、敷设方法等。常用的电气平面图有变配电所平面图、室外供电线路平面图、动力平面图、照明平面图、防雷平面图、接地平面图、弱电平面图等。

（4）布置图　是表现各种电气设备和器件的平面与空间的位置、安装方式及其相互关系的图样。通常由平面图、立面图、剖面图及各种构件详图等组成。一般来说，设备布置图是按三视图原理绘制的。

（5）接线图　在现场常被称为安装配线图，主要用来表示电气设备、电器元件和线路的安装位置、配线方式、接线方法、配线场所特征的图样。

（6）电路图　现场常称作电气原理图，主要用来表示某一电气设备或系统的工作原理。它是按照各个部分的动作原理图采用分开表示法展开绘制的。通过对电路图的分析，可以清楚地看出整个系统的动作顺序。电路图可以用来指导电气设备和器件的安装、接线、调试、使用与维修。

（7）详图　详图是表现电气工程中设备某一部分的具体安装要求和做法的图样。

13.2 办公楼配电平面图设计

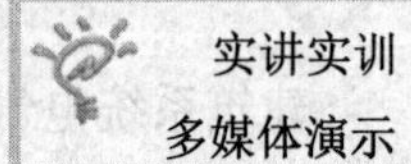

实讲实训
多媒体演示

多媒体演示参见配套光盘中的\\动画演示\第 13 章\13.2 办公楼配电平面图设计.avi。

本例绘制办公楼配电平面图，如图 13-1 所示。

图 13-1 所示为办公楼配电平面图，其制作思路是首先绘制轴线，把平面图的大致轮廓尺寸定出来，然后绘制墙体，生成整个平面图。其次绘制各种配电符号，然后连成线路。

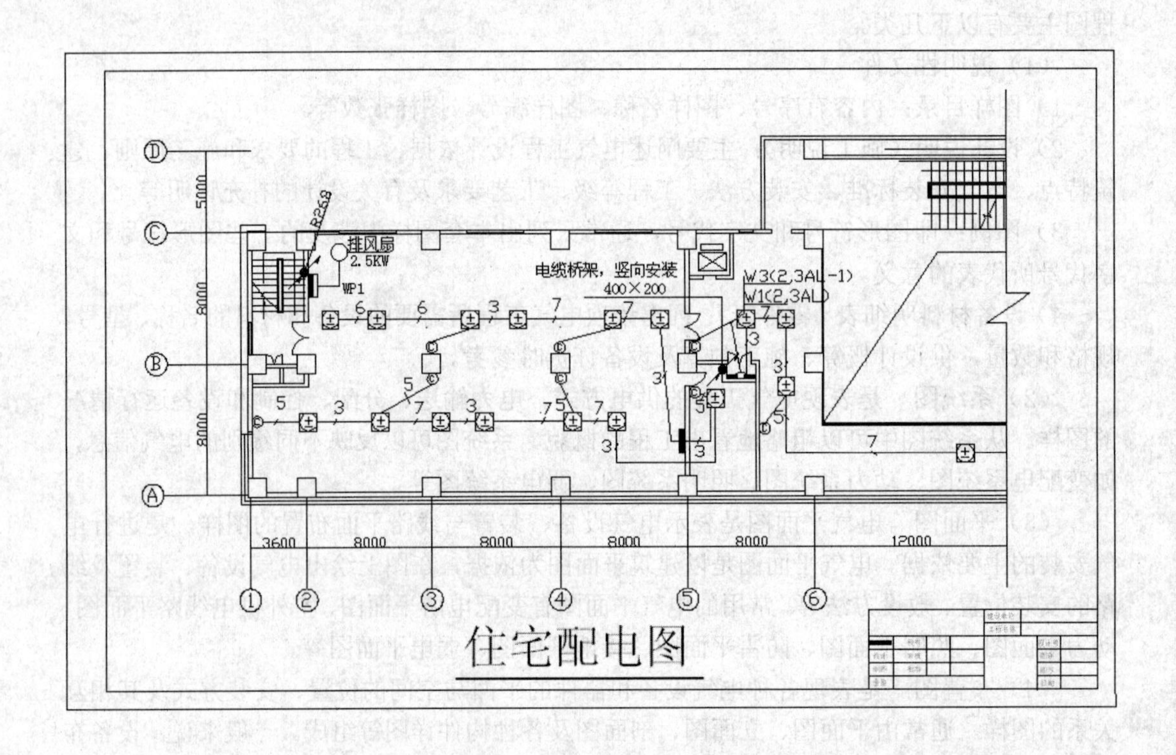

图13-1 办公楼配电平面图

13.2.1 设置绘图环境

01 打开 AutoCAD 2016 应用程序，以“A3.dwt”样板文件为模板建立新文件，将新文件命名为“配电.dwg”并保存。

02 设置图层，一共设置以下 4 个图层，即“轴线”“标注”“墙体”和“配电”图层。设置好的各图层的属性如图 13-2 所示。

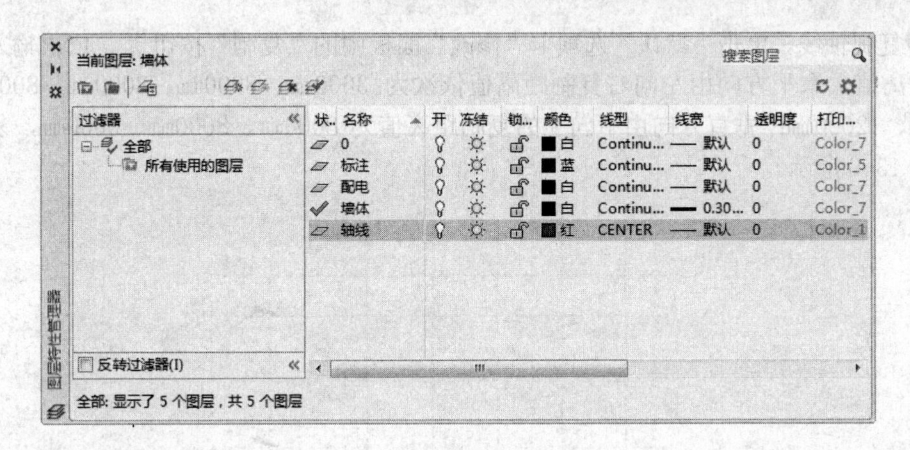

图13-2　图层的设置

13.2.2　图样布局

01 初步绘制轴线。将“轴线”图层设置为当前图层。单击“默认”选项卡“绘图”面板中的“直线”按钮，在绘图区中绘制两条相互垂直的轴线，水平线长度为50000mm，垂直线长度为25000mm，如图13-3所示。

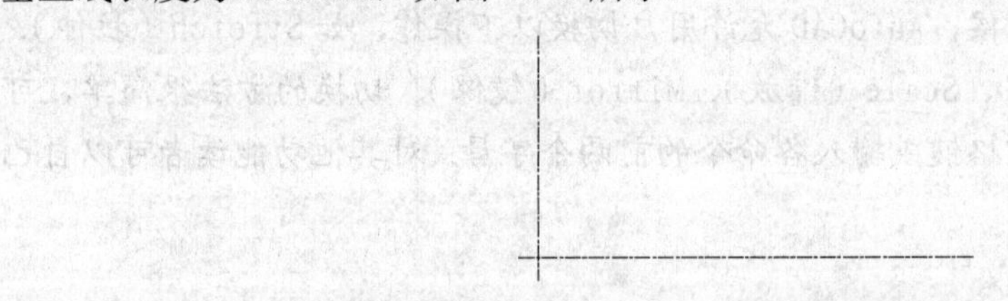

图13-3　相互垂直的轴线

02 使用“夹持”功能复制或偏移轴线。

❶激活夹持点。选取已绘制的轴线，出现如图13-4所示的夹持点，即图中的小方框。单击任一个小方框就可以使夹持点成为激活夹持点，激活的夹持点呈红色。

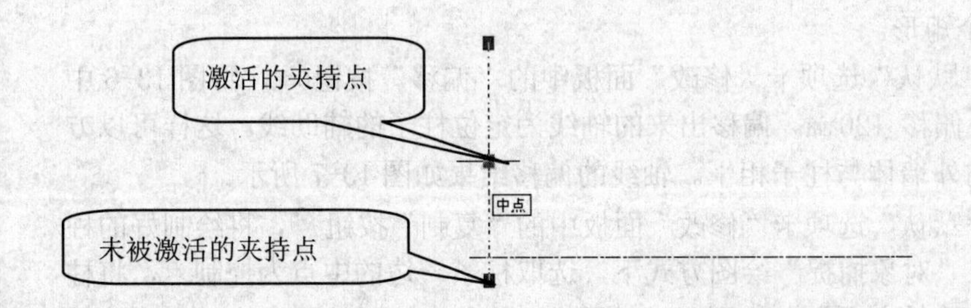

图13-4　激活夹持点

此时下面的命令行中出现如图13-5所示的提示。

图13-5　命令行提示

❷复制轴线。单击“默认”选项卡“修改”面板中的“复制”按钮，依次输入要复制的距离值，水平方向由左向右复制距离值依次为 3600mm、8000mm、8000mm、8000mm、8000mm、12000mm；垂直方向由下向上的复制距离值为 8000mm、8000mm、5000mm，复制结果如图 13-6 所示。

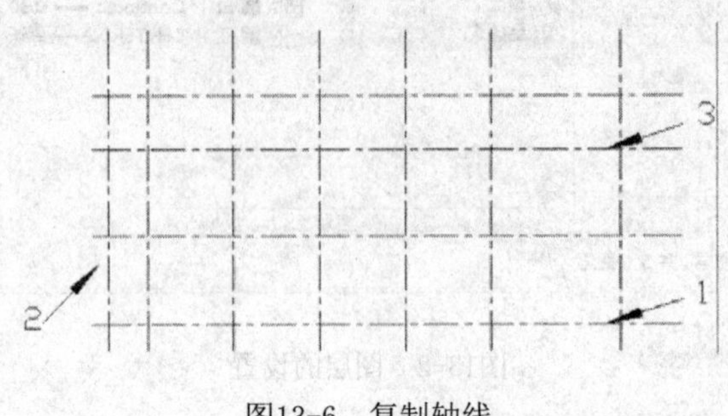

图13-6 复制轴线

激活夹持点后命令行中会出现“拉伸”功能，如图 13- 5 所示。而事实上当实体目标处于被激活的夹持点状态的时候，AutoCAD 允许用户切换以下操作，如 Stretch（拉伸）、Move（移动）、Rotate（旋转）、Scale（缩放）、Mirror（镜像）。切换的方法很简单，可以直接按 Enter 键或直接按空格键或输入各命令的前两个字母。对其他功能读者可以自己尝试操作一下。

13.2.3 绘制柱子、墙体及门窗

01 绘制柱子。由于在配电平面图中没必要给出柱子的具体尺寸，所以可以示意性的地给出柱子的位置及大小。

❶绘制矩形。将“墙体”层设置为当前图层。单击“绘图”工具栏中的“矩形”按钮，在适当位置绘制一个矩形。

❷偏移轴线。单击“默认”选项卡“修改”面板中的“偏移”按钮，将图 13-6 中 1、2、3 号线先分别向外偏移 120mm。偏移出来的轴线为定位柱子的辅助线。这样可以方便布置柱子，使绘制出的外墙体与柱子相平。轴线的偏移结果如图 13-7 所示。

❸放置柱子。单击“默认”选项卡“修改”面板中的“复制”按钮，将绘制好的柱子布置到合适的位置。在“对象捕捉”绘图方式下，选取柱子一边的中点为控制点，将柱子放在辅助线与其垂直轴线的交点上，如图 13-8 所示。将各个柱子放置完毕后，删除辅助线，最终结果如图 13-9 所示。

02 绘制墙体。选择菜单栏中的“绘图”→“多线”命令。绘制墙体厚度为 240mm 的墙体。最终结果如图 13-10 所示。

03 绘制门窗。

❶墙体开洞。单击“默认”选项卡“修改”面板中的“分解”按钮，将用多线绘制出的墙体进行“分解”；单击“默认”选项卡“修改”面板中的“修剪”按钮，对墙

体开洞。开洞结果如图 13-11 所示。

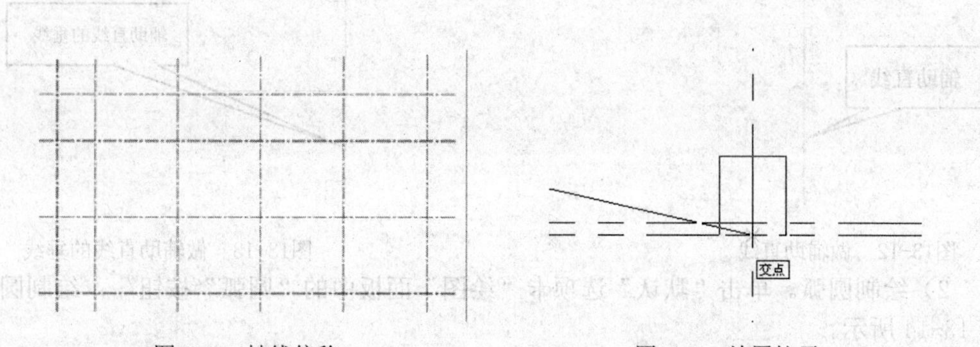

图13-7　轴线偏移　　　　图13-8　放置柱子

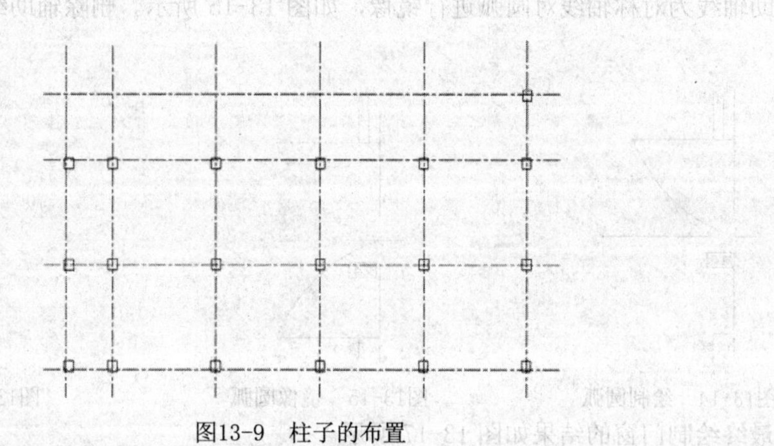

图13-9　柱子的布置

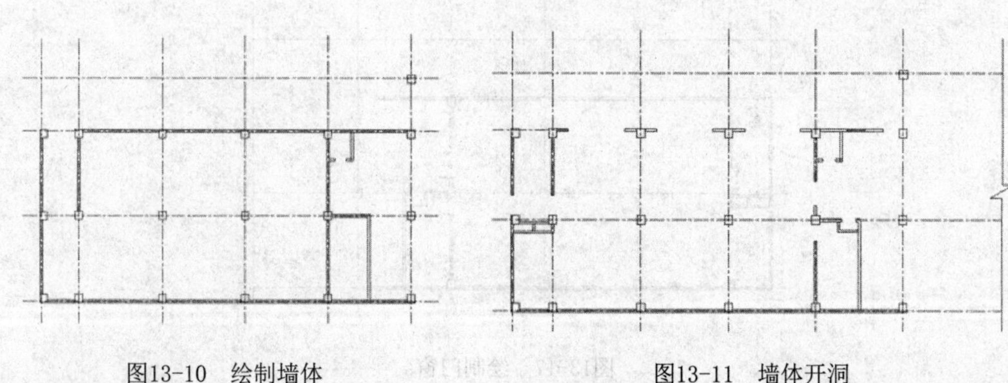

图13-10　绘制墙体　　　　图13-11　墙体开洞

❷绘制门窗模块。单击“默认”选项卡“绘图”面板中的“圆弧”按钮，绘制门窗模块，调整适当比例。

❸绘制双扇门。

1）绘制直线。单击“默认”选项卡“绘图”面板中的“直线”按钮，用直线连接洞口两侧的端点，如图 13-12 所示。重复“直线”命令，过直线的中点做直线的垂线，如图 13-13 所示。

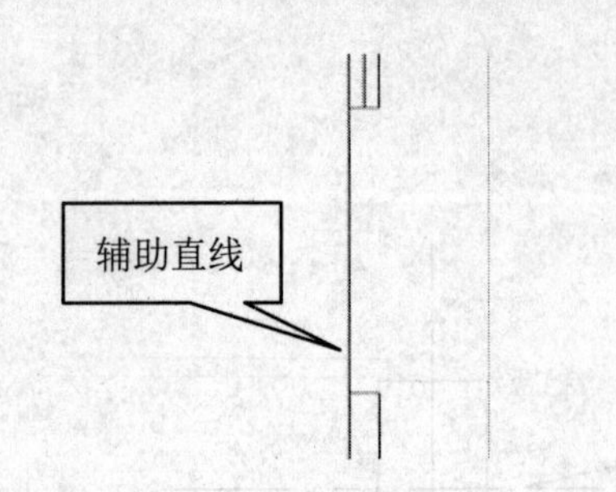

图13-12　做辅助直线

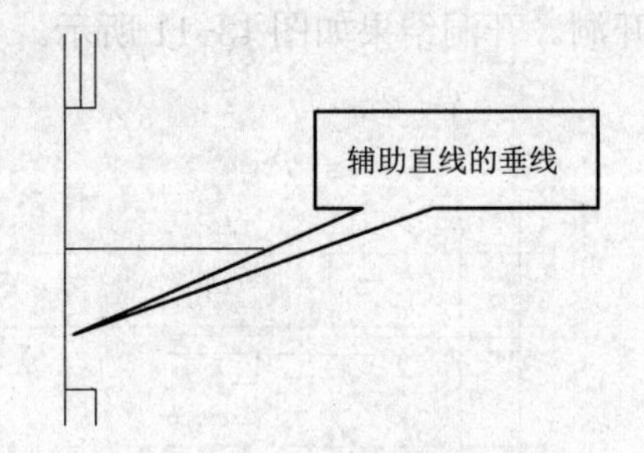

图13-13　做辅助直线的垂线

2）绘制圆弧。单击“默认”选项卡“绘图”面板中的“圆弧”按钮，绘制圆弧如图 13-14 所示。

3）镜像圆弧并删除辅助线。单击“默认”选项卡“修改”面板中的“镜像”按钮，以辅助轴线为对称轴线对圆弧进行镜像，如图 13-15 所示。删除辅助线，结果如图 13-16 所示。

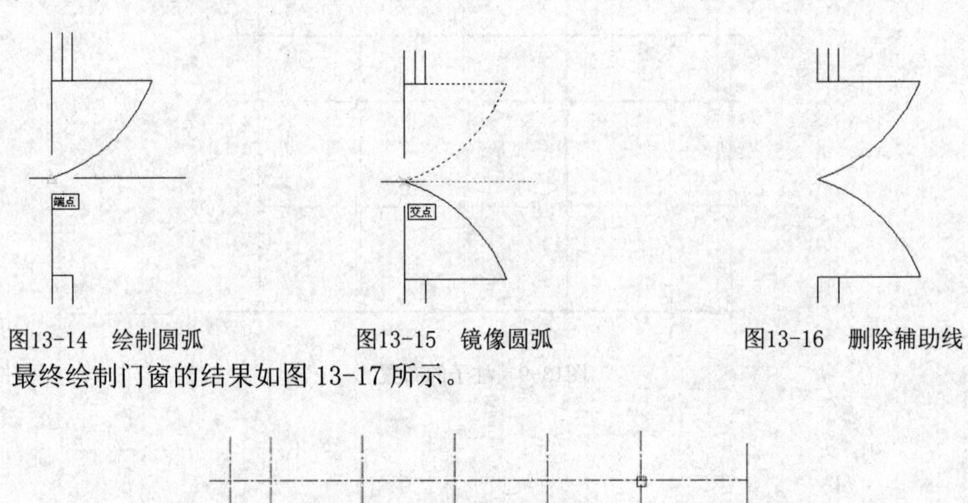

图13-14　绘制圆弧　　图13-15　镜像圆弧　　图13-16　删除辅助线

最终绘制门窗的结果如图 13-17 所示。

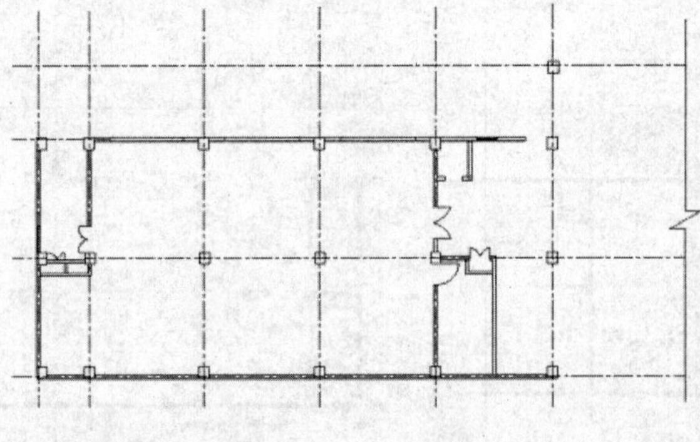

图13-17　绘制门窗

13.2.4　绘制楼梯及室内设施

由于本平面图为办公楼平面图，所以其楼梯的尺寸较住宅楼的要宽大一些，但是绘制方法完全相同。可以使用复制或平移命令，还可以使用阵列命令等，具体选取要根据读者自己对各个命令掌握的熟练程度。

01 绘制楼梯。单击“插入”选项卡“块”面板中的“插入”按钮，弹出“插入”

对话框，单击“浏览”按钮，弹出“选择图形文件”对话框，选择随书光盘中的“源文件/图块/楼梯 1”图块插入，调整好缩放比例放置在图中，如图 13-18 所示。

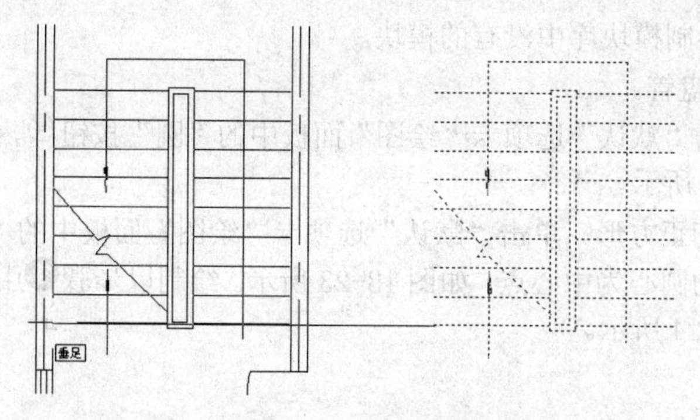

图13-18 插入楼梯

同理，可以绘制另外的楼梯，最终结果如图 13-19 所示。

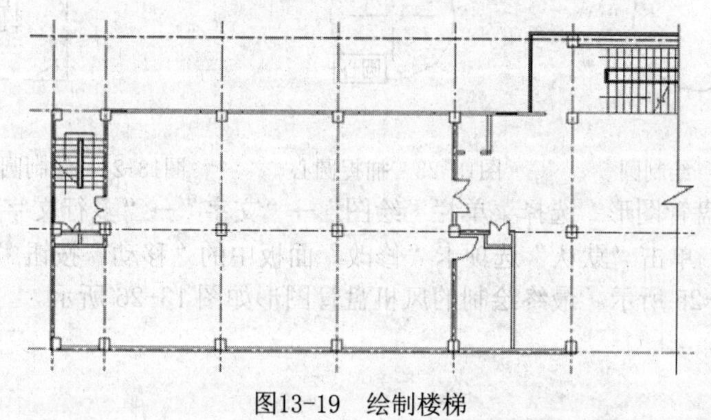

图13-19 绘制楼梯

02 绘制室内设施。由于本层主要为办公区，所以室内设施较少只需绘制如图 13-20 所示的设施。

03 修剪轴线。单击“默认”选项卡“修改”面板中的“修剪”按钮和“删除”按钮，对于多余的轴线删除和修剪，但是为了标注尺寸方便，边缘的轴线要保留一部分，如图 13-21 所示。

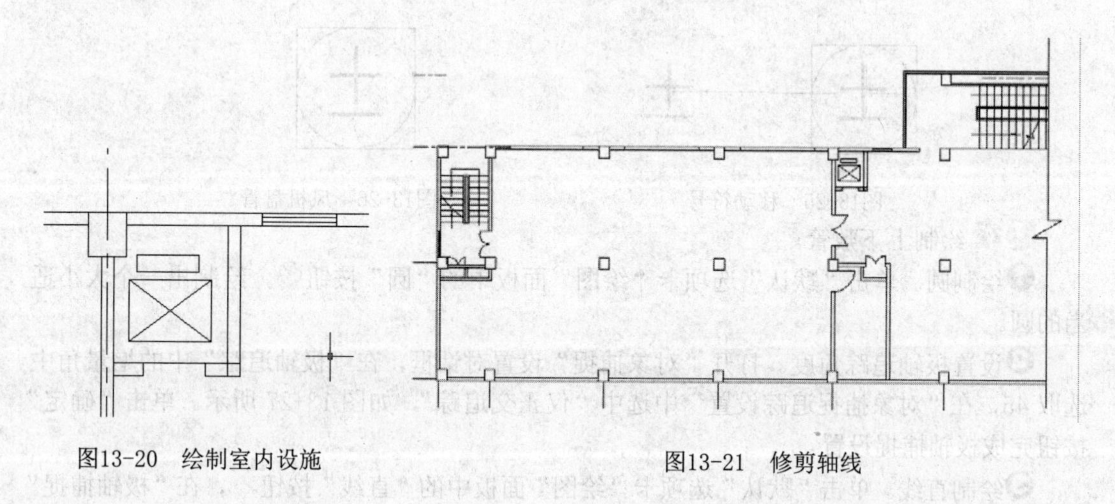

图13-20 绘制室内设施　　图13-21 修剪轴线

🕮13.2.5 绘制配电干线设施

在本节要自己绘制模块库中没有的模块。

01 绘制风机盘管。

❶绘制圆。单击“默认”选项卡“绘图”面板中的“圆”按钮，在空白区域中绘制一个圆，如图 13-22 所示。

❷绘制圆的外切正方形。单击“默认”选项卡“绘图”面板中的“多边形”按钮，以步骤❶绘制的圆的圆心为中心点，如图 13-23 所示。绘制以步骤❶中绘制的圆为外切圆的正方形，如图 13-24 所示。

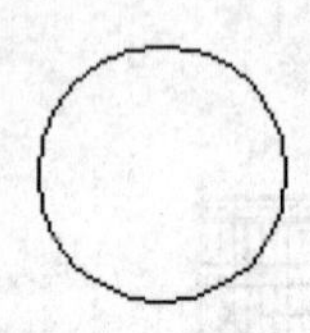

图13-22 绘制圆

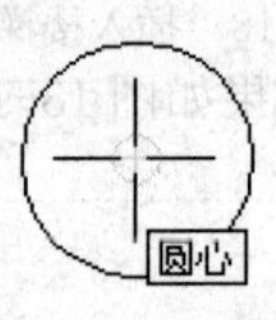

图13-23 捕捉圆心

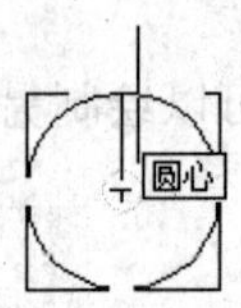

图13-24 绘制圆的外切正方形

❸完成风机盘管图形。选择菜单栏“绘图”→“文字”→“多行文字”命令，将“±”书写在空白区域，单击“默认”选项卡“修改”面板中的“移动”按钮，将其移动到圆的中心，如图 13-25 所示。最终绘制的风机盘管图形如图 13-26 所示。

技巧

面对复杂的图形，读者应该学会将其分解为简单的实体，然后分别进行绘制，最终组合成所要的图形。

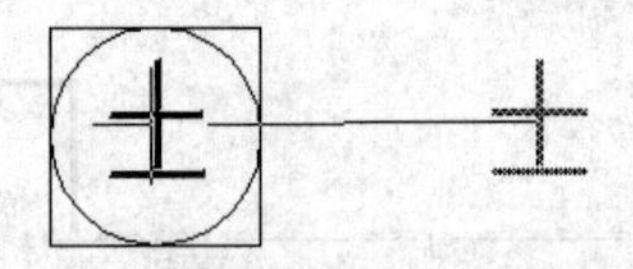

图13-25 移动符号

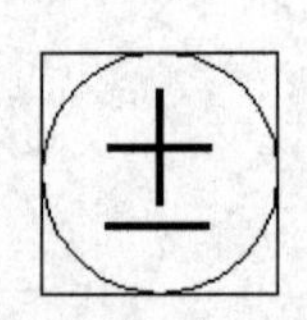

图13-26 风机盘管

02 绘制上下敷管。

❶绘制圆。单击“默认”选项卡“绘图”面板中的“圆”按钮，绘制出一个大小适当的圆。

❷设置极轴追踪角度。打开“对象捕捉”设置对话框，在“极轴追踪”中的增量角中选取 45，在“对象捕捉追踪设置”中选中“仅正交追踪”，如图 13-27 所示。单击“确定”按钮完成极轴捕捉设置。

❸绘制直线。单击“默认”选项卡“绘图”面板中的“直线”按钮，在“极轴捕捉”绘图方式下，使极轴追踪到的 45° 线通过圆心，在追踪线上取一点，如图 13-28 所示。绘

制 45° 线与圆相交，如图 13-29 所示。重复“直线”命令，绘制三角形，如图 13-30 所示。

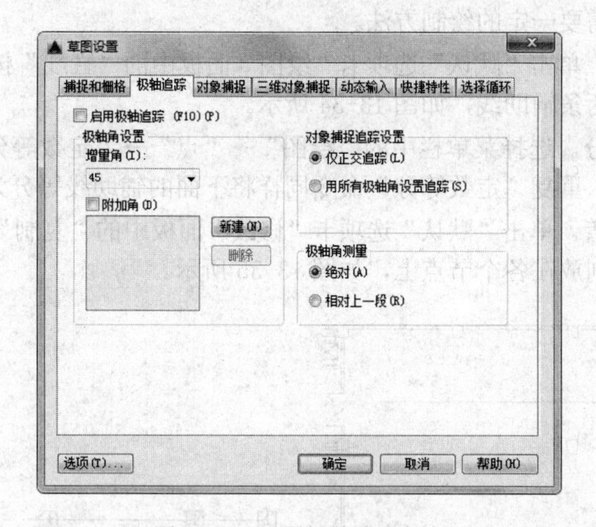

图13-27　设置极轴追踪角度

图13-28　极轴线上取点　　　　图13-29　绘制直线

❹填充圆与三角形。单击“默认”选项卡“绘图”面板中的“图案填充”按钮，弹出“图案填充创建”选项卡，在“图案”中选取“SOLID”。填充结果如图 13-31 所示。

图13-30　绘制三角形　　　　图13-31　填充圆与三角形

❺复制直线和三角形。单击“默认”选项卡“修改”面板中的“复制”按钮，复制的基点取直线的端点，如图 13-32 所示。最终绘制好的上下敷管图形如图 13-33 所示。

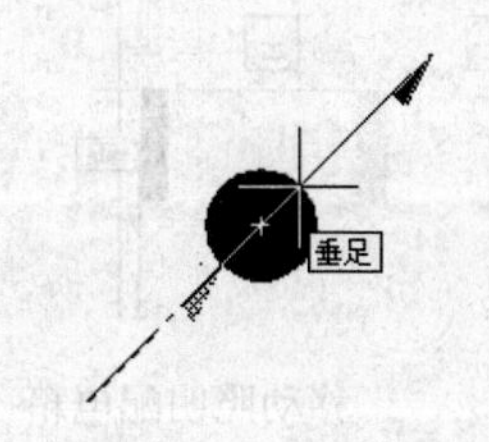

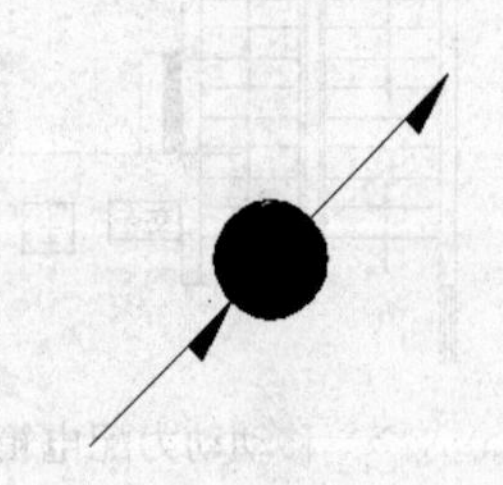

图13-32　复制三角形及直线　　　　图13-33　上下敷管

03 绘制线路。线路绘制过程中命令的运用很简单，但是如何将复杂的线路绘制得美观、有条不紊就需要一定的绘制方法。

❶绘制辅助线。单击“默认”选项卡“绘图”面板中的“直线”按钮，在需要安放电器元件的区域做两条辅助线，如图 13-34 所示。

❷将辅助线等分。选择菜单栏中的“绘图”→“点”→“定数等分”命令，将上面的辅助线等分为 7 份。重复“定数等分”命令同样将下面的辅助线等分为 7 份。

❸复制风机盘管。单击“默认”选项卡“修改”面板中的“复制”按钮，将绘制好的“风机盘管”分别放在各个节点上，如图 13-35 所示。

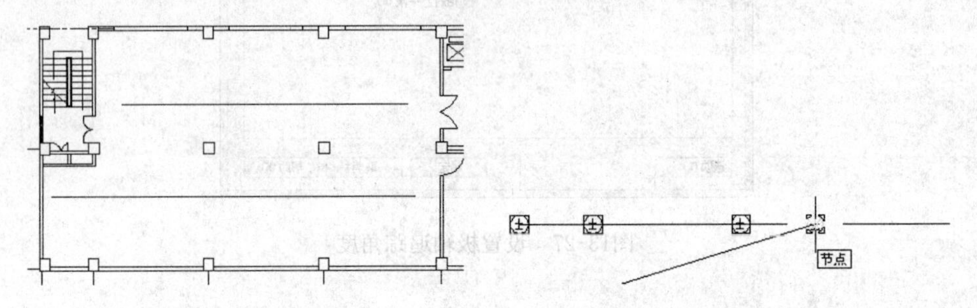

图13-34 做辅助线　　　　图13-35 复制“风机盘管”至节点上

❹删除辅助线。单击“默认”选项卡“修改”面板中的“删除”按钮，删去辅助线，结果如图 13-36 所示。

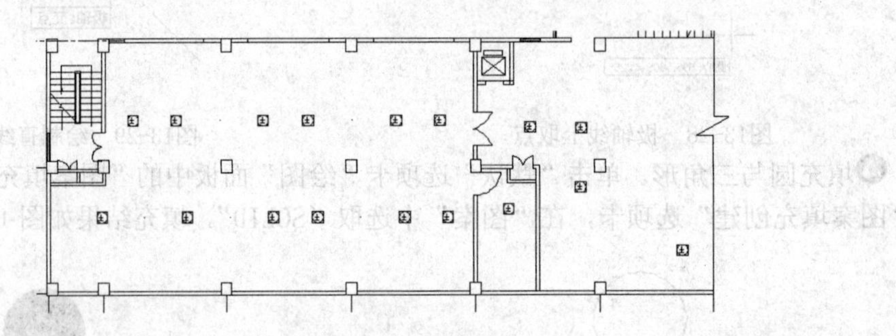

图13-36 放置风机盘管

❺放置配电箱。单击“插入”选项卡“块”面板中的“插入”按钮，弹出“插入”对话框，单击“浏览”按钮，弹出“选择图形文件”对话框，选择随书光盘中的“源文件/图块”文件夹中的“动力配电箱和照明配电箱”图块插入，单击“修改”工具栏中的“移动”按钮，将其放置到图形中的合适位置，如图 13-37 所示。

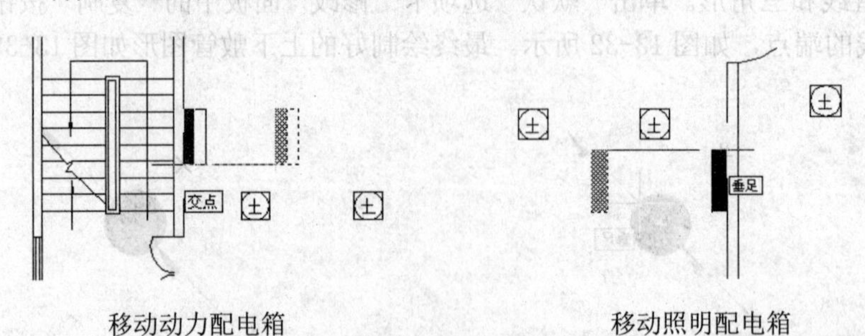

移动动力配电箱　　　　移动照明配电箱

图13-37 放置配电箱

同理，可以调入“温控与三速开关控制器”及“上下敷管”模块，放入图形中，如图

13-38 所示。

❻连成线路。单击“默认”选项卡“绘图”面板中的“直线”按钮。在连线的操作中，注意在画水平或竖直直线的时候，一定要在“正交”绘图方式下，这样能确保直线的水平或竖直，并且绘制也更加快捷。绘制的结果如图 13-39 所示。

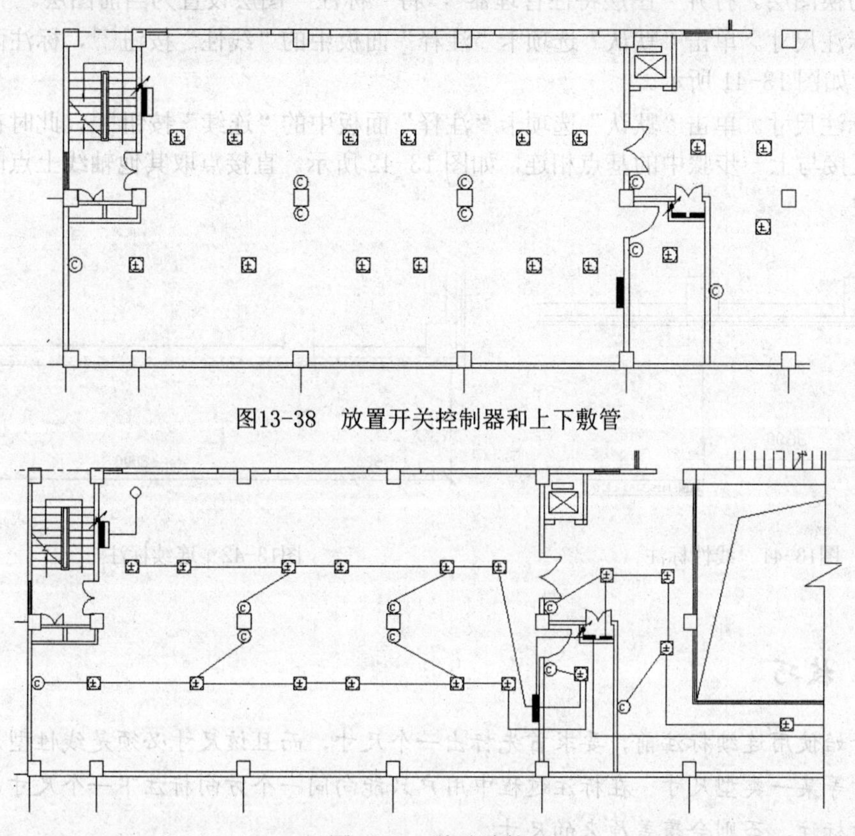

图13-38　放置开关控制器和上下敷管

图13-39　线路连接

❼绘制外围走线。根据电学知识可知，要用平行线来表示走线，单击“默认”选项卡“绘图”面板中的“直线”按钮，绘制一条直线，然后单击“默认”选项卡“修改”面板中的“偏移”按钮来完成，其部分放大图如图 13-40 所示。

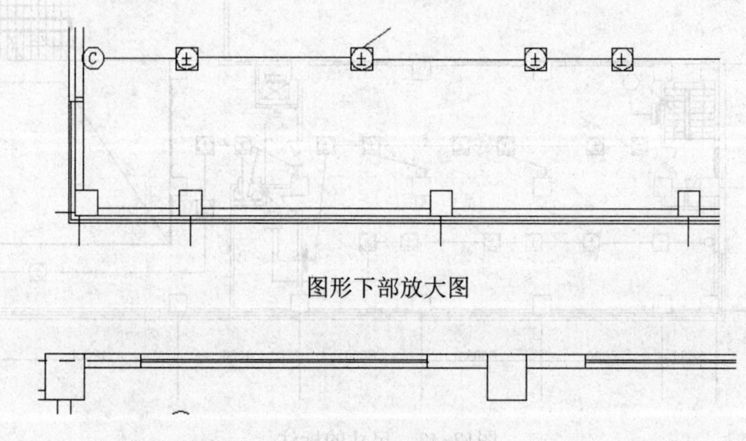

图形下部放大图

图形上部放大图

图13-40　绘制外围走线

13.2.6　标注尺寸及文字说明

01 标注尺寸。

❶切换图层。打开“图层特性管理器”，将“标注”图层设置为当前图层。

❷标注尺寸。单击“默认”选项卡“注释”面板中的“线性”按钮，标注两条轴线的尺寸，如图 13-41 所示。

❸标注尺寸。单击“默认”选项卡“注释”面板中的“连续”按钮，此时在屏幕中鼠标会直接与上一步骤中的基点相连，如图 13-42 所示。直接点取其他轴线上点即可完成快速标注。

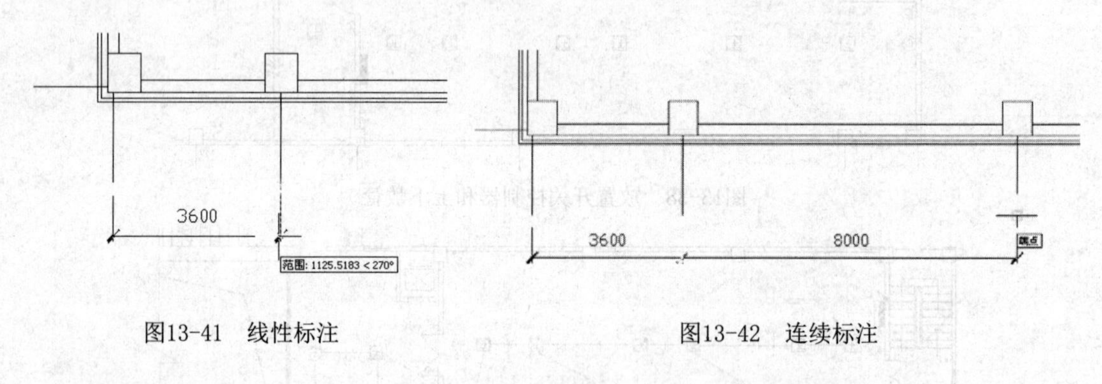

图13-41　线性标注　　　　图13-42　连续标注

技巧

在开始使用连续标注前，要求首先标出一个尺寸，而且该尺寸必须是线性型尺寸、角度型尺寸等某一类型尺寸。在标注过程中用户只能向同一个方向标注下一个尺寸，不能向相反方向标注，否则会覆盖原来的尺寸。

同理可以标注其他的尺寸，结果如图 13-43 所示。

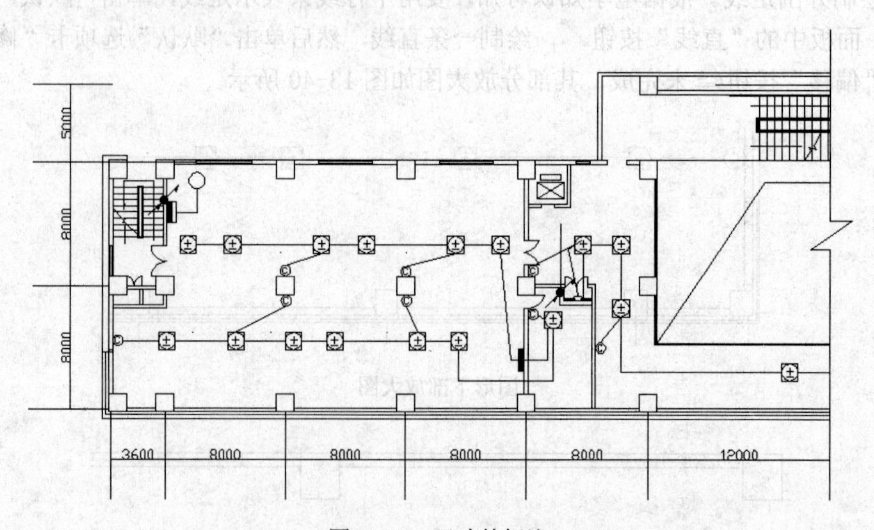

图13-43　尺寸的标注

❹标注轴线号。由于图中已经有了“温控与三速开关控制器”，可以将其稍加修改就

可以成为轴线号。将其放置到轴线端，用鼠标双击圆里面的文字“C”，弹出“文字格式”对话框如图 13-44 所示，依次进行修改，最终结果如图 13-45 所示。

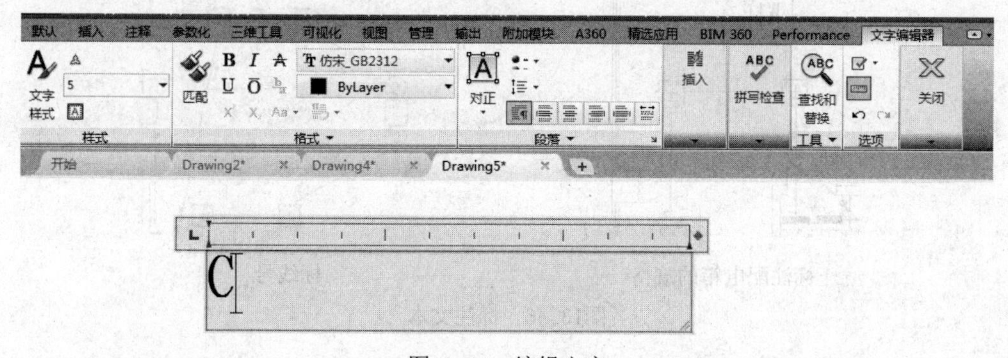

图13-44 编辑文字

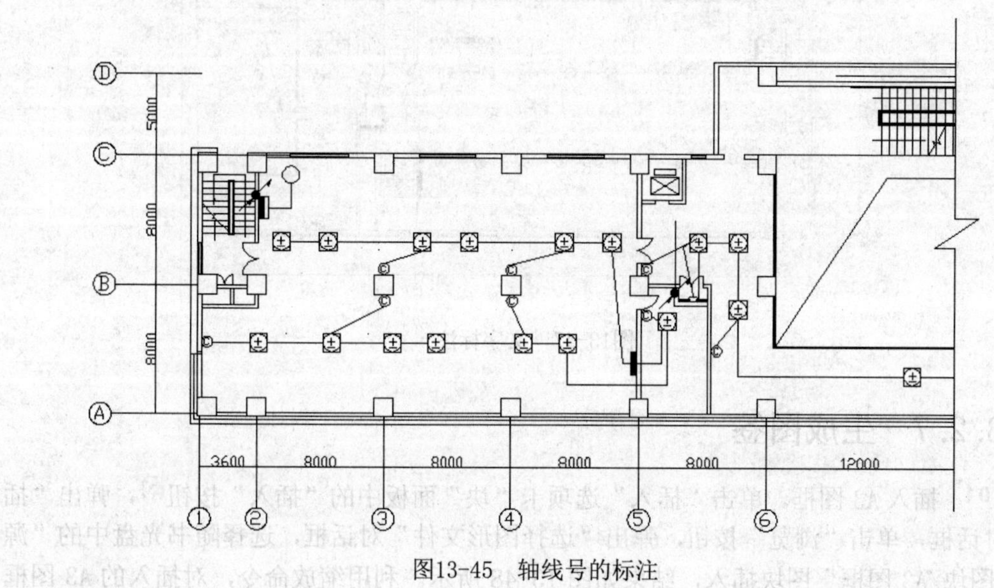

图13-45 轴线号的标注

轴线号的标注方法，在前几章已经详细讲述过了。读者可以有多种方法进行标注。一个就是利用“dt”命令制作轴线号；另一个就是直接绘制圆，书写文字，然后利用“移动”功能将文字移动到圆心位置。在此是直接利用已有的结果进行简单的修改即可达到目的。

02 标注电气元件的名称与规格。各个电气元件的表示方法应符合《建筑电气安装工程图集》及相关的规程、规定。

单击“默认”选项卡“注释”面板中的“多行文字”按钮 A，根据命令行中的提示进行标注文本。其局部放大图如图 13-46 所示。

读者在具体操作过程中可以综合运用以前学过的操作命令，诸如复制、移动、文字修改等，最后的结果如图 13-47 所示。

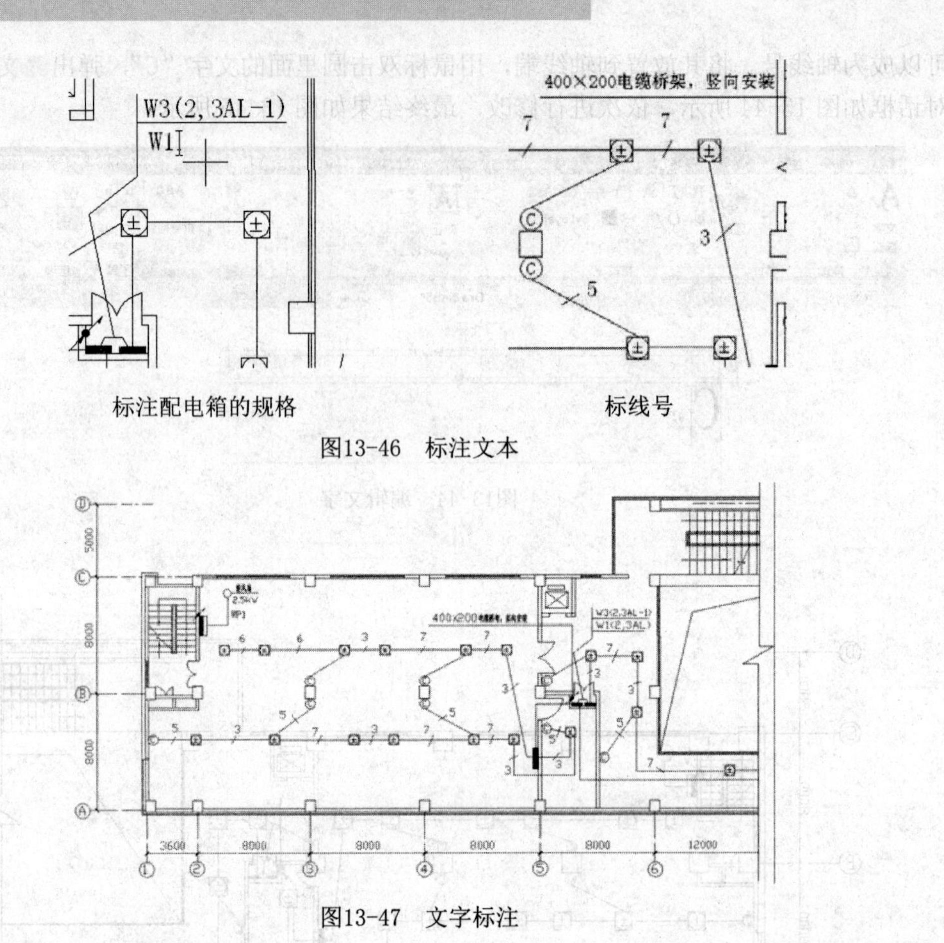

标注配电箱的规格　　　　标线号

图13-46　标注文本

图13-47　文字标注

13.2.7　生成图签

01 插入 A3 图框。单击“插入”选项卡“块”面板中的“插入”按钮，弹出“插入”对话框，单击“浏览”按钮，弹出“选择图形文件”对话框，选择随书光盘中的“源文件/图块/A3 图框”图块插入，结果如图 13-48 所示。利用缩放命令，对插入的 A3 图框进行缩放。

02 将图形移动到图框内，并填写图签。填写图签的过程即是操作“文本”命令的过程，最终的结果如图 13-1 所示。

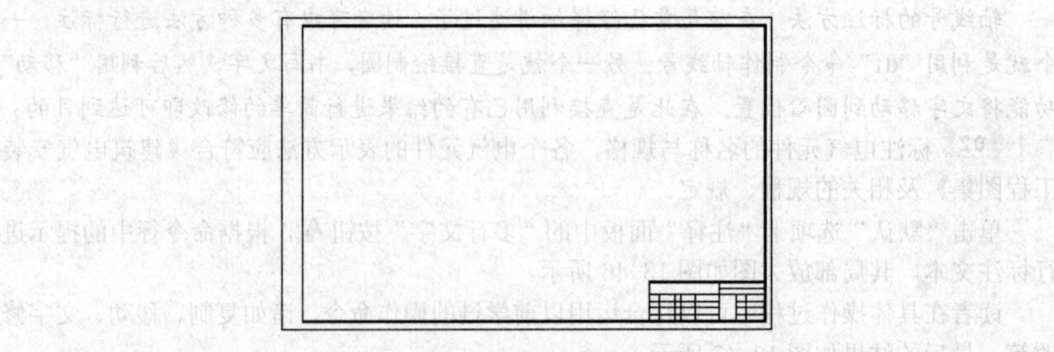

图13-48　插入A3图框

13.3 多媒体工作间综合布线系统图

本例绘制多媒体工作间综合布线系统图，如图 13-49 所示。其绘制思路为利用辅助线将作图区域分隔，然后在对应的区域内绘图。由于重复的部分比较多，可以利用复制和阵列的功能进行绘制。

> **实讲实训**
> **多媒体演示**
> 多媒体演示参见配套光盘中的\\动画演示\第 13 章\13.3 多媒体工作间综合布线系统图.avi。

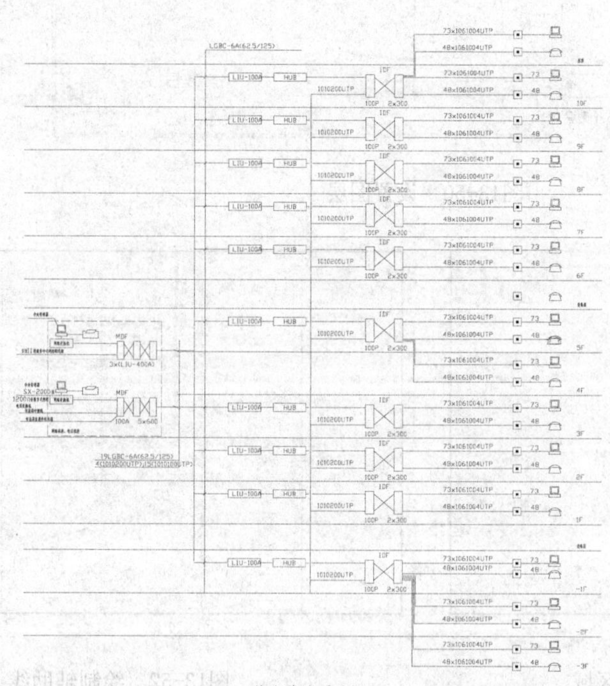

图13-49 综合布线系统图

13.3.1 设置绘图环境

01 打开 AutoCAD 2016 应用程序，以“无样板打开-米制”建立新文件，将新文件命名为“综合布线及无线寻呼系统图.dwg”并保存。

02 设置图层，一共设置以下 5 个图层，即“轴线”“设备”“线路”“标注”和“图签”图层，设置好的各图层的属性如图 13-50 所示。

13.3.2 绘制轴线

01 将图层转换到“轴线”图层，单击“绘图”工具栏中的“矩形”按钮，绘制一个长度为 350mm，宽度为 250mm 的矩形，如图 13-51 所示。

02 选择菜单栏中“绘图”→“点”→“定数等分”命令，将底边分为 5 等份，然后单击“默认”选项卡“绘图”面板中的“直线”按钮，绘制 4 条辅助线，将矩形分为

5 等份，如图 13-52 所示。

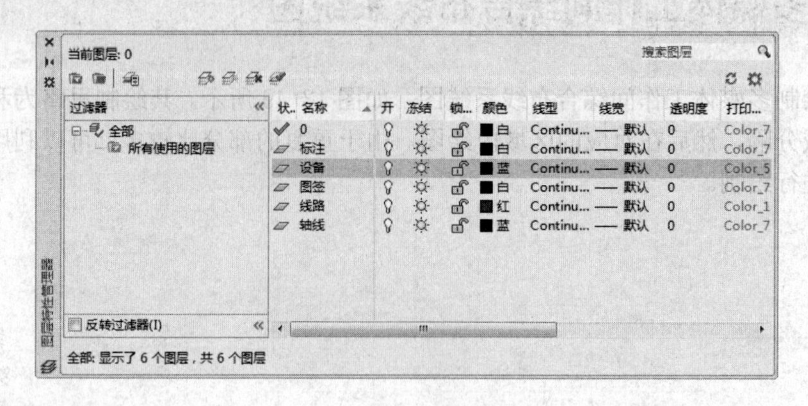

图13-50　设置图层

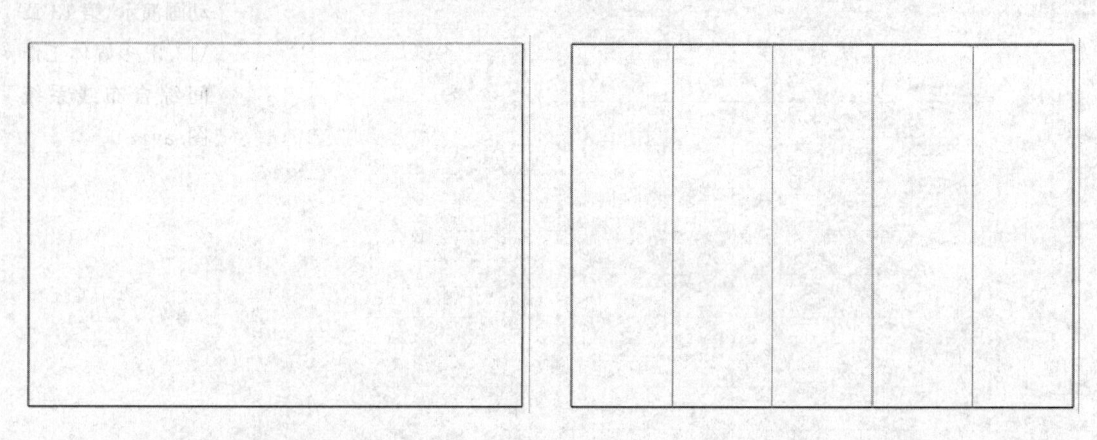

图13-51　绘制作图区域　　　　图13-52　绘制辅助线

03 辅助线绘制完成后，绘制楼层线，打开“源文件/图块/MATV 及 VSTV 电缆电视及闭路监视系统图”，选择其楼层线及楼层编号，将其复制到本图中，如图 13-53 所示。

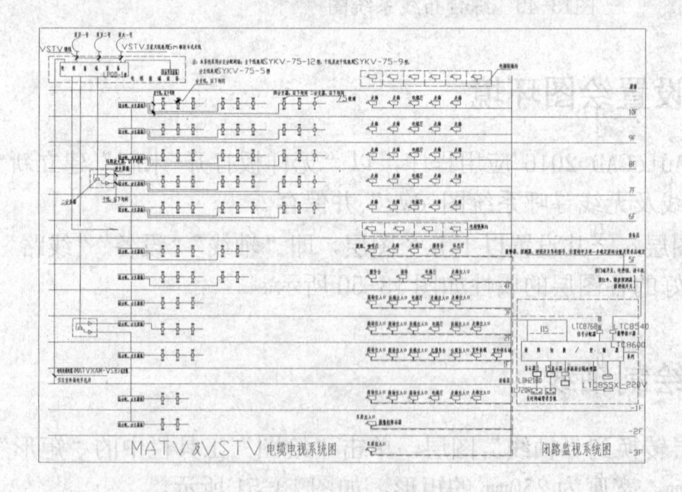

图13-53　选择楼层线

04 按 Ctrl+C 组合键进行复制，然后回到“综合布线及无线寻呼系统图”中，按

Ctrl+V 组合键粘贴，放到图框的中心位置，如图 13-54 所示。

05 单击“默认”选项卡“修改”面板中的“修剪”按钮，将多余的楼层线剪切，然后单击“移动”按钮，移动图层编号到楼层线的最右边，如图 13-55 所示。

图13-54　复制楼层线

图13-55　修改楼层线

13.3.3　绘制图例

01 绘制跳线架。

❶将图层转换到“设备”图层中，单击“默认”选项卡“注释”面板中的“矩形”按钮，绘制一个长度为 3mm，高度为 8mm 的矩形，然后单击“默认”选项卡“注释”面板中的“复制”按钮，将矩形复制到另一侧，间距可以取 6～10mm，如图 13-56 所示。

❷单击“默认”选项卡“绘图”面板中的“直线”按钮，在距矩形上下边缘各 1mm 的位置绘制两条水平线，然后将水平线与矩形的交点形成的矩形的对角线相连，如图 13-57 所示。

❸单击“默认”选项卡“修改”面板中的“删除”按钮，删除辅助的水平线，即绘制完成跳线架模块，如图 13-58 所示。利用 wblock 命令，将其保存为“跳线架”模块。

02 绘制计算机模块。

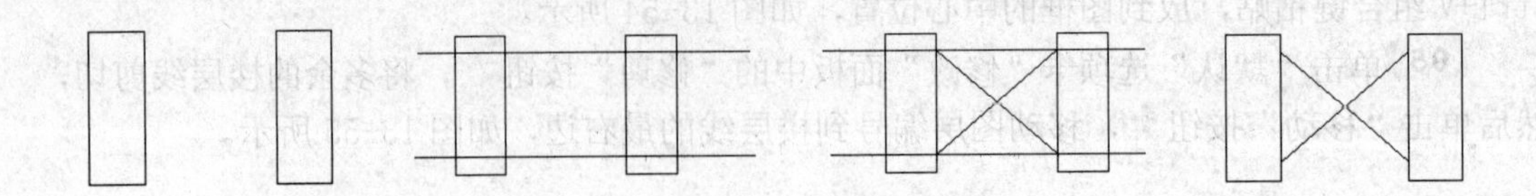

图13-56　绘制跳线架1　　图13-57　绘制跳线架2　　图13-58　绘制跳线架3

❶单击“默认”选项卡“绘图”面板中的“矩形”按钮，在图中绘制一个长度为3mm，宽度为2.5mm的矩形，然后调用“偏移”命令，将矩形向内部偏移0.3mm，如图13-59所示。

❷单击“默认”选项卡“绘图”面板中的“直线”按钮，在显示器的中心处绘制一中心线作为辅助线，可以打开“捕捉”工具栏，用“中点捕捉”功能进行绘制。另外单击“默认”选项卡“绘图”面板中的“矩形”按钮，分别绘制两个长度为2mm和4mm，宽度为0.3mm和1mm的矩形，然后单击“默认”选项卡“修改”面板中的“移动”按钮，将其移动到显示器的下方并用中点对中，如图13-60所示。

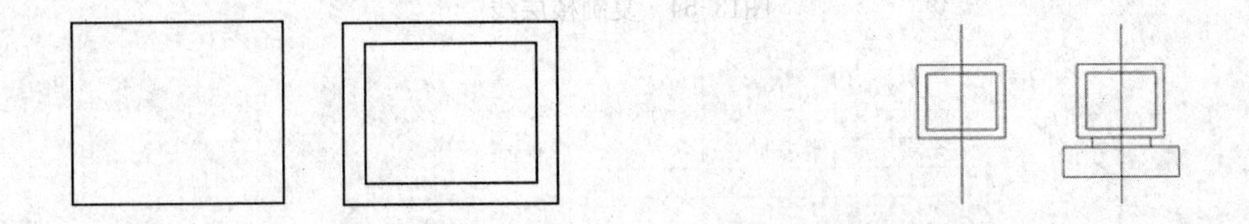

图13-59　绘制计算机显示器　　图13-60　绘制计算机模块

❸单击“默认”选项卡“修改”面板中的“删除”按钮，删除辅助的中心线，然后调用wblock命令保存为“计算机”模块。

03 绘制其他模块。用基本的绘图命令绘制以下模块，并从“MATV及VSTV电缆电视及闭路监视系统图”中复制“打印机”模块到本图中，如图13-61所示。

LIU-100A　　HUB

图13-61　绘制其他模块

13.3.4　绘制综合布线系统图

01 插入模块。

❶单击“插入”选项卡“块”面板中的“插入”按钮，将“跳线架”模块，插入到到第10层的左起第二区域的右侧，如图13-62所示。

❷单击“插入”选项卡“块”面板中的“插入”按钮，将“计算机”模块插入到第三区域的右侧，如图13-63所示。

❸插入其他模块，如图13-64所示。最终将第10层的图形模块插入完毕，调整位置如图13-65所示。

❹单击“默认”选项卡“修改”面板中的“矩形阵列”按钮，设置为5行1列，然后将行偏移设置为60，将6～10层的单元复制完成，如图13-66所示。

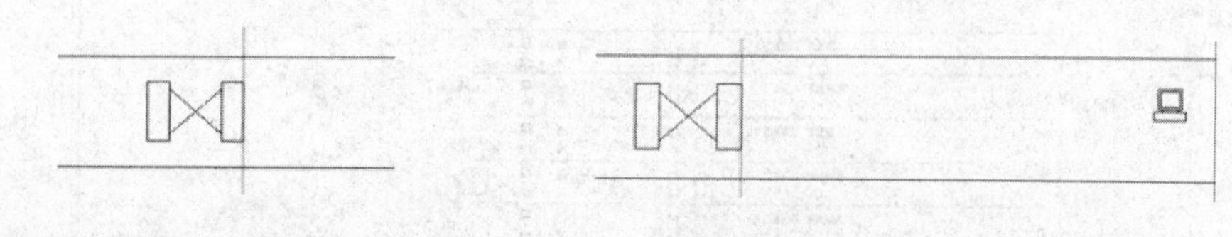

图13-62　插入“跳线架”模块　　　　图13-63　插入“计算机”模块

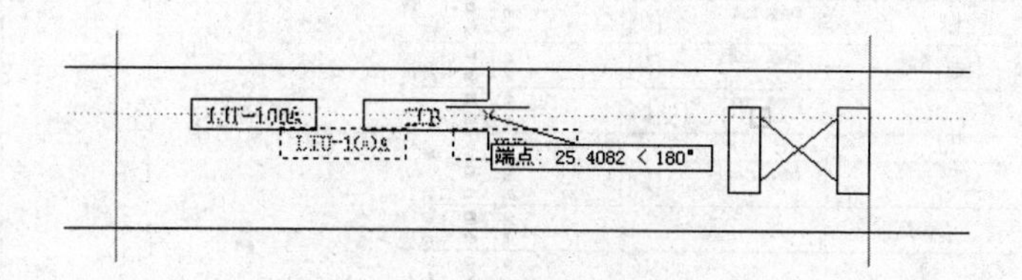

图13-64　插入其他模块

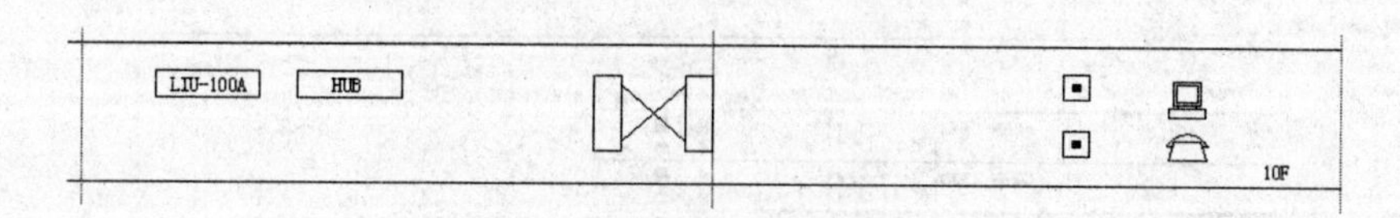

图13-65　插入模块

图13-66　复制6～10层的模块

❺用同样的方法将其复制到其他各层，注意中间的设备层及地下-2F 和-3F 的模块有些区别，其他各层均一致，如图 13-67 所示。

02 绘制线路。

❶将“线路”图层设置为当前图层，将线宽设定为 0.5mm，单击“默认”选项卡“绘图”面板中的“直线”按钮，在一、二区域处绘制两条竖直总线，如图 13-68 所示。

图13-67　复制各层模块

图13-68　绘制总线

❷单击“默认”选项卡“绘图”面板中的“直线”按钮，绘制一个层中的线路，用中点捕捉命令将模块相连，如图 13-69 所示。

❸注意在第二条主线和支线交接的位置，插入 45°的小斜线，如图 13-70 所示。在第三条总线和分支线交接处断开分支线，如图 13-71 所示。

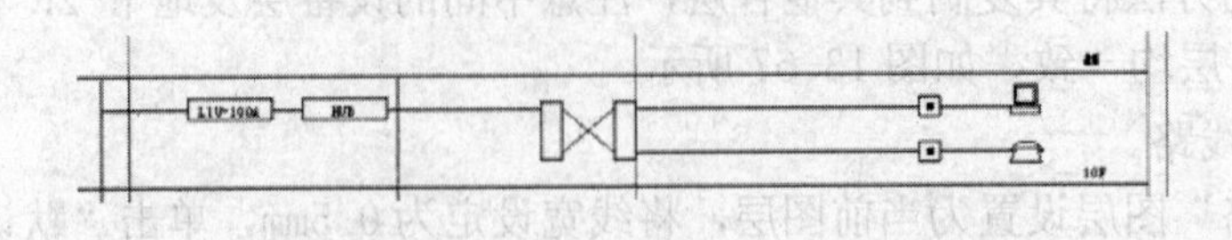

图13-69　绘制分支线

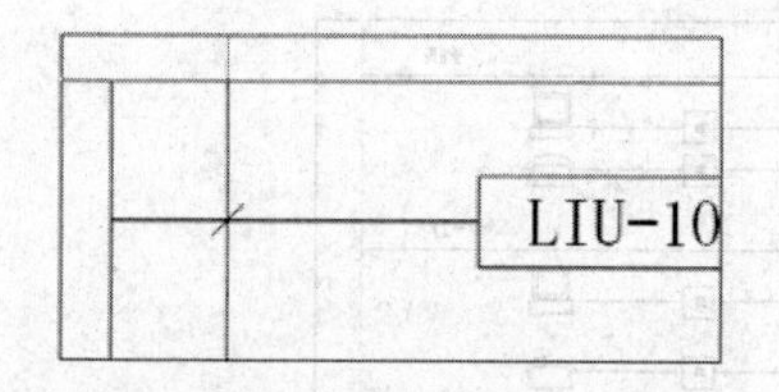

图13-70 绘制节点

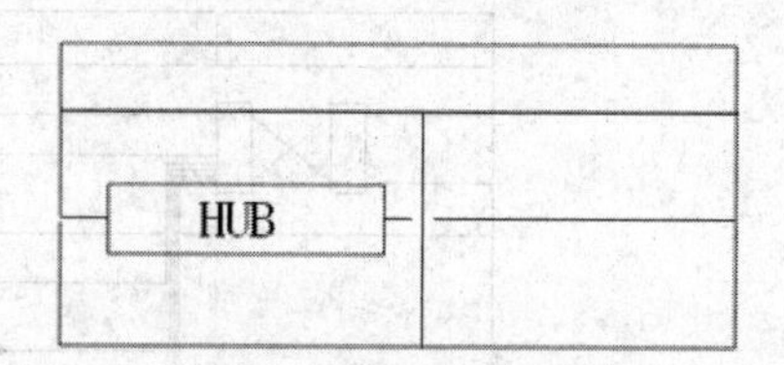

图13-71 断开节点

单击“默认”选项卡“修改”面板中的“复制”按钮，将此层的分支线复制到其他各层，可以将复制的基点选择为层线与竖直辅助线的交点，这样可以方便地确定复制的位置，如图 13-72 所示。复制完成后如图 13-73 所示。

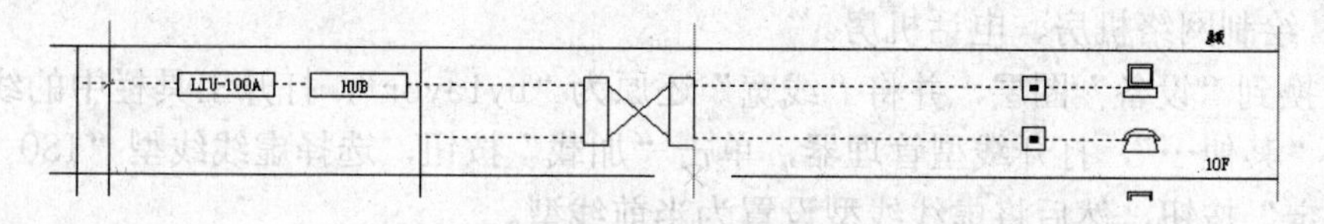

图13-72 复制分支线

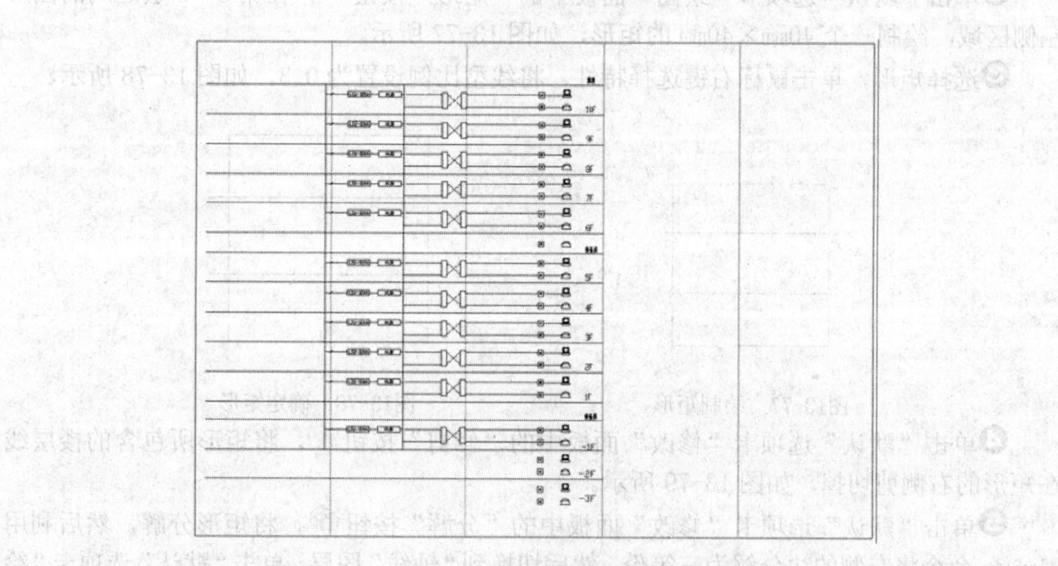

图13-73 复制分支线

03 绘制特殊层的分支线。本楼设计屋顶和地下二、三层，及第四层的元件及线路有所区别，应分别绘制。首先绘制屋顶的分支线及元件。复制插座和计算机、电话模块至屋顶，然后由第 10 层的跳线架引出分支线进行连接，如图 13-74 所示。第四层和地下二、三层的结构与屋顶类似，分别按如图 13-75 和如图 13-76 所示进行绘制。

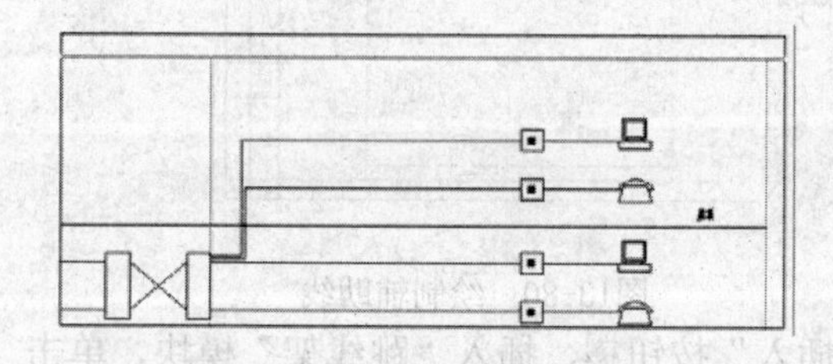

图13-74 屋顶分支线

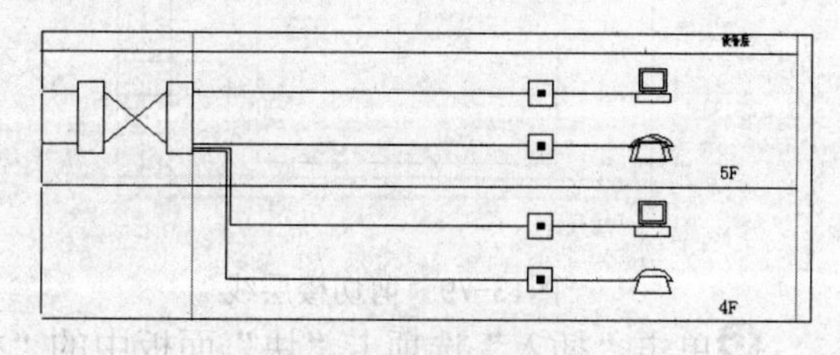

图13-75 第四层分支线

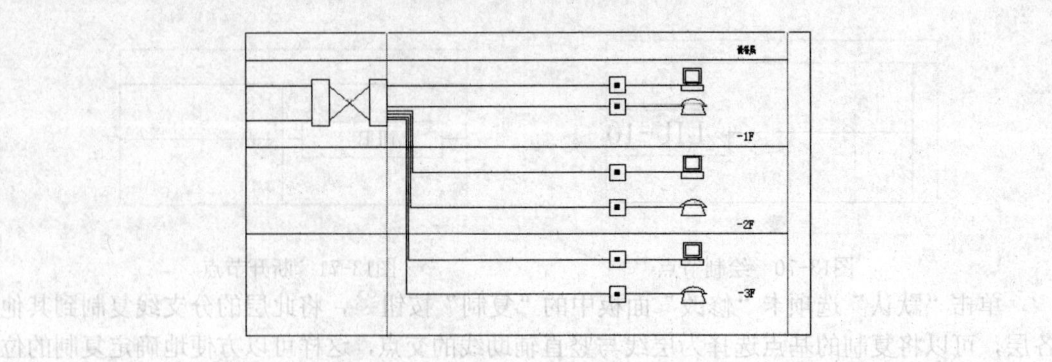

图13-76　地下二、三层分支线

04 绘制网络机房、电话机房。

❶转换到“设备”图层，并将“线宽”还原为“bylayer”，打开工具栏中的线型多选栏，选择“其他…”，打开线型管理器，单击“加载”按钮，选择虚线线型“ISO dash”，单击“确定”按钮，然后将虚线线型设置为当前线型。

❷单击“默认”选项卡“绘图”面板中的“矩形”按钮，在第3～5层之间的图形左侧区域，绘制一个40mm×40mm的矩形，如图13-77所示。

❸选择矩形，单击鼠标右键选择特性，将线型比例设置为0.3，如图13-78所示。

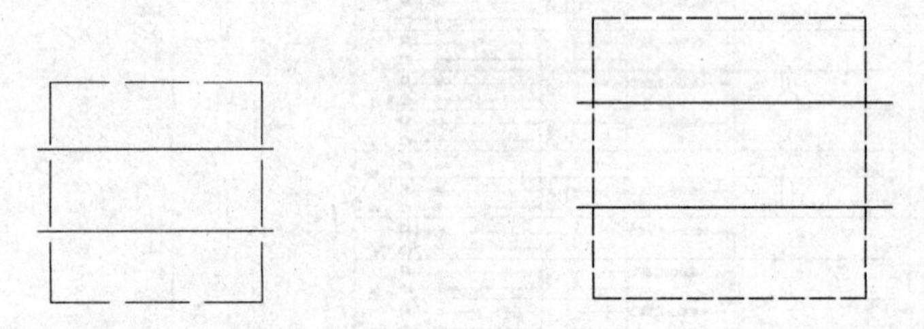

图13-77　绘制矩形　　图13-78　确定矩形

❹单击“默认”选项卡“修改”面板中的“修剪”按钮，将矩形所包含的楼层线在矩形的右侧剪切掉，如图13-79所示。

❺单击“默认”选项卡“修改”面板中的“分解”按钮，将矩形分解，然后利用divide命令将左侧的边分解为三等份，然后切换到“轴线”图层，单击“默认”选项卡“绘图”面板中的“直线”按钮，绘制三条水平线，如图13-80所示。

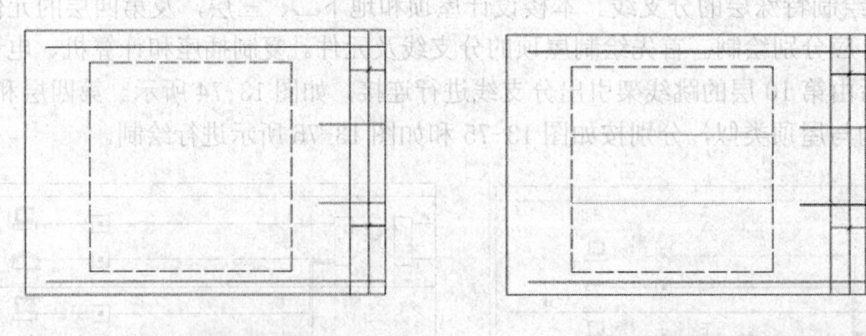

图13-79　剪切楼层线　　图13-80　绘制辅助线

❻单击“插入”选项卡“块”面板中的“插入”按钮，插入“跳线架”模块，单击“默认”选项卡“修改”面板中的“分解”按钮将其分解，将中间的交叉线选中，用光

标选择关键点进行修改，如图 13-81 所示。移动左侧矩形，重新生成新的“跳线架”模块。

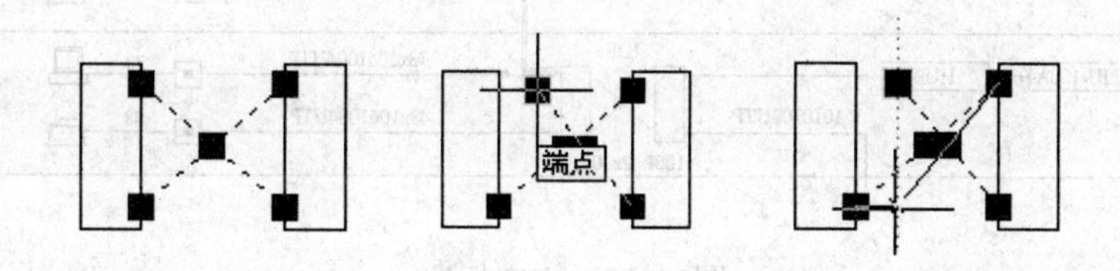

图13-81 修改关键点

❼单击“默认”选项卡“修改”面板中的“复制”按钮，将右侧的矩形重合到原型的左侧矩形上如图 13-82 所示。

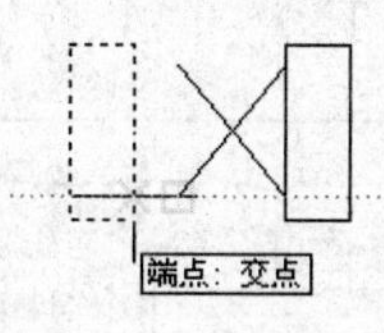

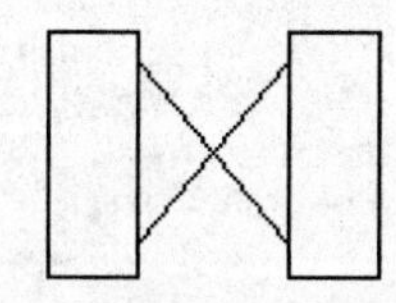
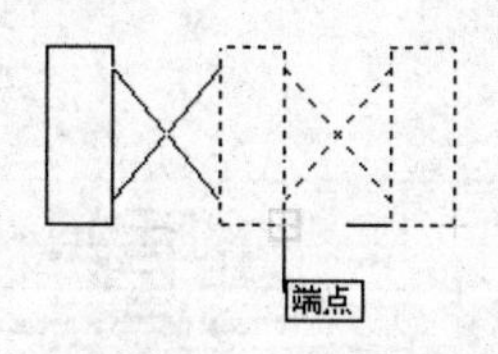

图13-82 修改“跳线架”模块

❽单击“插入”选项卡“块”面板中的“插入”按钮，在其中放入“跳线架”“计算机”及“打印机”模块，如图 13-83 所示。

❾单击“默认”选项卡“绘图”面板中的“直线”按钮，绘制网络、电话机房与主线的连接线，并绘制“网络交换机”和“PABX”装置。将图层转换为“线路”图层，“线宽”设置为 0.3mm，按如图 13-84 所示进行绘制。

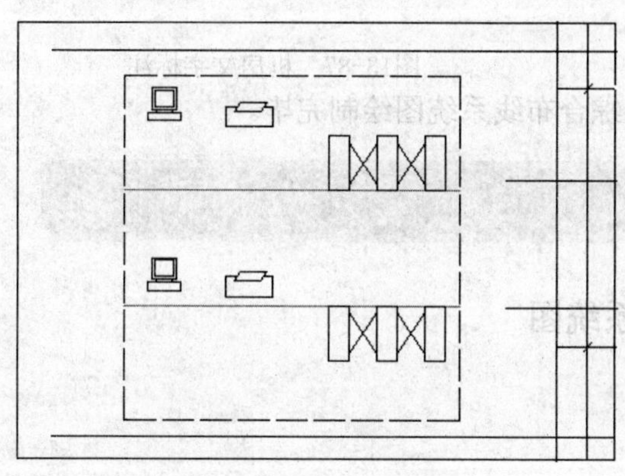
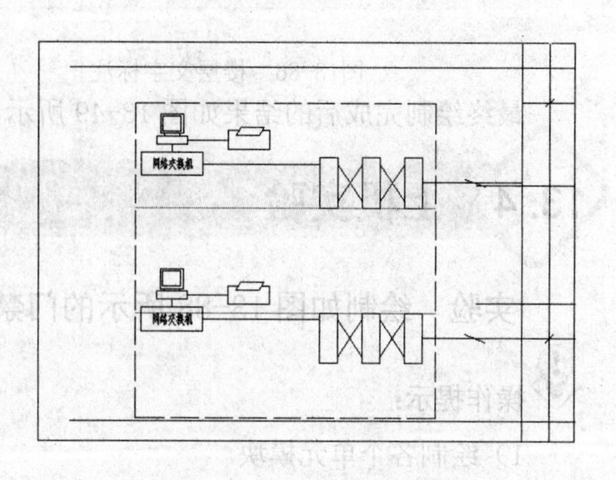

图13-83 插入模块

图13-84 绘制线路

13.3.5 文字标注

01 将“标注”层设为当前图层，选择菜单栏中的“格式”→“文字样式”命令，打开“文字样式”对话框，将字高设置为 1.5。在第 10 层输入要标注的文字，如图 13-85 所示。

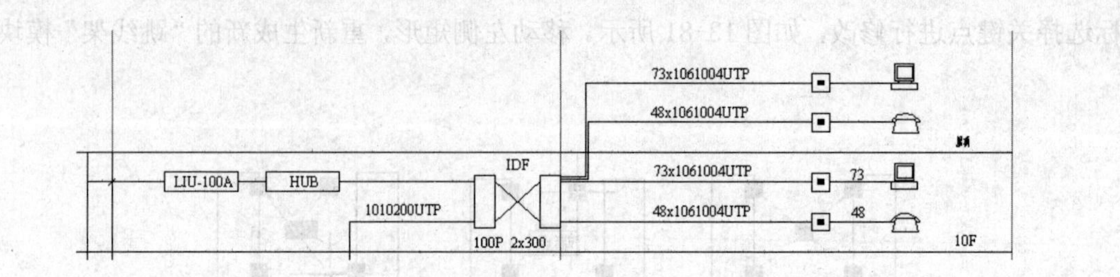

图13-85　文字标注

02 单击“默认”选项卡“修改”面板中的“复制”按钮和“矩形阵列”按钮命令进行复制，并进行相应的修改。标注完成各层的文字后，如图 13-86 所示。

03 采用同样方法标注机房，在没有空间的地方引出直线进行标注。如图 13-87 所示。

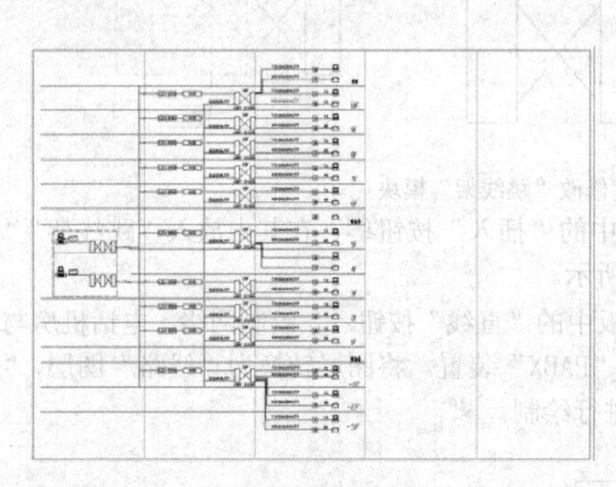

图13-86　楼层文字标注

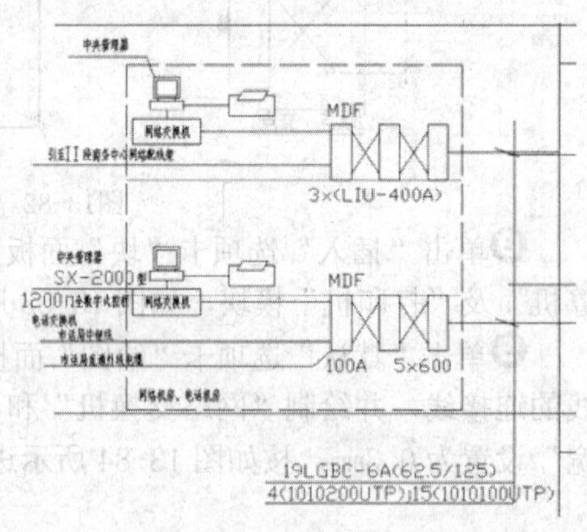

图13-87　机房文字标注

最终绘制完成后的结果如图 13-49 所示，综合布线系统图绘制完毕。

13.4 上机实验

实验　绘制如图 13-88 所示的门禁系统图

操作提示：

1）绘制各个单元模块。

2）插入和复制各个单元模块。

3）绘制连接线。

4）文字标注。

13.5 思考与练习

1. 绘制如图 13-89 所示的跳水馆照明干线系统图。
2. 绘制如图 13-90 所示的车间电力平面图。

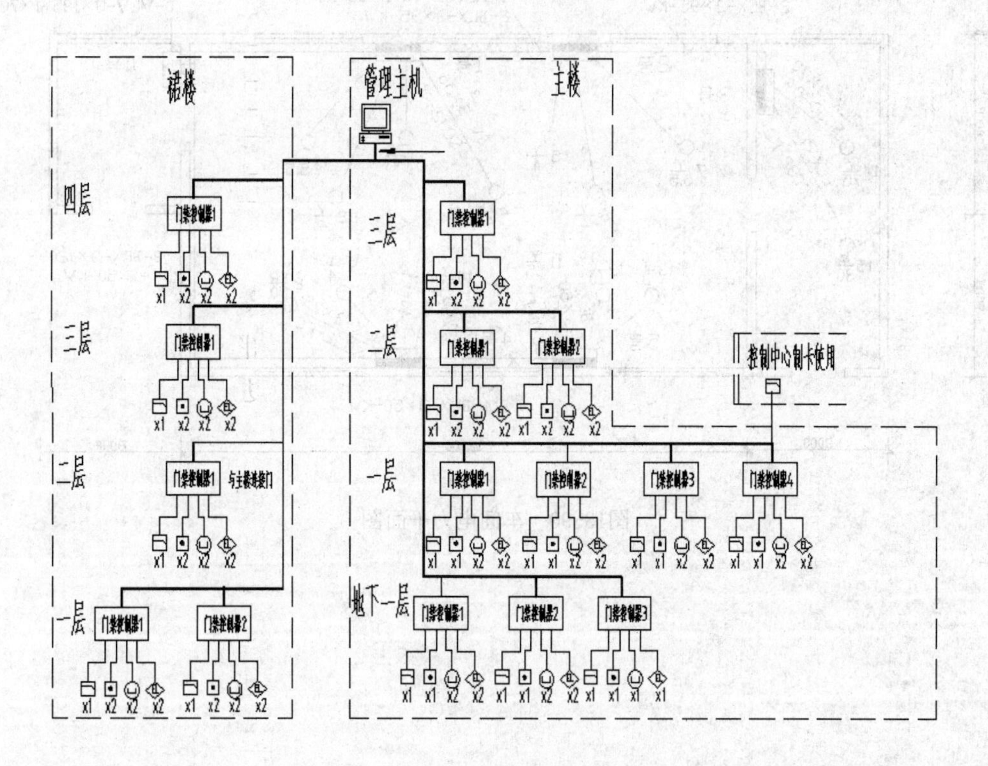

图13-88 门禁系统图

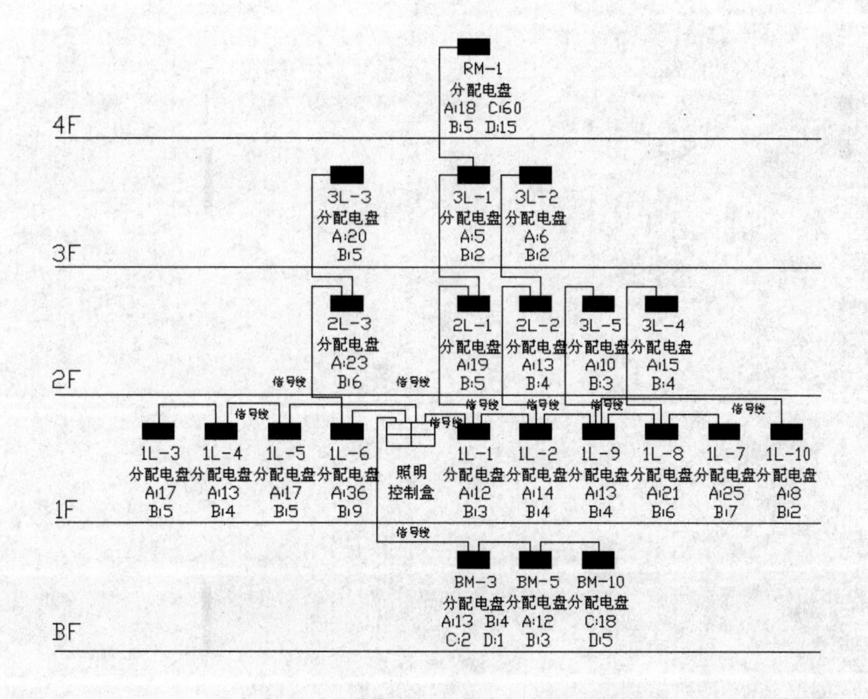

图13-89 跳水馆照明干线系统图

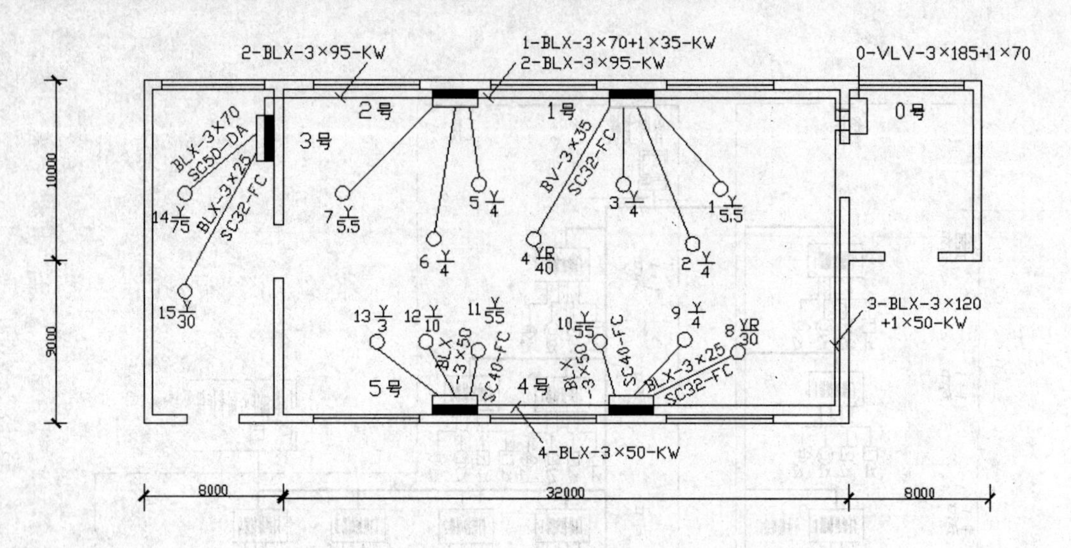

图13-90 车间电力平面图